图书在版编目（C I P）数据

华龙一号：基于系统工程的研发设计与工程实践 / 徐鹏飞主编．-- 北京：中国原子能出版社，2021.1
ISBN 978-7-5221-1208-4
Ⅰ．①华… Ⅱ．①徐… Ⅲ．①压水型堆－核电厂－系统工程－系统设计－中国 Ⅳ．① TM623.91

中国版本图书馆 CIP 数据核字 (2021) 第 027470 号

华龙一号——基于系统工程的研发设计与工程实践

出版发行　中国原子能出版社（北京市海淀区阜成路 43 号　100048）
策划编辑　王　丹
责任编辑　王　丹　白　佳　王齐飞
装帧设计　赵　杰
责任校对　冯莲凤　宋　巍
责任印制　潘玉玲　赵　明
印　　刷　河北文盛印刷有限公司
经　　销　全国新华书店
开　　本　787 mm × 1092 mm　1/16
印　　张　19.5
字　　数　482 千字
版　　次　2021 年 1 月第 1 版　2021 年 1 月第 1 次印刷
书　　号　ISBN 978-7-5221-1208-4　　　定　价　128.00 元

网址：http://www.aep.com.cn E-mail：atomep123@126.com
发行电话：010-68452845　

联合编制

中国核电工程有限公司

魏　峰　陈　科　余　兵　高瑞发　李正强　李俭秋　赵　斌
李　力　韩晓峰　宁庆坤　陈　超　蔡利建　李文安　吴复忠
张伟明　万忠义　霍　星　宋凯磊　张　成　吴德波　周　鹏
王益泉　柳　鹏　唐世延　刘光伟　白云涛　王　浩　郑仕建
解建勇　吴希盼　丁　涛　葛育勤　李　霞　康立秋　李国英
赵天宇　郑艳玲　赵　毅　汪　捷　夏新沛　于　蕾　刘思志
刘霞光　李景阳　常子晨　曹勇刚　郭晓芳　童　鹏　张李伟
马仪炜　白　伟　郝　峥　胡永胜　于洪程　潘暑风　高明然
尹　释　卢兴国　郭　婷　程　旭　任政旭　王忠力　邢　辉
王洋洋　孙莉莉　李　妍

中国核能电力股份有限公司

申瑞华　朱洪涌　杨　铭
刘江华　张贵亮　王伊迪
陈宏锋　沈　哲

中国核工业建设股份有限公司

彭俊波

福建福清核电有限公司

顾蔚泉　肖　波　李　庭　曹钟引　陈昌贻

中国核动力研究设计院

许　余　汤华鹏　李朋洲　曹　锐　张知竹　涂　腾　蒲小芬
余志伟　曾　鹏　邱　阳　邱　天　吴　昊　唐向东　陈西南
杨其辉　翁松峰　安彦波　湛　卉　李　浩　胡朝威　李　燕
何培峰　李　娜　任　云　赖建永　何戈宁　汤臣杭　刘向红
李冬慧　朱加良　黄有骏　何　鹏　李小芬　何正熙　李文平
吴　清　陈　伟　李　峰　任春明　武铃珺　张毅雄　王新军
米小琴　王　童　林震霞

中国核工业二三建设有限公司

余德和　黄险峰　党文智　刘文举　魏清海　李　琳　卢孔良
钟立剑　白　凡　崔　斌　胡亮亮　沈智友　高贯稳　马俊杰
王　霞　方学文　邵德伟　伍述河　巨家熊　任宏东　沈　晖

中国核工业二四建设有限公司

杨红梅　杨　霞　蒋生文
朱德敏　吴小洋　索湘城
黄小滇　刘志军　贾利利

中国核工业第五建设有限公司

周　斌　林爱茶　谭敦权
游祥义　黄岁锋　张晓伟
许　兰　高沙沙　周昱婷

中核工程咨询有限公司

牛　睿　张　明　胡立辉
胥文彪

核动力运行研究所

聂　勇　杨崇安　张志义
单福昌　曲　鸣　刘国仿
廖述圣　吕　煜

华东电力设计院有限公司

兰　花　高　晶　朱忠亭
杨秀华　曹　斌　陈晓玮
石晶群　夏　云

一重集团大连核电石化有限公司核电装备公司

高殿宝　马腾云

东方电气（广州）重型机器有限公司

颜建文　李　恩

上海第一机床厂有限公司

郭宝超　王居鑫

哈尔滨电气股份有限公司

丁　利　蔡　龙

中国核动力研究设计院设备制造厂

纪德祥　祝利国

中核苏阀科技实业股份有限公司

王志敏　倪项斌

北京雷蒙赛博机电技术有限公司

周　文　赵战国

江苏神通阀门股份有限公司

吴建新　吴欣洪

西安核设备有限公司

闫海军　武二妮

东方电气集团东方锅炉股份有限公司

程小刚　唐国军

2015 年 5 月 7 日，“华龙一号”首堆示范工程正式开工建设

中核集团
CNNC
中国核电工程有限公司
China Nuclear Power Engineering Co.,LTD.

2017 年 5 月 25 日，安全壳内穹顶吊装

2017 年 10 月 12 日，
环吊可用

建设中的“华龙一号”

2018 年 2 月 14 日，压力容器安装完成

2018 年 3 月 31 日，常规岛主行车可用

中核集团 CNNC
中国核电工程有限公司
China Nuclear Power Engineering Co.,LTD.

2018 年 6 月 15 日，6.6 kV 可用

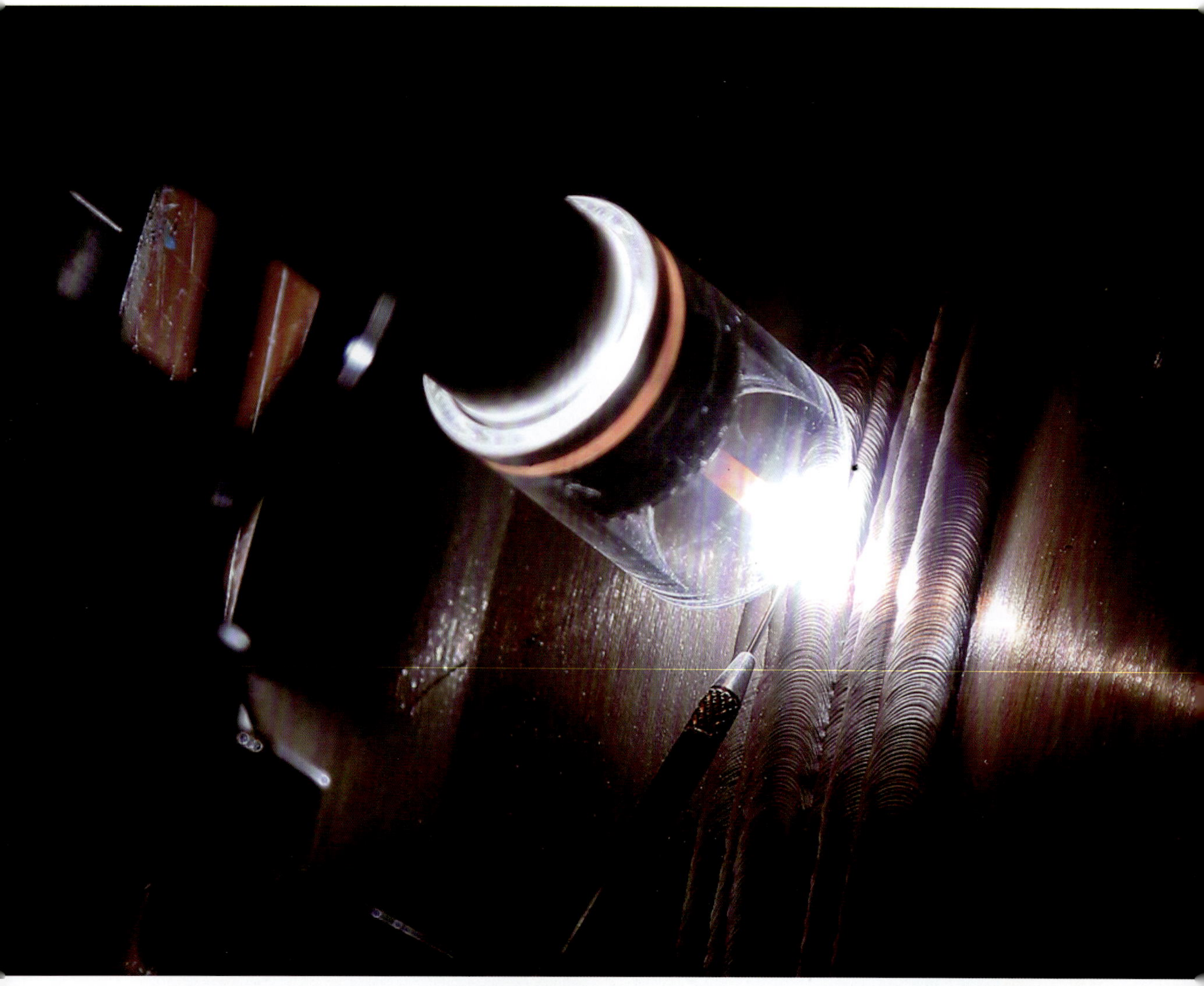

2018 年 7 月 14 日，主管道焊接完成

2018 年 7 月 25 日，常规岛
汽轮机安装开始

2018 年 8 月 4 日，主控室
部分可用

2018 年 9 月 17 日，燃料厂房水池可用

2018 年 9 月 11 日，联合泵房进水

2018 年 11 月 19 日，反应堆厂房预应力张拉完成

2019 年 3 月 26 日，汽轮机扣盖完成

焦项目团队建设 聚焦示范工程品牌建设
先锋模范作用
公司
生命至上 安全发展
负责人

2019 年 4 月 28 日，冷试完成

中国核电工程有限公司
China Nuclear Power Engineering Co.,LTD.

2019 年 8 月 31 日，汽轮机盘车可用

福清核电基地核电全景

2019 年 9 月 17 日，燃料到达现场

2019 年 12 月 21 日，热试开始

建设中的“华龙一号”

2020 年 10 月 21 日，首次达到临界

中国核电工程有限公司
China Nuclear Power Engineering Co.,LTD.

2020 年 11 月 27 日，首次并网成功

2021 年 1 月 30 日，投入商业运行

序　言

习近平总书记就我国核工业创建60周年作出重要批示："核工业是高科技战略产业，是国家安全重要基石。要坚持安全发展、创新发展，坚持和平利用核能，全面提升核工业的核心竞争力，续写我国核工业新的辉煌篇章。"

"华龙一号"的成功研发建设，正是中核集团全面贯彻习近平总书记批示精神，落实创新驱动发展、"走出去"战略的重要成果，使我国成了与美国、法国、俄罗斯并跑的又一个具有独立自主知识产权的三代核电技术的国家，也是中国从核大国向核强国迈进的重要标志之一。"华龙一号"全球首堆的成功建设，全面体现了我国30年来致力于发展先进安全核能技术、不间断建设核电工程所积淀的核工业全产业链研发、设计、装备制造、建造、运行的整体实力；展现了新一代核工业人继承和弘扬"热爱祖国、无私奉献，自力更生、艰苦奋斗，大力协同、勇于登攀"的"两弹一星"精神和"事业高于一切、责任重于一切、严细融入一切、进取成就一切"核工业精神的生动群像。

"华龙一号"坚持自主研发、自主设计、自主制造之路。基于我国批量化压水堆自主知识产权的成熟技术，自主研发，形成了包括177堆芯、CF3先进燃料组件、双层安全壳、能动与非能动安全系统、全面的严重事故预防与缓解措施、强化的外部事件防护能力和改进的应急响应能力在内的先进三代核电技术自主知识产权。充分依托我国成熟的核电装备制造体系的国产化能力，通过联合研发与持续改进，实现了反应堆压力容器、蒸汽发生器、非能动系统设备等多数核心装备的"中国造"及88%的设备国产化率。健全了一套自主的、与国际水平相当的，涵盖通用基础、前期工作、核电设计、设备制造、建造、调试、运行和退役等全生命周期的压水堆核电标准体系，完全满足国内建设和出口需要。申请国内专利716件，国际专利65件，海外商标200余件，获软件著作权125项，在燃料和堆芯设计、核岛主要系统设计、主要设备设计、仪控设备设计等关键技术方面均形成了完整的知识产权体系，为打破国际垄断，实现中国核电"造船出海"铺平道路。

"华龙一号"示范工程作为我国自主研发三代核电技术的全球首堆，技术创新挑战大、设备管理复杂、施工管理难度大、工期控制压力大，所面临的设计、采购、施工、调试的技术和管理风险均显著高于已建设的二代加机型机组。示范工程参建单位众多，配合关系复杂，参与供货的制造企业就超过5300多家，参与工程建设超过10万人，面临极大的管理挑战。"华龙一号"建设团队不惧挑战，认真总结多台机组的建设经验，以系统工程的基本原理为指导，创新应用先进项目管理方法，不断提升整体组织管理水平和各业务领域管理能力。秉承“利益共享，风险分担，合作共赢”的合作理念，以“小核心、大协作”整合国内优势资源，统筹协调、整体推进全产业链自主创新发展；通过“顶层设计、上下互动”进行“统筹策划、分步实施”，构建了业主负责制下的工程 EPCS 总承包一体化、敏捷化项目管理平台，持续推进“集约化、标准化、信息化”建设，发挥“设计引领全局、计划协调一体、风险驱动管理”为特点的工程总承包整体推动力，实现了工程设计、采购、施工、调试各环节的系统集成与高效协同；实践“定性与定量相结合，从定性到定量综合集成”的系统工程方法论，灵活应用沙盘推演、风险概率量化分析、挣值技术、施工效率法、安全分析法、供应商履约能力量化评估等项目管理方法，确保了示范工程全生命周期质量、安全、进度、成本目标的实现。

“华龙一号”研发设计与工程实践充分彰显了“自主研发、创新驱动”“协同一体、管理提升”“追求卓越、传承精神”的实践经验。本书围绕实践经验从政策规划、自主研发与设计创新、关键设备研发与国产化、工程建造技术创新、数字化核电与智能建造、工程 EPCS 总承包、全生命周期管理优化、全员 HSE 管理、建设高质量核工程、精神传承和发展等方面，全面展现了国家对“华龙一号”的支持和肯定，总结了“华龙一号”的技术创新与管理精髓，体现了核工业人“强核报国，创新奉献”的新时代核工业精神。

本书的出版对提升核工业核心竞争力，促进核电安全、创新发展提供了很好的经验参考。也希望本书的出版能对提升我国大型工程建设管理水平，推动工程总承包项目管理理论发展作出贡献。

中国核电工程有限公司
党委书记、董事长

目 录

第1章
导　论

核能发电始于20世纪50年代，在半个多世纪中经历了不同的发展阶段。当今分布于32个国家的400余座核电反应堆提供了全世界约11%的电力。

我国大陆核电发展起步于20世纪80年代，采用“以我为主，中外合作”的方针，自主设计和建造了第一座核电站——秦山一期核电站，并通过引进技术和设备建造了第一座大型商用核电站——大亚湾核电站；20世纪90年代，为进一步贯彻“以我为主，中外合作”的方针，自主设计和建造了秦山二期核电站，同时按照“以核养核，滚动发展”的方针，参考大亚湾核电站，建设了岭澳核电站一期；21世纪以来，在引进技术消化、吸收的基础上，通过自主设计和设备国产化，自主设计了国内首座采用数字化仪控系统的百万千瓦级核电站——岭澳核电站二期，并在此基础上，通过对M310核电技术的引进消化吸收和自主攻关，已经完全掌握了二代加核电站的设计、制造和建造技术，相继完成红沿河1～4号机组、宁德1～4号机组、阳江1～6号机组、方家山1号和2号机组、福清1～4号机组等核电工程的设计和建设，开启核电批量化建设高潮。

但是，核工业是高科技战略性产业，核心技术更是拿钱买不来的，先进核电技术掌握在少数核电强国，并对我国进行了技术封锁和技术垄断，我们必须始终坚持自己的核心利益，研发出安全性和经济性都具有国际竞争力的、自主创新的民族核电技术，才能实现成为核电强国和核电技术走出国门的目标。特别是在福岛核事故后，第三代核电成为世界核电发展的主流技术，而当时国内三代核电技术型号研发尚处于技术跟踪阶段，并未开展实质性研究。国际上EPR、AP1000、VVER（AES-2006）等三代核电型号技术已相继落地，在国际核电市场呈瓜分之势。为了实现我国百万千瓦级压水堆核电厂自主建设，并形成自主品牌，走向国际核电市场，中国核工业集团有限公司（以下简称中核集团）于20世纪90年代就启动了CNP1000型号的研发，2007年启动了CP1000型号研发。经过多年不懈的努力，并充分利用我国批量化压水堆设计、建造和运行的成熟技术和经验，最终在2011年福岛核事故后按照最先进的核安全标准，借鉴国际最新技术成果，在国家主导下与中国广核集团有限公司（以下简称中广核集团）开发的技术融合，形成了三代压水堆自主品牌“华龙一号（HPR1000）”，实现了我国从仅靠核电装机容量支承的核大国向具有自主知识产权的核强国迈进。

“华龙一号”的技术研发及全球首堆示范工程建成，使我国成了与美国、法国、俄罗斯并跑的又一个具有独立自主知识产权的三代核电技术的国家。“华龙一号”品牌将有力支撑国家“一带一路”倡议，促进核电装备制造业升级换代，助推“中国制造 2025”实施。以此为开端，我国三代核电技术将实现型谱化，可以为满足不同国家的需求提供多样化的选择。

1.1 概 况

1.1.1 研发历程

1999 年 7 月，中核集团全面启动百万千瓦级压水堆核电厂（CNP1000）概念设计，2001 年 3 月完成 CNP1000 标准设计方案，2005 年 6 月完成 CNP1000 初步设计和初步安全分析报告。

2007 年 4 月开始，中核集团在前期研发工作的基础上，进一步确定了 177 堆芯、单堆布置、双层安全壳等 22 项重大技术改进，开展概率安全分析、重大设计方案研究、初步设计和初步安全分析报告（PSAR）编制，并将型号更名为 CP1000，由中国核电工程有限公司（以下简称中核工程）牵头，与中国核动力研究设计院（以下简称核动力院）共同研发，在 2009 年年底完成 CP1000 示范工程——福清 5、6 号机组的初步设计。2009 年 11 月至 2010 年 4 月，为进一步论证总体设计方案和重大技术改进方案的适宜性，中核集团与环境保护部核与辐射安全中心开展了 CP1000 重大技术改进、安全设计及验收准则联合研究。2010 年 4 月底，CP1000 技术方案完成实验验证、论证分析和联合研究工作，方案通过中国核能行业协会组织的国内同行专家审查。

2010 年 1 月，为了完全满足三代核电技术的安全要求，中核集团在 CP1000 的基础上启动了 ACP1000 重点科技专项研发，并于 2010 年 12 月完成《ACP1000/ACP600 方案设计》。2011 年 3 月福岛事故后，鉴于核电行业形势和安全监管要求的变化，中核集团决定加快 ACP1000 技术的研发进度，以便代替 CP1000 作为未来国内和国际市场的主推机型。根据福岛核事故经验反馈和最新法规标准要求，中核集团完成了《ACP1000 概念方案及科研补充报告》。2011 年 8 月，中核集团完成 ACP1000 顶层方案设计，通过了集团专家审查会审查并获得正式批复。福清 5、6 号机组继续作为 ACP1000 的国内首堆示范工程。2012 年 12 月，中核集团完成并提交福清 5、6 号机组 PSAR 报告，2013 年 2 月，完成福清 5、6 号机组初步设计，并开展施工图设计，启动主设备采购。

中广核集团也在福岛核事故之后考虑研发满足三代要求的压水堆技术，并将研发过程分成两步施行。第一步考虑短期内新建项目的需求，在成熟的 CPR1000+基础上进行持续技术改进，开发具有三代特征的 ACPR1000，作为三代机组批量化建设前的过渡方案，建设阳江 5、6 号机组和红沿河 5、6 号机组。第二步是继续改进开发三代技术 ACPR1000+。中广核集团于 2009 年 4 月策划并正式启动 ACPR1000+型号研发，2011 年 6 月召开 ACPR1000+总体技术方案专家咨询会，2012 年 6 月完成方案设计，2012 年 11 月通过中国核能行业协会召开的同行专家评审。

2013 年 4 月 25 日，国家能源局主持召开了自主创新三代核电技术合作协调会，提出关于自主创新核电技术合作的目标、原则和遵循的标准，确定中核、中广核两集团在ACP1000 和 ACPR1000+的基础上，各取所长，联合研发，形成更优的技术方案，取名“华龙一号（HPR1000）”，寓意“中华复兴，巨龙腾飞”。“华龙一号”是 177 组燃料组件堆芯和三个安全系列相融合并优化、体现更先进的安全理念、具有自主知识产权、适合我国电力发展需要的三代百万千瓦级压水堆核电技术。会后，两集团签署了会议纪要，达成十项共识，并安排双方技术人员组成专家队伍开展技术融合的交流工作。

到 2013 年 8 月底，两集团专家组进行了 8 轮充分技术交流，形成了“华龙一号”总体技术方案，在核电技术的安全性、成熟性、先进性和经济性等方面达成一致，实现了技术融合、优势互补。2013 年 9 月 5 日，两集团正式签署《“华龙一号”技术合作协议》，共同开展核岛技术研发，并相互支持示范工程建设。2013 年 9 月 25 日，两集团以“关于中核、中广核‘华龙一号’自主三代核电技术的请示”联合上报国家发改委。2013 年 12 月，中核集团按照统一后的“华龙一号”总体技术方案完成初步设计，并以福清 5、6 号机组作为“华龙一号”首堆示范工程完成初步安全分析报告编制，正式提交国家核安全局。

2014 年 8 月 22 日，“华龙一号”总体技术方案通过国家能源局和国家核安全局联合组织的专家评审。专家组一致认为，“华龙一号”的成熟性、安全性和经济性满足三代核电技术要求，融合取得了很好的成果，体现了方案的总体技术特征，并为后续发展保留了空间。

2014 年 11 月 3 日，国家能源局正式批复福清 5、6 号机组采用“华龙一号”技术方案。2015 年 5 月 7 日和 8 月 20 日，中核集团国内“华龙一号”首堆示范工程——福清 5 号机组和海外“华龙一号”首堆示范工程——K2 机组分别浇筑第一罐混凝土。

1.1.2 技术特征

“华龙一号”是具备能动与非能动相结合安全特征的三代核电技术。它是基于现有压水堆核电厂成熟技术的渐进式设计，具备包括 177 堆芯、CF3 先进燃料组件、能动与非能动安全系统、全面的严重事故预防与缓解措施、强化的外部事件防护能力和改进的应急响应能力在内的先进设计特征。“华龙一号”的设计全面平衡地贯彻了核安全纵深防御设计原则、设计可靠性原则和多样化原则，创新性地采用“能动与非能动相结合的安全设计理念”，以能够有效应对动力源丧失事故的非能动安全系统作为经过工程验证、高效、成熟、可靠的能动安全系统的补充，提供了多样化的手段满足安全要求。

“华龙一号”充分借鉴融合了三代核电技术的先进设计理念和我国现有压水堆核电厂设计、建造、调试、运行的经验，以及近年来核电发展及研究领域的成果和福岛核事故经验反馈；满足我国最新核安全法规要求，参考国际最新的核安全标准和国际先进轻水堆核电厂用户要求（URD 和 EUR），满足三代核电技术的总体指标。“华龙一号”采用经过验证的技术，并充分利用我国目前成熟的装备制造业体系，具有技术成熟性和完全自主的知识产权，满足全面参与国内和国际核电市场的竞争要求，至 2020 年在国内外已开工建设10台机组，是当前核电市场上接受度最高的三代核电机型之一，是新的“国家名片”（见表1.1.1）。

表1.1.1 “华龙一号”电厂主要设计参数

参数名称	单位	参数
反应堆堆芯额定（热）功率	MW	3 050
设计寿命	年	60
换料周期	月	18
机组额定（电）功率	MW	≥1 100
燃料组件个数	个	177
电厂可利用率	%	≥90
极限安全地震（SL-2）	g	0.3
电厂布置		单堆
电厂运行方式		负荷跟踪（Mode G）
堆芯损坏频率（CDF）	堆·年	$<1\times10^{-6}$
大量放射性物质释放至环境的频率（LRF）	堆·年	$<1\times10^{-7}$
职业辐照剂量	人·Sv/（堆·年）	<1
操纵员不干预时间	min	30
电厂自治时间	h	72

1.1.3 工程概况

“华龙一号”首堆示范工程福建福清核电厂5、6号机组位于福建省福清市三山镇前薛村的岐尾山前沿，厂址距离省会福州市71 km、距离长乐市58 km、距福清市32 km。厂区地层岩性主要为燕山期黑云母花岗岩和人工回填土，厂址区域属典型的亚热带海洋性季风气候。区域内日照充足，温度适宜。当地受季风和海风影响明显。

示范工程建设单位（业主）为福建福清核电有限公司，由中国核电工程有限公司进行工程总承包，负责工程设计、设备采购、工程建设、调试和试运行；核动力院负责一回路系统设计；华东电力研究设计院负责常规岛及常规岛 BOP 设计；中国核工业二四建设有限公司负责核岛土建、常规岛土建及部分 BOP 土建施工；中国核工业二三建设有限公司（以下简称二三公司）负责核岛及核岛 BOP 安装工作；中国核工业第五建设有限公司负责常规岛及常规岛 BOP 安装工作。

示范工程采用双层安全壳预应力钢筋混凝土结构，结构建设周期长，施工工艺复杂，但安全性能大大提高，主要体现在以下几个方面：

① 在现有电厂运行经验反馈基础上进行全新设计，采用三环路压水堆布置，技术方案采用能动与非能动相结合的设计理念，满足三代核电的安全要求。

② 采用单堆布置方案，更好地实现实体隔离，减少机组间的相互影响，便于电厂建

造、运行和维护，提高厂址方案选择的灵活性。

③ 采用双层安全壳，增大安全壳自由容积，降低放射性大量释放的概率。

④ 将主控室、乏燃料水池及反应堆厂房置于可抗商用大飞机撞击的APC大壳内，并将安全系统的两个系列分别布置于反应堆厂房左右两侧安全厂房内，使其在遭遇飞机撞击时不会同时丧失功能。

1.2 管理思想

1.2.1 管理挑战

“华龙一号”示范工程采用能动和非能动冗余设计、0.3*g*地震安全停堆、双层安全壳、60年设计寿命、电厂平均可利用率≥90%，作为我国自主研发三代核电技术全球首堆，示范工程面临的设计、采购、施工、调试的技术和管理风险均显著高于已建设的二代加机型机组。

（1）技术创新挑战大

示范工程技术创新面临许多重大难题，随着施工图设计及现场施工的全面开展，设计风险逐步显现，出现了0.3*g*地震加速度引起的反应堆厂房主设备降标高、状态导向法事故规程（SEOP）开发、核岛水淹分析、安全壳外穹顶屋面施工风险要求设计重新考虑新方案等情况。同时，设计风险、采购风险及施工问题等因素导致设计变更频发，现场问题繁多，必须通过有效的管理减小变更对现场施工的影响。

（2）设备管理复杂

示范工程设备国产化率达到88%，供货商多达5 300多家、7万多台套设备，抗震、耐辐照要求的提高给设备的生产和制造带来巨大挑战。为证明“三新”设备（新设备、新厂家、新工艺）性能满足设计标准、功能要求，在设备供货前需对样机进行耐辐照试验、抗震试验、LOCA试验等，示范工程共涉及180台鉴定样机，其统筹管理及系统协调更是管理难点。

（3）施工管理难度大

示范工程相较于二代加机型工程量显著增大，混凝土量和钢筋量分别是二代加机型的3倍和6倍，单台机组核岛安装总点值达到580万点，是二代加机型的1.8倍。

设计类、设备类变更多，现场返工、物项拆借频繁；单堆布置及双层安全壳，增加安全厂房、外挂水箱，倒U形预应力系统、能动与非能动系统及水池数量增加等与二代加机型的差异，也增加了安全风险，大幅增大了施工管控难度。

（4）工期控制压力大

目前，国内已建成二代加机型的平均总工期在67个月左右，国际三代核电AP1000和EPR首堆工程均严重拖期，“华龙一号”首堆示范工程的基准工期仅62个月，工期十分紧张，工期控制难度大，需要总承包单位做好设计、采购、施工、调试的衔接，科学地进行组织与管理。

1.2.2 基于系统工程理论的项目管理

面临极大的管理挑战，基于多台机组的建设经验，“华龙一号”建设团队创新性应用基于系统工程理论的项目管理方法，依托业主负责制下的工程 EPCS 总承包一体化管理平台，以设计引领全局，以计划协调一体，以风险驱动管理；以“小核心、大协作”统筹协调，整体推进全产业链自主创新发展；以“两弹一星”精神、“四个一切”核工业精神团结、凝聚团队，以党建促业务，合力攻坚克难，保障“华龙一号”的成功建设。

（1）理论基础

系统是指由相互关联、互相制约、互相作用的一些部分组成的具有某种功能的总体。从组织论分析，影响一个系统目标实现的主要因素有人、组织、方法与工具。如果把“华龙一号”首堆示范工程视作一个系统，其中人的因素包括工程总承包单位及产业链上下游参建单位管理人员、生产人员的数量和质量，组织因素是业主负责制下的工程 EPCS 总承包组织模式，方法与工具包括系统工程理论和项目管理方法（见图 1.2.1 和图 1.2.2）。

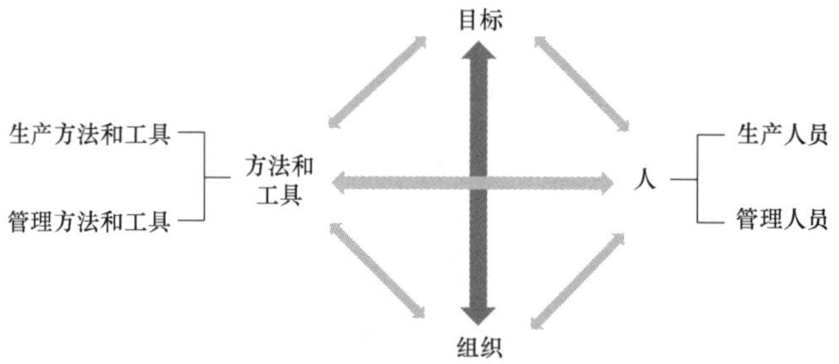

图 1.2.1 影响系统目标实现的主要因素

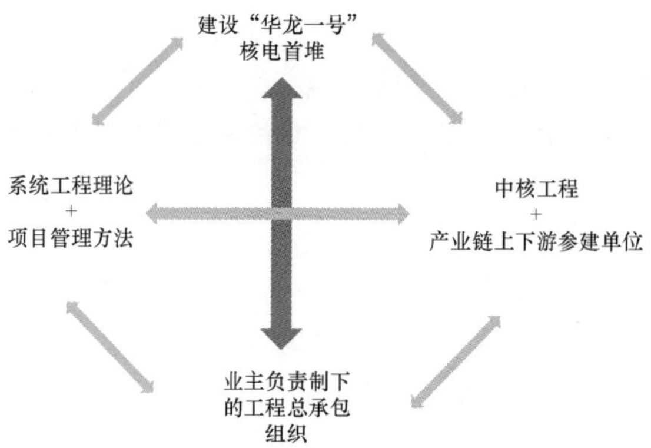

图 1.2.2 “华龙一号”系统的组织论分析

1978 年 9 月 27 日，钱学森、许国志、王寿云在《文汇报》上联名发表文章《组织管理的技术——系统工程》，明确了“系统工程不仅仅是一门组织管理的技术，而是各门组织管理的技术的总称”。系统工程是组织、管理系统的规划、研究设计、制造、试验和使用的技术（钱学森著《论系统工程》）。系统工程理论和方法具有普遍适用性，各种系统不同，就有各种系统工程，如工程系统工程指工程系统的组织管理，科研系统工程指科学技术研究工作的组织管理。“华龙一号”的型号研发组织管理是典型的科研系统工程，“华龙一号”首堆示范工程建设组织管理是典型的工程系统工程，都可以使用系统工程理念和方法解决组织管理问题。

项目是一种非常规性、非重复性和一次性任务，有确定的目标和确定的约束条件（时间、费用和质量等），具有独特性和阶段性特点。“华龙一号”型号研发与工程建设是项目，而项目管理的核心是项目目标控制，项目目标的定义、项目目标控制的任务分工和管理流程，都涉及项目的组织问题。如果把工程项目的项目管理视作为一个系统，其组织管理问题同样可应用系统工程理论和方法思考和解决。

“华龙一号”研发设计与工程实践正是基于系统工程理论的基本原理，以“利益共享、合作共赢”的心态大力协同，整合产业链资源；以“统筹策划、分步实施”“顶层设计、上下互动”建立科学的管理体系，制定合理的实施计划；以系统论为指导、坚持定性与定量方法的综合集成，灵活应用一系列项目管理方法实现对项目研发、设计、采购、施工、调试、验收移交全生命周期的管理与控制，确保了项目质量、安全、进度、成本目标的实现。

（2）利益共享、风险分担、合作共赢

系统工程项目各参建方可以分工、协商、合作，利益共享、风险分担、合作共赢，从而提升项目整体管理效益。

“华龙一号”是新时代“大力协同搞好核工业”的典范之作。国家各相关政府部门均对示范工程建设高度重视。国家能源局于 2015 年成立自主三代核电技术“华龙一号”示范工程建设协调小组，成员包括国家能源局、地方政府部门、有关行业协会、有关设计、施工、设备制造涉及的集团。协调小组集中优势资源，高效地协调解决了土建、安装和设备供货等重大问题，充分体现了集中力量办大事的中国特色和优良传统，稳步推进示范工程顺利建成投产，推动“华龙一号”核电技术加快“走出去”。

示范工程总承包单位充分发挥系统设计与集成能力的引领作用，通过与全产业链企业在新技术开发、管理文化和组织建设的协同与融合，形成利益相关的产业协同体，推动整个核产业技术创新与发展，提高产业链质量水平，带动专业人才培养提速，全面助力全产业链能力提升，为我国建设“核电强国”做出了重要贡献。

示范工程各参建方按照项目利益最优化的原则与合作共赢的理念，建立“工程先行，商务并进”的商务问题解决机制。业主公司与总承包单位以协作互信为基础，创新采用“二阶段定价模式”，以项目进度为优先，在商务问题不影响工程建设进度的前提下，同步推进商务问题处理，将总承包合同范围外的新增费用问题于建设过程中及时解决。

各参建单位充分重视以企业文化引领工程建设，形成了“同一事业、同一项目、同一团队、同一目标、同一文化、同一行动”的“六同”文化理念。通过“六同”文化理念引领，倡导以“建‘华龙一号’，铸国之重器”为主题，以质量创优、安全创效为主要目标，大力弘扬“两弹一星”精神和核工业精神，凝聚建设团队合力，引领各参建单位团结拼搏、攻坚克难、落实责任，极大地提高了建设者的工作热情，为塑造“华龙一号”“国家名片”品牌形象，全力推进示范工程安全高质量建设贡献智慧与力量。

示范工程成立了党建工作联合委员会，将党的组织体系与工程建设组织体系深度融合，有效组织现场660多名常年奋战在一线的党员及所有388个班组的1.1万名建设者、管理者，围绕工程建设开展各项主题活动，创品牌、出成果，有效破解了工程建设各方利益诉求差异难题，增强了全体参建者的责任感、使命感、荣誉感，有力促进“党建成效和‘华龙一号’工程建设双丰收、双示范”目标的实现。

（3）统筹策划、分步实施

系统工程强调“统筹策划、分步实施”，强调系统各部分要统筹兼顾、协调发展，同时也要抓重点，集中力量办大事。

“华龙一号”注重“统筹策划、分步实施”，技术研发团队根据国际先进三代核电技术发展趋势，进行了研发总体策划，确定了“华龙一号”总体研发思路：在充分利用我国批量化压水堆设计、建造和运行经验的具有自主知识产权的成熟技术经验基础上，借鉴国际三代核电技术的设计理念，吸取福岛核事故的经验反馈，开展进一步的自主研发，实现具有自主知识产权的三代核电型号的研制。同时，构建一体化知识产权管理与研发体系实现完全自主知识产权，搭建全球化协同创新平台整合技术资源，推动核能行业创新水平的提升，带动全产业链的持续发展，为我国核电自主发展及核电走出去奠定坚实的基础。在此统筹策划基础上，将总体目标逐步分解，逐步实现研发目标：

① 确定了包括177堆芯、单堆布置、双层安全壳、能动与非能动安全设计理念、抗震能力、抗商用大飞机撞击能力和应急能力提高等总体技术特征。

② 通过盘点产权、排查风险、自主创新和保护成果的具体做法，构建完善的知识产权布局和专利申请计划，实现完全自主知识产权，确保“华龙一号”的国内批量化建设以及海外市场出口不会受到知识产权问题的制约。

③ 整合国内优势资源，通过“小核心、大协作”合作模式，发挥知名科研院所和企业优势，解决型号研发所需的人才、技术及研发设施等科技资源短缺问题。采用纵向科研项目、横向科研项目、自主研发项目等方式完成了研发重点课题170余项。

④ 利用“互联网+异地三维设计一体化”的研发设计协作模式，依托示范工程，将研发设计有机结合，极大提高了项目研发设计效率和设计智能化水平，实现“数字化电站”，设计成果可直接对接采购、建安、制造以及项目管理环节。

（4）顶层设计、上下互动

系统工程提出要“顶层设计、上下互动”。要有顶层设计，才能把握全局，实现系统总体效果优化；要有上下互动，才能信息传递，实现局部利益的优化。

示范工程总承包单位构建的“公司管总、板块主建、项目主战”的敏捷项目管理体系充分运用了“顶层设计、上下互动”的系统工程原理。“公司管总”，总承包单位作为工程项目建设的战略指挥中枢，发挥集中领导和战略指挥与管理功能，通过制度化、标准化、规范化的顶层设计，构建出常态运行、专司主营、精干高效的工程项目敏捷管理体系。项目后台设计、采购、施工、调试业务板块及部分职能管理部门以专业化能力建设为核心，充分发挥战略性、系统性、平台性特点，负责先进工具、方法的开发及推广，业务流程的优化及项目部标准化程序的制定及完善，高质量人才队伍的建设，实现对项目部的能力输入，为项目锻造精兵利器。“项目主战”，项目总经理领导项目团队，被授予行政、经济、考核、人事撤换等权力，进行项目任务分配和统筹协调、监督管理，实现对项目全范围、全过程的总体控制。

在项目建设过程中将风险与项目全业务领域深度融合，纵向按照“要素–子系统–系统”的系统工程思维方式和方法构建出“业务领域–项目–多项目–公司–集团”五层级的重大风险 TOP10 风险管控模式，各层级将重大风险按照 TOP 排序管控，并逐级纵向提升组织管理力度；通过事前控制、趋势分析的工具手段，从上到下的实施系统性、递进性的管控，使风险管理真正落地。

建立了具有首堆特色的“国家–集团–业主”与“总承包商–业主–总包商内部”多层次会议协调机制。国家层面的高层协调会、集团公司协调会、业主与总承包商协调会、业主和总承包商内部协调会，从顶层就纵向、横向接口管理的重大原则达成一致，加快经验共享；从上到下协调参建单位落实关键资源；从下到上逐级讨论并解决工程建设中的重要问题，有力保障工程节点按期实现。

（5）“1+1>2”

系统工程强调“1+1>2”，强调“系统大于部分之和”，如何组织管理可以提高系统功能是系统工程的着眼点。

示范工程采用业主负责制的工程总承包模式，既强调了业主负责制，也实现了工程总承包制，以现场为中心，以工程为主导，形成在现场项目部层面统一领导的体系，减少分歧，增强合力，提高了工作效率，达到“1+1>2”的效果。

依托工程 EPCS 总承包平台，探索出一套有利于工程质量、安全、进度、成本管理的一体化协同管理运作模式，并通过扁平化、集约化、标准化、信息化的管理，整合了各专业资源，实现了设计、采购、施工、调试的深度融合，增强了主体责任意识，变外部被动控制为内部自主沟通，协同作战，实现板块功能互补，减少接口中的盲区和模糊不清的界面，简化管理层次，提高了工作效率，实现了计划协调一体、建设力量一体、全面风险管理，以项目目标为中心，以最大的整体合力，深度联合决胜工程建设。

示范工程受益于总承包单位多项目前后台矩阵式项目管理体系与集约化、标准化、信息化运作优势。后台业务板块与职能管理部门共同承担项目集约化管理任务，为项目部提供技术支持、资源保障。通过集约化运作，增强了后台对项目部的支撑服务力度，强化了多项目经验反馈的可利用性、可复制性，发挥了多项目议价采购优势；通过标准化运作，提升了项目部各领域业务的规范性和工作效率，减少了程序编制工作量；通过信息化运作，使项目建设管理标准化、流程化、集成化。

（6）坚持整体论与还原论相结合的系统论

整体论认为整体是不可分割的，分割出来的局部与存在于整体中的局部在功能上是不一样的。还原论认为研究复杂事物就要把整体分解为若干部分去研究，把细节搞清楚了，整体问题就可以搞清楚和解决了。系统工程强调系统论，系统论是把整体论与还原论相结合。

项目管理的十大知识领域，即整体管理、范围管理、时间管理、成本管理、质量管理、人力资源管理、沟通管理、风险管理、采购管理、干系人管理，充分体现了整体论与还原论相结合的系统论。首先强调整体管理和范围管理，制定项目工作说明书、项目章程、项目管理计划、项目范围基准，然后就各个细分管理领域，明确输入、输出、方法和工具。

示范工程以系统论为指导，在开工前创新性地开展对工程整个建设管理的评估与沙盘推演，评估的领域包括项目整体管理、设计管理、采购与合同管理、设备监造管理、施工管理、进度管理、风险管理等。结合以往项目建设经验及通过蒙特卡罗方法计算的影响总工期实现的各项敏感因素，选取了主泵的设计、采购及现场组装和 DCS 的设计制造、采购两项重要工作，重点围绕供应商选择、设计提资过程、项目组织模式、合同执行等方面的问题展开了具体的沙盘推演。各参建单位就提出的 26 项待改进项，100 个具体问题进行整改落实，大大提升了示范工程的管理水平。

总承包单位综合考虑范围管理、计划管理、成本预算与核算管理、责任分配和采购等，将工程总承包范围内的所有工作逐层分解，形成树状结构，构建出“华龙一号”标准 WBS 分解结构。通过 WBS 管理工具，将大型复杂项目分解成小的简单的可控单元，在每个可控的单元上加载进度、质量、成本信息构建质量、进度、成本联动的“三位一体”的管控体系。

示范工程应用一体化计划管理模式，在横向上通过接口计划将设计、采购、施工、调试及产业链协作单位等各领域相互独立的三级进度计划连接成一个整体，在纵向上通过 P6 计划管理系统实现二、三级进度计划的联动，通过统一动态匹配、跟踪、协调，提升了协同管理的效率。二、三级进度计划作业在同一个 WBS 下进行分解，保证了上下游二、三级进度计划的一致性。通过横向和纵向的一体化实现了工程项目全过程动态的一体化协调管控。

（7）系统工程的四维空间思维

四维空间，是指三维空间加上时间维度，时间维度强调事物的发展和变化，让系统可持续发展。

核电作为大规模科学技术工程，规模大、投入高、影响大、研制周期长，通常采用使用一代、研制一代、预研一代、探索一代的并行发展战略，一代一代搞，不浪费时间，充分体现了系统工程四维空间思维。“华龙一号”在建设过程中，重视系统性经验反馈，通过加强总体设计推动经济性优化、性能提升、工期优化，从更高目标的通用设计、更加全面精准的计算分析、更加经济的系统设备优化、更短的施工工期等多个方面进行了设计优化和创新。并通过采取各项施工优化措施，如不锈钢先贴法、不锈钢覆面用热丝 TIG 自动焊、模块化施工、一体化堆顶围筒组件与螺栓拉伸机配孔工艺等，节约项目资源投入，缩短建造工期。

“华龙一号”项目管理注重增强管理流程的系统性，不断提升标准化、精细化管理水平。示范工程坚持以问题为导向，通过沙盘推演提前预判风险、建立重大 TOP 风险机制、里程碑预警管控机制等，实现了风险与业务的深度融合，让风险管理真正落地。通过“过程管理”和“精细化管理”打造“精品华龙”，通过“规范化、标准化”管理提升效率，示范工程形成项目标准化工作程序 263 份，全面覆盖项目控制、质保、安全、商务、信息文档、设计管理、设备管理、施工管理、调试、综合管理领域。

“华龙一号”紧抓数字化转型发展契机，不断提升信息化、智能化水平。“华龙一号”数字化核电厂以数据为核心，以高精度三维模型为载体，以全专业结构化数据为支撑，包含全领域、全寿期核电工程数据，可用于电厂运行、维修模拟服务、关键系统的仿真验证。同时构建以项目管理平台为核心的贯穿核电设计、采购、施工、调试四大板块的“四柱一面”信息系统，形成“华龙一号”数字化核电站的基础支撑。

（8）系统工程加减法

开展系统工程项目研究要做加减法。对于系统的研究，可以减去一些东西，可以加上一些东西，研究加减状况下系统将会怎么样。运用加减法原理，可以解决系统的问题，找到改善系统的多种方案。“华龙一号”的技术研发及设计优化充分运用了系统工程加减法原理。

“华龙一号”以国产化二代改进型核电机组技术方案为基础，创新性地采用“能动+非能动”的安全设计理念，以能够有效应对动力源丧失事故的非能动安全系统作为经过工程验证、高效、成熟、可靠的能动安全系统的补充，提供了多样化的手段满足安全要求，满足我国最新核安全法规要求，满足三代核电技术的总体指标。

建造工期是体现核电技术先进性、保证核电经济性的重要考量指标。“华龙一号”在建设过程中，持续不断的开展工期优化，对标以 48 个月建造工期为目标的韩国 APR1400、法日合作的 ATMEA1 和俄罗斯 VVER-Toi。“华龙一号”工艺系统和土建工程量均比二代堆有所增加，要压缩工期，必须在工艺系统布置和土建工程量上做“减法”。“华龙一号”机型将在后续研发设计中，做好系统加减法，不断优化系统配置，简化系统布置，缩小厂房规模尺寸，并在关键路径上采用“模块化+开顶法”施工，进一步优化建造工期。

业主与总承包单位在组织管理上也创新应用加减法，业主的工程管理部门在保留必要的监督人力的情况下，将有经验的工程管理人员加入总承包单位项目管理大团队中，在管理上形成了合力，避免了重复管理。通过组织的加减法，总的管理人员数量减少了，管理效果增加了。

（9）定性到定量综合集成

定性与定量相结合，从定性到定量综合集成，是钱学森提出的系统工程方法论。“华龙一号”的研发设计与工程实践均体现了定性与定量方法的综合集成。

“华龙一号”研发是从满足三代标准并吸取福岛核事故经验的总体目标，细化为 177 堆芯、单堆布置、双层安全壳、3 个非能动系统、0.3*g* 抗震能力、抗商用大飞机撞击能力和提高应急能力等总体技术特征，再通过 360 多个系统、7 万多台套设备、70 多个子项的设计来逐步实现的，再通过计算分析、试验验证等各种手段证明这些设计满足原来设定的各项目标，充分体现了定性到定量的综合集成。

“华龙一号”研发中全面应用“风险指引”的设计理论，采用确定论和概率论相结合的分析方法，优化了核电厂系统配置方案，实现了安全上的平衡与经济性的提高；提出将事故分析技术与数字仿真技术结合，开发了先进核电设计验证平台，实现了对安全设计与事故规程的高精度实时计算机仿真验证。

“华龙一号”应用风险概率量化分析方法进行项目总工期测算，确定总承包合同采用“62（基准工期）+10（风险工期）+6（合同宽限期）”的新型组合式工期；应用关键路径法结合施工效率法、曲线拟合法（应用工程量进行定量计算）评估土建和安装工期。将挣值管理全面应用于设计、采购、施工、调试各领域，并以挣值作为支付依据，将质量计划管理、挣值管理融入合同支付之中，形成质量驱动进度，进度驱动挣值、挣值驱动支付的联动体系；基于挣值进行 BOP 资源均衡分析，通过改变部分工作的开始时间，使资源按时间的分布符合优化目标，使各种资源的动态曲线尽可能不出现短时期的高峰或低谷，达到资源均衡，进而大大减少施工现场各种临时设施的规模，从而降低施工费用。

1.3 实践经验

“华龙一号”的成功建设，对于提升我国核工业的核心竞争力，实现由核电大国向核电强国的历史性跨越，具有重大意义。“华龙一号”研发设计与工程建设有如下几个方面的实践经验值得总结。

1.3.1 自主研发、创新驱动

科技是国家强盛之基，创新是民族进步之魂。习近平同志强调“重大科技创新成果是国之重器、国之利器，必须牢牢掌握在自己手上，必须依靠自力更生、自主创新”。“华龙一号”正是在充分利用我国三十年核电发展形成的研发设计能力，并借鉴与吸收国际上先进核电设计理念的基础上，通过自力更生、自主创新、持续改进形成的开创性核电技术。

（1）核电型号研发的“四级跳”

从大亚湾核电站熟悉国际核电设计与建造标准、岭澳核电站实现部分设计自主化到岭澳二期完全自主化设计。从创立第一个具有自主知识产权的商用核电品牌 CP600、研发自主知识产权的百万千瓦级核电压水堆机组 CNP1000，到具有完全自主知识产权的“国家名片”“华龙一号”凌空出世。从技术后援到引进、消化吸收、自主设计再到自主知识品牌建设，中核集团逐步实现了我国百万千瓦级压水堆核电站研发设计的“四级跳”。“华龙一号”自主核电型号的突破，凝聚了几代科研人员消化吸收国际先进技术，自主研发和创新的不懈努力。

（2）自主创新掌握完整知识产权

关键的核心技术只有自力更生、自主创新。中核集团开展自主三代核电技术研发，始终坚持自主创新路线，以掌握自主知识产权为目标。“华龙一号”申请国内专利 716 件，国际专利 65 件，海外商标 200 余件，软件著作权 125 项，覆盖了设计、燃料、设备、建造、运行、维护等领域，在燃料和堆芯设计、核岛主要系统设计、主要设备设计、仪控设备设计等关键技术方面均形成了完整的知识产权体系，打造了“华龙一号”核电机组的专利集群，在当前核领域国际合作受阻的局面下，更具有重大意义。

（3）设备自主研发与制造

“华龙一号”坚持自主研发、自主设计、自主制造之路，充分利用了我国成熟的核电装备制造体系，堆型研发联合了国内75家高校、科研机构、设备厂家，国外14家组织、机构或大学共同参与，首堆设备供货厂家分布全国各地，涉及5 300多家，共计7万多台套，主要关键设备是在现有核电技术基础上的持续改进和继承发展，其供货依托现有核电机组形成的国产化能力。通过“华龙一号”设计单位和国内制造企业的联合研发，反应堆压力容器、蒸汽发生器、堆内构件、控制棒驱动机构、先进堆芯测量系统、非能动系统设备、燃料转运装置、人员闸门、地坑过滤器、设备闸门、机械贯穿件、电气贯穿件、安全壳过滤排放系统、乏燃料贮存格架、水泥固化线装置等多数核心装备都实现“中国造”，带动了国内装备制造业高端设备的整体研发和制造水平，大幅提升了“华龙一号”设备国产化率和设备的经济性指标，确保了核心关键设备不受制于人，打破了国际垄断，有力地保证了“华龙一号”堆型的深度自主化设计，为解决“华龙一号”技术出口第三国可能的核禁运限制铺平道路，并将有效发挥国内高端设备制造产能优势，带动产业集群转型升级。

（4）创新先进建造技术

“华龙一号”坚持创新驱动发展，工程建设采用了很多新技术、新材料、新工艺、新工具、新工法，形成了一系列具有国际先进水平的核电厂关键建造技术。土建团队应用不锈钢覆面先贴法、倒U形预应力施工、安全壳钢衬里模块化施工、屏蔽混凝土泵送浇筑、重型挂架支撑施工等土建施工技术创新，对施工质量、进度、安全等方面均有较大的促进作用。为形成专有施工技术、工艺、工装，“华龙一号”安装团队在主设备安装、吊装，焊接、测量、信息化等方面开展突破性课题研发，一体化堆顶围筒组件与螺栓拉伸机配孔工艺、压力容器筒体保温安装工装、控制棒驱动机构水压试验工装、主泵泵壳吊装专用工具等的自主研制和使用大幅度提升了施工效率。示范工程首堆调试难度大，调试团队开辟先河，创新钻研，开发了核电厂调试多用途仪控系统、主控室可居留区域气密性检查试验工具、核电厂水喷雾灭火系统启动时间测试系统等专用测试工具，采用了冷态性能试验后不打开压力容器顶盖、开盖功能试验逻辑优化、安全壳外壳孔洞封堵后密封性测试新方法、安全壳C类试验的中腔打压法等调试创新方法，极大地减少了调试工作量，节约了工期。

（5）数字化核电与智慧核工程建设

顺应新技术发展和数字化转型需求，“华龙一号”积极推进数字化核电和智慧核工程建设。“华龙一号”设计结合“互联网+”的理念，将核电的设计、应用软件与互联网技术相结合，建立了异地综合协同设计平台，实现了不同地域、不同专业、不同设计范围以及不同设计阶段的数字化核电厂设计协同，完成统一的项目设计数据库。示范工程加大信息系统建设与系统整合力度，促进业务流程与信息化融合，项目管理平台和设计、采购、施工、调试业务板块信息系统共同组成的工程管理信息系统，全面覆盖设计、采购、施工、调试工程各领域业务管理以及计划、文档、接口、变更、质量、安全、成本等管理维度。“华龙一号”实现了核电工程的数字化移交，并以此为基础，将技术服务延伸至电厂运维阶段，可提供从建设交付、维护改进到退役拆除的一站式服务。示范工程在IT新技术应用方面进行了很多创新应用，主要包括移动技术和人脸识别技术在施工管理系统的应用，高性能计算在设计领域的应用，多个软件/系统在云平台上应用，有效支持了项目用户工作效率和工作质量的提升。移动应用平台直接与施工管理系统集成，实现了安全隐患的排查、整改、验证，质量计划的发点通知、消点的移动式办公处理。利用人脸识别技术，对进场人员的身份进行识别，实现了场区安防管理并实时统计进/离场人员详细信息，追踪施工人力投入情况。

1.3.2 协同一体、管理提升

“协同”是中核集团的核心价值观，是强核强军的内在要求。“大力协同、勇于攀登”是我国成功研制“两弹一星”的宝贵经验。依托业主负责制下的工程EPCS总承包管理平台，基于十余台核电机组的建设经验，“华龙一号”建设团队积极发挥核产业链上下游的相互配合和紧密协作，增强工程设计、采购、施工、调试各环节的系统集成与高效协同，持续对标与优化、不断提升项目全生命周期管理水平，为“华龙一号”国之重器保驾护航。

（1）“小核心、大协作”整合产业链资源

“华龙一号”依托业主负责制下的工程 EPCS 总承包一体化管理平台，以长期连续建设积累的技术、管理、人才优势，引领核能全产业链协同创新发展。通过“小核心、大协作”合作模式，搭建了全球化的政产学研用协同创新研发平台，与清华大学、哈尔滨工程大学等75家高校、科研机构、制造厂和14家外国机构与大学建立了研发合作关系，有效整合了技术资源。通过设备供应商精准质量提升等管理活动，对质量保证管理薄弱及质量风险较大的设备制造厂进行了多频次、多角度、细致深入的重点帮扶，并建立统一的供应商门户系统，已覆盖约650个厂家，实现了信息流转的自动化、数字化，提高了协同管理效率。

（2）EPCS系统集成与高效协同

“华龙一号”通过设计、采购、施工、调试的系统集成与高效协同，充分发挥了工程总承包模式在整体推进核工程建设、提升效率和效益方面的一体化协同管理优势。以一体化计划管理，将设计、采购、施工、调试活动有机的连接成一个整体，统一动态匹配、跟踪、协调，提升了协同管理的效率。以全方位、多层次的沟通协调机制，使得各参建单位充分沟通交流、EPCS各板块密切配合，高效解决问题。以跨单位、多专业联合专项组，如：核级小三箱专项组、主泵专项组、DCS专项组、常规岛及BOP协调专项组、冷热试节点优化专项组、装料推进专项组等，协调优势资源、集中力量保障项目关键节点按期实现。以沙盘推演、全面风险管理，提前预判风险，以风险驱动业务，全员参与、全领域覆盖、全过程防控，确保整个核电项目建造过程外部风险、设计风险、采购风险、施工风险、调试风险、合同风险、管理风险及财务风险的识别、分析、评估、应对和监控的闭环式管理。

（3）全生命周期管理提升

“华龙一号”研发团队结合自身技术能力和条件，创新研发管理模式，实现研发体系转型升级，建立一体化知识产权管理与研发体系，搭建全球化协同创新平台整合技术资源，创建“互联网+”核能一体化三维协同研发设计平台，大幅提升创新研发效率。

设计团队构建了设计服务采购、施工及调试的深度融合的管理方法、围绕设计过程要素减少变更的创新管理方法、依托三维数据的高效和高质量服务管理方法、组建“两位一体”现场管理团队提升技术服务质量的管理方法，在“华龙一号”的首堆建设中发挥了显著的作用。

采购团队全面提升项目计划管理能力、合同采购管理能力、合同执行管理能力、合同监造管理能力、质量保证管理能力，以大宗材料全周期一体化管理、DCS提资链（网）管理、三新设备样机鉴定、设备供货商履约评价等管理优化为抓手，整合产业链资源，提升集成一体化管理能力，有力保证了全厂工艺设备按期交付。

施工团队聚焦现场，多方面、多层次推动高风险作业旁站/巡视管理、机械防护围栏有效减少误操作导致机械伤害等安全改进措施，通过防异物管理、“2+3”的月储备量梳理方式、系统导向专项管理、日工作计划管理等施工管理创新与良好实践，强化了施工执行力，提升了管理效率。

调试团队积极组织提前介入，有效整合项目资源，提前熟悉工艺及其附属设备的布置、安装状态及安装过程，通过发现问题并敦促解决，梳理调试先决条件，创造调试试验条件，有效推动安装后期的项目进展。

项目控制团队对标ISO、IAEA、AACE、PMI等国际协会标准，应用蒙特卡罗风险量化分析法进行总工期及敏感性因素分析，应用施工效率法、曲线拟合法结合关键路径法进行土建、安装工期分析，应用WBS范围管理进行项目成本分级及整体控制，应用挣值管理技术进行项目绩效评价、完工成本预测、建安合同支付，实现了对项目进度、成本目标的先进管控。

1.3.3 追求卓越、传承精神

“追求卓越、传承精神”是“‘华龙一号’为什么能”的题中之义。华龙团队始终坚持安全第一、筑牢质量根基，用自主研发及首堆实践发扬新时代核工业精神。“华龙一号”这支队伍不仅有志气，而且很争气，他们用心血浇灌了“华龙一号”，用梦想启动了“华龙一号”，用风骨托起了“华龙一号”。

（1）坚持安全第一

“华龙一号”坚持和贯彻“安全第一、预防为主、综合治理”的总体方针，建立了完善的安全环保管理体系，并通过有效的监督评价与反馈机制，强化事前预防措施，细化作业过程监督，持续完善安全教育培训和承包商管理，实现了安全环保管理体系的良好运行。

项目部构建了以“安全隐患排查治理与风险分级管控”为核心的“双重预防”机制。通过“安全生产网格化”管理模式，将建安现场划分为5级网格、38个子网格进行监督管理，以“网格”为基本单元进行安全监督和绩效考核，有效绑定并压实各级管理人员的安全责任。同时，利用信息化技术，使用安全隐患排查手持终端，确保安全隐患在手机端得到录入和整改处理，提高隐患整改效率，并实现隐患分类、分布和数量趋势在手机端实时分析统计；在高风险作业过程中，施行分级监督与“双保险”安全控制措施，积极推行风险降级的本质安全化措施，确保所有高风险作业得到有效管控；建立了风险动态管控机制，将安全TOP10管理与危险源辨识相结合，进一步完善和细化了安全风险管理的有效性。

（2）筑牢质量根基

“华龙一号”依据《核安全法》的规定，秉承核安全文化中“凡事有章可循、凡事有人负责、凡事有人监督、凡事有据可查”的工作理念，为了保证设计、采购、制造、建安、调试过程受控，结合 PDCA 循环原理，建立了三级质量保证体系，保证示范工程满足质量要求。

“华龙一号”强化过程控制，通过事前、事中、事后控制，以多级质控为基础，强调关键工序以及重点区域的质量管理与检查，提升质量管理的力度和精准度。强化各单位的责任意识，质量监督严管日常化，问题处理规范化，质量管理标准化、精细化，极大提升了现场质量管控力度。

“华龙一号”积极培育员工的忧患意识、责任意识、诚信意识、敬畏意识和守法意识，严格落实国家核安全局“严、慎、细、实”的总要求，将核安全文化融入日常工作中，建立长效机制，不断提高员工核安全文化素养，从而切实保证核工程建造质量。

（3）新时代核工业精神的传承和发展

我国核工业创建后，老一辈核工业人自力更生、艰苦创业，创造了“两弹一艇”的惊世伟业，奠定了我国的大国地位，凝聚成了“两弹一星”精神；改革开放以来，前辈们白手起家、筚路蓝缕，打破了国际垄断，实现中国大陆核电零的突破，从“国之光荣”秦山核电开始，我国 30 多年不间断的建设核电，核工业带动上下游产业链共同发力，瞄准世界科技前沿，面向国家重大需要，实现了一个个“从 0 到 1”的突破，取得一系列具有开创意义的重大成果，迈入了世界核电第一阵营，在奋勇拼搏的过程中，形成了“事业高于一切、责任重于一切、严细融入一切、进取成就一切”的核工业精神；党的十八大以来，在以习近平同志为核心的党中央坚强领导下，我国开启了全面建设社会主义现代化强国、实现中华民族伟大复兴的新征程，我国核工业进入了由大到强加快发展的新时代，迎来了自“两弹一艇”以来最为重要的发展机遇期。面对百年未有之大变局，我国核工业人秉承“强核报国、创新奉献”的新时代核工业精神，牢记强核强国的历史使命，努力建设先进核科技工业体系，打造世界一流核工业，为把我国早日建设成为核工业强国而不懈努力。

“华龙一号”凝聚着新时代核工业人自强自立的理想追求，各参研参建单位的科技工作者接力奋斗，上万名核工业建设者常年奋战在福建福清施工现场，5300 多家设备制造企业大力协同、联合攻关，实现了“华龙一号”首堆工程建设的重大胜利。“华龙一号”团队传承弘扬“两弹一星”精神和“四个一切”核工业精神，用实际行动铸就大国重器，打造国家名片，生动诠释了“强核报国、创新奉献”的新时代核工业精神，书写了光辉灿烂的时代华章。

1.4 本书结构

围绕“华龙一号”“自主研发、创新驱动”“协同一体、管理提升”“追求卓越、传承精神”的实践经验，本书章节组织关系如图 1.4.1 所示。

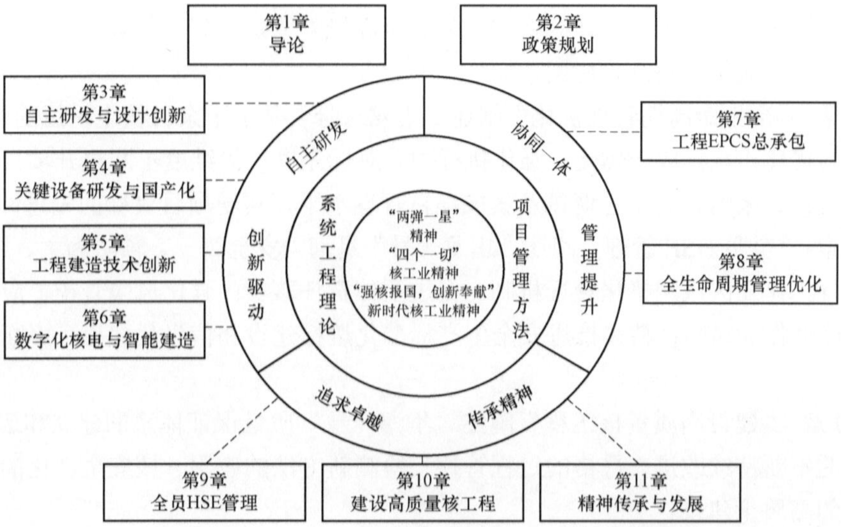

图 1.4.1 本书结构

第 1 章 “导论”阐述“华龙一号”研发背景及意义、研发历程、技术特征、工程概况，如何基于系统工程理论的基本原理灵活应用项目管理方法应对管理挑战，总结了“华龙一号”“自主研发、创新驱动”“协同一体、管理提升”“追求卓越、传承精神”的实践经验，成为贯穿全书的主线。

第 2 章 “政策规划”主要阐述“华龙一号”在研发建设期间，国家领导人给予的批示和指示；国家相关部委、行业乃至集团公司对于“华龙一号”的支持与肯定，以及在相关规划中对“华龙一号”的定位与发展预期。

第 3 章 “自主研发与设计创新”从坚持自主创新、全面掌握关键核心技术，推动工程应用、完成关键技术试验验证，多方安全评价、通过全方位多角度认证，固化技术成果、创建中国自主标准体系，设计优化创新、引领自主研发工程落地全面展示“华龙一号”自主研发与设计创新。

第 4 章 “关键设备研发与国产化”选取“华龙一号”示范工程部分关键主设备，从设备制造难点和创新、设备制造国产化、设备制造研发历程等各方面内容进行阐述，通过与国内制造业携手共进、共谋发展，全面提升我国装备制造能力，带动产业集群转型升级。

第 5 章 “工程建造技术创新”阐述“华龙一号”土建、核岛与常规岛安装、调试技术创新，全面展示工程建设采用的新技术、新材料、新工艺、新工具、新工法及形成的一系列具有国际先进水平的核电厂关键建造技术。

第 6 章 “数字化核电与智能建造”围绕数字化转型，阐述“华龙一号”数字化设计应用、全数字化仪控系统和先进主控室设计，项目管理平台和设计、采购、施工、调试业务板块信息系统共同组成的工程管理信息系统，移动技术、人脸识别技术等 IT 新技术应用，协同设计、BIM 应用等智能建造探索。

第 7 章 “工程 EPCS 总承包”阐述“华龙一号”基于业主负责制的工程 EPCS 总承包管理平台，通过总承包合同管理、核产业链优势整合实现核产业链上下游的相互配合和紧密协作；通过设计引领全局、计划协调一体、全面风险管理做好工程设计、采购、施工、调试各环节的系统集成与高效协同。

第 8 章 “全生命周期管理优化”阐述“华龙一号”基于十余台核电机组的建设经验，持续对标与优化，从集成一体化、强化执行力、对标先进性等维度不断提升项目全生命周期研发、设计、采购、施工、调试及集成项目管理水平，实现项目目标的先进性管控。

第 9 章 “全员 HSE 管理”阐述“华龙一号”贯彻“安全第一、预防为主、综合治理”的总体方针，建立区域网格化管理机制，促进主体责任落实；强化风险管控，应用本质安全措施，降低作业风险；持续推进安全生产标准化达标建设和信息化建设，不断提升安全管理绩效。

第 10 章 “建设高质量核工程”阐述“华龙一号”质量保证体系的建立和运行情况，通过体系的不断持续改进、严格的过程管控、检测新方法的应用、核安全文化的培育，实现核工程的高质量建设。

第 11 章 “精神传承和发展”阐述“华龙一号”技术研发、首堆工程建设中新一代核工业人对“两弹一星”精神及“四个一切”核工业精神的传承及发展，集中体现“强核报国，创新奉献”的新时代核工业精神，用首堆实践树立一座华龙人的精神丰碑。

第2章
政策规划

我国核工业的创立和发展是我们党领导社会主义建设和改革开放事业的重大成就。1955年1月15日，党中央、毛主席审时度势、高瞻远瞩，做出了发展中国核工业的伟大战略决策。六十多年来，在党中央的坚强领导下，几代核工业人艰苦创业、开拓创新，推动我国核工业从无到有、从小到大，走出了具有中国特色的独立自主的核工业发展道路。

十八大以来，习近平总书记多次对核工业发展作出过重要指示批示，频次高、力度大，体现了党中央和国家对核工业发展的高度重视。2015年1月15日在我国核工业创建60周年之际，习近平指出："核工业是高科技战略产业，是国家安全重要基石。要坚持安全发展、创新发展，坚持和平利用核能，全面提升核工业的核心竞争力，续写我国核工业新的辉煌篇章。"

作为中国核工业60年坚持自主创新的结晶之一以及中国高端制造"走出去"的国家名片，"华龙一号"的成长和成功得到了国家领导人、相关部委以及社会各界的关怀和支持。

2.1 习近平主席频频向海外力推"华龙一号"

2015年12月4日，国家主席习近平出席由中国商务部和南非贸易和工业部共同主办的中非装备制造业展开幕式，并参加了剪彩仪式。开幕式后，习主席在南非总统祖马的陪同下走进中核集团展台，认真观看了"华龙一号"3D模型，时任中核集团副总经理和自兴向习近平主席介绍了"华龙一号"技术特点和工程建设情况，习近平向祖马总统介绍说："这是我们自己的技术，我们要把它推向非洲和全世界。"

2016年1月20日，由中国商务部主办的中国高科技展在埃及首都开罗开展。国家主席习近平在埃及总理谢里夫•伊斯梅尔的陪同下走进中核集团展台，驻足观看了"华龙一号"模型。当伊斯梅尔总理询问"华龙一号"的功率等参数时，习主席亲自介绍说："'华龙一号'机组单台功率一百万千瓦！中国核电建造规模世界第一！"

2017年6月8日，在哈萨克斯坦阿斯塔纳世博会开幕前夕，习近平同志和哈萨克斯坦总统共同参观了世博会中国国家馆。在“华龙一号”模型前，时任中核集团董事长王寿君向习近平主席和纳扎尔巴耶夫总统介绍了“华龙一号”技术特点和全球首堆示范工程成功提前 15 天穹顶吊装。习近平主席对纳扎尔巴耶夫总统介绍说，“‘华龙一号’是中国完全自主知识产权的三代核电技术。”

2018 年 5 月 28 日，在中国科学院十九次院士大会、中国工程院第十四次院士大会上，国家主席习近平同志表示：“我们着力引领产业向中高端迈进，复兴号高速列车迈出从追赶到领跑的关键一步，超超临界燃煤发电、特高压输变电、杂交水稻、海水稻等世界领先，移动通信、语音识别、新能源汽车、第三代核电‘华龙一号’、掘进装备等跻身世界前列。”

2.2 李克强总理多次关心“华龙一号”的成长

2015 年 4 月 15 日，中共中央政治局常委、国务院总理李克强主持召开国务院常务会议，决定核准建设“华龙一号”三代核电技术示范机组，在调整能源结构中促进稳增长，标志着中国自主三代核电技术正式扬帆起航。“华龙一号”项目开工建设和建成投产都将对中国核电的发展，乃至世界核电发展产生重大意义，标志着中国核电发展进入了一个新的阶段。

2015 年 5 月 20 日（巴西当地时间），李克强总理出席在巴西举办的“中国装备制造业展览”开幕式之际，亲临中核集团展台参观。时任中核集团董事长孙勤向李克强总理和陪同参观的巴西外交部长、矿产能源部长、里约州州长等介绍了“华龙一号”，并希望总理和巴西政府支持“华龙一号”落地巴西。李克强总理欣然同意，并表示还将向其他国家推介。

2015 年 6 月 15 日，李克强总理考察调研中国核电工程有限公司时表示：“你们在铸国之重器。”调研结束后，李克强总理慰问了公司老中青三代干部员工代表，并与员工亲切交流，总理说，“你们为我撑腰，我为你们扬名。”

2015 年 10 月 16 日，李克强总理在《求是》杂志上发表题为《催生新的动能实现发展升级》的文章中提到：“我在中国核电工程有限公司参观‘华龙一号’时了解到，核岛设计非常复杂，而中心实验室只有十几个人。他们通过互联网连接 20 多个城市的 500 多台终端工作，这些终端后面有成千上万的科研人员作为支撑。这就是‘积力之所举，即无不胜也；众智之所为，即无不成也’。”

2017 年 5 月 26 日，李克强总理对“华龙一号”福清 5 号机组建设工作作出重要批示：我国自主研发的三代核电“华龙一号”是推进实施中国制造 2025 的标志性工程。福清 5 号机组作为“华龙一号”全球首堆，实现核岛穹顶吊装意义重大。谨向全体设计人员和建设者致以诚挚问候！核电建设和运营管理都要确保绝对安全。希望继续发扬工匠精神，精益求精、严格管理，在确保质量和安全的前提下按期建成投产。依托“互联网＋”、众创平台进一步汇聚各方创新资源，不断提升我国核电研发制造水平。同时积极参与国际市场，努力打造世界一流核电品牌，为实现中国制造迈向中高端作出新贡献。

2.3 国家构建现代清洁能源体系为核电带来发展机遇

2014 年 6 月 13 日，习近平总书记在中央财经领导小组第六次会议上研究国家能源安全战略。强调能源安全是关系国家经济社会发展的全局性、战略性问题，对国家繁荣发展、人民生活改善、社会长治久安至关重要。面对能源供需格局新变化、国际能源发展新趋势，保障国家能源安全，必须推动能源生产和消费革命。明确提出了“四个革命、一个合作”的重大能源战略思想。第一，推动能源消费革命，抑制不合理能源消费。第二，推动能源供给革命，建立多元供应体系。第三，推动能源技术革命，带动产业升级。第四，推动能源体制革命，打通能源发展快车道。第五，全方位加强国际合作，实现开放条件下能源安全。推动能源生产和消费革命是长期战略，必须从当前做起，加快实施重点任务和重大举措。

能源是发展的动力和基础，习近平总书记提出的“四个革命、一个合作”能源发展战略，为我国推动构建清洁低碳、安全高效能源体系，更好支撑我国经济高质量发展指明方向。推动能源供给革命，就要着力发展清洁、安全、多元能源供给，特别是多种形式可再生能源，如风能、光能等，有很大扩展空间。

2017 年，国家发展改革委与能源局印发《能源生产和消费革命战略（2016—2030）》明确指出：到 2020 年，全面启动能源革命体系布局，推动化石能源清洁化，根本扭转能源消费粗放增长方式，实施政策导向与约束并重。2021—2030 年，可再生能源、天然气和核能利用持续增长，高碳化石能源利用大幅减少。展望 2050 年，能源消费总量基本稳定，非化石能源占比超过一半，建成能源文明消费型社会；能效水平、能源科技、能源装备达到世界先进水平；成为全球能源治理重要参与者；建成现代能源体系，保障实现现代化。

2017 年，党的十九大报告提出要坚持新发展理念。发展是解决我国一切问题的基础和关键，发展必须是科学的，必须坚定不移贯彻创新、协调、绿色、开放、共享的发展理念。报告提出要推进绿色发展，加快建立绿色生产和消费的法律制度和政策导向，建立健全绿色低碳循环发展的经济体系。构建市场导向的绿色技术创新体系，发展绿色金融，壮大节能环保产业、清洁生产产业、清洁能源产业。推进能源生产和消费革命，构建清洁低碳、安全高效的能源体系。

我国提出到 2030 年非化石能源占一次能源消费比重达 20%、二氧化碳排放达到峰值并争取尽早达峰的目标。考虑到新能源发电具有波动性、间歇性与不可预测性等特点，且储能技术尚不够成熟，核电是目前唯一可以大规模代替煤炭、为电网提供稳定可靠电力的能源。

发展核电是落实“四个革命、一个合作”能源安全新战略，推动能源发展质量变革、效率变革、动力变革的重要举措。发展核电不仅可以为调整我国不均衡不充分发展的能源结构提供重要支撑，也是加强生态文明建设、大规模减少污染排放、实现环境治理的现实可行选择，还可以为我国在全球气候变化治理的国际博弈中争取主动权和话语权。

2.4 国家相关部委推进我国自主创新三代核电技术研发

2011 年，中核集团（CNNC）与环境保护部核与辐射安全中心（NSC）签订合作协议，共同开展了当时还称为ACP1000的技术方案的重要安全设计及验收准则研究工作。从2011年 8 月开始，中核集团向核与辐射安全中心提交了《ACP1000 总体技术方案》《ACP1000 重要安全设计专题报告》和《ACP1000 典型事故分析专题报告》。双方召开了两次审评对话会，共讨论 477 个专题问题。

2012 年 2 月，受国家核安全局委托，核与辐射安全中心对《ACP1000 总体技术方案》进行了审查。根据核与辐射安全中心对 ACP1000 总体技术方案的审查意见，2012 年 3 月 22 日，国家核安全局以《关于中核集团 ACP1000 核电技术意见的函》，对 ACP1000 技术方案做出评价，认为“与目前国际上新开发的一些先进核电厂的设计方案项比较，ACP1000 的设计方案已达到同等水平，其采用的能动和非能动相结合的设计理念，可较好地应对缺乏非能动技术使用经验所带来的不确定性。ACP1000 核电厂可作为国内新建核电厂的一种选择方案”。

2012 年 7 月至 12 月，核与辐射安全中心完成《ACP1000 总体安全设计评价报告》《ACP1000 典型事故分析专题评价报告》和《ACP1000 重要安全设计专题评价报告》。在联合研究的框架之下，核与辐射中心的审评专家还参与了 ACP1000 的全部重要试验验证的审查和见证。

《ACP1000 总体安全设计评价报告》的结论如下：“ACP1000 在设计上采用了先进的能动与非能动相结合的安全设计理念，充分考虑了福岛核事故的最新经验反馈，并采取相应的安全改进，具备完善的严重事故预防与缓解措施，其安全性总体上能满足我国最新核安全法规要求，也符合三代核电安全指标，但须进一步做好相关试验验证工作和局部设计优化工作。”

2012 年 12 月，中核集团完成并提交采用 ACP1000 技术的《福建福清核电厂 5、6 号机组初步安全分析报告》。2013 年 11 月，根据“华龙一号”方案对初步安全分析报告（PSAR）进行了修订，并上报国家核安全局。国家核安全局分别于 2014 年 11 月 2 日至 3 日、2014 年 12 月 17 日至 18 日、2015 年 3 月 30 至 31 日分别召开了三次 PSAR 审评对话会。福清 5、6 号机组 PSAR 的评审和专项审查工作经过 3 轮对话会，所有问题已经形成结论。国家核安全局向国家能源局发送了《关于福清核电厂 5、6 号机组安全审查意见的复函》，提供以下评审结论："该项目满足我国现行有效的核安全法规和标准，改进措施符合我局在福岛核事故后对核电厂提出的安全改进要求，达到了《核安全与放射性污染防治'十二五'规划及 2020 年远景目标》中确定的安全目标"。国家核安全局在安全分析报告审查的基础上，还针对首次使用的多项重要改进技术开展了专项审查，对关键试验进行了见证，并开展了独立审核计算。对于这部分工作，国家核安全局在函中也指出了以下结论："该技术方案具备了完善的严重事故预防和缓解措施，符合国际最新安全要求，安全和技术水平与国际先进的压水堆核电厂相当"。

2014 年 8 月 21—22 日，国家能源局、国家核安全局在北京组织召开自主创新三代压水堆核电技术"华龙一号"总体技术方案专家评审会。评审会由国家能源局核电司司长刘宝华主持，国家发改委副主任、国家能源局局长吴新雄和国家核安全局副局长刘华出席会议，43 位院士专家及近 50 位行业代表与会，来自中国核能行业协会、中国机械工业联合会、环境保护部核与辐射安全中心、中国国际工程咨询公司、电力规划设计总院、总装国防知识产权局、各核电企业、高校和研究机构共同审查。"华龙一号"总体技术方案通过国家能源局和国家核安全局联合组织的专家评审。专家组一致认为，"华龙一号"成熟性、安全性和经济性满足三代核电技术要求，融合取得了很好的成果，体现了方案的总体技术特征，并为后续发展保留了空间。同时专家组建议，尽早考虑"华龙一号"堆型出口的需求，尽快启动国内示范工程。

2014 年 11 月 3 日，国家能源局正式批复同意福清 5、6 号机组采用"华龙一号"技术方案。

2015 年 4 月，国家核安全局在《福建福清核电厂 5、6 号机组初步安全评价报告》中进一步提供了以下审评结论："经过对福清核电厂 5、6 号机组 PSAR 细致的审评，申请者对审评者的大部分问题给出了合理的解释与说明，提供了补充分析与论证，或承诺开展补充试验与分析。目前，绝大部分审评问题已得到解决并获得一致认可，部分重要安全问题已作为建造许可证条件。审评者没有发现其他设计上可能影响福清 5、6 号机组建造许可证发放的重大颠覆性问题。因此，审评者认为申请者提交申请材料基本可以满足国家核安全局审评的要求，是可以接受的。"

在 PSAR 顺利通过安全评审的基础上，环境保护部向福清核电有限公司颁发了"华龙一号"示范工程福清 5、6 号机组的建造许可证。

2015 年 5 月 7 日，中核集团"华龙一号"示范工程福清 5 号机组浇筑第一罐混凝土。

2.5 国家相关部委时时关注"华龙一号"建设工作

2015 年 5 月 9 日，时任国家环境保护部副部长、国家核安全局局长李干杰赴福清核电调研指导"华龙一号"示范工程建设，强调要以严慎细实的态度建设好"华龙一号"。同年，时任环境保护部核安全总工程师刘华一行赴福清核电调研指导工作时指出，将“华龙一号”建设成中国核电的标杆工程、示范工程，成为全世界“华龙一号”机组的参考电站，成为中国核电的骄傲。

2015 年 6 月 17 日，时任国务院国资委副主任黄丹华一行，来到中国核电工程有限公司，就“华龙一号”有关进展情况进行调研座谈。黄丹华表示：“华龙一号”有较强的国际竞争力，是中国实现从核电大国到核电强国转变的关键。2017 年 3 月 23 日，时任国务院国有资产监督管理委员会主任、党委副书记肖亚庆一行在时任中核集团党组成员、副总经理杨长利的陪同下，赴福清核电调研指导工作。肖亚庆表示，希望全体建设者继续秉承“安全第一、质量第一”的理念，确保核电机组安全稳定运行，推进“华龙一号”示范工程早日建成。

2017 年 12 月 28 日，时任国防科工局副局长、党组成员王毅韧一行赴福清核电调研指导工作。王毅韧强调，要深入学习贯彻党的十九大精神，牢固树立安全发展理念，确保商运机组安全可靠运行，稳步推进“华龙一号”示范工程早日建成。国防科工局将始终高度重视核电发展，全力做好资源协调、支持和保障工作。

2018 年 11 月 27 日，工业和信息化部副部长、国家原子能机构主任、国防科工局局长张克俭一行赴中核集团福清核电调研指导工作。张克俭强调，全力以赴推进“华龙一号”建设，增强中国核电“走出去”核心竞争力，推动我国核能事业稳步发展。

2.6 规划布局“华龙一号”发展前景

2021 年 1 月 30 日，“华龙一号”全球首堆中核集团福建福清核电 5 号机组投入商业运行，标志着我国在三代核电技术领域跻身世界前列。为实现“华龙一号”的长远发展，从国家到集团各级规划，均在规划中明确了中国自主华龙技术的发展方向。

我国正在修订的核电中长期发展规划，基本明确核电建设以三代压水堆为主，自主品牌“华龙一号”是主要考虑技术路线之一。

《中国核工业集团有限公司新时代发展战略》明确提出：加快三代核电标准化、规模化建设。在沿海布局一批以“华龙一号”为代表的三代压水堆机组，加快推进华龙技术标准化、规模化发展。

第3章 自主研发与设计创新

“华龙一号”是基于现有压水堆核电厂成熟技术的渐进式设计，具备包括177堆芯、CF3先进燃料组件、能动与非能动安全系统、全面的严重事故预防与缓解措施、强化的外部事件防护能力和改进的应急响应能力在内的先进设计特征。“华龙一号”是在充分利用我国三十年核电发展形成的研发设计能力的基础上，通过自力更生、自主创新、持续改进形成的开创性核电技术，具有技术成熟性和完全自主的知识产权，是我国“一带一路”的一张靓丽名片。

3.1 坚持自主创新，全面掌握关键核心技术

3.1.1 中国芯——177堆芯

反应堆物理设计作为整个反应堆技术方案的核心，主要研究反应堆堆内燃料组件、固体可燃毒物在堆芯内的布置，以及燃料管理策略和方案设计等。“华龙一号”反应堆物理设计除了从常规设计角度考虑，还着重从安全性和经济性方面进行了综合考虑。

“华龙一号”堆芯由177组燃料组件组成，相对于M310型核电机组，既提高了堆芯额定功率又降低了平均线功率密度，既增加了发电能力又提高了运行的安全裕量；同时，通过优化控制棒设计，“华龙一号”在寿期末的停堆裕量大于2 300 pcm（1 pcm=10^{-5}），停堆裕量较高，确保了堆芯的安全性（见图3.1.1）。

“华龙一号”采用低泄漏装载的燃料管理策略，在换料循环中将新燃料组件置于堆芯内区以优化展平堆芯功率分布，可以降低堆芯的总功率峰因子，为后续事故分析和安全运行等带来更多的设计和运行裕量。“华龙一号”平衡循环采用18个月换料设计，相比M310机组，延长了堆芯换料循环长度，使燃料组件平均批卸料燃耗得到提高，也提高了电厂的可利用率，实现了“华龙一号”经济性的提高。

3.1.2 能动与非能动相结合

“能动与非能动相结合”的安全设计理念是“华龙一号”的重大理论创新。一方面，

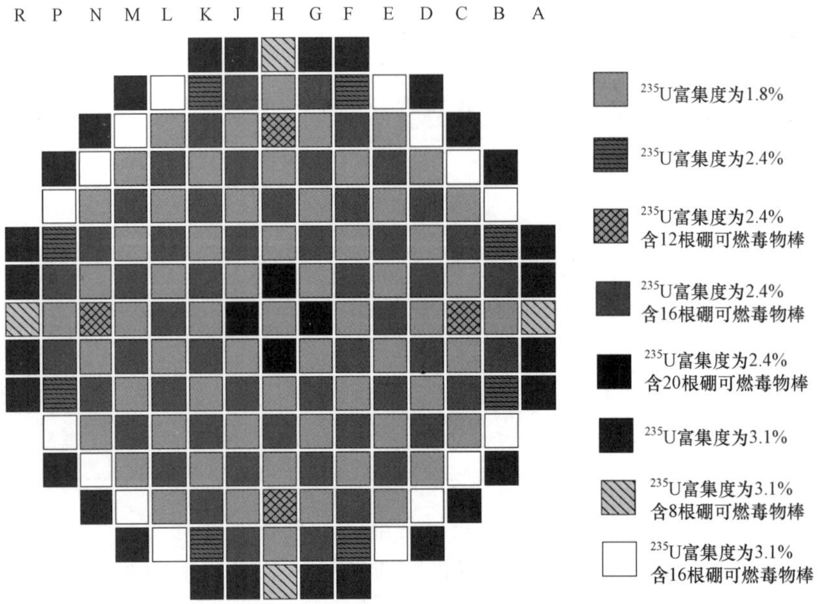

图 3.1.1 177 堆芯首循环装载图

“华龙一号”继承了成熟的能动技术，这种技术的突出的特点是在核电厂偏离正常时能高效地纠正偏离。另一方面，“华龙一号”创新性地采用了众多非能动技术。非能动技术巧妙地利用自然循环、重力、化学反应、热膨胀、气体膨胀等自然现象，在无需电源支持的情况下保证反应堆的安全。福岛核事故的经验表明，核电厂在极端条件下可能出现长期无法恢复电源的情况（见图 3.1.2）。

“华龙一号”按照纵深防御的思想，综合运用能动和非能动两种安全特性的优势：处理设计基准事故时，以能动的安全系统为主（如中压安注、低压安注、辅助给水、安全壳喷淋系统等），辅以部分非能动的安全手段（如安注箱）；处理设计扩展工况时，增设非能动的安全措施，在能动手段暂时不可用时投运非能动系统。能动和非能动相结合的设计提供了多样化的手段，在设计基准事故和设计扩展工况下，保证以下安全功能的实现：

① 应急堆芯冷却：利用能动的安注系统或非能动的安注箱注入系统，在反应堆冷却剂丧失等事故条件下提供应急堆芯冷却；

② 二次侧堆芯余热导出：利用能动的辅助给水系统或非能动二次侧余热排出系统，为蒸汽发生器二次侧提供给水或排出二次侧余热，从而导出堆芯余热；

③ 熔融物堆内滞留：利用能动或非能动的堆腔注水冷却系统，冷却压力容器的下封头，保持其完整性，实现熔融物的堆内滞留，防止安全壳底板熔穿；

④ 安全壳热量导出：利用能动的安全壳喷淋系统或非能动的安全壳热量导出系统，带走安全壳内的热量，降低安全壳温度和压力，保持安全壳完整性。

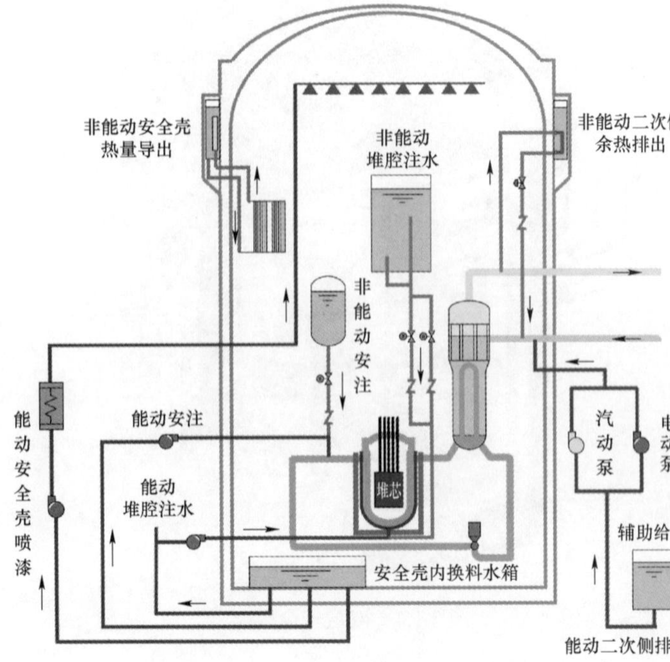

图 3.1.2　能动与非能动系统原理图

3.1.3　大自由容积双层安全壳

“华龙一号”的主要设计特征之一是采用了双层安全壳设计。内层安全壳采用预应力混凝土结构，承受事故工况下的温度和压力；外层安全壳主要起屏蔽作用，保护内层安全壳及其内部结构免受核电厂外部事件的影响，外层安全壳可抵抗大飞机撞击；内、外层安全壳之间有 1.8 m 的环形空间，并维持负压以进一步防止辐射物质向外泄漏，同时安全壳自由容积增大，提高事故下安全壳作为最后一道屏障的安全性。

“华龙一号”内层安全壳是国内安全壳结构设计时，首次采用半球壳穹顶方案和倒 U 形钢束和水平钢束的预应力方案，安全壳结构体型为国内最大，首次进行抵抗峰值加速度为 0.3g 的地震作用设计。该方案节省了锚夹具用量，减少了预应力施工的工作量，缩短了关键路径的施工工期，经济效益明显。设计过程中自主开发了辅助计算模块，极大地提高了计算效率。计算模型精细，计算方法更为准确（见图 3.1.3）。

外层安全壳外形类似于内层安全壳，包括筒体部分、准球形穹顶以及悬挑在筒体外部的 PCS（非能动安全壳冷却系统）水箱。外层安全壳最显著的特征是抵抗商用大飞机的撞击效应，这在国内尚属首例，“华龙一号”使用抗飞机撞击分析和设计方法，对其进行设计；提出了合理的钢筋布置及连接构造、特殊的拉筋布置构造及施工方法，结合飞机撞击分析和设计方法，优化了拉筋的设置；采用先内壳、后外壳的施工方案解决了双层安全壳施工干涉的问题；创新性地提出并设计了外壳钢衬里、永久性钢平台等施工措施，解决了超大跨度穹顶、高空大悬挑 PCS 水箱施工困难、安全风险大的难题。

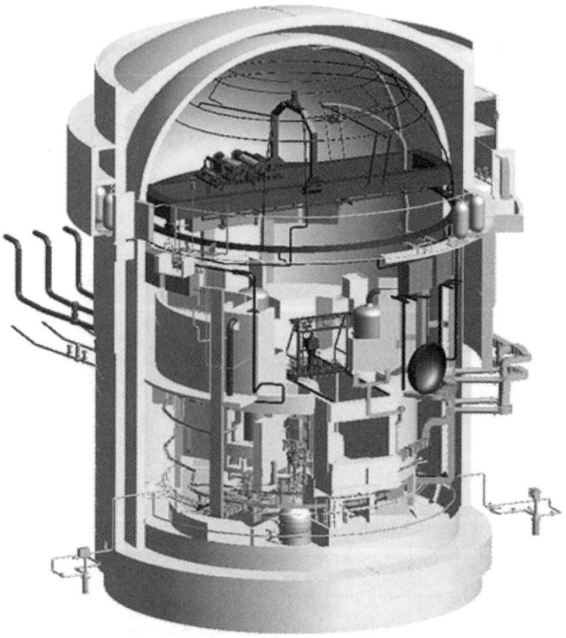

图 3.1.3　双层安全壳

3.1.4　单堆布置

二代电站多采用双堆布置方式，在一定程度上增加了核岛厂房布置、结构及设备设计难度，不利于工程建设的快速推进。“华龙一号”采用单堆布置方案，更好地实现实体隔离，减少机组间的相互影响，便于电厂建造、运行和维护，提高核电厂址方案选择的灵活性。

布置上设置两个完全独立的安全厂房，通过地理分隔或实体屏障分隔的布置措施，将冗余设置的安全设施进行隔离，提高了设施之间的独立性和安全性；不同安全系统之间的实体隔离，避免出现不同安全系统设施之间的相互影响（见图 3.1.4）。

图 3.1.4　单堆核岛厂房布置三维图

3.1.5 抗商用大飞机撞击设计

核电厂抵御商用大飞机撞击是近些年国际上对于先进核电机组提出的新的设计要求，属于核电厂极端外部事件防护技术。基于对自主三代核电技术先进性的追求和国际市场形势的判断，“华龙一号”采用了抗商用大飞机撞击设计，此防护要求和评价准则达到国际上同类三代核电机组的先进水平。设计方案创新性地提出了抗飞机撞击壳（Anti-plane Crash Shell，简称 APC 壳）加充分隔离冗余系统的总体防护策略，成功解决了此类超设计基准外部事件分析的设计基准、防护原则、设计方案、撞击效应分析、门洞防护优化等诸多关键问题和技术难点，提升了“华龙一号”抵御外部极端事件能力。

为满足主设备运输门抗大飞机撞击的要求，“华龙一号”在国内首次完成了抗商用大飞机撞击防护门传动系统整体设计方案和设备设计，并进行了防护门三维运动学模拟验证，研发成果集成了纵向传动和横向平移的双向系统，以及定位、锁紧系统，相对 EPR 在门体厚度和传动方式都有了显著改进。

“华龙一号”抗商用大飞机撞击设计技术研究工作的完成，确保了自主化三代核电技术“华龙一号”抗大飞机撞击设计目标的实现，形成一整套成熟、完备的抗飞机撞击分析、设计、评估方法和流程，研发了抗飞机撞击钢筋机械接头和特种防护门等关键工程材料和设备，其中抗飞机撞击钢筋机械接头打破了关键工程材料的国外产品垄断局面，并创造性地解决了 APC 壳顶板和外挂水箱施工中面临的难题，总体技术处于国内领先地位，达到国际先进水平（见图 3.1.5）。

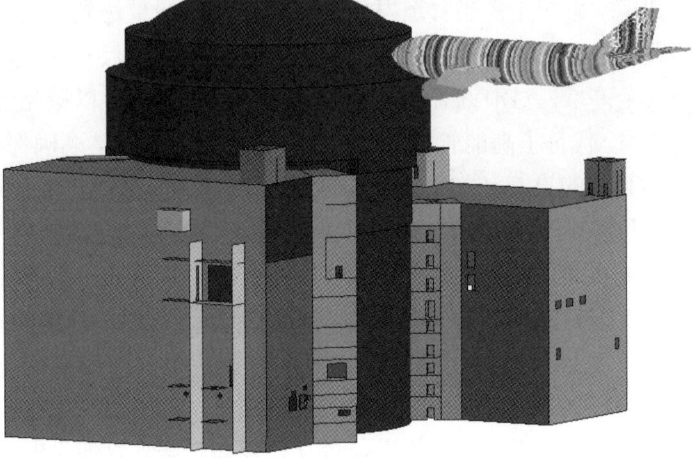

图 3.1.5 商用大飞机撞击外壳的示意图

3.1.6 设计扩展工况的分析及应对

国家核安全局在 2016 年 10 月批准发布的新版《核动力厂设计安全规定》（HAF 102—2016）中，对核电厂状态进行了重新分类，提出了设计扩展工况（DEC）的概念，并在设计扩展工况的选取、分析和设计目标等方面提出了要求。按照此要求，“华龙一号”开展了设计扩展工况分析，在工程判断、确定论和概率论评价的基础上得出一套设计扩展工况序列，并对识别出的设计扩展工况序列设置了预防及缓解措施，通过 DEC 分析论证这些安全设施功能的有效性，并结合 PSA 模型的定量化迭代论证了缓解设施的可靠性满足了电厂的概率安全目标。通过“华龙一号”的设计扩展工况分析，增强了“华龙一号”堆型应对比设计基准事故更严重的或包含多重故障的事故的能力，避免不可接受的放射性后果，进一步提高了“华龙一号”的安全性：

① 识别了一套设计扩展工况序列，并针对识别出的设计扩展工况序列进行了安全设施设计，提高了“华龙一号”应对设计扩展工况的能力，满足了新版核安全法规的要求。

② 确定了“华龙一号”设计扩展工况安全设施的设计原则，在确保安全性的同时，合理兼顾了“华龙一号”堆型的经济性。

③ 形成了完整的设计扩展工况识别、筛选、分析和安全设施设计的方法流程，有助于在国内其他核电厂的推广应用。

通过“华龙一号”的设计扩展工况分析，增强了“华龙一号”堆型应对比设计基准事故更严重的或包含多重故障的事故的承受能力，避免不可接受的放射性后果，以进一步提高“华龙一号”的安全性。

3.1.7 破前泄漏技术的应用

“华龙一号”反应堆冷却剂系统的主管道和波动管、主蒸汽管道采用了破前泄漏（Leak-Before-Break，LBB）设计技术。LBB 是保证反应堆运行安全性和可靠性的一种先进的设计技术，其基本思想是：当管道发生泄漏时，在泄漏量达到一定程度时，可以通过专设泄漏监测装置测量出来，并且在管道裂纹扩展到临界裂纹尺寸而突然断裂之前，可以有充裕时间实现安全停堆，对泄漏管道进行修补或更换等处理，以避免管道双端断裂的发生。LBB 技术的应用，代替了高能管道双端剪切断裂的设计准则，既确保核反应堆的安全，又可以省去一些不必要的设施（如管道甩击限制件、喷射冲击防护屏障等），降低核反应堆结构的复杂程度和建设费用。

主管道和波动管 LBB 泄漏监测系统的功能是监测主管道和波动管的密封性能，以便早期发现冷却剂的泄漏，并对泄漏进行定位和定量分析，同时为主管道和波动管的 LBB 评估提供信息。

主蒸汽管道 LBB 技术的应用，属于新的应用领域，功能是当机组在正常运行功率运行工况和启停堆工况下，监测主蒸汽管道是否存在裂纹缺陷，以便早期发现主蒸汽管道泄漏，在管道裂纹扩展到临界裂纹尺寸而突然断裂之前，可以有充裕时间实现安全停堆，对泄漏管道进行修补或更换等处理，以避免管道双端断裂的发生。

3.1.8 严重事故预防和缓解措施

“华龙一号”设置了完善的严重事故预防和缓解措施。基于国内外第三代先进核电技术研发设计的实践经验和安全审评及法规标准的要求，在严重事故预防和缓解措施方面完成了基于概率论、确定论和工程判断相结合的严重事故预防与缓解措施总体策略研究，形成了严重事故设备鉴定方法，完成严重事故专用后备盘台及严重事故专用仪控系统的设计，制定了全范围严重事故管理导则和大范围损伤管理导则，极大地提高了“华龙一号”应对严重事故的能力和核电厂的整体安全水平。

3.1.9 应急能力的增强

（1）征兆导向事故规程开发

为了加强机组事故后处理的能力，提高机组的安全性能，“华龙一号”采用目前国际最为先进的征兆导向法事故处理规程（SEOP）。

结合“华龙一号”机组的设计特点，研究了征兆导向事故处理策略和事故分析需求，确定了一套征兆导向事故规程开发方法。通过对征兆导向法原理、支持性事故分析、事故处理策略、导则和规程文件体系框架和人机接口等方面的研究，建立了一整套征兆导向事故规程开发的工作流程，确定了适合“华龙一号”设计特点的征兆导向事故导则/规程文件体系，并提出了配套的征兆导向事故规程数字化人机接口的方案。

“华龙一号”征兆导向事故规程方法研究成果提高了我国核电运行安全领域的技术水平，指导了“华龙一号”工程项目的事故运行规程开发，从而达到有效处理复杂工况和叠加事故、改善机组事故处理能力的研究目的，提高了机组的安全性能。研究成果满足相关法规对事故运行规程的最优要求，达到与国际先进核电机组相当的水平。研究成果将应用于海内外“华龙一号”工程建设，首次实现在我国自主开发的百万千瓦级改进型压水堆上应用征兆导向事故处理方法，也是国际上首次将征兆导向法应用于“能动加非能动”型压水堆，标志着我国在事故处理规程方法上与世界先进水平接轨。

“华龙一号”征兆导向事故规程方法研究，使得“华龙一号”系列堆型具备了开发标准化、系列化的征兆导向事故规程的能力，同时可以应用于在役核电机组的事故处理规程的优化改进。

（2）事故 30 min 不干预

操纵员不干预时间是体现核电厂对抗事故能力的指标之一，在复杂的事故处理中操纵员的响应是至关重要的，操纵员不干预时间的改进延长，可以减轻操纵员的压力，降低发生人因错误的风险，提高核电厂的安全性和经济性。我国原有的核电设计中操纵员的不干预时间为 10 min，“华龙一号”作为第三代反应堆的堆型，对核电厂操纵员事故后不干预时间的要求也相应有所提高，操纵员不干预时间目标确定为 30 min。

“华龙一号”操纵员不干预时间改进研究，分析确定了 SGTR、中 LOCA、安全壳外载有一回路冷却剂管道破裂等关键的敏感事故。通过对敏感事故的分析研究并结合工艺总体方案和仪控总体方案，提出了对系统和设备的改进要求，主要包括 SG 防满溢改进、主泵停运逻辑改进、稳压器卸压箱接收能力改进、安全壳外管道流量限流改进等，形成了关键系统与设备的改进方案：蒸汽发生器辅助给水自动隔离、汽轮机大气旁路系统快速冷却功能、蒸汽发生器辅助给水自动调节、主泵自动停运逻辑改进、稳压器卸压箱改进、安全壳外管道流量限流改进。以上改进实现了延长操纵员不干预时间，使操纵员有更充分的时间进行事故判断，提高了系统的自动化程度，一些事故显著地加速事故缓解、减小事故后果，从而提升了机组的经济性。

“华龙一号”操纵员不干预时间改进研究成果全面覆盖了不干预时间的改进总体方案、敏感事故筛选分析、相关人因事件分析、事故分析假设和初始条件研究、系统设计和设备改进影响分析、系统控制和运行影响分析、事故处理影响分析、运行组织策略影响分析，从而能够将此项改进自上而下深入应用到“华龙一号”设计体系中，实现了将操纵员不干预时间由 10 min 提高到 30 min 的研究目标。“华龙一号”操纵员不干预时间改进，极大提升了机组在事故处理中的可靠性和安全性，缓解了操纵员在事故处理中的压力，充分增强了“华龙一号”应急能力，提高了技术的先进性。

（3）72 h 电厂自持时间

通过非能动系统水箱贮存水量和专用电池容量的设计保证非能动系统能够持续运行 72 h，结合移动泵和移动柴油发电机等非永久设施，使得严重事故后核电厂在 72 h 内无需厂外支援。

（4）平台建设

建立“华龙一号”核电机组的应急决策及响应综合设计平台，实现应急决策与响应过程的系统化、模块化以及结果的可视化，为“华龙一号”机组的设计验证、事故缓解、场外应急准备等提供决策支持和技术保障，为“华龙一号”机组事故后场外应急工作提供辅助工具。

（5）可居留性优化

通过利用 CFD 数值模拟计算、采用双取风口设计、维持正压设计及影响放射性物质浓度的关键因素的敏感性分析等设计措施，提升主控室事故工况下的可居留性。

（6）应急措施与设施

针对“华龙一号”核电机组厂内的主要化学品存放量和地点，对可能的释放量和对应急设施通风系统的影响进行评估。确定对人员的影响，并提出对应的设计措施和应急预案。建立应急设施的三维模型，提高应急设施的人性化，提高电厂应急设施的可用性。

3.1.10 完整的安全分级体系

“华龙一号”首次形成完整的自主设计的安全分级体系。核岛设备分级原则改变了以往我国压水堆核电厂参照采用的原法国分级体系，即直接从具体的系统出发，以系统物理边界为分级依据的方法。而是依据我国核安全导则的要求，采用了从分析系统、设备及部件的安全功能入手，再根据其执行安全功能重要性进行分级的方法。具体地说，首先以三大基本安全目标为基础，结合核电厂实际运行情况细化为 19 个安全功能，其次依据确定论和概率论的方法将 19 大安全功能按其重要性进行排序，划分为不同的安全功能级别。最后通过识别系统、设备及部件执行的安全功能再进行物项的分级，整个分级流程体系完整、周密。

满足“华龙一号”自主化设计要求，保证出口项目的要求。核岛设备分级原则遵守 HAF 102 及 HAD 102/03 的相关要求，而其最初分级体系思路的形成也是来自我国核安全导则

HAD 102/03 的要求。该分级原则根据我国核安全导则中对安全功能进行分级的要求，结合以往国内核电厂的工程实际经验，最终形成了满足“华龙一号”自主化设计要求的安全分级原则。

为“华龙一号”改进及新增的系统、设备分级提供依据。由于安注与上充功能的分离，化学和容积控制系统不再执行安注功能，因此根据分级原则，将化容系统主要设备从原来的安全 2 级降为安全 3 级。“华龙一号”新增了应急硼注入系统，根据该系统执行的功能，并考虑到其在事故缓解中的重要性，将其定为安全 3 级。为福岛核事故后新增及改进的设备分级提供依据。以往的分级原则多是针对已有设备进行分级，对新增和改进设备并没有明确的分级依据。而该分级原则可以从新增及改进设备执行的安全功能入手，通过其执行安全功能的重要性进行级别的划分，具有很好的灵活性和可操作性。

3.1.11 风险指引的设计优化

“华龙一号”从顶层方案的确定到具体的系统设计等各个环节均开展了风险指引设计优化工作。在“华龙一号”核电厂的整个设计过程中，基于设计的不断深入和细化，对概率安全分析（PSA）模型进行迭代更新，识别设计中的薄弱环节，提出相应的优化建议和措施，最终实施了多项重要的设计改进，风险指引方法的应用范围和取得的成果在国内外处于领先水平。

在“华龙一号”设计之初，研发团队首先基于以往国内典型的二代改进型压水堆核电厂的 PSA 分析结果，识别了二代改进型压水堆核电厂在安全上的薄弱环节，例如过于依赖交流电源、紧急停堆功能重要度较高、过于依赖设备冷却水系统等。在“华龙一号”设计中针对性地加以改进，例如通过设置非能动系统减少了事故缓解对于交流电源的依赖，安注泵设置额外冷源减少了事故缓解对于设备冷却水系统的依赖，设置应急硼注入系统来缓解紧急停堆失败等。通过设置多重性和多样性的系统和设备、提高设备可靠性和冗余度等，来消除或降低这些薄弱环节。

基于通过风险指引的设计理念，在“华龙一号”核电厂安全系统配置顶层方案的确定中，建立不同设计方案的风险模型，开展设计方案论证工作，从整体上对不同的设计方案的安全性进行评价，充分论证了 2 列“能动+非能动”的安全系统配置方案能够提供更好的安全性能，该方案既充分发挥了能动设备的高效性和可维护性的优势，同时又能有效避免能动设备对支持系统的过度依赖，并避免同类型设备的共因失效。

在“华龙一号”的整个设计过程中，通过迭代更新 PSA 模型，识别当前设计在安全上的主要薄弱环节，并结合工程判断、运行经验反馈和借鉴其他先进堆型等综合分析提出相应的优化建议措施。例如：扩展 PRS（非能动二次侧余热排出系统）和 PCS 系统应对事故的范围，从初始设计仅针对全厂断电事故扩展至其他一回路完整的瞬态类事故等，有效提高了电站的安全性。

3.1.12 完善的内外部灾害防护

在核电厂设计中，为了保障核安全必须要考虑内部灾害的危害、防护措施以及其可接受性。

遵循国内外的HAF/HAD、IAEA、SRP/RG等法规导则中对于各类内/外部灾害原则性的指导要求，“华龙一号”在对内/外部灾害防护设计的过程中，充分贯彻了纵深防御的设计理念，制定了“华龙一号”内/外部灾害的防护策略、验收准则、分析假设、后果评价这一套完整的灾害分析体系，并给出了“华龙一号”系统级的内/外部灾害防护清单，具有良好的逻辑自洽和实践操作性。在工程实践中，基于内/外部灾害验收准则，对各类灾害防护的纵深防御层次进行了总结，结合始发事件的电厂工况与允许灾害造成的电厂工况提出了灾害分析方法，并通过分析验证了设计的合理性或识别出了需进一步复核的环节，即用设计验收准则来判断内部灾害对核电厂的影响以及可接受性，并在工程实践中对不可接受的灾害后果设计相应的防护措施。

相比传统电厂的灾害分析，“华龙一号”的灾害防护设计不仅从核电厂实现安全功能的角度来说明哪些物项（系统、部件或构筑物）应防护或抵御哪些灾害的影响，而且对于所考虑的灾害应防护到何种程度也通过准则予以明确的规定，从而在论证上更具有条理性和逻辑性，达成了灾害分析与事故分析的统一。

3.1.13 全数字化仪控系统和先进的主控室设计

“华龙一号”采用全数字化仪控系统和先进的主控室设计，具有良好的人机接口功能，满足总体目标的要求，具有很高的成熟性和先进性。“华龙一号”数字化仪控系统以分布式控制系统（DCS）为基础和核心，核岛、常规岛和BOP的仪控系统尽可能纳入DCS统一平台之内，采用一体化设计并执行统一的人因工程设计原则。

与二代加核电厂相比，“华龙一号”仪控系统有下列主要特点：

① 配合工艺系统，实现能动与非能动相结合的设计理念，具有完备的严重事故监控手段；

② 改进了控制方案，满足事故后30 min操纵员不干预原则；

③ 吸纳了福岛核事故后一系列技术改进，提高了仪控设备鉴定水平，并结合厂房结构和布置设计改进，大大提高了系统抵御内外部灾害的能力；

④ 采用固定式堆芯自给能探测器，实时监测堆芯中子注量率，更精确计算堆芯功率分布、LPD和DNBR；

⑤ 采用LBB破前泄漏监测技术，可以早期探测主管道和主蒸汽管道的泄漏并定位泄漏位置；

⑥ 基于人因工程的人机接口设计，采用国际上成熟先进的征兆导向事故处理体系，降低了人因错误和负荷强度。

3.1.14 高要求的放射性废物产生控制和处理

“华龙一号”放射性废物处理的设计采用先进的水化学控制措施和材料表面处理措施，在设计过程中对重要的冷却剂浸润材料的易活化核素含量进行了严格的控制，对二次源芯块质量进行了限值，在源头上控制了冷却剂中放射性核素的产生。对反应堆本体屏蔽进行了优化设计，确保本体屏蔽外表面所有位置热中子注量率均低于 10^5 n/（cm^2·s），限制了结构材料活化废物产生。

“华龙一号”放射性废物处理的设计采用先进的放射性废物处理工艺，使每台机组处理、整备后的放射性固体废物低于50 m^3/年。设置厂址多机组共用的核废物厂房，集中布置废液处理系统、固体废物处理系统及可降解废物处理系统。系统工艺设计在安全、可靠成熟的基础上，采用化学试剂注入及活性炭床吸附工艺、分类处理固体废物、采用可降解防护用品替代传统的防护用品并做降解处理，有效实现了减少放射性向环境排放及废物减容的目标。

3.1.15 更优的辐射防护设计目标

“华龙一号”的辐射防护设计遵循IAEA安全导则NS-G-1.13中的辐射防护最优化工作策略，其辐射防护设计总体目标确定为：职业照射个人有效剂量约束值为15 mSv/年，职业照射个人剂量管理目标值为10 mSv/年；职业照射集体剂量单一年份最大值1人·Sv/（机组·年），寿期平均不超过0.6人·Sv/（机组·年）。同时结合我国已运行核电厂的运行经验反馈，开展工作人员个人和集体剂量优化评估，在综合考虑优化审查和代价利益分析之间平衡的基础上评估反馈修改设计以达到最优化的设计目的。主要开展了：有针对性的辐射源项控制和辐射热点控制措施的辐射源项优化设计；有针对性的贯穿辐射漏束设计；针对对集体剂量有重要贡献的堆芯测量设备更换过程，设计了专用拆除工具，将人员操作位置的辐射剂量率控制在绿区范围以内；区分运行工况及细化的运行工况辐射分区优化设计；通过操作点位布置优化及通道屏蔽设计实现优化事故后工作人员防护设计；开发了一套基于核电厂运行经验数据的“华龙一号”剂量评价软件进行职业照射剂量评价；使用运行经验指导一回路源项计算，通过全面细化排放源项估算模式并自主研发核心源项计算程序实现环境排放的设计优化。

3.1.16 汽轮机旁路系统创新

反应堆功率要跟随汽轮机负荷变化。当汽轮机负荷锐减（如甩负荷、汽轮机脱扣）时，反应堆的功率控制不能像汽轮机负荷的变化那样快，瞬时出现堆功率与汽轮机负荷的不一致。这时汽轮机旁路排放系统投入，维持一回路和二回路的功率平衡。即当反应堆功率与汽轮机负荷不一致时，汽轮机旁路排放系统通过把多余的蒸汽排向冷凝器和除氧器，为反应堆提供一个“人为”的负荷，从而避免核蒸汽供应系统中温度和压力超过保护阈值，确保核电厂的安全。根据核岛要求，在发生汽轮机跳闸或带厂用电运行，而反应堆不停堆的工况下，汽轮机旁路系统的旁路阀容量应能够排放一回路核蒸汽供应系统供应的85%额定蒸汽量。

旁排蒸汽系统能够将85%额定蒸汽量排向凝汽器和除氧器。但除氧器是一个体积大、蓄能量高的压力容器，壳体上承压焊缝多，运行工况复杂，一旦破裂将造成严重人身伤亡事故和财产损失。

为了解决上述问题及风险，“华龙一号”优化了常规岛旁路排放系统，将旁路蒸汽即85%的额定蒸汽量均排至凝汽器。

机组降负荷时，按照规定程序从100%额定负荷逐渐降到15%额定负荷的过程中，汽轮机旁路系统由平均温度模式控制自动运行。原则上，由于设定好的压力下降小于每分钟

5%额定负荷，因此旁路无需动作。当机组负荷继续下降低于15%额定负荷时，运行人员将旁路系统从平均温度控制模式切换为压力控制模式，并调整压力整定值，使反应堆产生的多余蒸汽排向凝汽器。

“华龙一号”工程旁路排放系统优化经过安全分析及事故分析是切实可行的，在机组启动和甩大负荷工况下，原新蒸汽供除氧器保压蒸汽，通过新蒸汽供辅助蒸汽母管，辅助蒸汽母管再供除氧器来实现。此优化简化了旁路系统，提高了系统的可靠性，降低了因旁路蒸汽系统排放至除氧器而引发的其他瞬态工况，减少了除氧器超压的可能性，能更好地保证机组安全稳定运行。

3.1.17 役前及在役检查技术及装备

役前及在役检查技术是保证“华龙一号”安全、稳定、可靠运行的重要手段，针对“华龙一号”特有的系统和设备特性，中核集团通过几十年技术积累和丰富的工程实施经验，自主研发了反应堆压力容器智能检查系统、蒸汽发生器传热管涡流检查系统、压力容器顶盖贯穿件自动检查装置、管道自动扫查系统等多款自动化检查系统和多通道超声仪、多路复用涡流阵列检查探头、超声相控阵检查探头等多套自主化检查装置仪器，有效缩短检查装置占用被检设备时间；掌握了并行全区域多方法协同检查技术、空间曲面区域全貌拟合检查技术、蒸汽发生器管板机器人检测自动规划与避障技术、涡流信号自动校核与缺陷智能分析等十几种核心技术，相关技术具备完全自主知识产权；完成25项无损检验技术能力验证，所有验证项目均一次性通过了国家核安全局组织的能力验证，确保了应用于“华龙一号”役前检查的检验技术、检验设备及检验人员的可靠性。目前，役前检查相关技术和装备已在压力容器等主设备出厂前第三方检查和国内外“华龙一号”首堆役前检查上全面应用，为“华龙一号”工程建设和按期投运提供了有力保障，并将为“华龙一号”安全稳定经济运行保驾护航。

3.2 推动工程应用，完成关键技术试验验证

“华龙一号”在成熟设计的基础上引入了新的先进设计特征，并通过试验评估和验证确保其增强了“华龙一号”的安全性和运行性能。针对包括反应堆堆芯设计变化、能动与非能动相结合的设计理念、抗震能力的提高、严重事故下降低放射性物质向外释放可能性在内的重要技术改进项，“华龙一号”开展了大量有针对性的验证试验，通过这些试验有效地验证了“华龙一号”采用的新系统功能的实现，并验证了采用新技术的可靠性和先进性。典型验证试验包括堆腔注水冷却系统验证试验、二次侧非能动余热排出系统系统验证试验、非能动安全壳冷却系统系统验证试验、反应堆堆内构件流致振动试验、控制棒驱动线抗震试验、反应堆水力模拟试验、蒸汽发生器试验等。

3.2.1 堆腔注水冷却系统验证试验

熔融物堆内滞留（In-Vessel Retention，IVR）是严重事故缓解措施之一，“华龙一号”

设置了堆腔注水冷却系统（CIS），以实现熔融物堆内滞留，该系统设置了能动与非能动两个系列。严重事故条件下压力容器下封头外表面临界热流密度（CHF）值的大小是熔融物堆内滞留成功与否的决定性因素，堆腔注水冷却系统的试验围绕此开展。试验的目的是综合考虑 CIS 流道特点和运行参数范围，给出随角度变化的 CHF 值，为堆腔注水冷却系统的设计和有效性分析提供依据。

为验证系统功能，研制了“华龙一号”堆腔注水冷却系统验证试验平台（CIST），平台采用全高、全温、全压、等直径的设计原则，最大设计表面热流密度高达 3.0 MW/m^2，综合性能处于国际领先水平。为了获得能动和非能动运行工况下的 CHF 值，分别开展了非能动工况试验以及能动工况的试验。试验过程中根据归一化热流密度分布曲线缓慢提升本体加热功率，逐步逼近临界工况，通过逐角度开展试验，得到 CHF 值随角度的变化。

试验结果证明了“华龙一号”CIS 的冷却有效性，在发生严重事故条件下能确保反应堆压力容器的完整性，进一步的 CIS 反应堆压力容器热工有效性评价结果表明，CIS 运行后反应堆压力容器不会发生热工失效，可成功实现熔融物反应堆压力容器内滞留。

3.2.2 二次侧非能动余热排出系统验证试验

“华龙一号”设置了二次侧非能动余热排出系统（PRS），在发生全厂断电事故（SBO）且辅助给水系统汽动泵系列失效等工况下，系统投入运行，在不超过冷却剂压力边界设计条件的前提下，通过蒸汽发生器导出堆芯余热及反应堆冷却剂系统各设备的储热，在 72 h 内将反应堆维持在安全状态。为验证全厂断电（含辅助给水汽动泵初期失效和初期可用两种）事故工况下，PRS 的运行能力和特性，验证原型事故冷却水箱（水池）和原型应急余热排出冷却器（冷却器）的设计能力，为设计和改进提供试验数据基础和必要的数据支撑，开展 PRS 验证试验（见图 3.2.1）。

图 3.2.1　PRS 试验装置

PRS 试验装置（ESPRIT）以 PRS 原型设计系统为模拟对象，遵循全高全压模拟准则，试验装置回路系统由蒸汽－水自然循环系统、水池排热系统、蒸汽排放支路和辅助系统组成。

稳态试验用来验证高压、低压条件下，高加热功率和低加热功率时，PRS 的稳态运行能力。高压条件对应于 PRS 投入早期，低压条件对应于事故长期。高加热功率用于验证 PRS 最大排热能力，低加热功率用于验证 PRS 低功率条件下的运行能力。瞬态试验包括两个试验工况：SBO 且给水汽动泵不可用，SBO 且给水汽动泵初期可用的工况。

试验证明无论是停堆后 PRS 立即投入，还是停堆后给水汽动泵运行一段时间之后 PRS 投入，都能够安全带出 SBO 之后 72 h 的堆芯热量。

3.2.3 非能动安全壳冷却系统性能综合试验

非能动安全壳热量导出系统（PCS）性能综合试验的主要目的是利用综合验证试验装置模拟实际运行参数，考核 PCS 的排热能力、稳态运行特性和动态响应特性；检验所研制设备的性能，为系统与设备的设计改进及最终工程设计提供可靠的依据；获取足够的试验数据以验证 PCS 热工分析程序。

为验证 PCS 的性能和运行特性，相继开展了 PCS 性能试验及安全壳热工水力综合试验。PCS 性能试验建造了全尺寸（1:1 尺寸换热器）、全高度（试验装置换热水箱与换热器高度差与工程设计一致）的试验台架，试验工况包括两个设计工况和其他非设计工况，其中第一设计工况对应事故早期安全壳内高温、高压的环境，第二设计工况对应事故中长期安全壳内低温、低压的环境，外部水箱温度均为 100 ℃。试验中对氢气的体积份额选取，具有充分的保守性。试验结果表明两种设计工况下的传热能力均高于设计要求（见图 3.2.2）。

在安全壳内配置 PCS，可能会对事故下壳内的热工水力行为产生影响，如安全壳大空间内工质流动情况、温度以及不凝结气体分层情况等。与此同时，安全壳内热工水力行为又会反过来影响 PCS 的排热能力和动态特性，如安全壳内大空间内可能存在的温度不均匀、不凝结气体浓度不均匀可能造成不同系列 PCS 运行特性出现差异。所以说安全壳内热工水力特性与 PCS 的耦合行为直接关系到事故下安全壳是否超温超压。此外，在工程实际中，PCS 附近可能还会布置一些附属部件，如用于凝水收集的凝水盘，防止飞射物损伤换热器的防护装置。这些部件的存在是否会对 PCS 换热器附近流场、温度场、浓度场产生影响，进而影响 PCS 的排热能力，需要通过安全壳综合试验研究项目研究确认。因此通过建设大尺寸的安全壳模拟体（自由容积大于 1 000 m^3），在其内部按照相似比例安装 PCS 换热器，模拟安全壳内真实的温度分层和气体组分的分布等，开展安全壳热工水力综合试验以研究安全壳内热工现象与 PCS 耦合行为（见图 3.2.3）。

通过试验验证：PCS 具有较强的排热能力，能够实现事故后安全壳导热，壳峰值压力均低于 0.52 MPa，且具有足够的安全裕量，保障安全壳的完整性。事故后安全壳大空间内传热过程、气体流动与分层对 PCS 传热性能的影响较小，且凝水收集装置和安装防护装置对 PCS 排热能力没有明显影响。

3.2.4 反应堆堆内构件流致振动试验

根据美国核管理委员会管理导则 RG 1.20 的规定，“华龙一号”堆内构件由于在结构布置、设计、尺寸和运行条件等方面，被划分为原型类，需要进行流致振动综合评价。反应堆堆内构件流致振动比例模型试验是流致振动综合评价中重要的一部分。通过试验获得模型各主要部件（吊篮组件、上部支承组件等）的固有振动特性和堆内构件的流致振动响应，验证堆内构件设计在流致振动方面的合理性，为堆内构件流致振动的安全评估提供必要的依据（见图 3.2.4）。

图 3.2.2　PCS 综合性能试验装置

图 3.2.3　安全壳综合试验装置

根据相似性原则，通过比例模型试验测量堆内构件在不同工况下的流致振动特性，并通过试验结果验证计算结果。

反应堆堆内构件流致振动试验模型由压力容器、支承组件、堆内构件（吊篮组件、上部组件、压紧弹簧）和燃料组件、二次支承组件等主要部件组成。试验模按相似准则模拟原型，通过模型试验可将试验结果真实有效地转换至原型。试验在整体水力模拟试验装置上进行，该装置为三环路布置，由主泵、稳压器、各系统阀门、管路、流量计等组成。试验主要包括空气中固有振动特性试验、静水中固有振动特性试验及流致振动响应试验。

图 3.2.4　堆内构件流致振动试验装置

通过试验，验证了流致振动引起的应力远小于材料的疲劳持久极限，堆内构件在电厂寿期内不致发生高周疲劳破坏；在额定流量下的耐久性试验后未发现堆内构件存在部件及其连接件松动、脱落等现象，堆内构件所有功能正常。

3.2.5　控制棒驱动线抗震试验

由于“华龙一号”的厂址设计基准地震提高到了 0.3g，需要通过多点激励地震试验，对控制棒驱动线在地震载荷作用下的运行性能、落棒功能以及结构的完整性进行验证，验证控制棒驱动线能否满足 0.3g 的抗震要求，为“华龙一号”控制棒驱动线的结构设计和安全评定提供试验依据。

试验装置由多点激励试验装置、试验样机、模拟支架和测试仪表组成。多点激励试验装置由竖井、液压激振器和控制系统等组成，试验样机为 1:1 足尺样机，包括控制棒驱动机构、上部导向筒、下部导向筒、燃料组件和控制棒组件等。模拟支架由压力容器顶盖法兰组件、上支承板法兰组件、上堆芯板法兰组件、下堆芯板法兰组件、解耦结构、上部筒体组件、中部筒体组件、下部筒体组件和底板支撑筒体组件等组成。测量仪表包括传感器、二次仪表及数据采集系统。

对控制棒驱动线进行五次运行基准地震（OBE）载荷下的地震试验，试验中模拟控制棒驱动线的各种运行（控制棒提升、下插、保持、落棒）状态；进行 1 次安全停堆地震（SSE）载荷下的地震试验，对控制棒驱动线进行落棒测试。地震试验后再对控制棒驱动线进行运行和自由落棒测试，验证控制棒驱动线功能的完整性。

试验结果表明“华龙一号”控制棒驱动线能够保持在 OBE 载荷下的正常运行功能和 SSE 载荷下的安全停堆功能。OBE 和 SSE 试验完成后，“华龙一号”控制棒驱动线能够继续保持正常运行功能，证明了“华龙一号”控制棒驱动线完全满足厂址 0.3g 的抗震要求，结构稳定性好，具有较大的安全裕量（见图 3.2.5）。

图 3.2.5　反应堆控制棒驱动线抗震试验装置

3.2.6　反应堆水力模拟试验

“华龙一号”反应堆堆芯装载 177 个燃料组件，堆芯和压力容器尺寸增大，结构的改变必然引起堆内冷却剂流动特性发生变化，需要进行反应堆水力模拟试验，包括反应堆整体水力模拟试验、反应堆旁漏流试验、反应堆下空腔交混试验，从而为反应堆的设计提供了可靠的依据和工程试验验证。

（1）反应堆整体水力模拟试验

反应堆整体水力模拟试验的目标是获得反应堆堆芯入口的流量分配与反应堆各部分的阻力参数，该试验对反应堆热工水力设计的验证有着重要作用。试验内容主要是测量堆芯入口的流量分配，确定不同工况下的堆芯流量分配因子。测量压力容器进出口的总压降以及不同部位的局部压降。

综合考虑试验要求，测量可行性和加工经济性等多方面因素，选择试验模拟体与原型的比例为 1:4。其中，燃料组件的 17×17 燃料棒束不可能按此例缩小，设计的燃料组件模型与原型具备相同的水力学特性、轴向和径向的流动阻力。试验证明：堆芯内流量分布非常均匀；中心区域流量高于外围，与低泄漏燃料管理策略下的堆芯功率分布一致，有利于燃料组件的热量导出。

（2）反应堆旁漏流试验

反应堆旁漏流试验包括控制棒导向管旁漏流试验、压力容器上封头旁漏流试验、堆芯围板与吊篮间旁漏流试验、出口管嘴泄漏流试验，研究旁流与压力容器不同部分的几何、布置或水力学特性的关系，确认每项旁流都满足设计要求。

控制棒导向管旁漏流试验中，分别测量控制棒导向管在所有控制棒都拔出、所有棒都插入以及半数棒插入条件下的旁漏流量，测量不同直径堵棒时控制棒导向管的旁漏流量。压力容器上封头旁漏流试验中，获得不同流量条件时管嘴的水力特性，研究不同管嘴直径对旁漏流水力特性的影响。堆芯围板与吊篮间旁漏流试验中，研究堆芯围板上不同直径、分布及水力特点开口对旁漏流的影响。出口管嘴泄漏流试验中，研究不同宽度出口管嘴间隙对水力特性的影响，获得不同间隙宽度、雷诺数下流阻系数关联式，并进一步得到原型中的泄漏流量。

对以上每个测试试验设计了合理比例的模拟件。试验结果证实旁漏流试验的方法正确，模型可靠，数据可信，试验测得的总旁漏流比例低于反应堆热工水力设计采用的设计基准（6.5%）。

（3）反应堆下空腔交混试验

反应堆下空腔交混试验用来获得各种工况下的下空腔交混因子，进而用来确定事故工况下硼水和冷水的注入比例，为主蒸汽管道破裂（MLSB）事故提供参考。试验中考虑了三个环路运行时一个环路和两个环路的硼注入；也考虑了两个环路运行，第三个环路突然启动向堆芯注入冷水的情况（见图 3.2.6）。

图 3.2.6　反应堆整体水力模拟试验装置

试验装置由堆芯模型，环路系统与测量系统组成。反应堆模型采用反应堆水力学综合实验的试验模型，环路系统由三个回路组成，每个回路都由主泵、压力维持系统、回路冷却系统与泄漏调节系统组成。工质采用去离子水，氯化钾溶液注射系统布置在两个回路的两入口管处。针对各环路注入氯化钾溶液的情形，试验提供了下腔室的平均交混因子和120°范围内最大交混因子的平均值，试验结果可用反应堆事故分析。

3.2.7 蒸汽发生器验证试验

ZH-65型蒸汽发生器是由我国自主设计，具有自主知识产权的蒸汽发生器。与目前国内二代加核电厂蒸汽发生器相比，其关键部件结构和运行参数均不相同，导致ZH-65型蒸汽发生器二次侧自然循环特性不同，进而改变循环倍率和汽水装量，直接影响蒸汽发生器的工作性能以及核电厂的安全性。

针对ZH-65型蒸汽发生器，相继开展了管子支承板水力特性试验、汽水分离装置性能验证、传热管束流致振动试验和综合性能试验4个大项共8个子项的设计验证试验，在国内首次实现了对蒸汽发生器关键部件性能以及综合性能的全面试验验证，为ZH-65型蒸汽发生器的设计优化定型奠定了坚实的技术基础。

（1）管子支承板水力特性试验

ZH-65型蒸汽发生器方案设计中传热管采用正三角形布置，管子支承板管孔相应设计为三叶梅花形管孔。为完成蒸汽发生器热工水力分析，优化三叶梅花形管孔的结构尺寸，需要开展水力特性试验。管子支承板水力特性试验是国内首次针对蒸汽发生器管子支承板进行的大型两相流热态热工水力试验。

试验研究分为常温常压和实际运行条件下试验两个部分，即冷态选型试验和热态试验。冷态选型试验目的是通过试验研究给出6种不同尺寸的梅花形管孔（1种四叶形、5种三叶形）TSP单相局部阻力系数与雷诺数的关系，拟合计算TSP单相局部阻力系数的关系式；并对5种不同尺寸的三叶梅花形管孔TSP局部阻力系数进行评价，确定较优的三叶梅花形管孔结构。热态试验目的是获得3种不同尺寸的梅花孔（四叶梅花孔、C型三叶梅花孔、E型三叶梅花孔）TSP单相和两相局部阻力压降，并提供相应的计算关系式和曲面图。

试验结果显示，ZH-65型蒸汽发生器采用的三叶梅花孔管子支承板局部阻力系数满足要求，管板的设计具有良好的水力特性，在所有工况条件下的压降均小于预期压降值。

（2）汽水分离装置性能试验

汽水分离装置（包括汽水分离器和干燥器）是压水堆核电厂饱和式蒸汽发生器的关键部件，其作用是保证自蒸汽发生器引出的饱和蒸汽湿度低于0.25%的湿度指标，确保核电厂安全、经济地运行。由于汽水分离的两相流动和分离过程的复杂性，汽水分离装置目前尚不能完全通过理论计算进行设计，必须通过特定的热工试验对相应指标进行确认。汽水分离装置性能试验是国内规模最大的蒸汽发生器汽水分离装置两相流热态性能考核试验。

针对两种类型的汽水分离试验模拟体，分别开展了实际运行工况和超负荷工况下汽水分离装置的热态试验，以求获得表征汽水分离装置性能的试验数据，揭示影响汽水分离装置性能的主要因素及其规律，研究结果将为汽水分离装置的结构优化和设计定型提供依据。

依据 ZH-65 型蒸汽发生器汽水分离装置的原型结构尺寸设计汽水分离装置模拟试验件，开展实际运行工况和超负荷工况下汽水分离装置性能考核试验，测量汽水分离器出口蒸汽湿度、干燥器进口蒸汽湿度、汽水分离装置模拟件出口蒸汽湿度、汽水分离器的阻力、干燥器阻力和装置水位等性能参数。依据原型蒸汽发生器汽水分离流程，本试验在位于河南油田第二采油厂的 75 t/h 注汽锅炉旁新建的汽水分离试验装置上进行。

试验结果显示，干燥器在所有工况下都具有足够的干燥能力，汽水分离装置具有良好的水力与分离效果，蒸汽发生器出口处的蒸汽湿度可以满足下一步的需求，且具有适当的裕量。

（3）传热管束流致振动试验

根据我国核安全导则（HAD 102/08）、美国核管会导则 RG 1.20 和 ASME 附录 N1300 中的要求，需对其传热管束进行流致振动安全评价。而开展蒸汽发生器传热管束的流致振动试验可以为设计提供相关数据，同时也为安全评审提供相关的试验数据资料。此试验是国内首次针对蒸汽发生器进行的管束流致振动大型水力试验。

ZH-65 型蒸汽发生器传热管束流致振动试验需要获得运行工况下典型传热管的振动频率和振型、蒸汽发生器在不同含汽率下发生流弹失稳的临界流速、传热管直管段和 U 形段在二次侧流场作用下的振动幅值，以及作用在传热管上的二次侧的脉动压力。观察是否存在漩涡脱落，如存在则测量漩涡脱落频率，获得传热管与支承板以及防振条之间的磨蚀功率。

蒸汽发生器传热管束流致振动试验分为四个子试验，分别是传热管束动态特性试验、入口段直管模型流致振动试验、U 形弯曲段模型流致振动试验、流弹不稳定性模型流致振动试验。

试验确认了传热管束满足流致振动的要求，没有流致振动破坏的风险，并验证了传热管束的流致振动分析程序（见图 3.2.7）。

图 3.2.7　蒸汽发生器管束流致振动试验

（4）综合性能试验

由于蒸汽发生器中流体流动及传热的复杂性，蒸汽发生器不能完全通过理论计算进行设计，其性能是否满足设计要求必须通过开展相应的实验研究予以确认。综合性能实验研究是在管子支撑板和汽水分离装置实验研究成果的基础上，验证 ZH-65 型蒸汽发生器的总体性能。通过开展 ZH-65 型蒸汽发生器综合性能实验研究，在给定运行参数和必需结构参数条件下，验证 ZH-65 型蒸汽发生器的二次侧自然循环性能、验证经过优化定型后的部件（如管子支承板的组合）在运行工况下的性能、验证用于 ZH-65 型蒸汽发生器的稳态热工水力计算程序。

本试验在新建于国电成都金堂发电有限公司厂区内的蒸汽发生器综合性能实验装置上进行，主要由主蒸汽供应系统、一回路系统、二回路系统、冷却系统、补水系统及安全系统等构成，是亚洲最大的蒸汽发生器专用高温高压热工水力回路试验。本试验开展了蒸汽发生器稳态及阶跃负荷条件下综合性能试验研究，获得了 ZH-65 型蒸汽发生器静态工作特性、各主要部件阻力特性以及瞬态阶跃负荷特性的试验数据，全面验证了 ZH-65 型蒸汽发生器的综合性能均满足设计要求。

3.2.8 乏燃料水池失冷条件下安全分析与乏燃料包壳性能试验研究

乏燃料水池内存放有大量已辐照的裂变物质，具有很高的放射性。与采用纵深防御设计的、具有多层实体屏障的反应堆不同的是乏燃料水池的防御设计比较薄弱，一旦发生事故，容易造成放射性物质的大量释放，给公众和工作人员造成辐射伤害，给环境造成放射性污染。福岛核事故后，乏燃料水池的安全性越来越受到重视。“华龙一号”结合大型先进压水堆核电厂的特点，对乏燃料水池失冷条件下的安全进行研究，掌握在不干预的情况下事故的发展进程及后果，从减少放射性后果的角度研究可能的事故节控制措施以及相应的介入时间。

通过自主建立乏燃料水池热工水力模型和试验台架，完成了乏燃料水池失冷过程的试验模拟。同时还建立了乏燃料包壳性能分析模型、开展了燃料厂房内的氢气风险评估、乏燃料水池失冷条件下的临界安全分析和放射性源项及后果分析。

本研究完成了对乏池失冷事故过程中的热工水力现象、乏燃料包壳行为、燃料厂房内的氢气风险、临界安全、放射性源项及后果的研究。具体包括：① 通过对试验数据的建模，获得了乏池失冷事故下的热工水力模型和乏燃料包壳性能分析模型，可以对乏燃料组件裸露后任意时刻的包壳破损与否进行判断；② 模拟乏池包壳淬火、喷淋冷却试验表明，在乏池实际工程设计中，增加喷淋冷却设施或重注水设施均不会导致冷却阶段的包壳损坏；③ 临界安全计算表明，乏池失冷后，在乏燃料组件能够保持可冷却的几何形状时，可以保证临界安全；④ 放射性源项计算获得了乏池失冷后乏燃料组件破损份额及熔化随时间变化情况以及对应时间上厂房内、环境中的放射性释放源项数值及剂量值。

通过理论分析和试验模拟，掌握了乏池失冷后的事故进程及后果，能为乏池安全性分析评价工作、乏池设计改进提供参考和依据。

3.2.9 内置换料水箱过滤器验证试验

内置换料水箱（IRWST）过滤器的功能是在事故工况下拦截碎渣，确保对内置换料水箱收集到的水进行精细过滤，以避免对安全壳喷淋系统（CSP）喷淋环管上喷嘴的堵塞，以及避免安全注入系统（RSI）在堆芯冷却注入阶段对燃料棒支撑隔栅的堵塞。“华龙一号”的 IRWST 过滤器采用了逐级精细的三级过滤方案，完成拦污栅、滞留篮、过滤器模块的具体设计，并进行了一系列性能试验以验证其功能。

过滤器碎渣压降试验，测量并验证碎渣在过滤器表面形成碎渣层后压降是否在要求限值内。试验中搭建了模拟试验回路及台架，采用了全比例的过滤器模块与缩小比例的滞留篮模块，计算确定“全载荷”与“薄层效应”两类极端工况下对应的碎渣量，试验过程中实时记录压降、浊度、流量等数据，试验结果分析证明过滤器及碎渣层的压降满足要求。

化学效应试验模拟了 LOCA 事故后安全壳的高温与 pH 下，保温、金属铝等材料碎渣与喷淋液或碱性物质反应产生化学沉淀产物对过滤器压降的影响。试验中搭建了模拟试验回路及台架，设置相应的水箱以模拟淹没和喷淋过程中的化学效应，试验采用了全比例的过滤器模块与缩小比例的滞留篮模块，对温度及 pH 等关键参数进行控制并进行连续 30 天试验，验证在化学效应下过滤器的压降值仍满足要求。

下游效应分析及试验评价并验证穿过过滤器的碎渣对下游堆芯、泵、阀、换热器等设备运行的影响。堆内下游效应试验在试验回路中设置全比例的过滤器模块与缩小比例的滞留篮模块，配置 1 个 17×17 的燃料组件模块，测量了双列运行工况下燃料组件上沉积的纤维量，小于 NRC 认可的 15 g/FA 安全限值，证明过滤器设计能够保证下游效应不影响堆芯在事故下的长期冷却。堆芯外下游效应分析了事故后穿过过滤器的碎渣导致的磨损、堵塞，不会对下游设备产生不可接受的影响。

经过上述试验分析验证，验证了 IRWST 过滤器的设计方案合理可靠，满足系统功能要求。

3.2.10 安全壳过滤排放系统综合试验

安全壳过滤排放系统是三代核电“华龙一号”中为防止严重事故下，放射性物质不可控地释放采取的预防和缓解措施，是应对核电厂剩余风险的一项关键系统。该系统通过与哈尔滨工程大学联合研发，借鉴了国外最先进的湿式过滤模式，采用了“文丘里水洗器+金属纤维过滤器”以及限流孔板、爆破膜和相关隔离阀的配置方案。

由于系统中的关键设备文丘里水洗器和金属纤维过滤器的核心技术国外均对我国封锁，因此，需要对这些设备的过滤机理进行基础性研究并通过系统的综合试验验证才能掌握相应的核心技术，才能保证系统安全、可靠、高效的运行。

为了验证系统功能，在完成文丘里水洗器和金属纤维过滤器过滤机理研究的基础上，设计了这两项关键设备的试验样机，同时对文丘里水洗器中盛装的化学水洗溶液及稳定性进行了研究，研发了能够在全参数条件下向系统提供浓度稳定的模拟源项的气溶胶、碘蒸气的发生及配送系统。试验系统包括空气供给系统、蒸汽供给系统、气溶胶配送系统、碘配送系统、甲基碘配送系统及数据采集系统。该试验系统能够满足不同压力、不同流量、不同气体成分等条件下的过滤设备性能试验需求，主要进行了不同压力、不同流量、不同水洗液液位高度、不同气体成分配比、不同气溶胶或碘初始浓度条件下安全壳过滤排放系统对气溶胶和碘的过滤效率等 5 项试验。

通过上述试验，对文丘里水洗器和金属纤维过滤器串联组成的过滤单元的过滤效率进行了验证，也对整个系统在各种不同运行工况下的过滤效率进行了验证。系统的测量方法还创新性的综合采用了称重法、在线色谱法和在线化学分析法，设计了整套在线取样和测量系统，解决了高压取样难、在线测量不准确等难题，使系统综合试验验证的结果更加准确、可信。

通过安全壳过滤排放系统综合试验，也验证了关键过滤设备过滤机理等基础性研究成果的有效性和先进性，掌握了相关的核心技术，具有完全自主知识产权，实现了系统及相关设备的全部国产化。

3.3 多方安全评价，通过全方位多角度认证

3.3.1 意大利比萨大学的独立评价

2010 年 8 月至 2011 年 3 月，应阿根廷核电公司（NA-SA）的要求，意大利比萨大学（UNIPP）的 San Piero a Grado Nuclear Research Group（GRNSPG）对“华龙一号”和 ACP1000 的前身 CP1000 技术进行了独立评价。评价的目的是进行阿根廷第四座核电厂的技术选型，即对包括 EC-6、VVER-1200、AP1000、CP1000、APR1400 和 OPR1000 在内的 6 种核电厂设计进行比较。评价采用的标准是 IAEA 关于核电厂设计安全的标准和报告。最终报告的名称为《核电厂设计技术评价》（NPP Design Technical Evaluation）。评价的领域包括设计特征、运行和可靠性、燃料循环、安全评价、监管和取证。评价结果表明 CP1000 的总体性能满足最新的核安全法规和标准，以及国际上三代核电用户需求。

3.3.2 环境保护部核与辐射安全中心的联合研究

2011 年，中核集团（CNNC）同核与辐射安全中心（NSC）签订合作协议，共同开展了 ACP1000 技术方案的重要安全设计及验收准则研究工作。从 2011 年 8 月开始，中核集团向核与辐射中心提交了《ACP1000 总体技术方案》《ACP1000 重要安全设计专题报告》和《ACP1000 典型事故分析专题报告》。2012 年 2 月，受国家核安全局委托，核与辐射安全中心对《ACP1000 总体技术方案》进行了审查。根据核与辐射安全中心对 ACP1000 总体技术方案的审查意见，2012 年 3 月 22 日，国家核安全局以《关于中核集团 ACP1000 核电技术意见的函》，对 ACP1000 技术方案做出评价，认为“与目前国际上新开发的一些先进核电厂的设计方案项比较，ACP1000 的设计方案已达到同等水平，其采用的能动和非能动相结合的设计理念，可较好地应对缺乏非能动技术使用经验所带来的不确定性。

ACP1000 核电厂可作为国内新建核电厂的一种选择方案”。

2012 年 7 月至 12 月，核与辐射安全中心完成《ACP1000 总体安全设计评价报告》《ACP1000 典型事故分析专题评价报告》和《ACP1000 重要安全设计专题评价报告》。在联合研究的框架之下，国家核安全局核与辐射中心的审评专家还参与了 ACP1000 的全部重要试验验证的审查和见证。

《ACP1000 总体安全设计评价报告》的结论如下：“ACP1000 在设计上采用了先进的能动与非能动相结合的安全设计理念，充分考虑了福岛核事故的最新经验反馈，并采取相应的安全改进，具备完善的严重事故预防与缓解措施，其安全性总体上能满足我国最新核安全法规要求，也符合三代核电安全指标，但须进一步做好相关试验验证工作和局部设计优化工作。”

《ACP1000 典型事故分析专题评价报告》的结论如下：“本专题报告给出了影响较大的典型事故分析，典型工况的选取是较为全面的，分析程序和方法假设与参考电厂基本相同，而且也考虑了参考电厂审评过程中关注的一些审评问题，分析结果能够满足选定的验收准则。但是，由于 ACP1000 详细的方案还没确定，典型事故分析也需要进行较为深入的研究，这些因素有待在下一阶段的设计中加以完善。”

《ACP1000 重要安全设计专题评价报告》的结论如下：“ACP1000 针对重要安全设计的改进和创新借鉴了相关的研究成果和经验，并充分考虑了福岛核事故的最新经验反馈，设计方案能够满足基本功能要求，总体上也符合我国最新核安全法规要求。但是，ACP1000 部分重要安全设计的方案还不够完善（如非能动系统设计、事故后停运反应堆冷却剂泵等），因此，仍需要进一步的分析和论证，在完成相关分析计算、试验验证和设计优化后，将更有利于其作为自主知识产权的新一代压水堆核电技术方案在国内外应用。”

3.3.3 中国核能行业协会的初步设计审查

受中国核工业集团公司的委托，中国核能行业协会于 2013 年 4 月 18 日至 19 日召开 ACP1000 先进压水堆三代核电技术初步设计评审会。来自全国核能行业、电力行业的企业、科研院所和高校的近两百名专家参加了评审会，专家组组长叶奇蓁院士宣布评审结论，ACP1000 初步设计顺利通过了审查。

3.3.4 国际原子能机构的反应堆安全审查

国际原子能机构（IAEA）反应堆安全审查（Generic Reactor Safety Review，GRSR）作为其设计安全审查服务的组成部分，主要是对未取证的新反应堆设计安全进行一致性审查。为推广 ACP1000 自主核电品牌走向国际市场，2013 年 12 月，中核集团与 IAEA 签署了《ACP1000 通用反应堆安全审查（GRSR）合作协议》。根据该协议，2014 年 5 月 22 日，中核集团正式向 IAEA 提交审查所需的《ACP1000 环境和安全分析报告（ACP1000 Reactor Safety and Environmental Analysis Report）》，最终报告全文定稿 4 574 页。

2014 年 5 月 27 日，中核集团前往 IAEA 维也纳总部，召开 GRSR 审查前第一次双方专家沟通会。受 IAEA 的邀请，由美国、英国、加拿大、斯洛伐克、阿根廷等多个国家 13

位审查专家组成的审查团、中国国家原子能机构驻 IAEA 代表、IAEA 官员等共同出席了此次会议。IAEA 官员和中国国家原子能机构驻 IAEA 代表对中核集团 ACP1000 的 GRSR 报告编制以及各技术专题报告给予了高度评价，审查专家对此次双方专家交流会的初步结果表示满意。

2014 年 12 月 4 日至 5 日，ACP1000 通过了国际原子能机构（IAEA）反应堆通用设计审查（GRSR）。这是我国自主三代核电技术首次面向国际同行审查。专家认为，ACP1000 在设计安全方面是成熟可靠的，满足 IAEA 关于先进核电技术设计安全要求，其在成熟技术和详细的试验验证基础上进行的创新设计是成熟可靠的。

3.3.5　国家能源局与国家核安全局组织的“华龙一号”总体技术方案评审会

2014 年 8 月 21 至 22 日，国家能源局、国家核安全局在北京组织召开自主创新三代压水堆核电技术“华龙一号”总体技术方案专家评审会。会议听取了中核集团和中广核集团的联合团队就“华龙一号”总体技术方案、反应堆及一回路系统设计和试验验证、安全系统配置及其关键试验验证、设备准备及自主知识产权等情况的专题汇报。会议通过提问与答辩，并经过认真讨论，顺利通过评审，结论明确“‘华龙一号’总体技术方案融合取得了很好的成果，体现了方案的总体技术特征，并为后续发展保留了空间”。

3.3.6　国家核安全局对初步安全分析报告的安全审评

2012 年 12 月，中核集团完成并提交采用 ACP1000 技术的《福建福清核电厂 5、6 号机组初步安全分析报告》。2013 年 11 月，根据“华龙一号”方案对初步安全分析报告（PSAR）进行了修订，并上报国家核安全局。国家核安全局分别于 2014 年 11 月 2 日至 3 日、2014 年 12 月 17 日至 18 日、2015 年 3 月 30 日至 31 日分别召开了三次 PSAR 审评对话会。

福清 5、6 号机组 PSAR 的评审和专项审查工作经过 3 轮对话会已经完成，所有问题已经形成结论。国家核安全局向国家能源局发送了《关于福清核电厂 5、6 号机组安全审查意见的复函》，提供以下评审结论：“该项目满足我国现行有效的核安全法规和标准，改进措施符合我局在福岛核事故后对核电厂提出的安全改进要求，达到了《核安全与放射性污染防治‘十二五’规划及 2020 年远景目标》中确定的安全目标。”国家核安全局在安全分析报告审查的基础上，还针对首次使用的多项重要改进技术开展了专项审查，对关键试验进行了见证，并开展了独立审核计算。对于这部分工作，国家核安全局在函中也指出了以下结论：“该技术方案具备了完善的严重事故预防和缓解措施，符合国际最新安全要求，安全和技术水平与国际先进的压水堆核电厂相当。”

2015 年 4 月，国家核安全局在《福建福清核电厂 5、6 号机组初步安全评价报告》中进一步提供了以下审评结论：“经过对福清核电厂 5、6 号机组 PSAR 细致的审评，申请者对审评者的大部分问题给出了合理的解释与说明，提供了补充分析与论证，或承诺开展补充试验与分析。目前，绝大部分审评问题已得到解决并获得一致认可，部分重要安全问题已作为建造许可证条件。审评者没有发现其他设计上可能影响福清 5、6 号机组建造许可证发放的重大颠覆性问题。因此，审评者认为申请者提交的申请材料基本可以满足国家核安全局审评要求，是可以接受的。”

在PSAR顺利通过安全评审的基础上，环保部向福清核电有限公司颁发了“华龙一号”示范工程福清5、6号机组的建造许可证。

3.4 固化技术成果，创建中国自主标准体系

在“华龙一号”设计之初，我国核电标准化虽然经过多年努力也取得了很大成果，但是仅能够满足60万千瓦级和百万千瓦级二代改进型核电厂建设的需要，还无法有力支撑三代核电技术的设计、建设和运行。为提升我国核电标准的“自主化”，国家能源局2009年发布《压水堆核电厂标准体系建设规划》，这份文件是我国核电行业标准体系建设的权威性指导文件，要求全面覆盖二代改进型和基本覆盖三代压水堆核电厂。但是由于当时的历史条件，该体系覆盖的三代核电厂主要是指以AP1000为代表的三代非能动核电厂，无法满足“华龙一号”设计需要。

为固化“华龙一号”的设计成果，提升“华龙一号”的核心竞争力，并为实现核电安全高效发展、落实核电“走出去”战略，中国核工业集团公司开展了“华龙一号”标准体系建设工作，包括中核集团自主科研开展的“华龙一号”标准体系建设和“华龙一号”国家重大工程标准化示范项目。

中国核工业集团公司于2016年9月发布了“关于下达中核集团‘龙腾2020’科技创新计划‘华龙一号’型号标准研究（第一阶段）任务书的通知”（中核科发〔2016〕375号），正式开展“‘华龙一号’型号标准研究”项目，并于2018年6月下达“华龙一号”型号标准研究（第二阶段）任务书。“华龙一号”型号标准体系研究以固化科研成果、提供设计依据、为批量化建设提供条件为目标，并通过标准“国际化”来促进“‘华龙一号’走出去”。“华龙一号”型号标准研究包括了“华龙一号”型号标准的顶层设计、“华龙一号”采用标准的梳理分析、“华龙一号”型号标准文本的编制、“华龙一号”型号标准英文版建设、“华龙一号”型号标准专项科研五大部分。

“‘华龙一号’型号标准研究”项目开展了五个方面的研究内容。

（1）“华龙一号”型号标准的顶层设计

结合“华龙一号”工程实践和我国的工业基础，吸收国内外核电标准体系的良好实践经验，初步构建一个覆盖核电设计、设备制造、建造调试、运行和退役全过程的“华龙一号”型号标准总体结构，为后续分析工作提供指导和参考。

（2）“华龙一号”采用标准的梳理分析

对“华龙一号”设计、设备制造、建造与调试、运行与退役所采用标准的适用性、指导作用、逻辑关系和国内外标准对照关系等进行分析和研究。根据标准梳理分析结果，对“华龙一号”型号标准总体结构进行修订和完善，并在此基础上编制标准体系表。

（3）“华龙一号”型号标准文本的编制

在（2）工作的基础上，按照重要程度和成熟程度，分批次开展标准文本编制工作，

包括各个专业需新编、修订或者转化的技术标准。

（4）“华龙一号”型号标准英文版建设

英文版建设工作与以上三方面工作并行开展，制订英文版标准建设计划，按照轻重缓急的原则，分批次开展标准英文版建设有效支撑核电“走出去”。

（5）“华龙一号”型号标准专题研究

在标准梳理分析的基础上，对提出来的有待研究的问题开展35项标准专项课题研究，解决技术难点，提升标准水平，从而为后续编制标准提供技术支持。

此外，为贯彻落实国务院办公厅印发的《国家标准化体系建设发展规划（2016—2020年）》以及《核电中长期发展规划（2011—2020年）》，国家能源局、国家标准化管理委员会以及国家核安全局于2017年2月23日下发《关于开展“华龙一号”国家重大工程标准化示范的复函》，同意依托“华龙一号”示范工程，开展核电标准化示范。

“华龙一号”国家重大工程标准化示范项目的主要目标是：依托“华龙一号”示范工程，利用四年左右时间（2017—2020年），进一步完善优化现有压水堆核电标准体系，健全一套自主的涵盖通用基础，前期工作，核电设计，设备制造、建造、调试、运行和退役等全生命周期的压水堆核电标准体系，形成一批与国际水平相当的核电国家标准、行业标准。该标准体系完全覆盖“华龙一号”国内建设和出口所需的标准，可有效提升我国核电技术和装备水平，支撑我国核电技术和装备走出去，提升在国际上的话语权、主动权和影响力，打造中国先进核电标准品牌，提升我国核电标准化整体水平。“华龙一号”标准研究贯彻“系统性、兼容性和开放性”三大原则，工作过程中重点体现以下总体思路：

① 立足于“华龙一号”的研发成果和设计特征，为“华龙一号”量身打造结构完整、逻辑严密的技术标准体系，彻底解决“华龙一号”设计、建造、调试和运行的标准选择问题；

② 充分利用压水堆核电厂标准体系的现有成果，定位为压水堆核电厂标准体系的重要补充，在总体结构上尽可能与压水堆核电厂标准体系保持一致，并且与压水堆核电厂标准体系中的其他标准保持兼容；

③ 贯彻“自上而下”的原则，做好顶层设计和长远规划，通盘考虑各方面因素，将总课题分解成若干子课题、若干阶段开展工作，逐步建立和逐步完善标准体系；

④ 从指导实际工作的需求出发，通过需求和现状的对比分析，梳理出标准体系中有待完善的方面，明确有待编制、修订或者转化的标准；

⑤ 丰富标准体系的层次，注重体系中标准的细化指导作用、可实践性和可操作性，要有包括总体设计原则或准则的顶层标准，更不能缺少可用于直接指导实际工作的具体标准，甚至需要针对关键环节和技术难点制定保障标准技术意图得以正确贯彻的技术细则、技术条件或技术规程等；

⑥ 体系的建立是一个协商一致的过程，为保障课题研究成果的代表性、权威性和适用性，需要有效利用集团内部乃至国内的核电技术资源，发挥各方积极性，广泛吸纳具备相关研究经验和资质的单位共同参与，并邀请相关政府部门监督指导和支持；

⑦ 在保证合适的参与单位、参与人员和稳定团队的基础上，课题组通过建立有效的

组织形式，加强管理、协调和沟通工作，将分散在各单位各专业的研究资源进行有效组织整合，集中力量对关键技术问题进行攻关。

“华龙一号”国家重大工程标准化示范项目在国家能源局、国家标准化管理委员会、国家核安全局领导下成立了专门的组织机构，设置了总体组、设计专题组、设备制造专题组、土建与安装专题组、调试与运行专题组。其中，最重要的设计专题组由工程公司牵头作为组长单位、中广核工程有限公司作为副组长单位，组员单位包括中国核动力研究设计院、电力规划总院和华龙国际核电技术有限公司。设计专题组成立了工作组织机构，明确了各单位负责人及其具体的职责分工、沟通渠道和工作机制；发布《“华龙一号”国家重大工程标准化示范设计专题组实施方案》和《“华龙一号”设计专题组标准体系表梳理优化工作大纲》。目前，已形成各专业的“华龙一号”标准梳理分析报告31份；国家能源局批准的25项核电标准研究和制修订工作，已完成了中文版制修订和研究，待标准化所正式发布，6项英文版已开展征求意见。国家标准化管理委员会下达的2019年第一批推荐性国家标准制修订计划包括“华龙一号”标准化示范6项，已完成报批稿，待标准所正式发布。

“华龙一号”标准体系的建立既是支持“‘华龙一号’走出去”的重要支撑，也是“华龙一号”创新的重要组成部分，可有效支撑华龙系列化和型谱化研发，为核电发展做好引领和支撑。

3.5 设计优化创新，引领自主研发工程落地

为保障“华龙一号”技术研发工程化，提高工程建设的经济性和便捷性，“华龙一号”研发设计团队从更高目标的通用设计、更加全面精准的计算分析、更加经济的系统设备优化等多个方面进行了设计优化和创新。

3.5.1 更高目标的通用设计

（1）创新安全分级实践

在“华龙一号”工程的设计和建造中，结合法规安全要求和实际工程需要创新性地解决了工程中出现的一系列问题，包括双层安全壳隔离部件分级，阀门远传机构分级，仪表管阀件设备分级，通风、冷冻水系统改进分级等，给下游专业的后续设计工作扫清了障碍，为保障“华龙一号”工程的顺利进行做出了积极贡献。针对单独贯穿外层安全壳的管道和隔离阀，参考相关标准要求，结合双层安全壳设计目标和要求，确定了贯穿件隔离阀和相关试验管道的设置原则及安全等级。针对阀门远传执行机构的分级问题，结合阀门执行机构本身的分级，根据远传机构的功能确定了安全等级、抗震类别和质保等级，明确了远传机构需要参照的设计和制造标准，并从功能要求和抗震类别出发制定了抗震性能的判定准则。对于工程建设中出现的仪表管阀件设计问题，结合“华龙一号”工程自身的设计特点，制定了具备可实施性的仪表管阀件分级原则，明确了相关部件的抗震设计要求，为下游专业的设计文件、图纸的编写以及相关计算分析工作提供了设计输入，保障了工程的顺利开

展。根据安审方在审查中提出的设冷水、冷冻水系统的设计和运行问题，从功能分析的角度出发，系统性地梳理了“华龙一号”安全系统和相关支持系统的配置方案，并策划开展了一系列的计算分析工作，为相关的通风、冷冻水等冷链系统的分级和系统设计改进方案提供了坚实基础。

（2）辐射防护设计优化

“华龙一号”辐射防护设计涵盖各类工况下辐射屏蔽设计、辐射分区设计、辐射监测阈值设计等，相关设计优化及创新包括：

1）辐射源项控制：“华龙一号”辐射防护设计过程中采取了材料控制、设备设计、去污设计等多项辐射源项控制措施，如限制 Co、Sb 和 Ag 等材料在一回路冷却剂系统中的使用，与冷却剂接触的设备表面进行抛光、钝化或镀铬处理，设置合理的去污系统，提高净化系统的净化能力等。

2）放射性固体废物处理系统辐射防护设计：通过对前端过滤器报警阈值、增加备用前过滤器的设计改进，控制前置过滤器的放射性源项；对核岛内转运容器、运输转运屏蔽容器及转运车、水泥固化线屏蔽门、废物暂存库天空反散射等项目进行优化分析；优化废物库暂存区的布置分区，将放射性水平较高的废物集中管理，降低管理成本及人员受照风险。

3）辐射监测阈值设计：“华龙一号”辐射监测阈值的设定根据各系统运行操作需求，改进了统一设定阈值的分析方法，在充分保障工作人员辐射安全、不影响后续系统流程的前提下，详细分析了辐射监测阈值，避免了监测阈值触发主控频繁报警，从而减少系统与设备的检修、更换成本，降低人员受照风险，从多方面节省运行成本。

4）核岛厂房布置优化设计：提出了针对“华龙一号”总体布置的辐射防护设计原则，如控制区布置原则、管道布置原则、事故工况下的布置原则等，并提出了布置调整设计优化方案，有效控制了工作人员受照风险。

5）辐射防护设计标准化：通过对二代压水堆设计经验的总结、三代核电技术创新点的梳理、国际最新安全要求的研究，策划多项标准研究科研课题，起草发布了 10 项集团标准，起草新编（核电）国家标准 5 项，行业标准制定及研究 4 项，并正在努力将先进工程技术标准确立为国际标准，为“华龙一号”出海保驾护航。

（3）安全的防火设计

“华龙一号”核电厂防火安全水平达到三代核电机组要求，相关研究促进了核电厂防火安全相关技术的发展，确保“华龙一号”的先进设计、安全运行和核电事业的长远发展。

1）防火设计

“华龙一号”设计中通过对核电厂的总平面防火设计、建筑防火设计、安全防火分区、消防人流疏散、灭火系统、火灾自动报警系统、电气防火及消防供电、消防仪控系统、通风系统防火及排烟、非能动防火保护与防火封堵、火灾安全分析等各方面进行研究，确定“华龙一号”的消防设计与防火安全分析技术方案，并最终将各项方案予以工程实施。“华龙一号”改进了防火分区划分、地震情况下核岛消防供水系统的可靠性、电仪布置防火实体隔离，采用全面系统的火灾模拟分析较真实地评估火灾的后果。“华龙一号”在防火设计中进行了火灾薄弱环节分析、大飞机撞击后火灾效应分析、内部爆炸性气体环境分析及设备防爆分析，均达到了国内、国际领先水平。

2）灭火系统

灭火系统通过纵深防御设计方法来确保与安全有关的系统执行其安全停堆功能的能力，并保证在火灾时将放射性释放到环境中去的可能性及对人员的危险性降至最低，同时减少由于火灾带来的财产损失。“华龙一号”核岛厂房灭火系统设计创新主要有：

① 在国外厂家停止供货的情况下，研发反应堆主冷却剂泵与上充泵消防的二氧化氮加压装置，保证“华龙一号”的安全性与可靠性；

② 反应堆主冷却剂泵与上充泵消防进行理论设计与模拟试验相结合，有效的验证了系统设计，提高主冷却剂泵与上充泵的消防安全；

③ 核岛消防 25 类抗震设备均按照三代核电抗震要求重新设计及进行抗震鉴定；

④ 设备接口统一，所有碘吸附器设备接口统一和应急供水消防接口统一，简化系统，提高系统通用性；

⑤ 系统控制提升，如反应堆主冷却剂泵与上充泵消防增加系统综合状态反馈，根据反应堆主冷却剂泵与上充泵状态，灭火措施状态和火灾报警综合反馈系统可用性情况，提高主控室对反应堆主冷却剂泵与上充泵消防的管控水平；

⑥ 定期试验方案优化，建立覆盖全流量的定期试验方案，提高系统的运行监测能力。

（4）创新型防水淹设计

防水淹设计能够确保核岛安全相关的系统、设备及相关的设施不会因为内部水淹而影响安全停堆的功能，同时降低内部水淹事件的危害。对提升“华龙一号”核电安全性具有十分重要的意义。“华龙一号”防水淹设计采用了国际及国内通用的防水淹设计规范要求，并在规范要求的基础上更加深入地分析以满足三代核电厂的安全要求，尤其是在人员不干预的时间范围内确保核岛内部不会造成安全功能的丧失。同时创新采用了三维模拟计算的方法，创立了一套完整的核岛内部水淹分析方法，包括水淹源的分析、核岛防护设备分析、水淹漫延路径分析、水淹水位分析以及防护措施设计。水淹源分区的划分方法和水淹源项的筛选方法，更加合理及简便，替代了传统核电项目的内部水淹迭代分析。首次采用数值模拟方法进行核岛内部水淹水位分析，并经过物理模型验证，计算与试验结果符合良好。数值模拟分析方法可以得到确切的水位高度，对后续项目的布置以及改进具有极大的指导意义。

（5）完善的飞射物防护设计

按照国内外最新的法规导则体系（如 IAEA NS-G 导则、《核动力厂内部危险（火灾和爆炸除外）的防护设计》（HAD 102/04—2019）等），“华龙一号”在工程设计中对内部飞射物进行了完善的防护设计，主要包括了可信飞射物源的全面筛选、后果分析、防护措施设计、评价验证等研究设计工作。

“华龙一号”工程设计对各类假定的内部飞射物源均进行了全面的梳理和筛选，涵盖了转动部件、承压部件、重物坠落及构筑物倒塌、爆炸、二次效应等飞射物源成因，形成详尽的可信飞射物源清单，计算了各个飞射物源的速度、能量等参数，判断其可能撞击的物项，并通过调整布置方向、设计限制件或屏障、失效功能分析等措施分析论证所需的安全功能不受影响，从而形成了完善的内部飞射物防护设计，满足国际上对飞射物全面防护的最高安全标准要求。特别对于危害后果较大的汽轮机飞射物，建立了概率分析、评估准则、防护方法、关键物项分析与防护设计的完整汽轮机飞射物的分析评估方法，满足国际上对一址多堆汽轮机飞射物互相影响的最严苛要求。

（6）创新的防氢气爆炸设计

根据《核动力厂内部火灾和爆炸的防护设计》（征求意见稿）和 IAEA NS-G-1.7 Protection Against Internal Fires and Explosions in the Design of NPPs 中的相关规定，需要尽可能消除爆炸。氢气系统作为核电厂气体系统的重要组成部分，对核电厂安全稳定运行起着至关重要的作用，氢气的爆燃和爆炸也是核电厂发生内部爆炸最主要的原因之一。“华龙一号”示范工程在总结核电行业中多年设计、施工、生产实践的经验基础上首次提出适用于核电厂爆炸性气体环境分区方法，对危险场所进行分析研究，确定该场所中各个危险区域的类型、危险等级等，以便于在这些区域中必须设置电气设备时，能正确地选择防爆安全性能合适的设备，安装在这些危险区域中保证生产的安全。核电厂爆炸性气体环境分区方法填补了国内核电领域该项研究的空白，并可以将“华龙一号”防爆设计经验应用到后续核电项目的内部防爆设计中。

（7）全面的管道破裂效应防护设计

管道断裂防护设计对于保护“华龙一号”免受管道破裂灾害的影响具有十分重要的意义。通过研究首次制定高能管道断裂动态效应防护设计准则，首次对“华龙一号”高能管道进行全面分析，完成“华龙一号”高能管道断裂动态效应防护设计报告。首次完成横向限制件设计优化，增加抗剪件，避免使用高强螺栓，从而避免高强螺栓氢脆断裂的风险。采用动态分析软件，分析电气厂房外侧主蒸汽管道的断裂后甩击效应，为取消电气厂房外侧防甩击件提供理论依据。首次完成含酸碱介质管道破裂后影响分析，并设置相应的防护措施。此项设计成果不仅有力地提升了“华龙一号”的安全性，还优化了防甩设计，提高了“华龙一号”的经济性。

（8）更高标准的噪声防护

“华龙一号”主控室提出了 45 dB（A）室内噪声指标，是目前国际国内较高标准。通过将主要噪声源通风机房布置在主控层的下一层、管线集中布置于主控室吊顶长边两侧、采用侧送下回的通风组织方式、采用金属吸声吊顶和墙面及隔声门窗等措施，实现主控室声环境的目标值。

（9）更适用的在役检查

《核岛机械设备在役检查规则》RSE-M 2010 版是法国为 EPR 堆型编制的在役检查规范，并不完全适用于“华龙一号”首堆示范工程。为此，大纲编制团队认真研究该规范，积极与安审中心、业主以及在役检查具体实施单位沟通协调，结合国内核电机组多年的在役检查经验，同时参考国内在役检查规范，提出了一整套应用 RSE-M 2010 版的原则和方法，解决了众多技术难题。福清 5、6 号机组无损检测技术能力验证方案于 2018 年 3 月 12 日获得华北核与辐射安全监督站的批准，PSAR、FSAR 中关于在役检查相关的问题均已得到安审部门的认可和关闭。福清 5、6 号机组在役检查大纲于 2019 年 4 月 25 日获得国家核安全局的批准，解决了冷试的先决条件，为冷试节点的顺利完成提供了基础保障。

（10）可靠的电气设计

电气系统设置了多个层级的电源系统，以满足“华龙一号”能动系统和非能动系统的用电需求。“华龙一号”设置了在全厂失电后仍能持续工作 72 h 的 220 V 直流和 380 V UPS 电源，保证严重事故相关设备的正常运行。“华龙一号”进行了增加蓄电池容量的设计工作，将蓄电池放电时间由 1 h 提高到 2 h，同时提高了直流电源的可靠性，以保证在失去全部交流电源的情况下，直流和 UPS 系统负荷能完成其设计功能的要求，保证人机接口的持续运行，使操作人员有足够的时间处理失电事故。

（11）完善的通信与火灾自动报警系统设计

“华龙一号”采用数字环网方案，将有线广播、警报系统组网，实现全厂互联，从任一机组有线广播、警报控制台均能启动任一机组子项或全厂有线广播及声警报系统。解决了因原有设计跨项目主设备（网络控制器）启动子项扬声器需逐一增加控制电缆、音频电缆，导致设备硬接线复杂、故障点增多、系统的灵活性、扩展性及可靠性差等问题。

“华龙一号”火灾自动报警系统采用了防火分区全面火灾探测系统设计、全厂火灾自动报警系统双机组环网联网设计、氢气探测系统设计，实现了火灾自动报警系统探测的全面覆盖，有效提升核电厂的防火安全水平。

（12）安全的核安保技术设计

“华龙一号”核安保技术设计在实物保护视频监控系统优化改进，地面下大口径管道视频复核及检修便利化方案优化改进，完善要害区周界探测方式及优化探测器选型，增设海面雷达安全防护系统，优化改进核岛要害区主出入口设置，优化完善 UA、UD 车辆通道门设置，优化改进实物保护屏障周界及重要部位门体设置等方面开展大量工作，取得良好应用效果，为“华龙一号”核安保能力与水平提升做出了贡献。

3.5.2 更加全面精准的计算分析

（1）先进的土建抗震设计

采用更高的抗震设计基准是“华龙一号”的重要设计特征之一，其抗震设计基准的确定、模型化及计算方法的选用是设计难点。

“华龙一号”的抗震设计输入将地震地面运动峰值加速度提高至 0.3g，设计反应谱采用更宽的 RG1.60 改进型反应谱，可以包络国内、外大多数潜在厂址。“华龙一号”抗震设计中创新性的应用了三维有限元模型与集中质量杆单元模型的耦合模型，提高了计算效率，真实地模拟了构筑物的动力特性及动力响应、提高了楼层反应谱的计算精度。楼层反应谱计算中采用子结构法考虑土–结构相互作用，相对阻抗函数分析法更为先进。核岛厂房抗震设计采用了谱分析的方法，较拟静力法更为先进、准确，同时自主开发了反应谱及配筋后处理小程序，大大提高了计算效率、降低了错误率。抗震设计中考虑了多种地基条件，进一步拓宽了“华龙一号”的厂址适应性，使其可以建造在包括软土地基、硬岩地基在内的多种厂址上。

“华龙一号”采用了更高的抗震设计基准、更先进的分析设计方法，具有更广泛的厂址适应性，处于国内领先、国际先进的水平。

（2）创新的力学计算分析

“华龙一号”设计中，力学计算分析创新实施了 LBB 技术，地震 PSA，二级 PSA、防甩件动态分析等关键技术，有效提升了电厂的安全性和经济性。

LBB 技术涉及断裂力学理论、热工水力学理论，采用 LBB 技术后，可以取消防甩限制件，在分析计算时可不考虑管道破裂产生的破裂载荷，实现安全性与经济性的双重保障。

地震 PSA 中设备易损度的分析工作，可以给出核电厂中安全停堆相关设备的抗震能力，结合系统分析可以发现核电厂中的抗震薄弱项，从而进一步指引核电厂中设备的抗震设计优化。如在“华龙一号”电厂设计中对于辅助给水箱和换料水箱均采用了水池的设计方式，从而避免了采用大型立式储罐这种抗震能力差的设计型式，有效地提升了整个电厂的抗震能力。

针对高能管道，开展了断裂分析，并预估管道断裂后行为，设计相应的防甩防护措施，使“华龙一号”免受高能管道断裂破坏的影响。对于大间隙防甩装置本体的力学计算，采用动力学软件（DYNA）进行时程模拟，真实考虑材料非线性和接触非线性，得到防甩装置和管道的撞击特性。通过精准计算，取消主蒸汽和主给水管道位于电气厂房外侧的防甩击件。管道力学分析及断裂后破坏效应评估有效保证了“华龙一号”堆型的安全性并提高了机组的经济性。

（3）创新的核岛电缆路径规划与电缆敷设方法

首次实现对核岛 2 万多根电缆的敷设路径进行全面规划，开发了系统的路径规划理论方法，在首堆电缆信息滚动更新的情况下实现了敷设路径的对应滚动更新，完善了电缆托盘设计方案，有效控制了电缆超载、断路风险，并能结合现场建设实际进展，对规划路径进行动态调整。

规划设计过程中与采购部门密切配合，先后解决了供货商电缆核对与路径落实、设备接线端子与电缆匹配等问题，与施工单位配合解决了房间移交、托盘可用、施工装置及施工空间协调等问题，保证了电缆路径清单在现场实施，满足工程需要。

（4）紧密结合工程设计的工程造价及技术经济分析工作

“华龙一号”工程造价和技术经济分析工作是机组经济性提升工作的重要组成部分，技术经济团队在总结以往项目经济数据及工作方法的基础上，做了大量开拓性工作，这主要体现在以技术经济标准研究为龙头，技术创新为驱动，工程实践为落脚点上。

标准研究建设方面，团队在梳理标准体系的基础上开展技术经济标准适应性相关研究，积极推动行业定额及清单规范升版以适应“华龙一号”机型特点，完成编制集团“华龙一号”技术经济标准四册。标准研究建设有效带动了相关经济测算工作的顺利开展，为“华龙一号”经济性相关工作的开展做好了铺垫。

技术创新方面，自主开发基于“华龙一号”三维模型的工程量计算软件，填补了核电造价领域工程量计算软件的空白。该软件利用三维模型提取核岛土建混凝土工程量，能适用于核电厂核岛不规则厂房、带弧不规则墙板等构件，极大地提高了工作效率，有力地打通了设计与造价之间的环节。建立了“华龙一号”标准工程量数据库和 BOP 工程造价指标库，建立起了完整的查询检索功能，基于造价指标库可以进行全过程造价咨询与成本管控工作。开发出适用于“华龙一号”机组的经济评价模型，并提出了适用于“华龙一号”的评价方法和参数取值方法，该财务评价模型相较过往模型更加简便和易于操作。在经济建模工作中，还首次将平准化成本作为国内核电项目经济评价方法的另一核心指标，属业内首创。

工程实践方面，基于诸多技术创新带来的效率提升，“华龙一号”团队已完成“华龙一号”首堆全部施工图纸工程量的计算工作，为后续机组设计优化提供了宝贵的参考资料，大大提升了后续项目的限额设计水平。同时，将施工图预算与现场结算工作有机结合并标准化，顺应了当前建设行业推进过程结算的大趋势，相较于过往的工作模式，大大提升了施工图阶段造价数据的及时性与准确性，有力地支持了相关成本测算与费用控制工作。此外，还完成“华龙一号”经济性评估预研工作，首次以造价直观表现设计方案代价，以及作为经济优势或劣势的体现，前瞻性的测算出“华龙一号”后续项目核岛造价水平，创造性地提出不同机型各自造价特点差异的根本因素，通过对比分析提出“华龙一号”造价竞争力变化趋势。

3.5.3 更加经济的系统设备优化

（1）采用成熟设备

1）泵类

在“华龙一号”核级泵的选型和设计中，充分考虑了成熟设备的优先选用，最大限度地吸收了二代及二代加改进型核电厂核级泵的研发成果，除新增系统中的配套核级泵外，几乎全部核级泵结构沿用二代及二代加改进型的结构型式，一方面最大程度地利用了研究成果避免了重复研发和鉴定投资，另一方面成熟泵型也能保证工程建设质量。同时将泵组鉴定按照泵本体、驱动机、配套附属设备等分属不同设备类型进行鉴定的原则分别鉴定，因此即便是新增泵组，配套电动机及泵的配套附属件也可以利用已完成的鉴定成果。

对于新增泵型，研发过程中也同样考虑在其他核级泵已应用过的成熟泵型，例如中压安注泵，结构借鉴了成熟的上充泵结构型式，只是调整相应水力设计以满足性能要求，因此，基本属于新开发设备也同样可以最大限度地保证研制的成功率以及设备运行的可靠性。

2）阀门类

阀门选型设计中，重要阀门（如主蒸汽隔离阀、主蒸汽安全阀、大气释放阀、主给水隔离阀、地坑阀、先导式安全阀、气动调节阀等）均考虑了成熟供货商已有产品系列。

（2）设备国产化

“华龙一号”核级泵的选型和设计充分考虑了二代及二代加改进型核电厂设备国产化的成果，并根据“华龙一号”的设计特点对国产化的成果进行改进设计，新增设备也全面开展了国产化研制工作，中压安注泵、上充泵、设备冷却水泵（双吸）、辅助给水汽动泵、应急硼酸注入泵等重要设备均以横向科研的形式进行合作研发，最终实现了全部核二三级泵的设备供货的国产化，保证了“华龙一号”国内外首堆的工程建设，降低了采购成本。

主蒸汽隔离阀，主给水隔离阀，安全壳延伸功能的CSP、RSI地坑阀，弹簧式安全阀，主蒸汽安全阀，大气释放阀及消音器，带执行机构的调节阀、隔膜阀、气动截止阀、电动截止阀（直流电机），电动截止阀，核 2 级电动蝶阀等重要阀门均与国内优秀的阀门供货商通力合作，实现了以下设备的国产化，并已在海外项目（K2/K3）实现设备供货，大大降低了采购成本。

核电厂放射性废物桶外水泥固化成套装置及配方、核电厂废过滤器芯接收和厂内运输装置、装卸料机及辅助单轨吊、双层安全壳燃料转运装置、乏燃料贮存格架、CNFC-3G新燃料运输容器、双层安全壳人员闸门、一体化堆内构件吊具、PCS换热器/汽水分离器、CFE纤维过滤器/文丘里水洗器、内置换料水箱过滤器、混凝土蜗壳泵、贝类捕集器、核岛通风系统调节阀、核安全级逻辑控制系统（继电器机架）、烟囱流量计、核级小三箱、1E级严酷环境下电缆、核电站 1E 级严酷环境电缆热缩套管、抗震照明设备、两段式漏电继电器、卡轨及配套螺栓、电缆桥架及支吊架、电缆密封模块装置、井下全天候摄像机等多项关键设备也实现了国产化，在解决“卡脖子”问题的同时节省了项目投资。

（3）技术优化

1）一回路主设备设计优化

为了满足经济性和安全性的要求，“华龙一号”反应堆采用了全新设计的具有自主知识产权的一体化堆顶结构。其采用设备一体化和功能集成化的先进设计理念，增加了堆顶结构的整体刚度，提高了反应堆的操作安全性。围筒将控制棒驱动机构围住，能够减少围筒外部的辐射剂量，提高了堆顶操作人员的安全性。此外，为了简化现场安装，采用模块式设计，将主要零部件在工厂组装完毕，同时将相关接口设备间需要配置的加工内容在工厂完成，如冷却风管与围筒组件的连接螺纹孔、电缆托架与电缆桥支座的配合螺纹孔等，从而减少了现场机加工和操作内容，提高设备安装效率，有助于反应堆经济性的提升。

“华龙一号”主管道采用锻件奥氏体不锈钢，将主管道的设计寿命提高到整个电厂的设计寿命，使主管道在 60 年寿期内能安全运行、保证其承压边界的完整性。锻造主管道属于一体锻造（包括了直管、弯头和接管嘴），减少了主管道工厂预制环焊缝（弯头和直管的焊缝）以及较大的接管嘴焊缝。由于主管道的薄弱环节主要在焊缝，因此，主管道上焊缝的减少相应地降低了主管道在使用过程中的潜在风险。同时，由于焊缝的减少，电厂运行期间也减少了相应焊缝的在役检查工作，为核电厂的运行节约了成本，也为整个在役检查节约了时间。

“华龙一号”一回路主设备、主管道及波动管全部采用金属反射型保温层系统。金属保温层耐辐照、耐腐蚀、材料相容性好，具有长达 60 年的设计寿命，并能有效减小事故下堆坑滤网堵塞风险。相比于非金属保温层，金属保温层无粉尘、不需要捆扎，其模块化设计使其拆装便捷、重复利用率高，可有效避免放射性粉尘危害、缩短在役检查时人员辐照时间，适应在役检查等维修工作需要。金属保温层通过了严格的模块抗震试验及系统抗震力学分析，其设计满足抗震要求。金属保温层的模块化设计，结合了三维协同设计系统，充分考虑核岛内其他专业物项的密集程度、模块安装的逻辑顺序、现场转运通道及施工空间、设备及管道的定期检查需求，以便于现场施工、减少现场修改工作、最大化的保证投运后金属保温层仍具有良好的拆装性。

2）厂区总平面设计优化

① 主厂房平面间距的确定

“华龙一号”首堆示范工程用地原规划建设两台 M310 双堆机组，改为建设两台“华龙一号”单堆机组后，不仅用地需求大幅度增加，而且作为首堆可供参考借鉴的资料极少。总图地质所在深入研究分析各个技术环节后，形成了较为合理的总平面方案，考虑了预留 7 号机组的用地要求，将 5、6 号机组堆芯间距由 250 m 调至 220 m，其他设施的布置也更加紧凑，大大节约用地，同时为提高经济性提供了支持。

② 厂区总平面设计

“华龙一号”首堆示范工程在设计阶段，进一步对厂区总平面布置、竖向布置、道路布置以及室外管线综合等方面内容进行了优化。在厂区平面布置方面，通过调整和优化个别子项平面位置，以达到工艺连接合理、交通运输顺畅、布置紧凑、沟道短捷顺直、节约用地的目的，例如将 YA/YB 子项布置在两台机组常规岛之间，既保证了该子项的工艺联系又能节约用地。在竖向布置方面，结合厂区平面、道路以及围栏布置情况，借鉴以往工程设计经验，吸取良好经验反馈，合理优化厂区竖向布置，细化竖向细节设计，例如在核岛区、室外大面积区域增设雨水口，在 UB 围栏旋转门附近以及子项引道与道路交界处增设雨水口等。在道路布置方面，吸取福清一期主泵运输方案的经验，经与主工艺以及各相关专业反复分析讨论，调整了 7AC 子项的主泵运输大门位置，使其在平面位置不变的前提下满足交通运输的需求。鉴于“华龙一号”核岛龙门架位置处对交通运输要求比较严格，需要合理优化该位置处的道路布置，例如在 5 号机组核岛龙门架南侧设置主要道路与之连接，在 6 号机组核岛龙门架南侧设置会车场地等。在室外管线综合方面，首堆示范工程室外沟道、室外管线设计先于子项开展，不同于以往核电项目，尚属首次，这给设计带来了很大的难度，设计既要考虑室外管沟、管线的平面布置合理性，又要凭借设计经验提前预判其对子项布置、竖向布置、道路布置、以及围栏布置等方面的影响（见图 3.5.1）。

图 3.5.1 “华龙一号”首堆示范工程厂区效果图

3）核岛消防供水优化设计

日本福岛核事故后，核电厂的设计对系统安全功能提出了更高的要求，“华龙一号”消防供水系统设计有着全新的特点。将核岛与常规岛、BOP供水系统分开设置，提高其安全性和可靠性，降低应急柴油机容量，减少抗震管沟，增加消防车连接用快速接头和应急补水管线，引到核岛消防泵房外墙消防车能够到达的位置，在全厂失电时，通过消防车取水，核岛消防泵房还设有水泵接合器，提高了核岛消防供水的安全性，同时为核电厂的安全运行提供了一定的保障。消防水池增设一套消防水净化管路，设置循环水泵和过滤器，定期启动循环水泵，用于净化消防水池内的水质，延长设备的使用寿命，有效节约水资源，同时可作为排水泵，优化水池排水时人员操作。

4）改进的仪控系统逻辑图和模拟图设计

在示范工程项目中，仪控设计根据方福海项目经验，进行设计改进，系统逻辑图和模拟图改为功能图和 SAMA 图。对于设计者来说，对系统的设计意图理解更深刻，图纸编制更规范。对于供货商来说，这种设计输入要求更明确，工程组态更确定，大大减少了供货商对设计输入的误解，减少了不必要的设计变更，由于供货商设计图纸正确性的提高，大大缩短了供货商文件的审查时间，为工程项目的顺利进展保驾护航。

5）持续优化的常规岛系统设计

① 低加疏水泵配置方案优化

“华龙一号”常规岛优化了低加疏水泵配置方案，考虑到疏水泵需定期检修以及可能出现故障的实际情况，疏水泵由原来的2台改为4台，其中2台运行，2台备用，大大减少了通过紧急疏水阀将疏水排至凝汽器的可能性，提高机组热效率，增加了系统的可靠性。

② 优化除氧器启动再循环系统

二代核电厂在冷态启动时，一般利用辅助蒸汽对除氧器内的水进行有效的加热和除氧，设置启动再循环泵，由除氧器底部吸水，经孔板送至除氧器顶部的一个喷嘴，增加除氧器内部水的扰动，达到均匀加热和缩短加热时间的目的。为简化系统，降低投资及运行成本，“华龙一号”取消了除氧器再循环泵系统。“华龙一号”采用内置式无头除氧器，加热蒸汽直接进入给水箱贮水区底部，通过水下蒸汽耙直接加热冷水。取消除氧器再循环泵及其相关管道、阀门系统，通过加长启动加热蒸汽耙、调整启动给水泵出水口和启动给水泵再循环接口到除氧器的两端，可以解决给水加热不均的情况，保证启动初期给水含氧量。

③ 取消蒸汽转换系统

蒸汽转换系统来源于法国900 MW核电厂设计，主要功能是利用主蒸汽通过该系统产生低压蒸汽，经过辅助蒸汽分配系统向核岛和常规岛辅助蒸汽用户供汽。核电厂设置蒸汽转换系统的目的是“隔离”辅助蒸汽与主蒸汽系统的直接接触，防止主蒸汽遭到放射性污染时通过辅助蒸汽系统传播到外界环境和威胁人员安全。

然而蒸汽转换系统的“隔离”功能，核电厂中几乎没有使用过，因为在正常运行期间，主蒸汽中没有放射性，辅助蒸汽系统不需要“隔离”功能。在一台蒸汽发生器发生放射性有限超标时，对应的主蒸汽隔离阀在5 s内快速关闭，汽轮机从另外两台蒸汽发生器获得洁净蒸汽降功率运行，RCC-P认为常规岛没有被污染，继续运行，辅助蒸汽系统也不需要

"隔离"功能。只有在蒸汽发生器发生大量破管，汽侧和水侧发生大量放射性污染，超过设定值时，RCC-P 规定对应主蒸汽隔离阀不能关闭，反应堆紧急停堆，执行二回路全部被污染，避免主蒸汽管道上安全阀动作污染核电厂周围环境的原则，这时辅助蒸汽系统的"隔离"功能才得到使用。但在二回路已经全部被污染的情况下，人与人和大气接触的辅助蒸汽用户可以人为停止使用。基于此，并借鉴世界其他国家设计经验，"华龙一号"取消了蒸汽转换系统。该系统取消后经济效益显而易见，两台核电机组粗略估计可节约投资 500 万元，同时降低了运行和维护成本。

6）改进的汽轮发电机基座

汽轮发电机是电力发电设施的心脏，汽轮发电机基础是保证机组的安全稳定运行的关键技术之一。"华龙一号"的汽轮发电机基础采用了弹簧隔振技术，由钢筋混凝土台板、柱、中间层和底板组成，台板和柱之间安装弹簧，首次按使用年限 60 年进行地震作用设计。"华龙一号"汽轮发电机基座进行了 1:8 的物理模型振动试验，真实地反映了梁构件的弹性模量与配筋率的关系，确定示范工程的配筋率，为汽轮发电机基础的数模计算提供依据和参考，进一步保证新型机组汽轮发电机基础的设计安全可靠、合理可行。进行的动力特性试验，显示了基础的竖向平动自振频率明显下降，远离了汽轮发电机的工作频率，有利于保护机组的运行环境。抗震性能试验，验证了汽轮发电机弹簧隔振基础抵御罕见地震作用的能力，抗震性能卓越，可作为同类机组的汽轮发电机基础设计和分析的参考指南。

7）汽轮发电机厂房独立设置交流不间断电源

核电厂内主要控制系统都布置在核岛主控制室，常规岛内控制设备所需要的交流不停电电源一般都从核岛引接。然而，"华龙一号"采用能动与非能动相结合的安全设计理念，辅助系统也需要相应增加，辅助控制系统所需的交流不停电电源也需要相应增加。"华龙一号"还采取了纵深防御的设计思想，核岛和常规岛内众多辅助控制系统对交流不停电电源的需求也相应增加。为满足交流不停电电源的容量需求，需要配置更大容量的蓄电池，并直接导致蓄电池容量超过生产厂家的制造能力，造成设备选择困难。

通过在常规岛汽轮发电机厂房独立设置交流不间断电源，一方面，可以有效降低核岛蓄电池容量，为核岛设备选择创造有利条件。另一方面，也增加了常规岛控制系统的灵活性，放宽了对常规岛交流不间断电源负荷容量的要求，为常规岛选用更为成熟可靠的辅助控制系统创造了条件。

常规岛汽轮发电机厂房独立设置交流不间断电源后，相应地常规岛蓄电池容量、汽轮发电机厂房配电间布置、常规岛电缆通道、核岛电缆通道等都需要重新进行优化设计。

8）发电机励磁方式优化

励磁系统是同步发电机的重要组成部分，直接影响发电机的运行性能。已投运核电厂多采用无刷励磁方式，相应励磁设备也多为进口设备。无刷励磁方式主要由交流励磁机和交流副励磁机（永磁机）或励磁变压器以及 AVR 装置构成。交流励磁机为旋转电枢式，其三相输出端引线嵌在轴上，与旋转盘上的整流器固定连接。整流器输出引线也固定在轴上，与同步发电机的励磁绕组直接连接。由于旋转励磁系统不可能在发电机励磁回路中接入灭磁开关，故由交流励磁机励磁回路的三相可控整流桥实现励磁机逆变灭磁。由于汽轮发电机轴系上需要装设交流励磁机，整个汽轮发电机轴系较长。由于交流励磁机等旋转设备的存在，考虑其响应时间，励磁电压强励升压的响应速度较慢。

考虑到国产化需求，“华龙一号”发电机考虑采用静态励磁方式，相应选择范围也将扩大到众多的国产励磁设备。静态励磁是目前火电机组、燃气机组中使用最多的励磁方式。静态励磁方式在发电机端设置励磁变压器，并经过三相可控硅整流器整流输出至同步发电机励磁绕组。由于不需要同轴励磁机，可缩短机组长度，减小汽轮发电机厂房面积，降低汽轮发电机厂房噪音，维护简单。采用可控硅整流器，无需考虑同轴励磁机时间常数的影响，故可获得很高的电压响应速度。

通过励磁方式的优化，不但为采购国产励磁设备创造了条件，直接降低了励磁设备采购价，同时也减小了汽轮发电机厂房面积，从而间接降低了汽轮发电机厂房土建造价。

9）冷端优化计算

福建福清核电厂1～4号机组为M310改进型百万千瓦级机组，而福清5、6号机组采用了全新“华龙一号”压水堆核电机组，装机容量虽仍为百万千瓦级，但出力有所增加。福清5、6号机组循环水量的优化取值范围最小点取决于环保对循环冷却水排水温升的限制要求，其循环冷却水排水温升要求不超过8度。另外由于工程特殊性，工程取水明渠在一期工程时已统一建成，前期温排放模型试验也对水量有了限制，单台机组最大水量受到限制。

另外根据以往核电工程经验，由于受到凝汽器单位造价及核电大机组、电价高等因素影响，优化结果中往往凝汽器面积越大越好。但其面积一旦放大到一定程度，会受到凝汽器板材采购、内部排管及汽轮发电机厂房布置等条件的制约。

汽轮机组的冷端系统优化是根据当地工程条件，在保证机组安全满功率运行的前提下，采用较佳的汽轮发电机选型配置方案，并选择合理的循环水冷却倍率、凝汽器冷却面积等冷却系统的配置，找到各者间投资运行较经济的平衡点。

核电冷端系统优化的目标函数与火电冷端系统优化的目标函数有所差异。另外由于核电机组的凝汽量比常规同容量火电机组高出一倍多，各种边界条件、参数取值和运行方式也与火电的不同，这些都对核电机组的冷端系统提出了比同容量火电机组更高的要求。针对上述情况，“华龙一号”于2009年6月底完成了核电冷端系统优化的课题研究工作。课题从核电厂设备原理、优化方法和参数取值开始进行专题研究，对火电厂的冷端系统优化程序（YH）进行了全面的升级，开发完成了适合火、核电厂湿式冷端系统优化的HSO（Heat Sink Optimization）程序。程序对循环水水力计算及凝汽器水力计算进行了升级改进，对凝汽器热力计算进行了版本升级及改进，增加了冷端优化结果排序功能及用于核电冷端计算的现值最大法等。

经过计算，在受到前期温排放模型试验结果对冷却水量的限制条件以及制造厂对凝汽器的设计和汽轮发电机厂房的布置条件制约下，整个循环水系统的冷端优化计算结果满足要求。针对工程的各种条件，在汽轮机机组设计额定背压、凝汽器面积、冷却水量三者组合方案下，找到了较佳的冷端配置方案。在满足环保及核电安全的特殊前提下，机组运行较经济，夏季可以满发及连续运行。同时，整个冷端优化计算也为后续“华龙一号”机组的冷端配置提供了经验以及方向。

10）汽轮机控制系统与 DCS 一体化

核电厂的汽轮发电机控制系统 DEH 随汽轮发电机组设备配供，与全厂分散控制系统 DCS 分开采购，通常 DEH 与 DCS 选用不同品牌。

由于核电厂主控室内无专用的汽轮机控制系统操纵员站，对汽轮发电机设备的监控均通过 DCS 操纵员站进行操作。除少量对响应速度及安全性要求高的重要信号采用硬接线，DEH 与 DCS 之间的大量的信号交换均通过通信方式完成。由于 DEH 与 DCS 采用不同的品牌，软硬件不同，通信速率较慢，操作员需要同时熟悉两套不同的控制系统。

"华龙一号"在汽轮发电机组采购时，要求 DEH 采用与 DCS 相同的硬件。DEH 实现了与 DCS 一体化后，DEH 作为 DCS 网络的一部分，软硬件平台及画面统一，通信顺畅。由于硬件的一致性，控制系统的备件配置和维护工作也得到了优化，有利于电厂的运维工作。

11）海水系统及子项总体设计

"华龙一号"海水系统采用了很多创新性设计，以满足其安全性和厂址适应性要求。如重要厂用水系统通过物理隔离抵御商用大飞机撞击、联合泵房重要厂用水相关部位内部水淹分析、重要厂用水系统在"华龙一号"机组首次自主完成系统瞬态计算。

12）水化学系统及子项优化

除盐水是核电的血液，在水源水质不明确的情况下，"华龙一号"采用成熟、可靠的除盐水处理工艺。示范工程除盐水出水化学指标均满足水质标准，按期实现除盐水可用的关键节点。海水淡化采用的膜法反渗透海水淡化工艺，具有良好的厂址适应性，为后续项目提供了强有力的技术支撑和保障。

13）BOP 水工设计标准化及设计优化

为了节约设计时间，提高设计效率，BOP 子项实施标准化设计。以水工为主工艺的六个子项完成了标准化设计，包括除盐水生产厂房、厂区消防泵房、重要厂用水进水廊道、重要厂用水排水管道、循环水供水管道、综合技术廊道。除上述六个子项外，水工专业结合以往的设计经验，开展了更大范围的标准化工作，对取水头部、取水隧洞、联合泵房、虹吸井、循环水排水管道等子项进行专业标准化设计，范围包括计算书、系统流程图、报警手册、图纸、材料清单、设备规格书和冷端优化、瞬态分析以及四大专篇等。经过一系列的标准化设计，不仅提升了专业设计能力和设计质量，同时大大提升了设计效率。

① 转运装置控制系统设计优化

运输小车的接力是一个复杂的过程，如果两侧电机的转速不能匹配，就会发生小车从一侧脱离到另一侧的瞬间，发生机械碰撞，损坏设备。优化方法是在两侧的接力位置各安装一个限位开关，当开关触发后，接力过程开始，此侧电机启动并低速运行，用 PLC 程序控制两侧电机的输出转速，RX 侧要比 KX 侧速度略快（具体数值是根据现场反复试验得出的），保证小车完成接力过程后接力侧离合器旋转 300°，脱离接力侧旋转角度小于 360°。通过采用接力驱动避免了燃料厂房结构的重大变化，节省巨额的设计、建造成本，同时接力方式的造价与进口的推链传动方式相比，价格要低得多，经济性优势明显。

② 变频技术在安全级通风系统中的应用

安全壳环形空间通风系统（CAV）是在任何工况下维持环形空间内的负压状态，根据环形空间内压力变化，采用变频器连续调节风机运行速度，是一种行之有效的解决方式。针对目前国内核电厂还未将变频器技术应用于安全级通风系统的现状，在深入研究工艺流程特点的基础上，大胆尝试在安全级通风系统中引入变频器控制方式，同时设计两种工作模式，使风机通过两种不同驱动方式运转。既实现了工艺系统的设计要求，又达到了节能降耗的目的。

14）钢筋接头优化

由于飞机撞击对 APC 壳的冲击作用，纵筋钢筋及其连接接头必须能够承受高应变和高速加载的要求。相比于普通机械接头制作要求较高，造价也较高。设计时通过对外层安全壳与防护厂房各墙体开展撞击敏感性分析，研究厂房各墙体在受到大飞机撞击时各区域的纵向钢筋应变值，确定墙体撞击的敏感区域，在该区域使用抗飞机撞击用特殊钢筋机械接头，在非撞击敏感区域使用普通机械接头。单台机组通过撞击敏感性分析后，APC 壳各墙体特殊接头使用范围大大减小，单台机组优化面积总计 14 531 m^2，单台机组节约了工程造价约 1 017.2 万元。

15）封堵优化

对于核岛厂房内有热位移机械管道贯穿孔洞，需采用能够吸纳位移的特殊封堵材料，但其价格及施工困难程度均远远超过普通封堵材料。针对“华龙一号”核岛厂房贯穿管道物项热位移超过普通封堵材料使用工况的机械孔洞，对其生物屏蔽封堵需求判断方法进行优化，在二代加核电机组判断方法的基础上，增加考虑孔洞两侧辐射源的放射性介质及其在不同运行状态下的充满情况、辐射源的分布及射线类型、辐射源与孔洞的相对位置关系、孔洞开孔方向、孔洞周围区域人员的到达情况等因素，逐一对贯穿热位移物项的孔洞进行生物屏蔽封堵判断优化。

通过本项设计优化，减少了大量贯穿有较大热位移管道孔洞的生物屏蔽封堵需求，大大降低了柔性高密度硅酮橡胶用量，进而有效降低贯穿有较大热位移管道孔洞的生物屏蔽封堵工程投资，同时缩短了施工工期。

16）放射性固体废物辐射防护设计优化

由于固体废物放射性水平较高，厂内运输频繁，涉及大量房间及屏蔽设备，固体废物处理过程中的辐射安全一直是辐射防护的重点及难点。在“华龙一号”固体废物辐射防护设计中，通过对前端过滤器设置报警阈值、增加备用前过滤器的设计改进，有效控制了前置过滤器的放射性源项。基于新的屏蔽设计源项，开展核废物厂房的辐射防护设计工作，重新优化厂房屏蔽，并对核岛内转运容器、运输转运屏蔽容器及转运车、水泥固化线屏蔽门、废物暂存库天空反散射等项目重新进行优化分析。另外，进一步优化了废物库暂存区的布置分区，使得放射性水平较高的废物可集中进行管理，降低管理成本及人员受照风险。

通过放射性固体废物辐射防护设计优化，涉及废过滤器芯处理过程的房间墙体厚度会减薄，或者可使用普通混凝土代替重混凝土，降低了材料成本，缩短了工期。对于废过滤器芯运输和处理过程中屏蔽门要求的降低，减少了钢筋的使用量。通过增加废物暂存库的布置分区，优化了库区结构，减小了盖板厚度。减薄核废物厂房屏蔽设计屋顶的厚度，屋顶能够实现单跨，与参考电厂相比（使用双跨厚屋顶），大大减少了吊车使用成本。

17）子项优化

充分考虑国内厂址规划机组多的特点，提出设计并建设满足6台“华龙一号”机组需求的厂区实验楼方案。该方案通过一次投资集中建设全厂共用的厂区实验楼，一次性完成整个厂址厂区实验楼的采购、施工、建造和调试工作，提高了投运后化学人员的集中分析和仪器设备采购及维护管理的工作效率，从而大幅度提高核电厂的投资、建造调试和运行经济性水平。

（4）设计效率提升

“华龙一号”一体化堆顶结构相对二代加将主要结构进行简化设计，但仍包含较多零部件，同时堆顶内部零件之间、堆顶设备与其他设备之间的接口较为复杂，相对于费时费力、效率低下的传统设计方法，设计过程中采用了自上而下的交互设计方法，解决了装配关系复杂零部件的设计问题，大大降低了设计差错率、提高了设计工作效率。一体化堆顶结构上方的电缆敷设路线复杂、电缆数量繁多，创新性地采用三维机械设计中的管道设计模块、采用先进的布线路径算法，完成了堆顶上的电缆敷设设计，解决了堆顶电缆敷设难题。

在进行与大管道相连的小管道力学分析时，为了考虑大管道对小管道的影响，需要在模型中同时建立大管道和小管道模型，往往小管道仅数十个单元，而分析所带的大管道或主系统模型有几百个单元，过程复杂且容易出错，且不便于进行小管道力学性能优化。为此，将小管道模型作为单独模型进行分析，并在接口位置施加大管道上与小管道连接位置的地震响应谱、地震和热位移等参数，将模型简化，极大提高了小管道分析和力学性能优化的效率。

系统三维布置设计方面，利用PDMS异地协同设计平台进行核岛三维布置设计，通过互联网数据专线和三维同步系统GLOBAL把各地设计资源紧密整合为一体，消除了异地间的时空差别，各自最新的模型及数据自动实时更新，各专业（土建、设备、管道、支吊架、电缆托盘、暖通等）协同建模、设计方案评价、全专业三维模型碰撞检查、设计出图等均在这一平台完成，实现了精细化、高效化的系统三维建模设计，极大地提高了设计准确度和工作效率，满足了紧迫的工程建设进度要求，保证了良好的设计质量，并且在工程现场安装、调试阶段的技术澄清服务中也发挥了巨大作用。

通过自主开发多项简单、易用程序，在模型建立、模型质量控制、出图、计算等方面大大提升了设计效率，如建筑层批量开洞程序、图纸批量处理程序、三维模型碰撞检查程序、支架简化计算软件等，为工程建设的连续进行提供了技术保障。

第 4 章
关键设备研发与国产化

2014 年 11 月 3 日，国家能源局批复《关于福建福清 5、6 号机组工程调整为“华龙一号”技术方案的复函》(国能核电〔2014〕489 号)，同意福清核电 5、6 号机组采用融合后的“华龙一号”技术方案，建设国内示范工程。复函内提出要求：福清核电 5、6 号机组建设要充分利用我国目前的核电装备制造业体系，国产化比例不能低于 85%。

中核集团一直以来大力支持核电设备的国产化，福清 1～6 号机组的建设过程中，设备国产化比例从福清 1、2 号机组 75%，到福清 3、4 号机组的 80%，一直到现在福清 5、6 号机组的约 88%，逐次提高。中核集团不遗余力地推进国产化进程，通过设计自主联合研发，为设备国产化创造条件，通过加大合作，与国内制造业携手共进、共谋发展。

4.1 设计自主研发，保障国产化率

“华龙一号”坚持自主研发、自主设计、自主制造之路，充分利用了我国成熟的核电装备制造体系，机型研发联合了国内 75 家高校、科研机构、设备厂家，国外 14 家组织、机构或大学共同参与，首堆工程设备供货厂家分布全国各地，涉及 5 300 多家，共计 7 万多台套，主要关键设备是在现有核电技术基础上的持续改进和继承发展，其供货已经依托现有核电机组形成的国产化能力。

通过“华龙一号”设计单位和国内制造企业的联合研发，反应堆压力容器、蒸汽发生器、堆内构件、控制棒驱动机构、先进堆芯测量系统、非能动系统设备、燃料转运装置、人员闸门、地坑过滤器、设备闸门、机械贯穿件、电气贯穿件、安全壳过滤排放系统、乏燃料贮存格架、水泥固化线装置等多数核心装备都实现“中国造”，带动了国内装备制造业高端设备的整体研发和制造水平，大幅提升了“华龙一号”设备国产化率和设备的经济性指标，确保了核心关键设备不受制于人，打破了国际垄断，有力地保证了“华龙一号”堆型的深度自主化设计。

4.1.1 反应堆压力容器

“华龙一号”反应堆压力容器的设计吸收了三代核电的先进设计技术，主体材料采用

具有成熟应用经验的16MND5锻件，采取了一系列改进使得设计寿期延长到60年，包括：严格控制堆芯区锻件材料的辐照脆化敏感元素，提高材料的性能、降低缺陷产生的可能性和缺陷的尺寸；提高堆芯段筒体锻件及相邻焊缝金属的韧性要求；增大堆芯段筒体内径，增大吊篮外表面与筒体内表面间的水隙，以降低反应堆压力容器内表面快中子注量（见图4.1.1）。主要特点如下：

① 采用先进堆芯测量系统，中子注量率和堆芯温度测量探测器合成一个组件，改从压力容器顶盖引入，取消了压力容器底部贯穿件，减小了严重事故情况下压力容器下封头的失效概率；

② 改进顶盖及堆顶结构，顶盖取消通风罩支承，设置12个堆顶结构支承台，与一体化堆顶结构相适应；

③ 为了降低堆腔上部的辐射水平，在压力容器保温层中设置了屏蔽组件，降低了从压力容器上封头到换料水池操作平台的辐射剂量，降低相关部件的活化水平。

4.1.2 控制棒驱动机构

“华龙一号”采用自主设计的ML-B型控制棒驱动机构（CRDM），已经通过1 500万步热态寿命试验和0.3g驱动线抗震试验，各项指标满足或超出三代核电厂设计指标，达到世界领先水平，其热态寿命试验运行步数已创造世界纪录（见图4.1.2）。ML-B型驱动机构是由自主设计并广泛应用于国内运行核电厂的ML-A型驱动机构发展而来的，具有以下特点：

图4.1.1　反应堆压力容器结构图

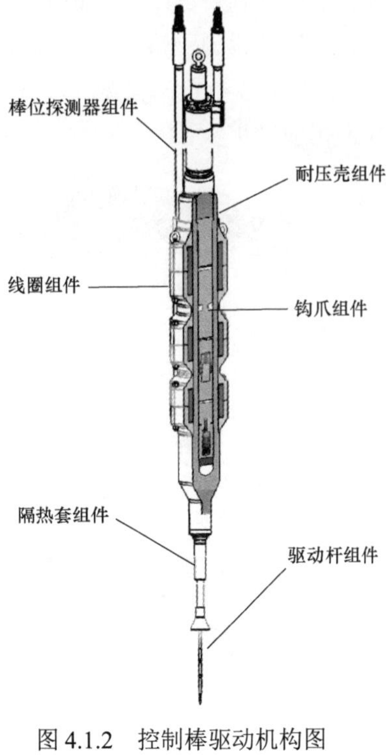

图4.1.2　控制棒驱动机构图

① 采用一体化密封壳和驱动杆行程套管，取消了上部 Ω 焊缝和下部 Ω 焊缝，降低了承压边界泄漏的可能性，也避免了端塞弹射可能性，大大提高了安全性，耐压壳满足 60 年设计寿命要求，与压力容器设计寿命相同；

② 采用双齿钩爪的结构设计，提高了钩爪组件不检修步数；

③ 采用了改进型的驱动杆组件，提高了易损件的使用寿命和驱动杆组件的可靠性。

4.1.3 堆内构件

“华龙一号”采用自主设计的堆内构件，从 2000 年开始进行了满足 177 堆芯布置要求的 CNP1000 堆型的堆内构件设计工作，其间完成包括流致振动分析、LOCA 动力响应分析、地震分析、力学分析等全套分析工作和整体水力模型试验、堆内构件流致振动模型试验等试验验证工作，达到施工设计深度（见图 4.1.3，图 4.1.4）。

2011 年福岛核事故之后，为满足三代核电厂反应堆要求，在 CNP1000 基础上，堆内构件将堆芯仪表改为由压力容器顶部引出，厂址设计基准地震改为 0.3g，重新完成了设计、分析和相关试验验证工作。“华龙一号”堆内构件在结构、材料和制造等多个方面有很高的成熟性和可靠性，核心结构经过长期和广泛的实堆验证，并将国内最为丰富的设计经验反馈到全方位的设计细节中。其关键技术主要如下：

① 堆芯测量仪表由压力容器顶部引出：为了避免压力容器底部发生冷却剂泄漏的风险，将堆芯测量通道由底部贯穿改为由顶部贯穿，因此在上部堆内构件上设置了新型的堆内测量导向结构，为堆芯测量仪表提供导向和支承；

② 满足 0.3g 抗震要求：通过堆内构件的力学分析，优化相关结构尺寸，最终堆内构件结构强度满足厂址设计基准地震 0.3g 的要求；

③ 适应 177 堆芯布置：根据 177 堆芯布置进行了相应的改进设计，堆内构件在径向尺寸上进行了相应的扩大；

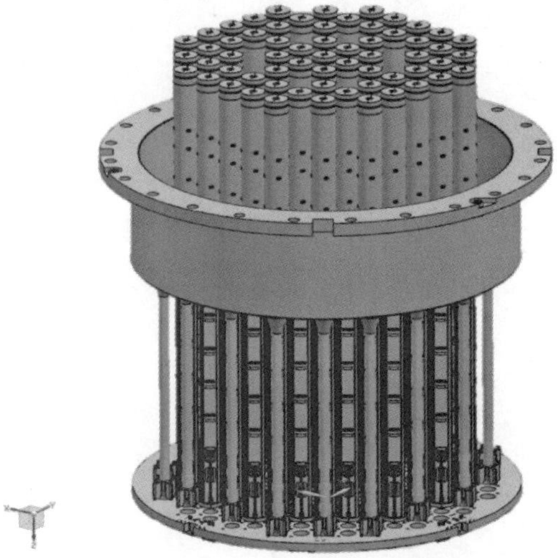

图 4.1.3　上部堆内构件结构图

图 4.1.4　堆内构件实物图

④ 改进了堆芯区紧固件设计，降低失效风险：改进堆芯区围板螺栓连接结构，优化围板与吊篮之间的旁流流道，降低冷却剂压差和螺栓载荷，增设螺栓冷却水孔，降低螺栓使用温度，优化紧固件结构材料及防松焊方式，螺栓结构改进以后，大大延长螺栓寿命，降低其失效风险；

⑤ 采用了新型下腔室流量分配结构：由于取消了压力容器下封头的仪表套管，使得下腔室流场发生变化，为了适应上述改动，堆内构件在下部堆内构件上设置了新型流量分配结构，具有优良的流量分配效果。

4.1.4 蒸汽发生器

蒸汽发生器（简称 SG）是反应堆冷却剂系统关键主设备之一，其主要功能是利用反应堆产生的热能生产压力和湿度等指标均符合设计要求的饱和蒸汽，送汽轮发电机发电。SG 设计技术复杂、难度极大。长期以来，百万千瓦级大型核电厂 SG 的设计技术及知识产权掌握在美国、法国等国外少数几家设计公司手中，直到在 2011 年，国内还没有大型核电 SG 的设计知识产权。要实现中国核电“走出去”的目标，就必须攻克大型核电厂 SG 设计技术这一难关。因此，核动力院从 2009 年开始，自筹经费，对 ZH-65 型 SG 进行专项技术攻关。攻关研发的目标是，掌握“华龙一号”SG 的全套设计技术、并拥有完全的自主知识产权，实现设计自主化、制造本地化，彻底解决“华龙一号”SG 出口受限的问题。

ZH-65 型 SG 研发充分调研了国内外核电厂 SG 的运行经验，广泛吸收了国际第三代核电厂 SG 的先进设计理念，并在国内已有的成熟的核电 SG 技术基础上进行设计改进，其主要关键技术如下：

① 采用较小直径传热管、并采用三角形布管，在相对于二代改进型核电厂的 55/19B 型 SG 下部筒体直径基本不变的条件下、使总传热面积增大了近 20%，结构更紧凑，提高了蒸汽发生器的功率重量比，保证了设计的安全性、经济性；

② 管子支承板的管孔采用完全自主设计的三叶梅花形管孔，流动阻力较小、腐蚀产物不易聚积，加强了传热管 U 形弯曲段的管子支撑，能防止或缓解在汽水两相流横向冲击作用下产生微振磨损，提高传热管的使用可靠性、进而提高 SG 的使用寿命；

③ 管束弯管段布置了自主设计的防振条，提高了防振条加工和安装技术要求，可以有效防止或缓解由流致振动造成的传热管降质风险，提高 SG 的安全性和运行稳定性；

④ 干燥器采用自主设计的双钩型波形板，提高了蒸汽品质，保证电厂运行稳定性；

⑤ 上部水平支承相对于 55/19B 型 SG 的支承进行了改进，采用了更先进的“零间隙”支承设计，更利于抗震；

⑥ 在顶部管子支承板高度位置增设了检查孔，提高了设备的可检测性。一次侧人孔、二次侧的人孔、手孔和检查孔采用了密封性能更可靠的自主研制的石墨密封垫片。

上述重要的关键技术均经过了试验验证，证明了 ZH-65 型 SG 各项性能优异，出口蒸汽湿度、蒸汽压力、功率重量比、设计寿命等主要技术参数全面达到并超过了国外三代核电 SG 的水平。拥有完整自主知识产权的 ZH-65 型蒸汽发生器的研制成功，突破了 SG 设计的技术瓶颈，打破了国外 SG 的技术封锁，充分展示了中核集团在核电核心设备设计方面的技术水平，标志着我国核电设备的自主设计水平达到了新的高度，是“华龙一号”三代核电落地国内、走向世界的重要保证（见图 4.1.5）。

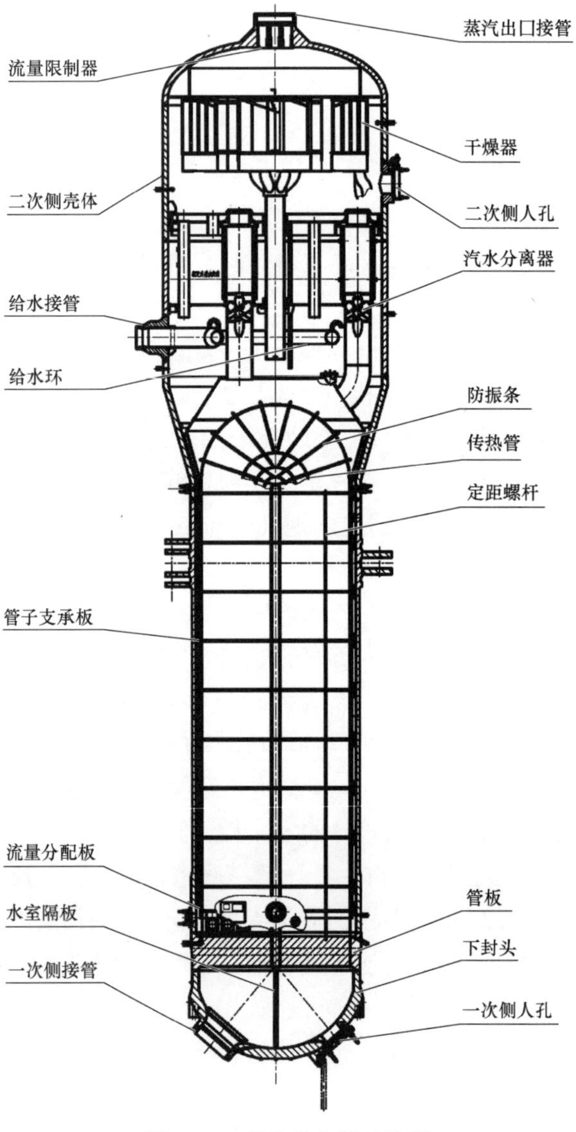

图 4.1.5　蒸汽发生器结构图

4.1.5　稳压器

“华龙一号”稳压器（见图 4.1.6）采用成熟的设计技术，主承压部分全部采用锻件，设计寿命提高到 60 年，有如下特点：

① 采用大容积稳压器，提高稳压器比容积，在系统升温、负荷阶跃变化、甩负

荷等工况下，可以更好地补偿压力波动，提高系统的运行稳定性；

② 采用3个新型一体式的稳压器先导式安全阀组件为反应堆冷却剂系统提供超压保护，每个组件由串联的保护阀和隔离阀组成，容量设计考虑了最严重的超压瞬态；

③ 增加稳压器安全阀作为低温超压保护的措施，当一回路冷段温度低于某一温度时，稳压器安全阀通过卸压功能实现低温超压保护，从而减小压力容器发生局部脆性断裂的风险；

④ 设置大容量的稳压器快速卸压阀（包括串联的截止阀和闸阀），降低严重事故下高压熔堆带来的风险。

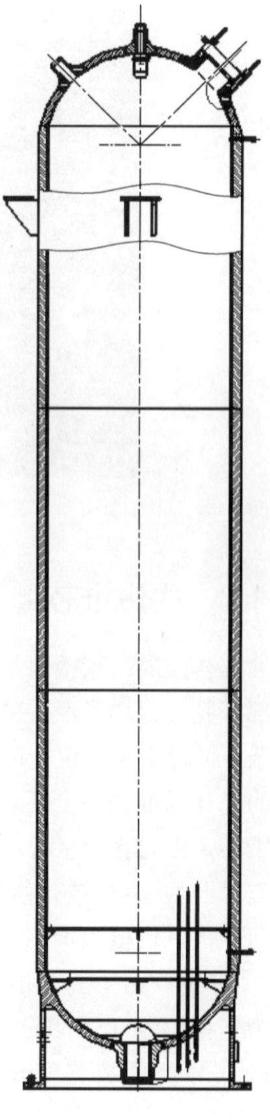

图 4.1.6　稳压器外形图

4.1.6　主管道和波动管

为满足三代核电 60 年寿命要求，“华龙一号”主管道（见图 4.1.7）采用锻造奥氏体不锈钢，并在国内首次采用 LBB 技术对主管道进行设计分析并开展了锻造主管道母材和焊缝材料的相关试验研究。相比传统的二代改进型核电厂（如 M310）铸造不锈钢主管道，其主要特点为：

① 首次采用 X2CrNiMo18.12（控氮）材料进行主管道锻件的设计和制造，材料力学性能高于铸件力学性能，晶粒度小且均匀，比铸件有更好的抗腐蚀和抗疲劳性能；

② 对锻造主管道进行了结构优化设计，如主管道弯头设计由变径优化为等径结构，改善了弯头的应力状态，有利于制造及加工，提高了设备使用寿命，在疲劳使用系数较大的焊缝部位，采用热套管结构设计，有效地降低了热冲击对焊缝的疲劳影响；

③ 主管道的薄弱环节主要在焊缝，锻造主管道属于一体锻造（包括了直管、弯头和接管嘴），减少了主管道工厂预制环焊缝（弯头和直管的焊缝）以及较大的接管嘴焊缝，相应地减少了主管道在使用过程中的潜在风险，同时也减少了电厂运行期间相应焊缝的在役检查工作，为整个在役检查节约了时间，提高了电厂的经济性；

④ 国内首次采用 LBB 技术对主管道进行设计分析，与 M310 相比，主管道安装减少了主管道甩击限制器的设置，为核电厂的建造减少了成本。

在电厂正常或异常工况下，由于稳压器中的冷却剂温度比反应堆冷却剂系统中的温度高，在出现波动流的情况下，容易发生热分层现象，对波动管的结构完整性构成威胁。在“华龙一号”中，针对这一问题对波动管的布置进行了改进设计，理论分析证明，采用该布置改进后的波动管，可以有效消除波动管在水平段上的热分层现象。

图 4.1.7　主管道冷段实物图

4.1.7　先进堆芯测量系统

在传统的二代改进型核电厂中，堆芯中子注量率测量采用离线方式，且需在压力容器底部开孔，增加了严重事故情况下堆芯熔融物泄漏的概率，并且设备种类和数量多，控制复杂，故障率高，仅能间断测量，不能给操纵员提供反应堆运行状态的即时信息。三代核电的设计标准和安全要求明确提出“用于堆芯温度测量和中子测量的仪表应从顶部贯穿进入堆芯，压力容器主管道以下的容器壁不允许开孔，以降低事故工况下堆芯熔融物泄漏概率”。同时，为解决传统堆芯测量系统仅能间断测量、设备种类和数量多、故障率高等固有问题，三代核电堆芯测量系统还应实现设备规模简化、实时测量的需求。

“华龙一号”先进堆芯测量系统通过一系列集成在从堆顶插入的固定式组件中的自给能中子探测器（SPND）及热电偶等敏感元件，实现堆芯内部关键参数测量，并通过一系列的信号处理装置和分析软件，实现燃料组件线功率密度（LPD）、偏离泡核沸腾比（DNBR）、堆芯三维功率分布、燃料组件燃耗、堆芯过冷裕度、压力容器水装量等堆芯重要指标的监测功能（见图 4.1.8）。其关键技术如下：

① 采用集成式探测器，从堆顶插入并固定，取消了压力容器底部开孔，从而降低了严重事故工况下熔融物泄漏的概率；

② 从二代改进型核电厂的间断测量、离线计算，提升到先进堆芯测量系统的实时测量、在线计算，从而使操纵员和物理工程师可以实时掌握反应堆关键运行参数，提升了反应堆的运行安全性；

③ 设备种类更为精简，取消了可动机电部件，系统可靠性和设备可用性较大提升，降低了维修难度。

“华龙一号”先进堆芯测量系统的研制成功填补了国内三代核电堆芯测量系统的技术空白，性能指标达到国际先进水平。经过对不同反应堆堆型的适应性修改与验证后，该方法和设备可以适应不同功率、不同堆型的核动力反应堆。

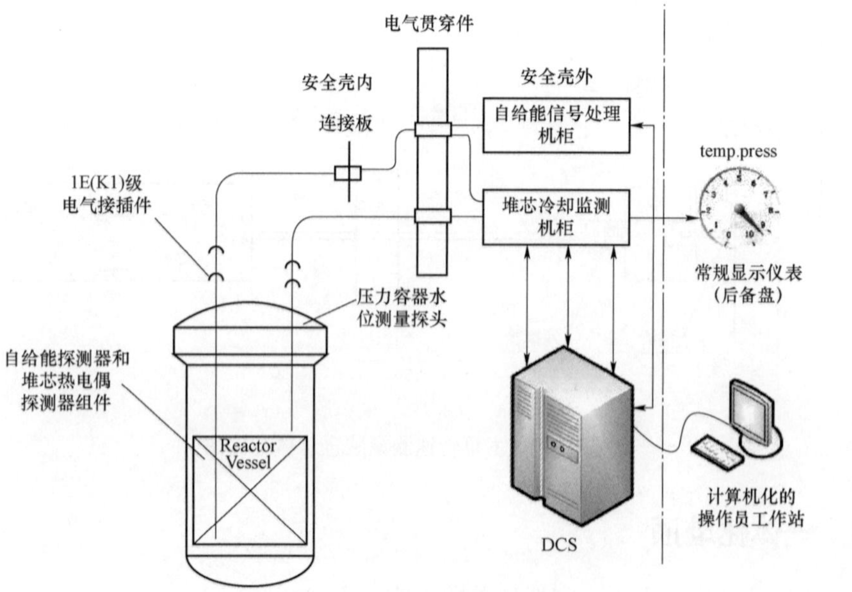

图 4.1.8　先进堆芯测量系统结构图

4.1.8　主泵转速测量装置

主泵转速测量装置是用于测量安全重要参数“主泵转速”并触发停堆保护功能信号的设备，属于核电厂的关键安全设备。然而该设备长期依赖进口，价格居高不下，是我国核电设备自主化的薄弱环节，是严重影响我国核电设计和制造自主化的“卡脖子”设备。为解决“华龙一号”出口需求，开展了安全级主泵转速测量装置研制。通过先进的积分滤波信号处理算法和数字逻辑电路设计等创新性工作，开发出两种型号的主泵转速测量装置，可适用于“华龙一号”，解决出口受限的问题，并兼容 M310 机组的备品备件要求（见图 4.1.9）。其主要特点和创新点如下：

① 极靴间距扩大至 10 mm，可显著减少探针和传感器的碰撞概率，极大地提高了运行的安全性和可靠性；

② 传感器采用快拆结构的电气连接方式，现场操作人员可以在不借助专用工具的情况下快速实现连接器的装拆，减少了维护时间，且传感器的更换次数不受限，提高了电厂的经济性；

③ 信号处理采用数字逻辑电路设计方式，在保证可靠性的前提下实现了低功耗设计，保证了设备响应时间和长期运行的可靠性；

④ 处理装置自带连续可调的定期试验模块，降低了定期试验的时间，提高了电厂的经济性；

⑤ 拥有在线自检功能，保证了设备长期运行的可靠性；

⑥ 针对国内无满足要求的安全级同轴电缆的问题，开发出同轴型和多芯性两种产品，应用范围更加灵活，且可提前应对未来可能发生的贸易封锁。

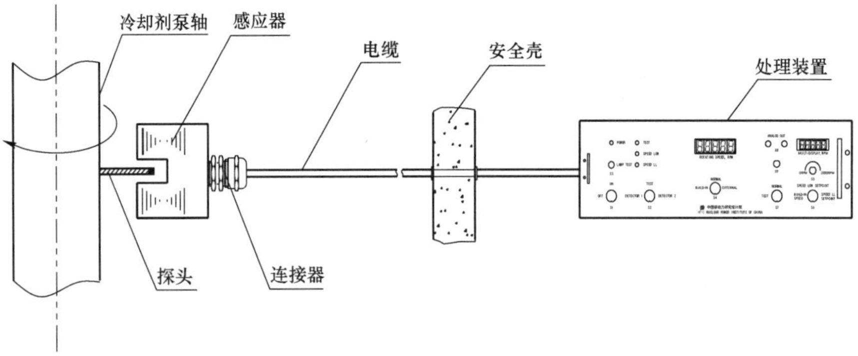

图 4.1.9　主泵转速测量装置总体结构图

4.1.9　一体化堆顶

一体化堆顶结构位于压力容器顶盖的上方，主要由围筒组件、冷却围板、冷却风管、CRDM 抗震组件、防飞射物屏蔽板、电缆托架及电缆桥组件、顶盖吊具和整体式螺栓拉伸机导轨等零部件组成。

与二代加核电厂相比，具有自主知识产权的第三代核电技术一体化堆顶结构（见图 4.1.10），对堆顶结构提出了更高的设计要求。一体化堆顶结构在满足 CRDM 抗震、CRDM 冷却、堆顶电缆支承固定、作为起吊顶盖组件的吊具等功能要求的基础上，能实现现场快速的安装和拆卸、减少堆顶周围辐射剂量，从而提高反应堆的经济性和安全性。相对于二代加核电机型来说，具备如下优点：

① 围筒、CRDM 抗震板组件和压力容器顶盖组件构成 CRDM 抗震系统，不设抗震拉杆，增加了堆顶结构的整体刚度，减少了现场操作内容，节省了反应堆换料的操作时间；

② 将冷却围板和风管组件安装至围筒上，与二代加堆型的通风罩组件相比，刚度和强度增加，提高了稳定性；

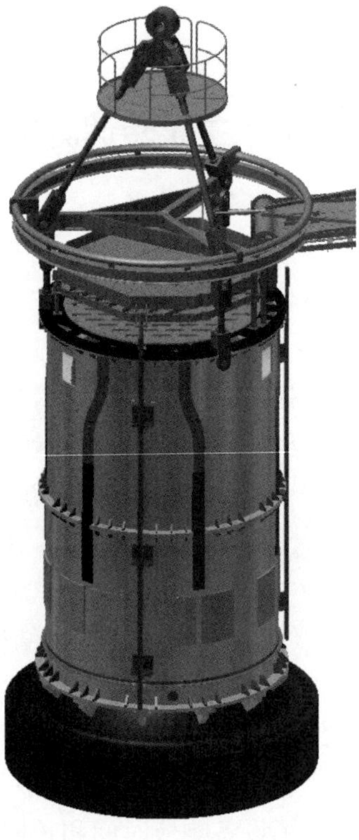

图 4.1.10　一体化堆顶结构图

③ 将顶盖吊具固定在堆顶结构上不需要拆除，减少了现场操作内容，同样节省了反应堆换料的操作时间；

④ 取消了二代加堆型中单独放置于堆顶上方的防飞射物屏蔽结构，将防飞射物屏蔽板集成至一体化堆顶上；

⑤ 围筒将 CRDM 围住，能够减少围筒外部的辐射剂量，提高了堆顶操作人员的安全性。

4.1.10 主设备弯道运输用重载车及驱动装置

“华龙一号”由于厂房布置的要求，压力容器筒体、蒸汽发生器、稳压器等核岛主设备安装过程中，需要在 +16.5 m 转运平台穿过燃料厂房运输到反应堆厂房内，因空间限制，轨道型式为直轨－弯轨－直轨的直弯复合轨道，需在较短的运动轨迹上实现主设备 30° 转弯，运输距离约 52 m。此前国内无同类型的相关运输设备和经验，重载车及驱动装置是为完成该工况下主设备的运输而研制的专用设备。

主设备弯道运输用重载车及驱动装置包括重载车、导向轨、液压缸步进机构、液压驱动和电气控制系统。重载车额定载荷 420 t，用于承载主设备沿导向轨行驶，主要由前车架和后车架组成。滑板安装于下层车架下方，主设备鞍座安装于上层车架上方，上、下层车架之间可相对转动，以适应主设备在弯道上行驶，导向轨为重载车的行驶提供导向，为液压缸步进机构提供支座。关键技术如下：

① 针对需运输的主设备重且尺寸庞大，而运输空间严格受限的不利状况，完成了小尺寸、大载荷、低接触应力和低摩擦系数的相对运动部件的设计；

② 对短距离“直行＋转弯＋直行”的行走轨迹，设计了自适应弯道的重载车结构及与之匹配的轨道，解决了前后车架自适应弯道行进的难题；

③ 采用双液压缸驱动，配合步进行驶机构，使重载车可在直轨段和弯轨段连续顺利行驶。

4.1.11 堆芯测量探测器组件拆除装置

“华龙一号”取消了反应堆压力容器下封头贯穿件，堆芯测量仪表从压力容器顶盖引入，堆芯测量探测器组件共有 48 个，每 2～3 个换料周期即需要专用设备进行拆除和更换。M310 堆型探测器组件设计寿命是电厂全寿期，除特殊情况外，不考虑更换，AP1000、EPR 等三代核电机组尚未进入探测器组件更换阶段，目前无可参考的探测器组件拆除设备。为实施“华龙一号”探测器组件更换工作，研制了全新的探测器组件拆除装置，并拥有完全的自主知识产权。

拆除装置主要由探测器组件抓具、缩容装置（含大小车、剪切卷绕装置等）、高放存储容器及存放架等组成。探测器组件抓具完成对探测器组件的抓取及提升，缩容装置包含大小车组件、剪切卷绕装置、核用水下灯、视觉对中装置及监控摄像机等，完成对探测器组件的导向及定位，并对提升到位的探测器进行剪切，对剪切后剩余高放部分进行卷绕缩容。高放存储容器及存放架用于存储缩容后的探测器组件（见图 4.1.11）。主要关键技术如下：

① 智能化高精度定位技术：采用全闭环伺服技术解决方案，在线观测探测器组件的实际位置，并将其反馈到控制器，控制器进行处理后，驱动拆除装置大小车运动，完成拆除装置大小车相对目标探测器组件的精确定位，定位精度可达 0.2 mm；

② 水下小空间无屑剪切技术：采用模块化屏蔽结构设计同时采用特殊研制的刀具及传动机构确保既能满足屏蔽要求，又可顺利实施剪切功能，且切断后的管口处于闭

合状态；

③ 卷绕规整成型技术：采用卷绕轴平移随动技术保证了探测器组件绕卷规整。

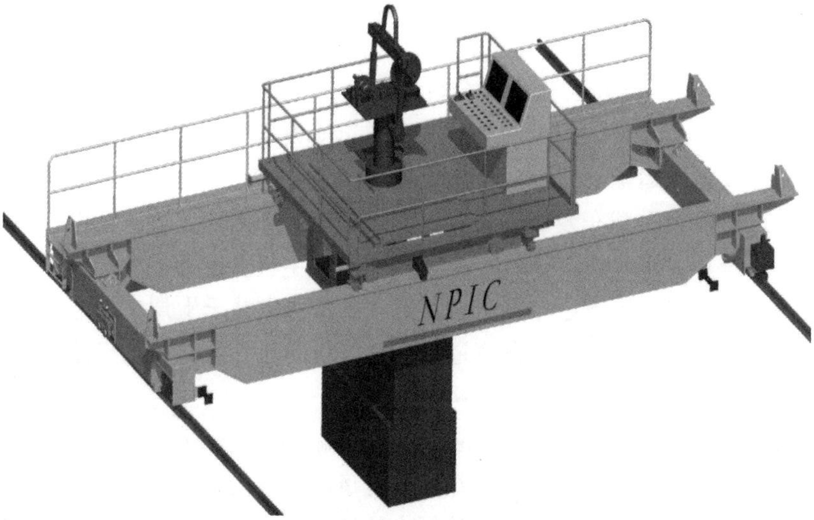

图 4.1.11　堆芯测量探测器组件拆除装置结构图

4.1.12　装卸料机及辅助单轨吊

装卸料机作为核电厂重要操作设备，其作用不仅体现在反应堆停堆换料操作功能的无法替代性上，还体现在换料效率影响到核电厂的停堆换料时间，该设备的优化与发展，与我国核电事业的发展相辅相成。作为一台复杂的机电一体化设备，装卸料机科研项目研究了控制系统定位方式、驱动机构操作性、抓具结构可靠性、套筒结构稳定性和辅助单轨吊国产化等内容，使装卸料机性能得到了很大程度的提高，“华龙一号”装卸料机为实现首次装料做好了充足的准备。

（1）重点结构优化

抓具、伸缩套筒、主起升机构等关键结构部件进行优化，提高燃料组件自锁及抓取操作的可靠性。根据业主检修便利性的要求，优化气缸等驱动部件检修结构，最大程度减少大修过程装卸料机占用的主线时间。

（2）电控系统软、硬件优化

在自主研发供货装卸料机的基础上，又在电缆敷设、接线箱、设备照明装置、防撞系统、电气保护系统及软件程序上完成改进。并且改进的工作将一直持续，不断提高设备性能、可靠性。装卸料机具备全自动数字化控制功能，确保定位操作的准确与高效。作为机电一体化的设备，控制上采用双 PLC 控制结构，实现运行功能与安全功能的有效隔离，提高了设备操作的安全性与可靠性。结构上采用成熟可靠的运行机构，能够实现精准定位。操作燃料组件抓取与释放的结构采用多重保护，能够有效保护燃料组件的安全。

“100%国产化”是装卸料机的自主研发目标，而在装卸料机研发中卡住这个目标“脖子”的就是专用单轨吊（装卸料机辅助起升设备）的国产化。为此，“华龙一号”设立了专用单轨吊科研课题，以突破这一瓶颈。自主研发设计的专用单轨吊严格遵循了三代核电技术的工艺要求、接口要求以及相关设计准则，已经达到了国际同类产品先进水平，具有完全自主知识产权，可出口海外三代核电市场，全面解决了出口受限的问题，具有良好的核电工程项目应用前景。

4.1.13 双层安全壳燃料转运装置

燃料转运装置是燃料操作与贮存系统最重要的设备之一，是燃料组件在反应堆厂房与燃料厂房之间的唯一运输路径。三代核电厂由于双层安全壳的设计，燃料转运通道的长度与二代改进型核电厂相比有了很大程度上的增加，国内现有的转运装置技术无法满足使用要求。

双安全壳燃料转运装置国际首创性地采用了接力驱动技术，并结合特性离合器、防撞齿机构、双 PLC 冗余控制技术、轮齿位置水上检测、小车位置综合测量、手动应急机构共计七大关键技术，解决了长距离水下运输燃料组件问题，达到了如下效果：

① 将燃料转运装置的小车行程从 10.6 m 增加到 14.75 m；

② 燃料组件运输效率达到了每小时 5～6 组燃料组件，为国际先进水平；

③ 安全性方面，在核心技术上采用了啮合死区处理和测量系统的冗余安全设计；

④ 可靠性方面，厂内制造了 1:1 试验样机，水下运行环境模拟，试验循环 40 887 次，约相当于核电厂换料 115 次设备运行的总循环次数（电厂寿期 60 年，寿期内换料 40 次）；最终实现无故障循环 16 303 次，约相当于核电站换料 46 次的循环次数。

双安全壳燃料转运装置的自主研发，打破了国外巨头在三代核电厂上对于该设备驱动技术的壁垒（钢丝绳驱动、刚性链驱动等），在关键驱动部件上采用了标准化和模块化设计，结构简单、体积小巧、材料常规，能够完全实现制造国产化，推动了国内核电设备企业的发展，保证了“华龙一号”三代核电厂的成功建设。

4.1.14 乏燃料贮存格架

乏燃料贮存格架是压水堆核电厂燃料操作与贮存系统的一项关键设备，主要用于在水下安全贮存乏燃料组件。乏燃料贮存格架的设计须保证燃料组件的安全贮存，防止发生临界和燃料组件过热事故。

针对“华龙一号”的设计条件和三代堆型的技术要求，以出口项目为依托完成了乏燃料贮存格架研发，掌握了关键制造工艺和组装方式，开发了国产新型硼铝材料中子吸收体的均匀性检验方法，确定了中子吸收体 ^{10}B 面密度与中子透射率的关系曲线。格架流固耦合分析及燃耗信任值应用研究上达到国外同类产品先进水平，国内首创硼在硼铝材料中均匀性无损检验方法，模块套管式硼不锈钢乏燃料贮存格架结构简单、安全可靠、刚性好、制造工艺简化，贮存格架结构和分区贮存完全满足工程工艺接口及三代电厂安全技术要求的。

4.1.15 CNFC-3G 新燃料运输容器

新燃料运输容器是将新燃料细件从燃料元件厂运往核电厂的专用设备。由于国内现有 AFA-3G 燃料组件的新燃料运输容器经国家核安全局审查后不再允许制造。根据发展预测，运输 AFA-3G 燃料组件的新燃料运输容器存在一定缺口，且目前国内尚无完全满足法规标准要求的运输 AFA-3G 燃料组件的新燃料运输容器。

“华龙一号”经过三年的研制，CNFC-3G 新燃料运输容器（以下简称新容器）历经设备结构、力学、临界、热工、屏蔽研究、样机制造、试验到最终取得国家核安全局颁发的《CNFC-3G 新燃料运输容器设计批准书》，各项性能指标均达到了设计要求。

为充分配合“华龙一号”技术创新，经过设计与变更工作，新容器可运输 AFA3G（包括 AFA3G、AFA3G AA，）、CF（包括 CF2，CF3）、STEP-12（包括 STEP-12，STEP-12B）新燃料组件。

新容器完全满足国务院 562 号令《放射性物品运输安全管理条例》、环境保护部令（第 11 号）、《放射性物品安全运输规程》（GB 11806—2019）和国际原子能机构（JAEA）安全标准 TS-R-1 等国家法规标准的要求，实现了 AFA-3G、CF、STEP-12 新燃料组件的水平运输和垂直装卸。填补了国内空白，满足了市场发展需求。

新容器可应用于 AFA-3G、CF、STEP-12 新燃料组件的运输，总体技术和主要性能指标达到国外同类产品水平，可以改变新燃料操作设备依赖国外进口的局面，符合国家核电设备国产化产业政策，具有良好的工程应用前景，有利于国家核电的持续发展。按照国家核电发展规划，新燃料的运输量将急剧增长，对运输容器的需求也将大大增加，可为国家节省和创汇千万美元。

4.1.16 放射性废物桶外水泥固化成套装置及配方

目前国内核电项目固体废物处理系统设备大多是国外供货，主要采用桶内成套水泥固化装置，处理源项为浓缩液、废树脂及废滤芯，其包容率浓缩液约为 53%，树脂约 38%，废过滤器芯固定额外需要一套滤芯灌浆混合器。

为解决水泥固化装置长期依赖进口的局面，解决出口受限和有关国家对华核能科技出口的限制，提高设备国产化率，降低采购成本，开展了放射性废物桶外水泥固化成套装置及配方研制项目。本项目要求固化后，水泥固化体性能指标满足相关标准要求，确保其与桶外水泥固化成套设备有较好的匹配性，并且固化过程中水泥浆体满足下列要求。

① 浓缩液：固化含硼量在 $36\,000\times10^{-6}$～$44\,000\times10^{-6}$ 范围内的浓缩液时，搅拌完成 30 min 后浆体流动度仍大于 200 mm，在桶外混合器内静置 30 min 仍可自排料；异常工况下（硼浓度小于 $36\,000\times10^{-6}$ 和大于 $44\,000\times10^{-6}$、钠硼比大于 0.25）系统可安全运行。

② 废树脂：固化阴阳树脂比例在 1:2～2:1 范围内的废树脂时，搅拌完成 30 min 后浆体流动度仍大于 200 mm，在桶外混合器内静置 30 min 仍可自排料；即使废树脂为全阴或全阳，系统仍可安全运行；需解决大流动度下树脂颗粒不上浮、分层，吸水溶胀不开裂的技术难点。

③ 废活性炭：实现对新增废物源项废活性炭的水泥固化，同时确保活性炭搅拌完成 30 min 后浆体流动度仍大于 200 mm，在桶外混合器内静置 30 min 仍可自排料，且需解决大流动度下活性炭颗粒不上浮、分层。

④ 废滤芯：水泥浆体搅拌完成 30 min 后流动度大于 200 mm，无需振动即可高效填

充至废滤芯内部，且需解决大流动度和低电通量之间矛盾，同时确保泥浆不分层、泌水，控制温升过快、干燥收缩和开裂。

本研制项目相对引进的桶内水泥固化技术，水泥浆体流动性更高，同时新增废活性炭固化，这在国内外还未有工程应用。与桶内工艺相比，一套桶外水泥固化装置即可完成上述所有废物源项的处理。为确保桶外水泥固化系统的稳定可靠，设备研制完成后，将与水泥固化配方协同开展试验，验证配方与设备的匹配性。本项目最终成功研制出先进、经济、具有完全自主知识产权的桶外水泥固化成套装置及配方，打破了国外垄断，提升了核电装备的国产化率，产生了显著的经济和社会效益。

4.1.17 核电厂废过滤器芯接收和厂内运输装置

目前国内多个在建核电项目或核设施采用废物处理中心方式处理核废物，因此要将不同地点产生的废物源项运输至废物处理中心，运输过程中需要满足辐射屏蔽等各类标准要求，同时需要在操作过程中避免运行人员直接接触废物源项。

示范工程需要从 NX 厂房接收废过滤器芯并运输至 WB 厂房进行水泥固定，其所用废滤芯接收装置为德国西屋设备。三门核电也采购德国西屋的同类设备，不仅价格昂贵，后期安装调试及运维的技术服务成本均较高。巴基斯坦 K2/K3 项目也需要实现同样功能，但可能存在出口受限问题，而国内还未有供货商研发出相关产品，因此立项开展了废滤芯接收装置的研制，旨在获得具有自主知识产权的成套产品，解决巴基斯坦 K2/K3 项目的工程供货。

“华龙一号”研制的废滤芯接收装置主要功能是在核电厂或核设施中接收更换下的放射性废过滤器芯并运输至废过滤器芯处理厂房，其主要技术指标如下：

① 实现在核电厂或其他核设施接收和厂内运输放射性废过滤器芯，人员的所有操作过程均满足辐射防护要求；

② 滤芯装入后，屏蔽容器未封盖前的所有操作应通过远程控制实现，不需要人员就近操作；

③ 自动完成对装入屏蔽容器内 400 L 钢桶上的 12 个螺栓的拧紧或松开，拧紧轴出现故障时也可以通过手动操作完成螺栓的拧紧或松开；

④ 12 个拧紧轴的拧紧力矩可在 30～150 N·m 范围内调节；

⑤ 能够同时自动将屏蔽容器盖和 400 L 钢桶盖抓起或释放；

⑥ 运输车上水平和垂直升降机构运行平稳，停位精准，其误差小于±2 mm，取封盖操作可靠性高，应满足无故障连续运行 5 次。

为了达到上述技术指标，需对集成于运输车上的屏蔽容器、取封盖装置、屏蔽容器水平和垂直移动装置开展研究，解决如何对装入屏蔽容器内部的钢桶进行螺栓拆除与拧紧、取盖与封盖以及满足辐射防护要求的前提下进行远程操作等。

“华龙一号”设定的主要技术指标高于国外产品，自动化程度高，打破了国外垄断，提升了核电装备的国产化率，具有较高的推广应用价值，并产生了显著的经济和社会效益。

4.1.18 安全壳过滤排放系统纤维过滤器和文丘里水洗器

安全壳过滤排放系统是“华龙一号”为防止严重事故下放射性物质不可控地释放采取的预防和缓解措施，由于事故后大气中含有大量的气溶胶、碘等放射性物质，因此需要该系统具备极高的过滤效率，才能满足排放要求。而系统中起关键过滤作用的设备就是文丘里水洗器和金属纤维过滤器。但是这两项设备的核心技术均掌握在国外供货商手里，为打破垄断，需要国内从基础研究出发，对文丘里水洗器和金属纤维过滤器进行过滤机理研究，从根本上掌握这两项关键设备的核心技术，实现完全自主知识产权和国产化。

文丘里水洗器作为安全壳过滤排放系统中的第一级过滤，主要用于去除大部分气溶胶和元素碘。针对过滤效率要求极高、过滤机理复杂、多参数耦合特性强，且要求非能动自吸特性等技术难题，研究人员探索性地开展了单一因素试验研究和理论分析，研究文丘里喷管的流动、引射和阻力特性，掌握了其过滤特性与结构参数和运行参数之间的定量关系。经过大量的机理研究和不同种类的文丘里喷管型式实验，创新性开发了分体式文丘里喷管结构，成功解决了传统工业文丘里水洗器由于喉部存在明显静压分布，导致引射能力不足，并且随流速变化存在区域效应的技术难题。

在完成文丘里喷管结构型式研究的基础上，又进行了文丘里水洗器喷管数量、排布和气流分配研究，完成了文丘里水洗器工程产品的设计方案。

金属纤维过滤器作为第二级过滤主要用于去除夹带液滴和亚微米级气溶胶，为了满足除湿、容尘和高效过滤指标要求，过滤器选用了组合式的过滤结构，同时综合考虑容尘量与流阻、过滤机理与组合方式的相互影响，为此开展了大量的单精度纤维过滤机理研究，研究过滤效率、阻力以及容尘量与纤维结构参数和运行参数之间复杂的定量关系，建立了多参数耦合的样本数据库。经过大量的优化组合分析及实验，最终确定了满足过滤要求的金属纤维丝径及组合以及工程产品结构方案。

文丘里水洗器和金属纤维过滤器的研发成功，使我国牢牢掌握了三代核电中作为预防和缓解严重事故的湿式过滤系统的全部核心技术，设备能够全部实现国产化。解决了应对严重事故的重大技术难题，提升了三代核电安全技术水平，能够满足国家重大工程需求。打破了国外垄断，具有完全自主知识产权，助推“华龙一号”出海。同时推动了核行业技术进步，提升了研发设计与装备制造能力。

4.1.19 双层安全壳人员闸门

目前我国自主设计的人员闸门只能实现单层安全壳的密封功能，在“华龙一号”采用双层安全壳的前提下，需要开展新型人员闸门的研制。“华龙一号”人员闸门是安全壳承压边界的一部分，是重要的核岛机械设备，承担着保持安全壳密封性的重要任务，是核电厂最后一道安全屏障的组成部分。

人员闸门为钢制筒型结构，贯穿双层安全壳，筒体分为三节：位于内层安全壳内侧的“内筒节”；预埋在内安全壳上的“贯穿筒节”；位于外安全壳外侧的“外筒节”。贯穿筒节预埋在内安全壳上，并与内壳钢衬里焊接。内、外筒节分别与贯穿筒节焊接。外安全壳对应位置安装“外壳预埋件”，人员闸门筒节外表面与外壳预埋件之间用柔性连接件密封，无刚性接触。筒节两端设置门框，门框上铰接着起密封作用的承压门。人员闸门的开启和关闭可通过电动或手动的方式由传动部件实现，门体开启方向为面向堆芯右开，门体位于堆芯侧，从而保证内安全壳内部为正压时，门体处于压紧状态。“华龙一号”人员闸门主要创新包括：

① 设计上考虑严重事故影响，使闸门可以在严重事故后仍然保持其完整性，保证核安全功能；

② 通过人员闸门密封结构鉴定试验，证明事故条件下的闸门保持密封性的能力，保证核安全功能；

③ 简化了传动机构，提升了可靠性和可操作性，降低了闸门故障率，提高了工业安全性；

④ 增加一系列辅助装置，确保开关门动作准确性和操作人员的职业安全，包括防回弹装置、障碍物检测系统、多功能在线密封检测系统等；

⑤ 对闸门主要锁紧传动机构开展了抗震鉴定试验，传动机构可以经受 SL-2 地震动载荷而不损坏，使闸门地震后的可用性得到保证，进而提高电厂地震后的恢复能力。

4.1.20　反应堆压力容器整体螺栓拉伸机

反应堆压力容器的开盖和关盖是核电厂大修的主线，反应堆密封和解除密封是反应堆大修和装卸料的里程碑节点，直接决定着整个大修的绝对工期。整体螺栓拉伸机是核电厂的关键工具设备用于反应堆压力容器开/关盖。相比 M310 堆型，“华龙一号”反应堆压力容器、顶盖、紧固件组件尺寸更大，不同工况下螺栓剩余伸长量更长、螺栓剩余载荷更大。

为解决新堆型关键设备的成熟可靠问题、扭转反应堆压力容器整体螺栓拉伸机长期依赖进口的局面，提高设备国产化率，“华龙一号”对反应堆压力容器整体螺栓拉伸机进行研制，实现了预定的设计目标：

① 整体落实拉伸机吊装过程中自动调平，下降过程中自动对中；

② 同时拉伸 60 根主螺栓到预定值；

③ 一旦拉伸完毕，活塞复位应自动完成；

④ 泄漏的液压油应可回收，尤其是动密封部位（活塞和油缸）；

⑤ 螺栓拉伸机操作程序应避免出现高压超压的可能性；

⑥ 转速控制、扭矩控制等。

“华龙一号”设计了反应堆压力容器筒体法兰模拟体、压力容器顶盖模拟体、紧固件组件模拟体，整体螺栓拉伸机经试验验证后通过了专家鉴定，完全满足接口要求和关键技术指标、具有完全的自主知识产权。

4.1.21　一体化堆内构件吊具

“华龙一号”采用从堆顶进行堆芯测量的先进堆芯测量技术，堆内构件操作要求已远超常规吊具的功能范畴，具有“远距离、小空间、高可靠性、高精度”等特点，暂无可直接借鉴使用的成熟技术。

为满足“华龙一号”堆型在国内外建设与推广的需求，急需研制出新型的、具有完全自主知识产权的一体化堆内构件吊具。“华龙一号”依靠计算机辅助设计和 1:1 样机模拟试验相结合的手段，研制出了一套适用于三代核电全新堆内构件的大型一体化操作工具，可满足核电厂安装、换料及维修期间新型堆内构件的操作要求，包括对上部、下部堆内构件的连接、起吊，反应堆压力容器密封面保护环的起吊，以及堆内测量机械结构的提升、自导向、悬挂及远距离支撑等操作，整体采用纯机械结构，所有操作均可远距离水下可靠盲操作完成。

该项成果具有自主知识产权，技术完全自主可控，填补了国内空白，达到国际先进水平，有效避免了三代核电新型堆内构件操作工具依赖进口的局面，符合国家核电装备国产化产业政策。该项成果已经成功应用于示范工程及巴基斯坦 K2/K3 核电机组，且正在推广应用于多个其他核电项目，具有显著的经济效益、社会效益及广泛的应用前景。通过对部分自主创新的结构进行适应性修改，也可推广应用到其他具有远距离可靠操作需求（水下、高温、辐射等环境）的小型或大型专用工具上（见图 4.1.12）。

图 4.1.12　一体化堆内构件吊具

4.1.22　内置换料水箱过滤器

“华龙一号”将换料水箱设置在安全壳内并承担地坑功能，根据使用环境的变化，地坑过滤器设置在内置换料水箱（IRWST）内并命名为 IRWST 过滤器。2012 年颁布的国核安发〔2012〕52 号文件，明确运行核电厂需要进行地坑过滤器改造，并进行相关性能评估工作。因此结合“华龙一号”的总体布置要求与核安全要求，开展了围绕“华龙一号”IRWST 过滤器安全性能相关的分析研究、设备研制以及试验验证等一系列研发工作。

IRWST 过滤器研发关键技术包括：上游碎渣源项分析研究与源项踏勘、过滤器设备的方案设计、过滤器性能试验（碎渣压降、化学效应、下游效应）验证、下游效应评估等。2016 年 9 月 30 日 IRWST 过滤器完成应用于工程的设计方案，并试验验证满足内置换料水箱过滤系统的功能要求和安全要求。其解决的关键技术难点与创新点在于：

方案设计上采用了逐级精细的三级过滤方案，有效减小到达坑口过滤器的碎渣量；滤网最小孔径为ϕ1.2 mm 提高过滤精度，有效降低了下游效应的不利影响。

内置换料水箱过滤器采用特殊拼装结构和模块化设计，便于运输引入和现场安装，同时便于过滤面积的调整。

国内首次针对全新堆型开展的上游分析自主研究，利用了“华龙一号”采用三维设计的优势，直接在三维软件批量导出各个破口对应的设备、管道信息，能够及时跟踪设计变更，高效可靠地获得上游分析结果，并提出了碎渣源项踏勘技术要求。

碎渣压降试验、化学效应试验、堆内下游效应试验中均采用了全比例的过滤器模块与缩小比例的滞留篮模块，同时采用浊度计、压力传感器等多种仪表进行测量与相互验证，确保了试验结果的真实可靠。通过下游效应评估分析了对下游堆芯、泵、阀等设备运行的影响。

IRWST 过滤器设备的研发成功，标志着我们已具备三代核电机组“华龙一号”同类设备的产品设计、计算分析、性能验证等方面的能力，具有完全的知识产权，实现了该设备国产化的目标。

在示范工程中，通过出图设计的方式与国内供货商签订了 IRWST 过滤器的供货合同，相比外资设备节省成本 3 500 万元左右，有助于控制总承包模式下设备采购成本。在巴基斯坦 K2/K3 项目上，通过 IRWST 过滤器的国产化，除了节省成本外，还解决了“华龙一号”该类设备出口受限的障碍。IRWST 过滤器的成果研发具有显著的社会效益和深远的社会影响，并为中核集团的产业化推广打下了基础。

4.1.23 PCS 换热器及汽水分离器

PCS 热交换器是“华龙一号”中非能动安全壳热量导出系统中的关键设备，该设备的研制目的是要在核电厂发生超设计基准事故下，实现 PCS 系统的非能动运行，导出安全壳内热量，降低安全壳内的压力和温度，保持安全壳的完整性。研发主要包括 PCS 系统配置方案、PCS 热交换器及汽水分离器开发验证、PCS 系统综合性能实验验证等。针对 PCS 热交换器，开展了传热管选型，传热管传热理论、传热系数研究计算，传热管规格、数量、排数、排列间距等基础性研究，以及单一传热管冷凝传热性能实验，并进行了缩比例的 PCS 热交换器整机样机的试验验证工作。

在研发过程中，进行了大量的不凝性气体冷凝特性实验研究以及管内流量分配均匀性实验研究，为热交换器联箱筒体、封头、进出口接管等的型式以及竖向传热管倾斜角度等关键设计技术提供了支撑。

在上述研究和验证试验的基础上，进行了工程应用产品的开发设计工作。根据事故下热量导出的需求，热交换器换热部件体积较大，因此需要考虑相应的支撑装置，同时为满足抗震要求，进行了设备整体的支撑框架设计和力学分析，完成了设备的支撑结构设计方案。

由于竖直部分传热管的长度较长，为满足抗震要求，研究设计了传热管防振措施，保证传热管晃动幅度在可控范围内，避免在地震情况下互相碰撞损坏。

PCS 热交换器布置在标高 +32 m 的安全壳内壁上，因此研究设计了底部的三角支撑座和上中下三部分的连接结构方案，保证设备整体能够牢固地安装在安全壳内壁上。

PCS 汽水分离器，是设置在 PCS 系统冷却水箱中的一项关键设备，位于系统自然循环回路的末端，其作用是将系统中上升的汽液两相流体分离，使蒸汽顺畅地排放，减小因蒸汽泡破碎而导致不必要的管路系统的振动，从而使系统稳定运行。研发主要研究了汽水分离器的结构，首先结构设计需要满足最基本的汽液完全分离的要求。其次，在保证汽液分离效果的同时尽可能减小振动。最后，要尽可能减小流动阻力，提高自然循环能力。基于上述设计原则，确定了主要由中间芯管、外套筒、折流板、排气孔和疏水孔组成的汽水分离器结构，并进行了性能实验研究，结合实验研究结果，完成了 PCS 汽水分离器的工程产品设计。

通过 PCS 热交换器和汽水分离器的研发和工程产品设计，对三代核电该类非能动热交换器的传热特性、传热机理以及汽水分离等基础性研究有了零的突破，为后续三代核电非能动系统关键设备的研发和工程设计及优化改进奠定了良好的基础。在“华龙一号”上，PCS 热交换器和汽水分离器的设计、制造已经完全实现了国产化，有力助推了“华龙出海”。

4.1.24 核安全级逻辑控制系统（继电器机架）

核安全级继电器机柜系统应用于“华龙一号”中，属于整个仪控系统的核心部分，对核安全功能的执行起着非常重要的作用。基于模拟技术的核电厂仪控系统设计丰富经验，并结合秦山二期扩建工程中的继电器机架系统，提出了继电器机柜系统的设计方案，并与供货商开展联合科研，开展了一系列的试验活动。经过试验验证产品满足项目要求并且相对于继电器机架系统有个重大的改进。主要改进和创新包括：① 采用机柜设计，利于布置和防护等级的提高；② 创新地采用基于设备的分区布置设计，有利于节约利用空间、增强机柜设备增减的灵活性和易维护性；③ 采用硬接线的逻辑实现优选功能，在满足隔离要求的基础上实现了不同安全等级信号之间的优先级。研制成果达到国际同类产品的先进水平。

4.1.25 电气贯穿件

根据“华龙一号”的双层安全壳结构、总体性能、严重事故工况等条件对电缆贯穿的具体要求，在现有二代改进型压水堆核电厂电气贯穿件的成熟技术基础上，自主创新，开展电气贯穿件的整体结构设计研究、新型导体组件的研制、制造工艺研究以及全系列鉴定试验研究，成功研制了满足技术规格要求、满足“华龙一号”核电机组工程实际应用、具有自主知识产权的“华龙一号”三代核电厂电气贯穿件产品。

“华龙一号”电气贯穿件的总体结构设计完全满足“华龙一号”核电机组双层安全壳结构的使用要求，具有使用寿命长、抗震性能优异、耐火性能良好以及耐受严重事故工况等特点（见图 4.1.13）。同时，根据“华龙一号”对数字化通信以及严重事故工况下的电缆传输要求，成功研制了高传输效率的光纤导体组件、抗干扰性能优异的三同轴导体组件以及能够在严重事故工况下执行安全功能的 SA 导体组件，为三代核电技术中新技术的应用以及安全功能的提高提供了硬件保障。

图 4.1.13　电气贯穿件实物图

4.1.26　金属保温层

“华龙一号”反应堆压力容器金属保温层包覆整个压力容器，主体结构为具有金属反射结构的板块组件，其采取了全新设计方案，完全满足三代核电的先进功能要求，包括：进行系统的传热及力学分析，提升保温层主要性能指标；作为堆腔注水冷却系统的重要组成部分，为堆腔冷却水提供稳定流道；增设辐射屏蔽组件，降低中子辐射，满足操作平台剂量限制要求。主要特点如下：

① 对保温层进行系统的传热及力学分析，对保温层支承传热、堆坑混凝土壁温度场、烟囱效应影响、结构抗震能力、堆腔冷却水载荷等因素进行了详细分析，提升保温层热性能及机械性能指标；

② 通过设置流道钢衬板、保温层支承、进水口及汽水排放口组件等结构改进，完成堆腔注水冷却系统的堆坑流道设计，该流道结构能够在堆芯熔化的严重事故工况下维持稳定，实现严重事故工况下压力容器的冷却，避免压力容器底部熔穿，保证核电站安全；

③ 通过在顶盖法兰保温层下部增设辐射屏蔽保温层组件，同时实现关键部位的辐射

屏蔽及保温功能，降低+16.5 m标高操作平台的辐射剂量，保证操作人员安全。

“华龙一号”蒸汽发生器和稳压器等主设备同样采用金属反射型保温层，金属保温层耐辐照、耐腐蚀、材料相容性好，具有长达60年的设计寿命，并能有效减小事故下堆坑滤网堵塞风险。相比于非金属保温层，金属保温层无粉尘、不需要捆扎，模块化设计使其拆装便捷、重复利用率高，可有效避免放射性粉尘危害，缩短在役检查时人员辐照时间，适应在役检查等维修工作需要。

金属保温层通过了严格的模块抗震试验及系统抗震力学分析，其设计满足抗震要求；金属保温层的模块化设计，结合了三维协同设计系统，充分考虑核岛内其他专业物项的密集程度、模块安装的逻辑顺序、现场转运通道及施工空间、设备及管道的定期检查需求，以便于现场施工、减少现场修改工作、最大化的保证投运后金属保温层仍具有良好的拆装性（见图4.1.14）。

图4.1.14　压力容器金属保温层结构图

4.1.27　K1级电气连接器

国内核电项目安全级电气连接器均采用进口产品，价格高昂、可选配置少，难以满足国内核安全级仪表研发需求。为解决安全级电气连接器出口受限问题，以及为国内核安全级仪表设备提供订制化产品，“华龙一号”开展了K1级电气连接器研制。通过设计双重密封结构、行程倍增螺旋锁紧槽结构等创新性工作，解决了包括连接器盲装、连接器整体无可动部件、恶劣环境下可靠密封等多项技术问题，开发出了接口丰富、适应性强的电气连接器产品，满足气密、抗震、耐高温、耐辐照的要求，多数技术指标上达到国际先进产品水平，可应用于大多数核电安全级仪表设备。为适应不同种类、不同接口的仪表需求，产品开发了多个型号，具有很高的技术完备性；产品经过核电安全级产品质量鉴定，具有很高的技术成熟性和可靠性；产品应用范围广，可适用于核动力堆多数安全级仪表设备，具有广阔的市场前景；产品的研制成功打破了国外同类产品的垄断，可提供丰富多样的接口类型供国内仪表厂家进行选择。

4.1.28　更高要求的通用设备研制

“华龙一号”为解决出口受限问题，同时满足三代核电厂更长寿命、更高抗震的技术要求，通过联合科研的方式，实现了关键通用设备的研发，实现了海外项目国内自主供货的目标。

（1）核级泵国产化及优化

结合二代及二代加改进型核电厂设备国产化的成果，并根据“华龙一号”的设计特点对国产化的成果进行改进设计，新增设备也全面开展了国产化研制工作，新增设备和具有较大技术难点的设备以横向科研的形式进行合作研发；核二、三级泵样机研制主要采用横向科研的模式，高技术难度的泵采用与两家制造厂同时研制攻关的方式以减小研发风险。完成了中压安注泵、设备冷却水泵、辅助给水汽动泵、应急硼酸注入泵等关键泵样机研制。

（2）阀门国产化

阀门样机研制主要采用横向科研的模式，完成了主蒸汽隔离阀、主给水隔离阀、地坑阀、主蒸汽安全阀、直流电动执行机构等关键阀门样机研制。

（3）混凝土蜗壳泵

“华龙一号”机组循环水泵采用自主研发、完全国产化的混凝土蜗壳泵。通过与上海阿波罗机械股份有限公司历时四年的共同研发，完成多项技术改进，采用整体铸造叶轮、双道停机密封、泵轴与叶轮专用连接方式、高低压润滑油系统等。单台泵（不含备品备件）价格已经由M310项目的2 600万元降至1 200万元。经过此国产化，避免了“卡脖子”，同时也大大降低了采购成本。

（4）贝类捕集器

以前，国内核电项目的贝类捕集器全部由德国的Taprogge和法国的Beaudrey供应，其中以Taprogge为主。“华龙一号”联合研制出了达到国际先进水平、使用寿命不低于60年、满足三代核电使用需求的贝类捕集器，实现了国产化，打破了国际垄断，避免了“卡脖子”问题。

（5）烟囱流量计

核辅助厂房烟囱流量测量Annubar流量计用于测量通过核辅助厂房顶部烟囱的气体流量。该仪表属于PAMS（事故后监测）系统。通过与国内有核级流量测量、核级变送器生产经验及核电供货业绩的企业合作，针对整套烟囱流量计的设备及控制方案提出优化解决方案，在保证变送器电气性能、流量计机械等性能、测量精度、鉴定要求等参数不降低的前提下，在国内采购整套设备，降低采购成本，缩短供货周期，消除最小起订量问题。打破了以往项目长期依赖于国外厂家的限制，解决了“卡脖子”问题。

（6）核级小三箱

核级小三箱用于就地信号的转接、实现就地控制或信号的报警、指示，主要布置在核岛，数量较多，对核电厂的安全运行至关重要。“华龙一号”就地盘箱柜鉴定标准高于以往M310堆型，通过联合研发完成了适用于“华龙一号”的核级小三箱的研究、设计，并首次完成了“华龙一号”核级就地盘箱柜的鉴定。

（7）1E级严酷环境下电缆

通过与安徽电缆股份有限公司联合研制，开发了三代核电厂严酷环境用（K1类）核级电缆，电缆使用寿命不小于60年。适用于“华龙一号”安全壳内，作电力传输、信号控制，具有良好的稳定性和安全性。电缆研发首次运用“华龙一号”LOCA试验条件和浸没试验条件完成特殊性能试验；首次在国内进行聚烯烃材料β射线和γ射线等量关系转换，运用试验结果进行辐照老化试验。

（8）1E级严酷环境电缆热缩套管

“华龙一号”1E级热缩套管（核级电缆附件）用于实现电缆与电气设备的永久连接和

再绝缘，保证电缆端头密封、绝缘、防潮，满足正常环境条件、设计基准事故环境条件和严重事故环境条件下的运行工况，对核电厂的正常运行及安全停堆起着非常重要的作用。通过与深圳市沃尔核材股份有限公司合作，历时两年联合研制的“华龙一号”1E 级 K3 类热缩套管（核级电缆附件），顺利通过了国家电线电缆质量监督检验中心的鉴定测试，并组织完成新产品成果鉴定。“华龙一号”1E 级 K1 类热缩套管（核级电缆附件）在国内属首家完成，实现了该产品的自主研制和国产化，有望打破国外公司产品和价格的垄断局面，为国家节约大量外汇，具有很好的社会效益和经济效益。

（9）抗震照明设备

“华龙一号”堆型的照明系统设计上考虑了在安全停堆地震（SSE）期间及之后为特定区域提供照明的工况。“华龙一号”开展了满足在安全停堆地震期间及之后，保持其照明功能或保持结构完整性的照明设备的研发工作。解决了如下关键技术：主控室嵌入式漫射荧光灯用内置圆弧形金属透光灯罩和高反射雾面铝板的双曲面反光器，防止眩光；灯罩采用二次保护设计，防止脱离灯体坠落；灯体内置数字化无级调光电子镇流器，可实施 0～100%范围内的舒适调光。核环境疏散照明灯外壳采用了密封式的树脂纤维材料，电缆进线采用 PG 接头锁紧，适用于核环境安装，灯体结构采用上下盖联接方式，光源采用 LED，灯具内部配备电池。结构设有自动充电、放电、应急自动切换、声光报警、电池容量检测等功能。灯具通过消防 3C 认证。此研究成果填补了国内尚没有适用于三代核电厂抗震照明设备的空白，同时满足了在安全停堆地震期间及之后核电厂的照明需求。

（10）两段式漏电继电器

核电厂 BOP 低压配电系统均装设全供电范围的接地故障保护，其实施方案是在中低压配电变压器中性点与接地系统的连接线上配置一套两段式漏电故障保护装置，完成第一阶段漏电报警，第二阶段单相接地故障跳闸两项功能，灵敏度高，设备简洁，功能完整。而在“华龙一号”之前国内尚无两段式漏电故障保护装置的生产厂家，导致核电厂 BOP 低压配电系统上加装的两段式漏电故障保护装置一直依赖于进口设备且可选择供货商较少，价格高昂。基于此，“华龙一号”团队与保定市尤耐特电气有限公司联合研发了“核电厂低压配电系统漏电保护设备”——UNT-LPD-A 型两段式漏电保护继电器，具备重漏电、轻漏电保护功能，可替代进口的两段式漏电故障保护装置。解决了模拟量采样技术、模拟量算法技术、数据记录技术、液晶显示技术等。目前，该成果已通过了中核集团科技成果鉴定。

（11）卡轨及配套螺栓

技术和环境要求更高的核电用卡轨及配套紧固件长期以来一直依赖国外供货商。“华龙一号”针对核电用混凝土预埋卡轨及配套紧固件进行了研发，历时两年完成了产品的型材轧制研制、产品的设计、产品的生产工艺开发、产品的中试生产以及第三方权威机构的测试。核电用卡轨及配套紧固件产品的开发成功，不仅打破了国外厂家多年在核电项目上的垄断，解决卡轨及配套紧固件采购时面临的采购价格高、采购周期长、采购政策风险极高等问题，而且开创了国产核电用卡轨及配套紧固件在国内核电厂应用的新局面。该成果具有完整的自主知识产权，填补了国内空白，达到国际先进水平，且所用的生产原材料、加工设备等均系国产设备，国产化自给率为 100%。

（12）电缆桥架及支吊架

“华龙一号”SSE 地面峰值加速度为 0.3g，市场上无符合要求的电缆桥架及支吊架产品。为满足工程需求，“华龙一号”对核岛电缆桥架及其支吊架系统进行重新设计研发，完成了所有支吊架类型的力学计算，并对典型电缆桥架及其支吊架进行抗震试验验证。研究成果填补了国际空白，达到国际领先水平。

（13）井下全天候摄像机

过往核电项目中，地面下大口径管道的相关管井内设置有入侵探测设备，因市场上没有能够适应井下恶劣环境的摄像机，所以井下入侵的报警复核是借助于地面上厂区内的摄像机，存在报警后视频复核不及时的问题，影响到探测的有效性。为解决地面下大口径管道的管井内设入侵探测的及时视频复核问题，与国内厂家联合研制了井下全天候摄像机。该摄像机安装于井下，能有效应对高湿度、无光照、温差变化大、强腐蚀、高氧化等井下恶劣的环境，并在工程中应用。在管道的检查井内设置专用的井下全天候摄像机，作为检查井内管道栅栏探测器的专用视频复核手段。

4.1.29 “华龙一号”全范围模拟机

全范围模拟机俗称“数字虚拟指挥部”，它采用多种国际先进仿真技术，具备模拟核电厂正常运行和严重事故等工况的能力，可用于核电厂主控室操纵人员培训、考核、取证，是核电工程关键路径设备，同时可为核电厂工程验证、设计改进、规程变更等提供重要验证手段，是“华龙一号”仪控系统自主化、国产化的重要保障。“华龙一号”工程承载着核电国产化的梦想，“华龙一号”全球首台模拟机作为“华龙家族”的重要成员之一，必然也要践行国产化路线（见图 4.1.15）。

图 4.1.15 “华龙一号”全范围模拟机

“华龙一号”全范围模拟机按照示范工程主控制室 1:1 比例复制，因“华龙一号”核电技术存在“能动和非能动”的安全系统设计、容量及设备寿命的提升、全新事故响应规程体系的应用以及一系列工艺系统改进等，以前项目中可复用的内容少，国内外尚无相关产品技术可以借鉴，且需确保机组装料等关键节点的实施，这对模拟机仿真技术和管理开发水平都提出了巨大的挑战。

“华龙一号”首次采用具有完全自主知识产权的新一代 RINSIM2.0 仿真平台协同开发，该平台涵盖反应堆物理、热工水力、严重事故、DCS/DEH 仿真、工艺系统仿真、通信软件、二层平台等核心技术，实现模拟机开发国产化以及流程自主可控，降低开发和维护成本，缩短了核电厂发电的关键路径上的周期。

为提升模拟机仿真精度和工程验证能力，核电厂控制系统仿真采用了 DCS 实物模拟及虚拟实物模拟的仿真技术。在机组 DCS 现场安装前，无法连接现场工艺系统进行充分测试，以局部测试为主。“华龙一号”全范围模拟机直接装载调试 DCS 数据（包括安全级，非安全级以及 DEH），使用仿真模型替代工艺系统与 DCS 数据提前进行全仪控系统集成和测试，运行不同复杂工况，测试覆盖面更广，通过模拟启停、瞬态、插入故障等方式来全方位调试，可为机组调试提供非常有价值的参考信息。“华龙一号”全范围模拟机在全仪控系统集成及测试过程中，共发现了 814 项 DCS 问题，为完善 DCS 仪控数据做出了突出贡献。

在仿真技术上完成了自主化工业仿真软件开发及工程软件仿真改造与应用，极大提升模拟机在流体网络、堆芯物理、热工水力的仿真逼真度及计算精度，使得平台具备严重事故仿真能力和 SEOP&SAMG 验证能力（见图 4.1.16）。

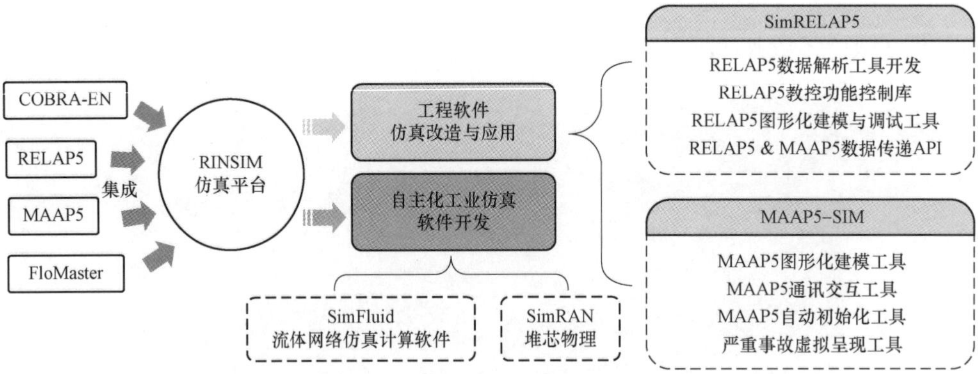

图 4.1.16　模拟机工业仿真软件开发

为满足“华龙一号”总体工程进度要求，将首台全范围模拟机打造成核电仿真领域的标杆产品，项目团队克服了首堆工程固有的 DCS 工程软件先期版本缺陷等困难，全范围模拟机的仿真技术应用于“华龙一号”核电工程全范围模拟机并成功交付，真实还原了核电厂主控室人机界面环境，完整配备了针对核电厂操纵人员培训的教练员站软硬件系统，具备包括重演等各项教学功能以及教学监控系统，模拟机可用率高于 99%，其他各项性能均达到国际先进水平，充分体现了“华龙一号”全范围模拟机国产化技术达到国际一流水平，具备提供产品技术服务的能力。

4.1.30 数字化设计验证平台

数字化设计验证平台（见图 4.1.17）作为设计及验证的工具，为新核电厂或新堆芯的研发提供一种多样化的验证手段，为提高设计效率、降低设计研发成本与风险、保障核动力系统安全性和建造的经济性发挥出了巨大的作用。其主要应用于核电厂的系统设计验证（包括系统动态响应确认、安全功能、事故研究、设计深化验证等）、控制逻辑设计验证（包括保护逻辑设计验证、功能图设计验证、调节系统及调节策略验证、缺省值验证等）、先进主控室相关设计验证（包括 HMI 配置设计、人机界面设计及验证、规程计算机化设计和验证、报警抑制设计和验证、电厂工况计算及验证、后备盘布置设计和验证、人因工程验证等）。

图 4.1.17 “华龙一号”数字化设计验证平台/BUP 马赛克样盘

随着数字化设计与数字化交付体系的推进，以及各项设计验证任务要求的提高，对验证平台本身的要求也越来越高。在“华龙一号”的数字化设计验证平台中，通过开发与集成验证辅助工具，支持了快速设计迭代、智能查错、自动组态，极大地缩短了仿真建模周期、降低人为错误、提高设计迭代效率。此外，完全掌握了最佳估算热工水力软件 RELAP5、严重事故分析软件 MAAP5 等主流工程分析软件与仿真平台的集成交互和协同运行关键技术，使仿真设计验证平台对正常、异常和设计基准事故的动态过程的模拟具有更高精度，拓展了数字化设计验证平台的应用场景与范围，可用于将验证平台应用于事故导则及严重事故管理导则的策略研究。

通过“华龙一号”数字化设计验证平台的研制与应用，形成了一套针对控制逻辑、人机画面、BUP 后备盘面等设计文件的批量识别、导入组态、智能查错的方法与流程，能够快速响应设计迭代验证需求。设计单位基于此平台，完成了大量设计验证数据的引入，并开展了大量的验证工作，包括数字化仪控画面及控制逻辑验证、事故规程导则的验证、计算机化报警卡的验证、SEOP 及相关画面的验证、AOP 及相关画面的验证、HMI 配置验证等，为“华龙一号”首堆示范机组工程项目的整体进度做出了有力的保障。其中，首次将验证平台应用于事故导则的策略验证，实现设计验证平台功能和应用的突破（见图 4.1.18）。

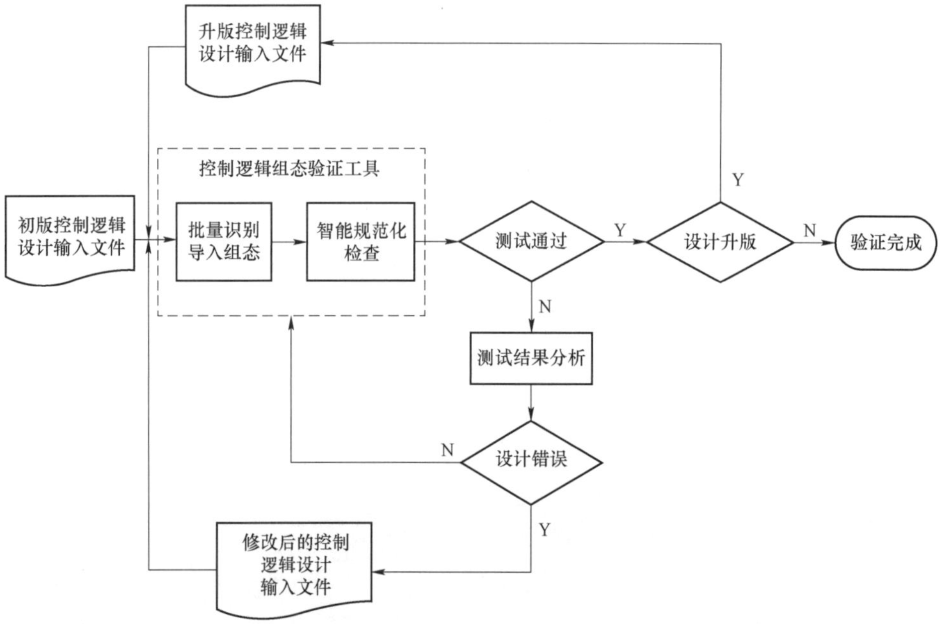

图 4.1.18　控制逻辑验证导入流程

4.2 装备制造能力升级

核电建设、核电技术升级带给国内制造业的是机遇，也是挑战。这种机遇和挑战，不仅体现在销售收入上，更重要的是，通过参与核电建设带动制造业的技术创新和升级。核电的发展为国内装备制造业提供了一个与国外制造业竞争的平台，既促进了核电的发展，也推动了装备制造业的发展，两者相辅相成。

4.2.1 反应堆压力容器

“华龙一号”核反应堆压力容器于 2013 年 5 月锻件投料，2014 年 11 月开始焊接制造，历时 28 个月，于 2017 年 4 月 8 日在中国第一重型机械集团大连加氢反应器制造有限公司（简称“一重”）一次性水压试验成功。“华龙一号”核反应堆压力容器的成功制造，成了中国核电核岛一回路重大技术装备国产化的重要典范，标志着我国完全具备了自主设计、制造三代核电装备的能力。

（1）自动化焊接技术

1）大厚度马鞍型焊缝焊接技术

“华龙一号”核反应堆压力容器采用 3 进口、3 出口式接管，所有接管均采用插入式、全熔透结构，接管数量多、直径大、坡口深，焊接量巨大，6 个接管沿接管段筒体呈非对称分布，焊接过程应力叠加，接管段组件焊接变形控制困难。一重通过采用独创的马鞍焊机自动焊接，结合焊后消应力热处理，最终实现了容器法兰－接管段组件焊接变形控制，容器法兰端长短轴不超过 1.5 mm，有效保证了筒体组件密封面、主螺栓孔等部位加工尺寸。且保证了焊接质量，6 组进出口接管均一次合格（见图 4.2.1）。

图 4.2.1　大厚度马鞍型焊缝焊接

2）异种钢镍基焊缝热丝 TIG 焊接技术

核反应堆压力容器进、出口接管与安全端异种钢镍基焊缝直径 984 mm，单 U 型坡口，坡口深 103 mm，每道焊缝熔敷金属量近 45 kg，为承压焊缝，是压力容器关键部件。一重采用独创的热丝 TIG 焊接工艺进行焊接，通过脉冲式电流，可在较小热输入下有效增大熔深，避免未熔合缺陷产生；外加的热丝电流可有效增加填充金属的熔敷速度，提高焊接效率。配合钨极“专采专用”“一道一停一换一清理”、严格控制层间温度等严格的工艺措施，保证了接管与安全端异种钢镍基焊缝的高效、高质量焊接（见图 4.2.2）。

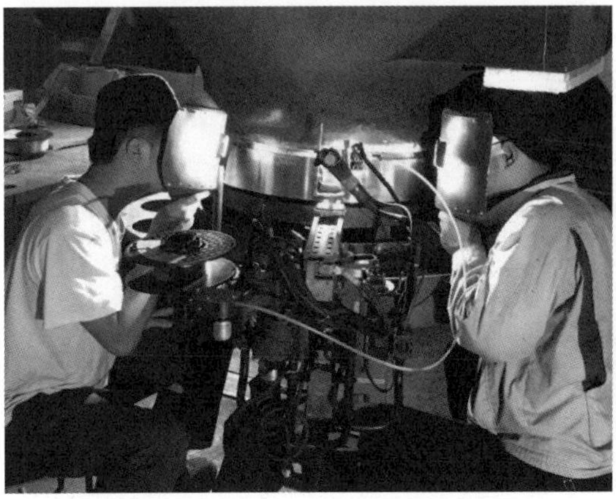

图 4.2.2　异种钢镍基焊缝热丝 TIG 焊接

3）J 型焊缝机器人自动 TIG 焊接技术

核反应堆压力容器顶盖包含 73 根管座贯穿件，与封头通过 J 型焊缝连接，焊接材料为镍基合金，焊缝坡口狭窄、空间曲面复杂、对焊接变形要求苛刻、数量众多，焊接难度极大，国内外核电设备制造企业均采用手工焊方式进行焊接。一重研发了 J 型焊缝机器人自动 TIG 焊接系统，根据轨迹生成的数学模型和算法，建立轨迹生成与仿真系统，实现了 J 型焊缝的自动化焊接，攻克了核反应堆压力容器制造领域的世界性难题（见图 4.2.3）。

图 4.2.3　J 型焊缝机器人自动 TIG 焊接

（2）先进机加工技术

1）空间复杂曲面加工技术

针对三代核反应堆压力容器 69 个 J 型空间复杂曲面和 6 个马鞍型空间复杂曲面，一重利用 CAD 软件辅助造型，采用曲面 CAM 加工技术，实现精准加工曲面。该技术关键在于仿真赋值和合理的路径，旨在实现三轴联动机床替代五轴联动机床，将难点从硬件转移至软件方向上，降低投资成本（见图 4.2.4）。

图 4.2.4　空间复杂曲面加工

2）大直径非标螺纹加工技术

核反应堆压力容器分布 60 个 M170 的非标螺纹，要求圆度 0.05 mm，表面粗糙度 Ra1.6，对工艺提出极高的要求。一重通过大量的试验验证，设计非标刀具，最终开发出合理、高效、节能的加工方案。方案中辅以严格的过程控制技术，实现了螺纹高标准的制造，掌握了大直径螺纹精加工的核心技术（见图 4.2.5）。

图 4.2.5　大直径非标螺纹加工

3）大型容器整体精加工技术

为了提高核反应堆压力容器与相关内构件的配合精度，一重采用先组焊成整体后精加工的方案，组焊后容器重 300 t，高约 10 m，回转直径约 6.5 m。该技术采用大型辅具设计和先进的吊装、翻转方案，用于实现容器的固定、调整和吊装、翻转（见图 4.2.6）。

图 4.2.6　大型容器整体精加工

（3）主螺栓预紧技术

“华龙一号”核反应堆压力容器顶盖组件与筒体组件之间的主密封采用双 C 型金属密封环密封，并通过 60 根螺纹规格为 M170 的主螺栓进行拉伸预紧确保其密封可靠性，每根螺栓重达近 400 kg，单根主螺栓的预紧剩余载荷可达 695 t，并要求预紧后所有主螺栓的剩余拉伸伸长量在 ±0.05 mm 之间，具有预紧载荷大、精度高的难点。为确保 60 根主螺栓的预紧精度，一重通过对主螺栓预紧过程进行分析计算，掌握主螺栓松弛、法兰位移等变化规律，并结合工程经验优化制定了主螺栓分组、分梯次的预紧控制程序，以提高主螺栓预紧载荷均匀性。同时设计专用的螺栓拉伸机系统和螺栓载荷标定试验装置，通过试验确定螺栓拉伸载荷及剩余载荷曲线。通过以上工艺方法，确保了主螺栓预紧后的剩余载荷及伸长量满足设计规定要求（见图 4.2.7）。

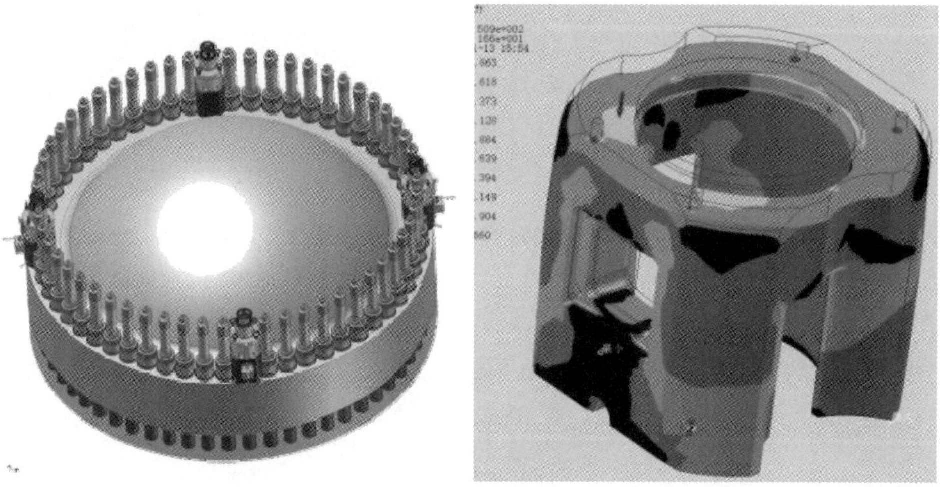

图 4.2.7　主螺栓预紧技术

（4）压力容器自动水压试验技术

反应堆压力容器水压试验是出厂前全面检验产品制造质量的关键环节，“华龙一号”压力容器水压试验压力达 24.6 MPa，升降压速率要求控制在 0.2 MPa/min 以内，并需要在指定压力下进行保压，整个试验过程长达 8 h，且试验过程水质和水温均需满足设计的严格要求，因此对压力容器的水压试验系统提出了更高要求。以往压力容器水压试验采用的是简易的水压试验控制系统，由人工操作，对操作人员的技能要求较高，存在安全性差、速率调节波动大及难以实现试验压力精确控制等问题。一重自主设计了一套压力容器自动水压试验控制系统，具有制水、水质加热、压力自动控制、超压保护等功能，试验前仅需将试验压力、升降压速率和保压点等要求输入系统，即可完成整个压力容器水压试验过程的自动控制，极大提高了压力容器水压试验的操作安全性，并实现了水压试验压力的精确控制（见图 4.2.8）。

图 4.2.8　压力容器自动水压试验

4.2.2　一体化堆顶结构设备

反应堆堆顶结构是反应堆的重要部件之一。中国核动力研究设计院设备制造厂与设计所从 2013 年 12 月就联合开展了一体化堆顶设备（CRDM）工艺样机研制工作，至 2015 年 2 月，历时 14 个月，全面掌握了 CRDM 抗震支承围筒组件、顶盖吊具组件、通风罩组件等关键工艺及关键制造技术，具备了一体化堆顶设备的自主制造能力。2018 年 4 月，福清核电 5 号机组一体化堆顶结构设备完成了设备出厂验收。整个制造过程中，除油漆原材料采用了国外技术外，从设计、原材料采购、加工制造等各个环节全部实现国产化，国产化比例达到 95% 以上。

一体化堆顶结构设备制造难点主要表现在以下几个方面：

① CRDM 抗震支承结构上/下部围筒组件法兰与筒体的焊接难度大。法兰与筒体的焊接是围筒组件关键焊接，该焊缝也是围筒的主要受力焊缝，这些焊缝在焊后、热处理后和载荷试验后均需进行 PT（渗透检测）和 UT（超声检测）。由于焊缝填充量大，且又属于焊透的非等厚角接接头，焊脚高度要求也较大，分别达到了 25 mm 和 40 mm，这样的焊接接头焊后焊缝内部容易存在较大的应力，焊接时，容易产生冷裂纹倾向，容易形成未熔合和裂纹缺陷。

通过选用手工电弧焊打底、埋弧自动焊填充和盖面的焊接方法；设计了专门的焊接防变形工装；通过在整圈焊缝布置足够数量的火焰加热点、监控预热温度和缓慢转动筒体等措施来确保焊缝均匀预热；并在后热处理前控制焊缝及其周边 150 mm 范围内的温度不低于层间温度和后热处理后对焊缝进行加保温棉缓冷至室温。这些措施有效避免了焊接未熔合和裂纹缺陷的产生，保证了焊缝质量，使得该关键焊缝在焊后、热处理后和载荷试验后的 PT 和 UT 检测均合格（见图 4.2.9）。

图 4.2.9　围筒法兰与筒体的焊接

② CRDM 抗震支承结构上/下部围筒组件的尺寸要求高。下部筒体的外径尺寸达 ϕ3 770 mm，而尺寸公差却要求满足±1 mm；高 2 994 mm，外径圆柱度要求不超过 2 mm；壁厚要求为（40±0.3）mm，壁厚尺寸的控制决定了壁厚的均匀性，是堆顶的抗震性能的一项重要参数，因筒体焊接后会产生变形，筒体的壁厚尺寸控制难度也较大。法兰尺寸要求为（60±2）mm，法兰与筒体间的焊缝沿法兰厚度方向为单面焊非对称结构，焊接完成后，法兰会沿焊缝收缩，产生弯曲变形，给法兰厚度尺寸的控制带来难度（见图 4.2.10）。

图 4.2.10　上/下围筒组件

首先通过采用分步开孔的措施来减小筒体上密集开方孔产生的变形；其次在筒体未焊接法兰前，通过用卷板机反复校圆，校圆后在其内部上下段分别安装专门设计的防变形工装；并在与法兰焊接前，在法兰上专门设计加工出定位台阶，以定位台阶为基准，组对、点焊筒体和法兰。通过防变形工装和法兰控制围筒筒体的变形，在焊接完法兰与筒体后，进行热处理去应力，最终通过采用大型数控车床加工的方式加工出筒体组件各尺寸，以保证其尺寸要求。

③ 顶盖吊具主要零件吊钩和星形支架制造难度较大。吊钩材料为锻件，加工过程中的切削量非常大，曲面多，外形复杂，成形困难。首先通过设计专用工装和专用刀具在普通车床上进行大排量粗加工；然后划线、设计定位工装在摇臂钻床上钻孔排余量；最后在数控铣镗床上精铣成形。

星形支架的外形尺寸达 5 m 多，主要由 6 个零部件组焊而成。连接块、中心架与横梁之间的焊缝均为不等效双 T 型对接焊缝结构形式，母材厚度相差大、焊缝长度短，引弧收弧接头多，操作空间受限，焊缝焊接质量隐患大；并且焊缝质量要求高，PT、UT 检测要求 1 级合格。再有就是整体焊接组装尺寸公差要求高，星形支架外径尺寸为ϕ4 978 mm、高 605 mm，焊接后表面平面度不超过 1 mm，连接块圆周均匀分布，需满足 120° ± 5′的要求（见图 4.2.11）。

图 4.2.11　顶盖吊具星形支架焊接

焊接时，选用手工电弧焊的焊接方法，设计了两层焊接防变形工装，对焊缝均匀预热，后热处理后对焊缝进行加保温棉缓冷至室温，在模拟件上进行模拟焊接试验。这些措施有效避免了焊接缺陷的产生，保证了焊缝质量，使得该焊缝在焊后、热处理后和载荷试验后的 PT 和 UT 检测均合格。最后在数控龙门铣床上加工出连接块外形和销轴安装孔尺寸，保证了星形支架的尺寸要求（见图 4.2.12）。

图 4.2.12　顶盖吊具

④ CRDM 冷却系统风管组件防变形控制难度大。风管组件为三面开放式通道结构，其外围（开口面）与围筒组件配合形成冷却气流风道，底部与冷却围板连接。总高度达 3 m 多，外形直径达 4 m 左右。CRDM 冷却系统的整体结构包含了较多空间曲面，其制造成形方

式为钣金组焊成形，尤其是风管组件的空间曲面钣金成形和空间曲面焊接变形控制难度很大。

制造风管组件时，专门设计制造了专用放样工装进行曲面放样，制造过程中用卷板机进行了反复校圆和校形，局部结构还进行了模拟件制作试验，以调整放样和校形参数，最终保证了风管组件的各尺寸满足图纸要求（见图 4.2.13、图 4.2.14）。

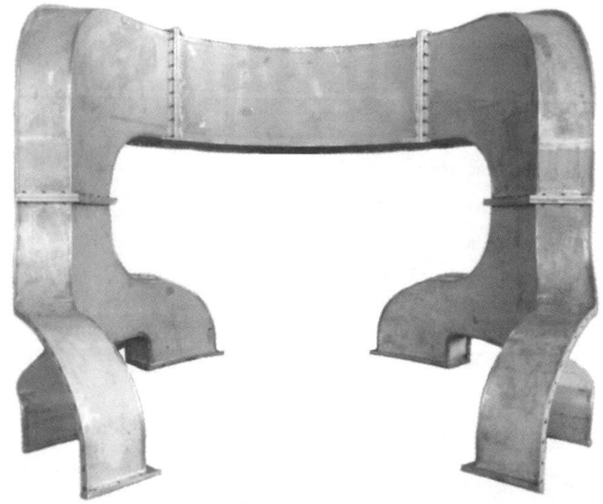

图 4.2.13　风管组件

图 4.2.14　一体化堆顶结构热试扣盖图

4.2.3 蒸汽发生器及支撑

2017 年 10 月 17 日，中国东方电气集团有限公司（以下简称“东方电气”）核电装备制造和出海口基地——东方电气（广州）重型机器有限公司（以下简称“东方重机”）研制的“华龙一号”国内首台 ZH-65 型蒸汽发生器起运发往核电厂。

东方重机在首台“华龙一号”蒸汽发生器的研制过程中充分消化设计要求并开展技术攻关，完成相关技术评定和试验 107 项，先后攻克了管板深孔加工、管板自动热丝大面积镍基堆焊、水平支承连接板装焊和变形控制、管子支撑板三叶梅花孔拉削工艺、管子支撑板三叶梅花间歇式推扫触发摄影测量技术、传热管防凹痕（DING）、异种钢安全端焊缝修复技术等数十项关键制造和检测技术。

“华龙一号”蒸汽发生器下封头与管板环缝局部热处理防止传热管产生凹痕（防 DING），是三代核电新技术新要求之一。在毫无经验借鉴的情况下，东方重机组建由设计、工艺、装备、质检、热处理等专业人员组成的防 DING 技术小组，通过三维建模分析、技术方案评审、生产策划、技术交底等进行前期准备，从生产组织、风险防控、人员准入、工位定置、技术准备、物项准备、供电保障、应急方案等方面确保热处理防 DING 工艺顺利进行。最终实现了首台“华龙一号”蒸汽发生器两条环缝热处理防 DING，同时将整个局部热处理过程的最关键数据——支承板转角控制在 0.4° 以内，实现了行业内最好的控制结果。

东方重机结合二代改进型产品的经验，梳理出“华龙一号”蒸汽发生器制造过程中需要创新的几大关键工序：管子管板封口焊、下部筒体组件上小接管的焊接、短水室隔板与管板的焊接、进/出口接管安全端的焊接等。在进/出口接管堆焊镍基合金隔离层与不锈钢安全端焊接上，设计了特殊的接管镍基隔离层焊接坡口与安全端焊接坡口，研制专门的超窄间隙自动 GTAW 焊接工艺及设备，攻克该类焊缝易产生偏析导致晶界脆化、滑移或相对应变及热裂纹敏感性大等技术问题。在管子管板封口焊上，开发了“华龙一号”封口焊新工艺技术，大幅提升了焊缝质量水平，实现管板一次侧镍基堆焊层厚度大于 3.2 mm 免热处理返修，“华龙一号”蒸汽发生器的管子管板封口焊缺陷率小于 0.129‰。

首台“华龙一号”蒸汽发生器研制成功后，东方重机同步开展了技术总结工作，梳理各项先进制造技术和创新技术，形成了 8 项先进技术，4 项创新技术，在 2018 年 9 月 11 日，经广州生产力促进中心组织专家鉴定，意见为“整体技术水平达到国内领先、国际先进”。

4.2.4 堆内构件

2015 年，“华龙一号”示范工程首堆堆内构件在上海第一机床厂有限公司（以下简称“一机床”）正式开工制造。面对全新的堆型和更为严苛的标准，一机床迅速组建了一支集技术、质量、采购、调度、制造等人才于一体的攻关团队。历时 33 个月，于 2018 年 4 月，福清核电 5 号机组堆内构件正式出厂交付。

在堆内构件的研制过程中，一机床先后攻克了 71 项工艺技术难关，完成了 2 项材料国产化、5 项焊接技术、7 项加工装配技术的创新，获得了 10 项发明制造专利，实现了“华龙一号”堆内构件机加工、装配、焊接、热处理、表面处理、检测及工艺装备设计制造等关键技术的全面国产化，铸成了技术、质量各方面都过硬的“华龙龙骨”（见图 4.2.15）。

图 4.2.15 示范工程福清 5 号机组堆内构件

径向支承键等大型部件的钴基合金堆焊是堆内构件关键制造工艺之一。几十年来该工艺长期依赖外协，堆焊质量难以保证，制造过程的质量难以控制，几乎每件都需返修。不仅影响到交货周期和制造成本，而且将对企业品牌产生影响。研发团队经初步讨论分析果断提出钴基堆焊的自主化研发，“老法师”搭档年轻的焊接工程师大胆从焊接材料、焊工操作、焊接热循环等诸多环节进行试验并固化，最终在示范工程福清核电 5 号机组上实现全面自主化制造，不仅使外协和质保成本获得大幅降低，产品合格率更是得到了大幅度提高（见图 4.2.16）。

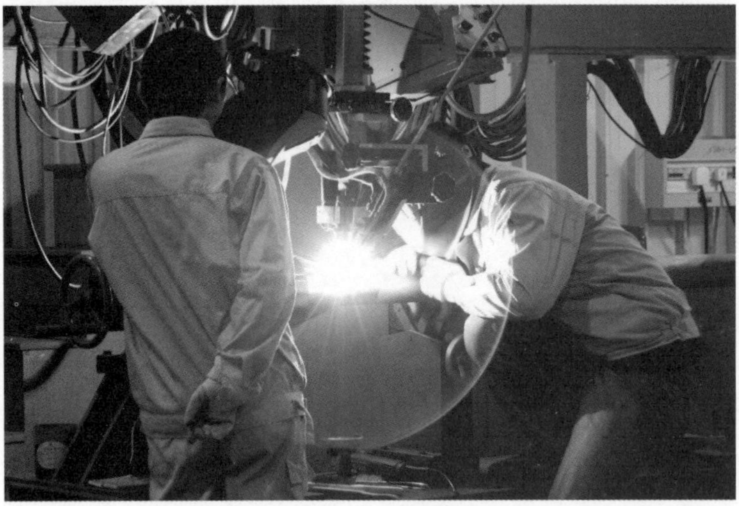

图 4.2.16 示范工程福清 5 号机组堆内构件部件堆焊

由于“华龙一号”比M310增加了20组燃料组件来提高热功率，使堆芯径向尺寸变大，因此堆芯支承板、上支承板、压紧弹簧锻件直径增大，需按照RCC-M M140“制品和车间的技术鉴定”标准进行大锻件技术评定。面对新的困难，攻关团队充分发挥原二代加技术经验优势，联合中国核动力研究设计院核级设备制品技术评定中心和上海重型机器厂有限公司组织攻关，经三方多次讨论和尝试，在2015年4月30日成功完成上支承板、堆芯支承板、压紧弹簧等“华龙一号”国产化大锻件首件评定，形成了具有自主知识产权的三代核电大锻件制造技术，为后续华龙系列堆内构件大锻件国产化制造奠定了坚实基础。

4.2.5 反应堆冷却剂泵

核主泵被喻为核电厂一回路的“心脏”，技术要求高，制造难度大，2009年前我国核电厂所用核主泵全部依赖进口，严重制约我国核电事业发展和核电技术出口。2018年3月，经过近十年的努力，“华龙一号”轴封式核主泵在哈电集团哈尔滨电气动力装备有限公司（以下简称“哈电动装”）完成全流量试验，随着福清核电5号机组冷态、热态功能试验完成，核主泵顺利通过了各项考核试验，这标志着中国核电的“心脏”从此实现了自主国产化。

（1）关键部件的制造技术

1）精密轴密封制造技术

轴封型核电主泵中主轴三级密封是最关键的核心部套之一。主泵轴密封由18种零部件组成，其中最关键的部件是动环和静环，静环由外缩紧环与钨环热套组成，动环由内、外缩紧环与碳环热套组成，机械加工精度要求非常高，薄壁圆环件易变形，存在材料残余应力变形及装卡变形等难题。哈电动装通过高精度制造设备、使用独特的工装工具以及高精度测量设备等完成了轴密封部件的制造，对核主泵自主化制造具有重要意义。

2）高精度轴系制造技术

轴系主要由叶轮、下泵轴、下半联轴器、可拆轴和上半联轴器组成，泵轴系总长约4 m长，且部件连接后进行同加工定位销来保证整体轴系精度高。国外同行采用的轴系跳动调整方法工艺过程烦琐，并且有很大的不确定性。采用立车进行分段式同轴度调整，由于分段调整的每段的同轴度偏差方向不同且精度差，轴系组合后的跳动值合格率很低，曾出现多次同加工销孔进行调整的情况，造成调整周期过长，平均每次调整需要三个月左右。

“华龙一号”应用的工艺方法既没有采用立车设备找正，也没有采用分段找正的方案，而是将没有进行同加工定位销的轴系装配后立放在镗床的工作台上，通过上半联轴器与可拆轴，下联轴器与可拆轴的四点调整法对轴系进行跳动检查与调整。避免了分段调整不合格导致的反复扩销孔而产生的工件报废，工艺方法效率高，将原平均每台三个月的调整时间缩短为每台平均不到一周的调整时间，体现了中国制造的速度和精度（见图4.2.17）。

图 4.2.17　高精度轴系制造

3）复杂的水力部件的制造技术

水力部件叶轮和导叶是由复杂的曲面形状组成的精密部件，且高精度制造要求。哈电动装采用锻件整体加工制造方法，通过数控立式加工机床和数控五轴联动加工中心，在整体锻件上加工出完整的叶轮和导叶叶片，相对于传统铸造方法优点如下：

第一，钢锻件材料物理性能、力学性能和化学成分等得到了有效的控制，避免了叶片因铸造产生的变形、砂眼、气孔等缺陷；第二，加工出的叶轮和导叶叶片精度高，保证了设计精度要求，保证了主泵的扬程和效率等设计参数，满足核电厂主泵叶轮和导叶长期高效安全稳定运行的要求，提高了产品质量；第三，缩短了制造周期，是国外同行制造周期的三分之一，减少了所涉及的工种及设备，降低了制造成本。

（2）完善一流的试验能力

核主泵研制中试验验证手段是非常必要且重要的环节。目前哈电动装拥有核主泵高温高压全流量试验台、高温高压小流量试验台、轴密封试验台及推力轴承试验台，能够为核主泵进行全面的性能验证，做到模拟核主泵在核电厂运行时的各种工况。此外，也可进行关键部套轴承和轴密封的单项试验（见图 4.2.18～图 4.2.21）。

图 4.2.18　高温高压全流量试验台

图 4.2.19　高温高压小流量试验台

图 4.2.20　轴密封试验台

图 4.2.21　双向推力轴承试验台

（3）先进的核主泵研制关键技术和知识产权保护

通过二代加、三代核电的核主泵产品的自主化、国产化研制，“华龙一号”核主泵完成了如下 13 项专业领域关键技术：机组总体设计技术、核主泵设计技术、输送介质无外泄技术、高载荷双向推力轴承技术、设备冷却技术、转子动力学技术、抗震分析技术、关键材料国产化技术、核心部件制造及检验技术、滑油冷却器等配套件国产化、配套主泵电机设计技术、机组总装及检测技术、机组全流量试验技术。“华龙一号”核主泵是代表中国核电品牌的样板关键设备，通过项目的实施，在结构设计、制造工艺、试验装置、特殊工装等领域获得共计 41 个专利，其中发明 20 项获得授权。

4.2.6 主蒸汽隔离阀

2006 年，中核苏阀科技实业股份有限公司（以下简称“中核科技”）联合相关设计院，启动了核安全级主蒸汽隔离阀样机研制工作，历经 8 年时间，解决了一系列设计、制造、试验等关键技术难题，最终样机按照 ASME QME-1 要求，顺利通过模拟核电工况的所有鉴定试验项目。2015 年，中核科技成为国内首家取得核级主蒸汽隔离阀核安全设备设计、制造许可证，为“华龙一号”首堆主蒸汽隔离阀国产化应用奠定良好基础。

主蒸汽隔离阀是压水堆核电机组的重要安全设备。“华龙一号”主蒸汽隔离阀采用楔紧式平行双闸板结构，匹配气液联动驱动装置，能够实现慢开、慢关、部分行程动作和安全相关的快速关闭功能（见图 4.2.22）。对比国外同类产品，“华龙一号”主蒸汽隔离阀产品具有以下三个优点：

（1）更加合理的流道设计

“华龙一号”主蒸汽隔离阀重视主蒸汽隔离阀的流道设计，流道对比国外同类产品虽然同样设计有缩径，但是缩径比保持在 0.8 左右，并进行了相应的流场分析、振动分析和噪声分析，在满足系统要求的流量同时，具备比较低的振动和噪声，改善了主蒸汽隔离阀的使用状态，提高主蒸汽隔离阀的使用稳定性。

（2）更好的抗震性能

主蒸汽隔离阀是核电厂的关键阀门，具有重要的安全相关功能，意味着即使在地震工况下，依旧要求阀门能够可靠地关闭，并保持在关闭位置，所以，主蒸汽隔离阀的抗震性能非常重要。主蒸汽隔离阀由于结构庞大、高度高、驱动装置的质量大，自振频率很难达到 33 Hz 的要求。“华龙一号”主蒸汽隔离阀采用了执行机构和阀门本体一体化的设计，将储气罐下移安到阀门支架上，降低驱动装置的重心，降低阀门整机的重心，大大提高了阀门的整体刚性，提高了抗震性能。与外国厂家的产品比较，具备更好的抗震性能。

（3）更加严苛的试验验证

主蒸汽隔离阀样机进行了完整的鉴定试验，特别是包括高温高压下的 3 000 次全寿命动作试验和全尺寸样机的流体阻断试验，通过了更加严苛的试验验证，更加充分的验证了产品的可靠性。

4.2.7 内置换料水箱过滤器

从 2016 年 11 月开工制造到 2018 年 10 月，江苏神通阀门股份有限公司（以下简称“江苏神通”）完成了福清核电 5、6 号机组内置换料水箱过滤器（以下简称“IRWST 过滤器”）所有设备的检查验收，顺利交货。

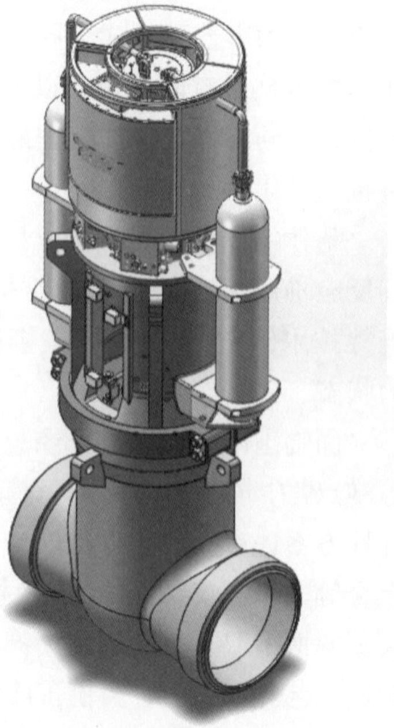

图 4.2.22 主蒸汽隔离阀结构示意图

“华龙一号”IRWST 过滤器与之前 M310 堆型使用的地坑过滤器相比，零部件更多，结构更复杂，精度要求更高。

江苏神通在“华龙一号”IRWST 过滤器制造过程中，针对重要零部件的制造困难和整体设备的安装困难，进行了全面深入的原因分析，制定了切实有效的改进方案。主要改进内容包括：口型管加工工艺优化、楔子等制造工艺优化、拦污栅焊接工艺优化、弹性密封板材料优化、下沉过滤器技术优化、滞留篮框架加装围堰、滞留篮角钢精简结构、滞留篮活板门改进结构、泄压孔加焊滤网等。通过对各部件的优化改进，保证了 IRWST 过滤器的顺利安装，进一步提高了 IRWST 过滤器安全性和效率。下沉过滤器技术优化完善了 IRWST 过滤器的功能使用，满足了内置换料水箱的浸水试验（见图 4.2.23）。

图 4.2.23 CSP 过滤器完成安装

4.2.8 整体螺栓拉伸机

从 2014 年 6 月国产化可行性方案论证通过，历时近 5 年，2019 年 4 月“华龙一号”反应堆压力容器整体式全同步螺栓拉伸机冷试关盖的成功，标志着由中核工程和北京雷蒙赛博机电技术有限公司（以下简称“蒙赛博”）联合研制的“华龙一号”反应堆压力容器整体式全同步螺栓拉伸机在最苛刻条件下成功工程应用，也标志着我国又一核电关键核心装备国产化研制成功。

整体螺栓拉伸机属于“机－电－液－气－光一体化”的大型重载复杂装备，直接影响到反应堆压力容器的安全性和核电运行的经济性。长期以来，整体螺栓拉伸机一直被欧美等技术领先国家垄断，关键技术和核心数据一直被外方保密，我国长期处于被“卡脖子”的状态。

面临国产化研制设计经验不足、装备制造难度大、可靠性要求高、工况条件更加苛刻等难点，中核工程与雷蒙赛博联合邀请组织国内核行业和重型装备行业的相关专家举行可行性方案评审会、沙盘推演会、设计方案专家评审会、试验验证方案专家评审会、专家鉴定会等大小会议 32 次，交换接口等各类技术文件 376 份，确保了设计方案的一次成功。雷蒙赛博采取开工制造前关键技术可靠性验证试验、大型零件多家制造商谈判优选、关键制造工艺验证试验、关键工序驻厂监造等措施，确保了关键零部件一次制造合格。通过六性分析技术（安全性分析、可靠性分析、维修性分析、测试性分析、保障性分析、环境适应性分析）、两项关键技术可靠性验证、软件 V&V 认证、采用 1:1 反应堆压力容器模拟体进行全流程可靠性验证和试验、分析和故障预测应用等措施，保证了产品可靠性。“华龙一号”整体式全同步螺栓拉伸机在国产化的首台装备上即实现了功能、性能和效率上的全面提升，成功打破了欧美等技术发达国家对该类装备的垄断，并实现了全面超越。相对国外进口同类产品具有多个创新点包括：① 超高压液压拉伸技术，液压拉伸单元采用超高压三级非线性串缸技术，单个液压拉伸单元最大拉伸力可达 824 t，远超 M310 机组的 650 t 最大拉伸力；② 主螺栓的栽入/旋出技术，通过两台机器人各两个手臂同时栽入/旋出 4 个主螺栓，轴向合力控制精度由±15 kg 提高到±5 kg，远超同类进口产品；③ 自动水平调整，相对进口同类产品采用“液位计人工读数＋手动花篮螺栓调整”的技术，水平调整精度由 1 mm/m 提高到 0.2 mm/m，水平调整精度提高了 5 倍，水平调整时间由 1～2 h 降低到 5 min，大大提高了工作效率。

4.2.9 装卸料机

从 2015 年 1 月开始研制至 2017 年 9 月“华龙一号”装卸料机完成出厂机电联调以及整机的动、静载试验、抓具对中精度试验、回转精度试验等，历时 33 个月，“华龙一号”装卸料机研制成功。2017 年 10 月，全球首台“华龙一号”装卸料机成功从西安核设备有限公司（以下简称“西核”）发运。

装卸料机是核电厂反应堆核燃料操作与贮存（RFH）系统的核心设备，其主要功能是在停堆换料期间，在水下装卸具有高放射性的核燃料组件，并能在堆芯和燃料转运装置或堆内燃料暂存架之间输送和装卸燃料组件，也可在设备上用各种手动工具进行与换料有关的水下远距离操作，最终安全可靠地完成堆芯燃料组件更换和倒换作业（见图 4.2.24）。

图 4.2.24 整体螺栓拉伸机

西核在“华龙一号”装卸料机制造中，针对其关键零部件结构制造技术和调试技术进行了深入剖析，对各关键控制要点、难点提出了更为有效的改进措施和优化方案。主要优化内容包括：大车主梁的工艺优化、塔架和钢架结构的工艺优化、小车架的工艺优化、支承套管的运输支撑装置优化、抓具的扎针试验装置研制、抓具的工艺优化、燃料组件导向装置的安装调试结构优化、控制系统的优化等。通过优化，消除了装卸料机安装调试过程中存在的隐患，进一步提高了装卸料的安全性和效率。研制的抓具的扎针试验装置在满足功能性试验设计要求的同时，使试验更加规范，通用性更强，已获得国家专利 1 项；研制的支承套管运输支撑装置保证了支承套管在运输过程中的质量，已获得国家专利 1 项（见图 4.2.25）。

图 4.2.25 “华龙一号”装卸料机全景结构图

4.2.10 燃料转运装置

从 2015 年 12 月开始研制至 2017 年 12 月“华龙一号”燃料转运装置完成出厂整体功能性试验，历时 25 个月，“华龙一号”燃料转运装置研制成功。2017 年 12 月，全球首台“华龙一号”燃料转运装置成功从西核发运。

燃料转运装置是核电厂反应堆核燃料操作与贮存（RFH）系统主要设备之一，其主要功能是：在反应堆停堆换料期间，完成将燃料组件由反应堆厂房经水下转运到燃料厂房的操作，或完成将新燃料组件由燃料厂房经水下转运到反应堆厂房的操作。在反应堆运行期间，将反应堆厂房与燃料厂房隔开，确保反应堆安全壳的密封性和完整性。

西核在“华龙一号”燃料转运装置样机的制造过程中，优化了转运通道、通道两端法兰、轨道托架的结构，优化了挡轮板和轨道板制造工艺和双驱动及双向离合器的接力调试方案，顺利完成了科研样机研制，实现了“华龙一号”整机设备的加工制造和安装调试工作。转运通道优化，使通道管由板材卷制改为无缝管，在保证通道本身的直线度要求的同时，很大程度上降低了加工制造难度；燃料转运装置驱动机构的研制具有独立知识产权。“华龙一号”燃料转运装置研制成果获中核集团科技进步奖二等奖（见图 4.2.26）。

图 4.2.26　燃料转运装置

4.2.11　乏燃料贮存格架

从 2017 年 10 月开始研制至 2018 年 7 月“华龙一号”乏燃料贮存格架完成出厂抽插试验，历时 10 个月，“华龙一号”乏燃料贮存格架研制成功。2018 年 10 月，全球首台“华龙一号”乏燃料贮存格架成功从西核发运。

乏燃料贮存格架，是核燃料循环中的核心设备，广泛应用于在堆贮存、中间离堆贮存以及后处理厂贮存。

依据前期科研情况及已完成项目的经验积累，西核针对“华龙一号”乏燃料贮存格架，针对多台份批量生产、多类型结构，从技术准备和制造工艺环节进行深入分析、研究，优化了底板的工艺方案，采取自然时效法消除板的残余应力，多张板铣平面、时效处理交替进行，较好控制了底板的焊接变形；优化了贮存小室的拼装工艺，通过设计制作专用定位组装平台，确保产品质量的同时，提高了生产效率；优化了整体组装的工艺，采用卧式组装的方法，设计制作了专用翻转工装，大大提高了批量生产的操作性、安全性及质量的稳定性；通过改造清洁厂房、严格把控各环节清洁、设计制作专用的清洁工装等多方面改进，保证了“华龙一号”乏燃料贮存格架批量化产品的清洁度满足了供货要求（见图 4.2.27）。

图 4.2.27　乏燃料贮存格架

4.2.12　安注箱

从 2014 年 8 月开始研制至 2016 年 3 月“华龙一号”安注箱完成出厂水压试验，历时 19 个月，“华龙一号”安注箱研制成功。2016 年 3 月，全球首台“华龙一号”安注箱成功从西核发运（见图 4.2.28）。

球形安注箱是“华龙一号”三代自主核电技术非能动堆芯冷却系统的重要设备之一，对提高核电厂反应堆系统的安全可靠性起到重要作用。“华龙一号”安注箱为球形容器，由六个球形瓜瓣和上下封头组焊而成，容器主体材料采用控氮不锈钢，重 52 t，高 6 m，设备直径 5 000 mm 以上，板厚 68 mm，由两顶圆及中间 6 片瓜瓣组焊而成，结构及制造技术要求与已成熟生产的 M310 堆型圆柱形安注箱有很大不同。

图 4.2.28　“华龙一号”首堆安注箱吊入核岛

西核主要从球形安注箱单件瓜瓣成型、瓜瓣组装、球形安注箱机加、球形安注箱的自动焊接、球形安注箱的运输等五个方面进行了安注箱产品的工艺开发及制造开发研究。解决了大尺寸控氮不锈钢瓜瓣的成型中的减薄量控制和成形尺寸公差控制难题、安注箱产品瓜瓣组对拼装难题；设计专用的瓜瓣纵缝焊接时装夹工装，实现了焊缝埋弧自动焊，既节约了成本，提高了效率，保证了稳定的焊接质量；采用水平分度附加垂直方向弦长配弧长的工艺方法完成瓜瓣组件立体划线，优化多项机加工艺，解决球形壳体的部件机加，保证了装配要求；针对设备结构特点和运输超限的难题，设计制作了专用的可拆卸组合工装，实现了“华龙一号”首堆球形安注箱的超限运输难题和顺利交付任务。

4.2.13 PRS换热器

从2016年10月开始投料研制至2017年12月“华龙一号”PRS换热器完成出厂水压试验，历时15个月，“华龙一号”PRS换热器研制成功。2018年2月，全球首台“华龙一号”PRS换热器成功从东方电气（广州）重型机器有限公司（以下简称“东方重机”）码头发运。

国产首台PRS换热器制造工艺新、要求高、关键工序难度大，如管板深孔加工、环形支承板堆焊及防变形控制、框架组件装焊及防变形控制、C形管穿管及管束支承安装、管子管板封口焊和管子管板液压胀等。新的结构设计对产品的制造提出了非常高的要求。

在“华龙一号”PRS换热器项目研制方案准备阶段，东方重机结合其他堆型的换热器制造经验，从PRS换热器产品结构、焊接、材料、探伤、检查五大方面提出了施工工艺优化共81项次，完成了一系列支撑后续PRS换热器研制的工艺试验和工艺评定工作，包括重要工艺试验7项、工艺评定51项。在研制过程中，攻克了10余项关键制造难题并开发了相应先进制造技术，如低残余应力液压胀技术、换热管涡流探伤对比标定样管设计及制造国产化技术，开发了带坡口、管口平齐、需填丝的管子管板封口焊技术，框架组件装焊、防变形控制及机加技术，异形结构管板多面堆焊及防变形控制技术，不锈钢表面机械清理工艺技术，C形管及管束支承安装技术，环形支承板堆焊及防变形控制技术等（见图4.2.29）。

图4.2.29　首台“华龙一号”PRS管束穿管

首台“华龙一号”PRS换热器研制成功后，东方重机同步开展了技术总结工作，梳理各项先进制造技术和创新技术，形成了3项先进技术，在2019年5月20日，经广州生产力促进中心组织专家鉴定，意见为“技术成果达到国内领先水平”。“华龙一号”PRS换热器器研制成果已申报国家专利2项，发表相关技术论文1篇，获得东方电气集团科技进步奖三等奖和东方重机科技进步奖二等奖（见图4.2.30）。

图4.2.30　首台“华龙一号”PRS水压试验

第 5 章 工程建造技术创新

“华龙一号”工程建设团队在 30 余年丰富的建造经验和核心建造技术积累的基础上，针对“华龙一号”首堆工程特点和技术难点，以工程需求为导向，采用了很多新技术、新材料、新工艺、新工具、新工法，形成了一系列具有国际先进水平的核电厂关键施工技术，填补多项国内外技术空白。

5.1 土建施工技术创新

5.1.1 优化技术施工装备

（1）塔吊布置及防碰撞系统应用

示范工程施工塔式起重机布置密集，与周边其他塔式起重机构成了大范围的群塔作业环境，群塔作业环境直接影响塔吊的运行安全和运行效率。在实际作业中发生互相剐蹭的可能性也更高，因此群塔防碰撞措施尤为重要，安全管理需从人防、技防两个方面同时进行。技防方面开发了新型群塔作业防碰撞系统，该系统与塔吊自身的安全限位装置连为一体，不仅保留了原有安全装置的报警功能，还能让塔吊司机从监控屏幕看到风速、吊装重量、吊装高度、吊装幅度等相关参数。同时能够对塔吊之间可能发生的剐蹭危险进行预警及制动：当塔吊沿正在运行方向继续运行有可能发生剐蹭时，系统先是警报提醒，如果继续向危险方向靠近，防碰撞系统会直接强行停止向危险方向操作，以实现防互撞效果。防碰撞系统的应用，从技防的角度出发更好地确保了现场群塔作业安全（见图 5.1.1）。

（2）塔式布料机应用

为确保高层混凝土施工，在核岛反应堆厂房外侧布设了固定的塔式布料机，布料半径达到 45 m，塔身独立高度达到 50 m，为核岛厂房混凝土的浇筑提供了便利。在使用过程中，可根据实际情况的旋转机头，调整混凝土浇筑点的布置，可通过爬升基础节增加塔身高度。塔式布料机安装后使用时间长，无需频繁移动，降低了布料机的拆装次数，为混凝土浇筑提供了高效的设备保障，节约了主线工期和施工成本（见图 5.1.2）。

图 5.1.1　塔吊布置及防碰撞系统

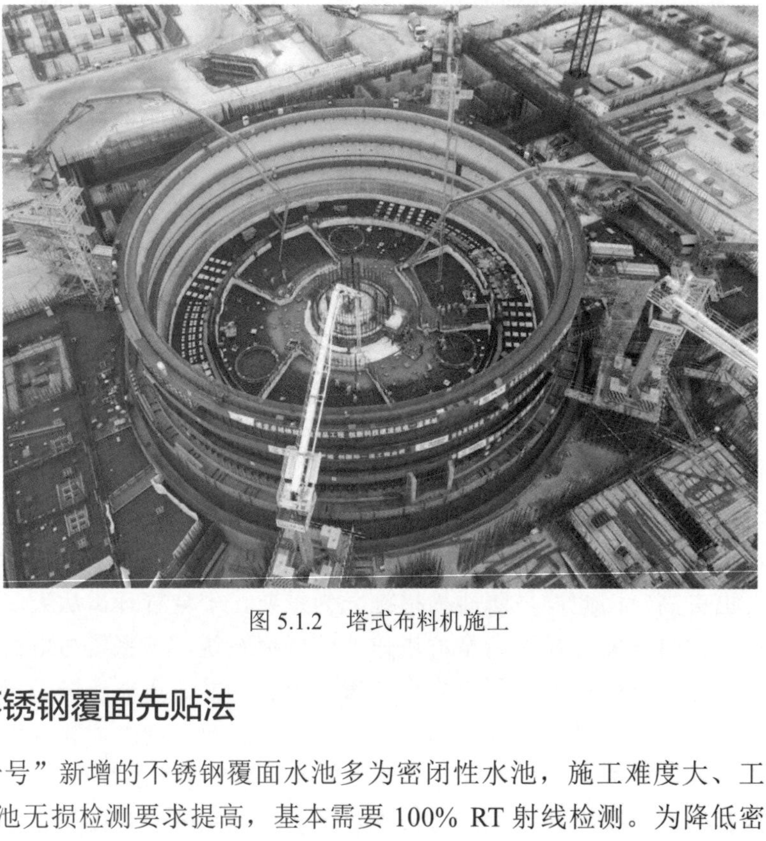

图 5.1.2　塔式布料机施工

5.1.2　不锈钢覆面先贴法

“华龙一号”新增的不锈钢覆面水池多为密闭性水池，施工难度大、工艺技术要求高。部分水池无损检测要求提高，基本需要 100% RT 射线检测。为降低密闭结构不锈钢覆面施工安全风险、质量风险、进度风险，示范工程采用了“先贴法”施工技术。“先贴法”采用工厂化预制、现场模块化安装，降低了密闭空间安装的施工安全风险，充分利用机械设备资源，减少了人工成本的投入并降低了工人的劳动强度，显著缩短了不锈钢覆面的安装工期，相对“后贴法”施工可压缩约 70%的现场安装工期，为后续主体结构施工及安装施工创造有利条件，“先贴法”模块化施工保证了车间资源利用和现场施工进度之间的紧密结合，形成流水作业，节约了施工成本，人工投入成本可降低约 30%（见图 5.1.3）。

图 5.1.3　内部结构顶板“先贴法”施工

5.1.3　不锈钢覆面用热丝 TIG 自动焊

不锈钢热丝 TIG 自动焊应用于示范工程不锈钢水池池底覆面焊接、池壁覆面焊接和车间覆面焊缝（先贴法）。热丝 TIG 自动焊焊接工艺是在手工 TIG 焊的基础上增加了自动控制系统，几大系统相互协作，共同实现焊接作业。与手工氩弧焊相比，热丝 TIG 自动焊焊接填充量增加，相同厚度的覆面板填充道数减少，提高效率，缩短工期。能够实现连续焊接作业，避免焊接过程中产生多处接头，造成焊接质量问题。机械自动化焊接操作，有效降低焊工的工作强度，提高焊接效率。减少对焊工的依赖，节约了人工施工成本（见图 5.1.4）。

图 5.1.4　TIG 自动焊接效果

5.1.4 钢衬里模块化施工

“华龙一号”核岛安全壳钢衬里，由底板、加腋区、13 段筒体和穹顶组成，整体高度及直径与 M310 相比增大了约 20%，如采用传统单块施工工艺（直接将单元预制块吊装至安装位置进行拼装焊接），与筒体混凝土交叉施工十分频繁，作业安全风险高、不利于公共资源的合理分配，施工效率较低，现场进度压力大。为解决这一问题，示范工程安全壳钢衬里施工采用模块化先进施工技术，通过模块化施工在地面拼装区域完成筒体整体拼装焊接，将模块整体吊装至安装位置，与传统的单块施工方法相比，给土建施工主工期创造更多的机动时间，保证土建施工的连续性，有利于公共资源的合理分配，可以有效节省工期、提升施工效率，同时减少钢结构安装和混凝土交叉施工的相互影响，降低作业安全风险，为核岛土建施工主线工期节约达 70 天（见图 5.1.5）。

图 5.1.5　钢衬里模块化施工

5.1.5 倒 U 预应力施工

“华龙一号”倒 U 形预应力施工因壳体采用双壳的构造模式，内外壳间操作空间狭小、贯穿件多、预应力孔道形状复杂、施工难度大、倒 U 形孔道整体穿束困难。示范工程预应力施工借鉴相关行业先进技术，引进吸收国外同领域新的材料、工艺和技术，通过研究和试验，积累基础数据，不断完善和提高。在实体施工中总结并优化施工工艺，通过关键技术研究应用，形成了导管 BIM 技术三维设计图，优化了浆体性能，改进了倒 U 形钢束施工工艺，检验了摩擦力系数与张拉伸长值相互关系，解决了倒 U 形预应力整体结构形式复杂、作业空间狭小受限、土建安装施工深度交叉、千斤顶张拉吨位大、技术质量要求高等一系列施工技术难题，保证了项目建设保质安全高效进行，同时缩短了施工工期，预应力施工工期由原计划 9 个月缩减到 7.5 个月（见图 5.1.6）。

图 5.1.6　预应力施工

5.1.6　双壳悬臂模板应用

“华龙一号”安全壳厂房为双层安全壳，安全壳是核安全的最后一道屏障，内层安全壳内径为 46.8 m，壁厚为 1.3 m，外层安全壳内径为 53.0 m，下部壁厚为 1.5 m，上部壁厚为 1.8 m，用于抗击大飞机撞击。

安全壳混凝土施工的重点和难点之一是模板的支设，根据安全壳的结构特点，内壳外壁、外壳的内壁和外壁模板均采用定型悬臂模板体系，贯穿件等特殊部位加工特殊模板支设（见图 5.1.7）。

筒体定型悬臂模板体系由模板、挂架和操作平台等组成，模板体系竖向荷载通过爬升挂架悬挂在前一段混凝土中的爬升锥体承受，模板由拉杆、钢背肋等拉结加固承受混凝土浇筑时的侧压力。两块单元模板之间采用芯带和芯带销连接，从而保证模板的整体性，使模板受力更加合理；模板分为上、中、下三层，可连接成整体，也可根据实际需求拆分使用；各层操作平台自成一体，可满足各阶段施工需求。主体部件各部分可自由拆卸和组拼，便于运输和存放。

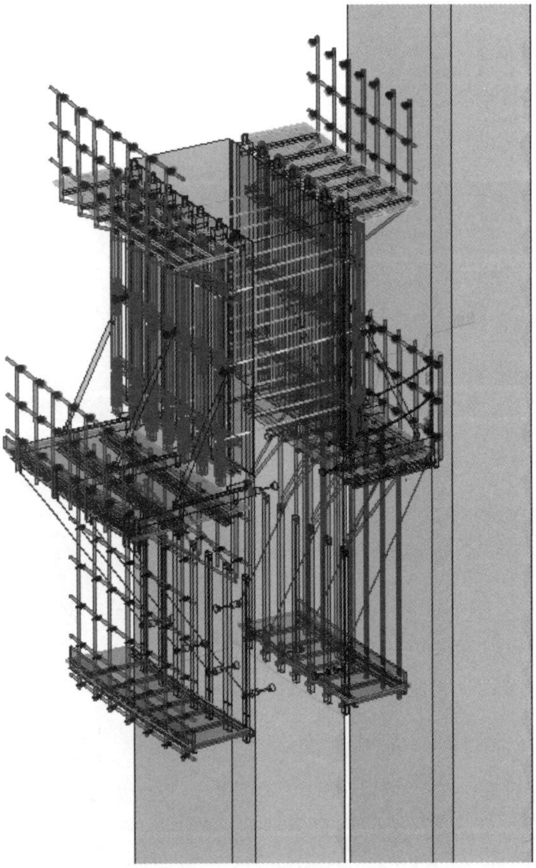

图 5.1.7　安全壳模板体系

5.1.7　耐高温界面剂应用

“华龙一号”安全壳筒体外挂水箱为“混凝土（C60）+不锈钢覆面水池（水温最大110 ℃）”结构，施工工艺采用先浇筑混凝土，再进行表面处理及抹灰层施工，后进行不锈钢覆面施工。因整个外挂水箱为封闭式结构，采用凿毛处理的方式，混凝土面的凿毛处理难度大、成本高、粉尘污染大、施工风险大，尤其是不锈钢施工中的墙体凿毛工程量较大。为解决上述问题，示范工程采用了耐高温界面剂，将界面剂涂刷至混凝土面，使材料可渗透至旧混凝土表面的孔隙中，增强了与旧混凝土表面的机械黏结力。同时在界面剂硬化之前，进行抹灰处理，使界面剂与抹灰层黏合在一起。此后界面剂在旧混凝土与抹灰层之间发生水化反应，减少收缩，同时形成一层油膜，形成保护作用。耐高温界面剂的使用，保证了施工质量，墙体抹灰施工无需再进行二次凿毛处理，节约了施工成本，有效节省工期、提升施工效率；同时提高了施工安全性，无粉尘污染。

5.1.8 钢穹顶施工技术应用

“华龙一号”穹顶结构呈半球形，位于钢衬里筒体13段上（标高+45.130 m）。穹顶外径ϕ46 812 mm、高23 406 mm，球体周边均匀布置纵横网状加劲肋角钢，在不同位置布置贯穿性和非贯穿性锚固件，穹顶内部设置有喷淋、通风系统，安装有仪表管道、支架、电缆次托盘和通风管道等。穹顶本体重约305 t（加上相关系统及吊具410.679 t），穹顶壁板壁厚仅为δ6 mm，结构形式复杂，系统体系繁多，建造难度极大。吊装过程中对起钩、落钩的准确率要求极高，同时对吊装站位点及行走路线的地基承载力、平整度也是一个巨大的考验。

示范工程穹顶施工采用现场预制，整体吊装施工工艺。过程中通过采用穹顶双曲率壁板成型工艺、有限元分析、模拟技术、穹顶吊装应力监测技术、穹顶吊装精准就位控制技术、动画仿真模拟技术确保了穹顶与钢衬里筒体13段实现“刀锋对接”。

5.1.9 重型挂架施工技术

“华龙一号”燃料厂房吊车梁轨道安装平台，为钢筋混凝土悬挑牛腿（两层牛腿之间高差小，最小处仅有 1.63 m），并且两层牛腿上均有较为密集的非标准预埋件。脚手架搭设高度高，安全风险太大，同时脚手架制约水池不锈钢敷面安装和抹灰工作，无法达到平行施工的要求。为保证牛腿施工有足够的操作平台，避免对后续吊车梁安装造成影响，示范工程采用自主设计重型挂架支撑施工方法。重型挂架的施工，完美地解决了施工操作空间问题，极大地减小了对周围区域施工进度的影响，且施工安全系数高，成本低，对整体厂房的施工进度的促进作用较为明显。该技术可推广到所有对空间和承重要求较高的区域和部位，由于其具有操作便捷、安全系数大的优点，在施工质量、进度、安全等方面都有较大的促进作用。

5.1.10 屏蔽混凝土泵送施工技术

核电厂中为了减少射线的辐射，重点区域采用屏蔽混凝土，但以往国内核电厂中屏蔽混凝土用量较少（不超过200 m^3），且由于屏蔽混凝土密度大，坍落度小，产生阻力大，难以进行泵送施工，一直都选择传统的“塔吊+料斗”浇筑。施工速度慢，浇筑量仅为1～2 m^3/h，机械设备得不到充分利用，无形中造成劳动力成本的增加、工期的延长。重混浇筑塔吊长时间占用，从整体上影响了整个核电土建施工进度。“华龙一号”屏蔽混凝土量达到3 000 m^3，是M310堆型的10倍。为了提高项目工程进度，节约浇筑成本，示范工程通过试验研究屏蔽混凝土泵送浇筑的可行性。通过技术难点分析、实验室试配、模拟件泵送浇筑、模拟件质量评定等优化混凝土级配及坍落度，减少屏蔽混凝土泵送阻力，同时对泵管布置路线及弯管优化，减少屏蔽混凝土泵送塌损，实现了屏蔽混凝土的泵送施工。

通过屏蔽混凝土泵送施工，显著降低浇筑成本，提高机械利用率，减少人工投入，节约了施工成本，有效节省工期。

5.1.11 竖向安全爬梯施工技术应用

示范工程通过一系列研究、设计和改进，制作出了一种可适用于各厂房的竖向安全爬梯。每段爬梯为一个标准的单元，可整体吊装至指定位置，螺栓连接固定后即可投入使用。节约了现场搭设竖向安全通道的施工成本，减少了高处作业的安全风险，安拆方便，外形美观，提高了现场工作效率。同时，竖向安全爬梯可随工程进展增加或减小高度，具有良好的发展前景和推广应用价值（见图 5.1.8）。

图 5.1.8　竖向安全爬梯施工技术

5.1.12 直墙模板和挂架体系

为了满足“华龙一号”核岛厂房现场施工的需求，减少外脚手架的搭设工程量、提高施工效率及材料周转率，并创造良好的安全文明施工环境，示范工程核岛厂房墙体施工过程中采用“自制外挂架+直墙钢木”模板体系。自制外挂架是一种简单、轻便的施工辅助操作架，代替了传统搭设脚手架施工，其承重较大、安装方便、周转使用率高，降本增效明显。直墙钢木模板具有高强度、高耐磨性、防水、不变形、不开裂等特点，轻便、灵巧且该模板带有上部工作平台和稳定撑杆，模板重量轻，所占操作空间小，承载能力高。

5.2 核岛安装施工技术创新

5.2.1 一体化堆顶围筒组件与螺栓拉伸机配孔工艺

“华龙一号”采用创新设计的一体化堆顶结构，最外层的围筒将压力容器顶盖、上封头保温层、堆内测量密封结构、控制棒驱动机构等包裹其中。工艺要求螺栓拉伸机导轨需固定在此围筒上，因围筒为圆柱面，螺栓拉伸机导轨连接座未贴合在围筒上，导致螺纹孔的定位及配钻存在困难。示范工程现场设计制作了专用的螺纹孔配钻工装，可以对螺纹孔相对位置进行定位，并通过替换钻套满足钻孔和攻丝的要求，并可保证配孔的质量。该工装便于拆装，操作简洁，规避了需由厂家现场二次施工或返厂带来的质量、成本、工期等风险，可应用于后续三代堆型堆顶结构施工中，适用性较强（见图 5.2.1）。

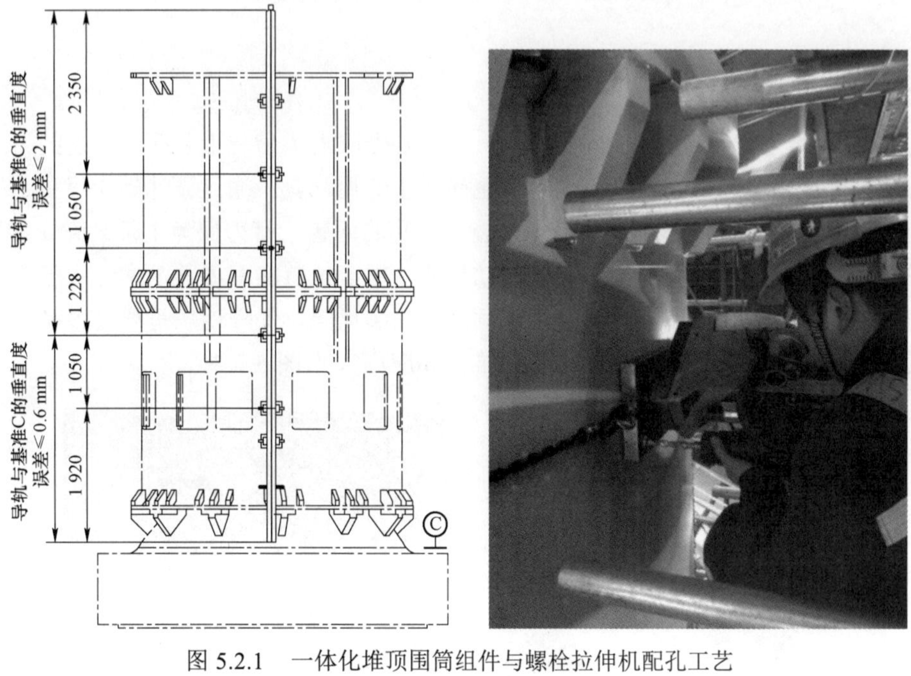

图 5.2.1　一体化堆顶围筒组件与螺栓拉伸机配孔工艺

5.2.2 控制棒驱动机构水压试验工装

“华龙一号”的控制棒驱动机构 Ω 环焊接，与二代改进型堆型区别很大，Ω 环位置由下部变为中部。为使工艺评定件及见证件的水压试验能够顺利进行，示范工程设计制作一套“华龙一号”控制棒驱动机构专用水压试验工装。该工装具备自动排气功能，能够最大程度缩减高压环境下的人员操作次数和时间，保证作业人员安全，及时迅速按要求完成水压试验，有力保障见证件 48 h 有效时间的同时，可有效验证 Ω 环焊接质量。控制棒驱动机构作为压力容器顶盖重要组成结构，如期完工能为机组冷试前压力容器最终关盖奠定坚实基础，可为三代堆型控制棒驱动机构施工提供有益借鉴和参考（见图 5.2.2）。

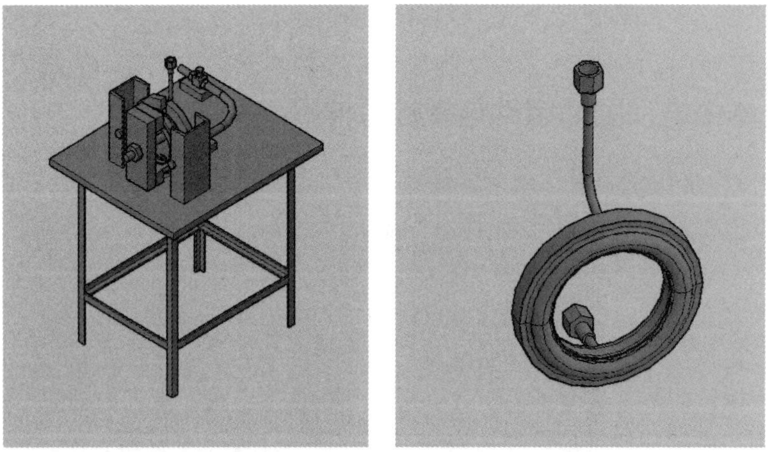

图 5.2.2　控制棒驱动机构水压试验工装

5.2.3　主泵泵壳吊装专用工具

与 M310 堆型主泵泵壳相比，“华龙一号”泵壳取消了吊装工艺孔，传统的吊装施工工艺方法已无法满足需求，故示范工程自主研制了专用吊具。通过设计制作吊具、吊具载荷试验等技术手段，解决了主泵泵壳无吊装工艺孔的问题，有力保障主泵泵壳安装质量、安全及进度要求。主泵泵壳自身为不规则结构体，重心位置略有偏移，本专用工具以泵壳支耳结构为稳定受力点，完全规避了泵壳倾翻的吊装风险，保障现场重要设备吊装施工安全，其设计思路值得在类似结构的项目中推广和应用（见图 5.2.3）。

图 5.2.3　主泵泵壳吊装专用工装

5.2.4 压力容器筒体保温安装工装

“华龙一号”堆型与 M310 堆型压力容器筒体保温层在结构设计、安装逻辑、设备外形、要求精度等方面完全不同，继续沿用传统的施工工艺方法，已无法满足施工需求。基于现有施工经验及技术文件要求，示范工程结合保温层结构尺寸和图纸，通过设计制作支承盒工装、保温板安装辅助工装快捷完成了支承盒位置及保温板内径调整，有力保证了筒体保温层安装质量、安全及进度。工装的使用显著提高了施工效率，使得示范工程比原定计划提前 6 天达到压力容器筒体引入条件，极大促进了机组安装重大里程碑——压力容器就位的提前完成，为后续相同结构的筒体保温层安装提供借鉴（见图 5.2.4）。

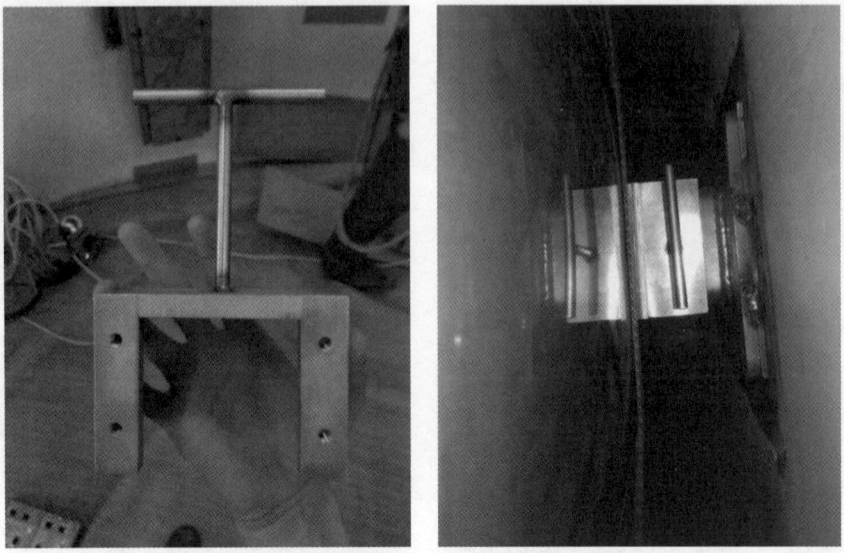

图 5.2.4　压力容器筒体保温安装工装

5.2.5 蒸汽发生器翻转抱环拆除小车导向装置

“华龙一号”堆型主设备运输通道采用“直轨＋弯轨”设计，示范工程在进行蒸汽发生器翻转抱环拆除小车行走试验时，发现因小车滚轮处缺少转向结构无法通过弯轨部分进入反应堆厂房。为解决此问题，在小车车架与滚轮之间增设可自由转动的导向装置，实现了该拆除小车引入厂房并将翻转抱环运出厂房的功能，避免了甲供专用工具返厂改造或重新设计制作的工期成本风险，切实保障蒸汽发生器一次引入及成功就位，可为“华龙一号”堆型蒸汽发生器施工提供有益借鉴和参考（见图 5.2.5）。

图 5.2.5　蒸汽发生器翻转抱环拆除小车导向装置

5.2.6 控制棒驱动机构中部Ω环焊接技术创新

“华龙一号”控制棒驱动机构焊接从密封壳组件与顶盖管座Ω环焊接变为行程套管组件与密封壳组件小Ω环焊接，焊机位置、焊接接口等均发生了变化，需要重新进行工艺评定，示范工程在一次次的试验和尝试中研发出了一套成熟的工艺。其中，示范工程 CRDM 控制棒驱动机构中部小Ω环 61 个焊缝由此做到了检测 100%合格，水压试验 100%成功，为冷试前压力容器关盖主线计划推进奠定了坚实基础，可为三代堆型控制棒驱动机构施工提供有益借鉴和参考（见图 5.2.6）。

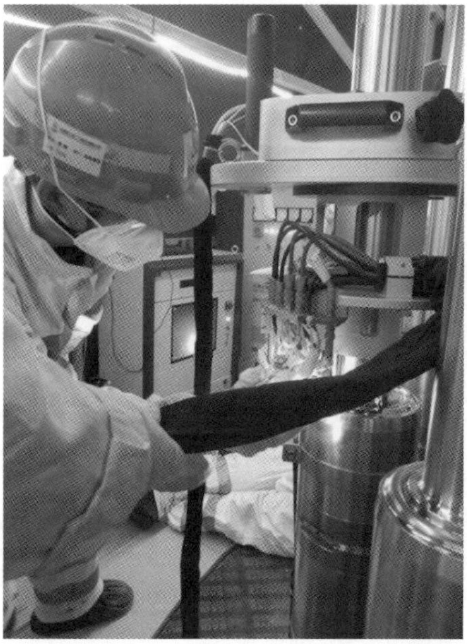

图 5.2.6 控制棒驱动机构中部Ω环焊接技术

5.2.7 内置换料水箱过滤器（地坑过滤器）安装工艺创新

为解决“华龙一号”内置换料水箱过滤器安装过程中因设备选型及制造滞后（“三新”设备）、运输路径复杂多变、土建预埋板超差、设计阶段焊接操作空间考虑不足等原因造成的设备无法引入、组装定位困难、无焊接空间、施工周期不足等问题，示范工程分析、制定并实施了内置换料水箱过滤器的施工工艺。该工艺主要包括设备制造选型分析及应用（模块化及螺栓连接）、二次浇筑区的预留及预埋板的布置、设计临时转运装置、设计门型架平衡梁组装平台、倒字形垒积木法拼装模块、设备模块整体组装定位技术等。该综合性工艺的应用及实施，确保了内置换料水箱过滤器安装施工质量，优化了施工操作步骤，提高了施工效率，缩短了建设周期，为“华龙一号”机组内置换料水箱过滤器施工树立了标杆导向，极具推广意义（见图 5.2.7）。

图 5.2.7　内置换料水箱过滤器安装工艺创新

5.2.8　重要厂用水系统管道施工优化

为了解决“华龙一号”重要厂用水系统（WES）管道现场安装阶段，焊接接地块导致内壁重防腐涂层灼烧与损坏，破坏重防腐涂层完整性的问题，示范工程根据前期施工经验，从改变焊接接地块施工工序入手，通过图纸变更，在等轴图标注的接地块位置增加预制焊口，同时在变更中按照轴向明确出阴极保护下法兰与接地块焊接角度，将图纸中原安装焊口改成预制焊口，明确管道预制阶段焊接接地块后进行内壁重防腐的工艺要求。参考该优化经验，GA 廊道重要厂用水系统支架图纸中，与管道焊接的护板焊口也通过变更，修改为等轴图的预制焊口，在预制阶段重防腐施工前进行焊接。通过该施工优化，现场安装阶段不需对接地块焊接点内壁进行补漆，降低了现场施工难度；规避了安装阶段进行内壁重防腐补漆施工作业的安全风险；预制阶段进行焊接，内壁统一做重防腐涂层可保证涂层的完整性，从而保证重防腐的施工质量，具有良好的社会经济效益，对各堆型核电机组均有良好的推广应用价值（见图 5.2.8）。

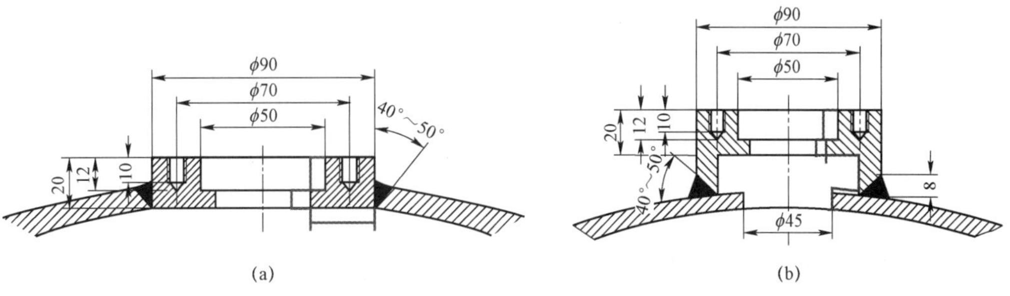

图 5.2.8　重要厂用水系统管道施工优化

（a）管道直径大于 DN300 阳极基座焊接；（b）管道直径大于 DN300 阳极基座焊接

5.2.9 重型锚栓使用优化

为了解决“华龙一号”IED专业因施工逻辑靠后、各专业已安装物项密集、打孔设备体积大导致的重型锚栓现场施工困难的问题，示范工程结合力学计算与抗震报告对重型锚栓的使用范围进行了优化。对于重要区域仍采用重型锚栓进行安装，如主控室、远程停堆站、反应堆或者乏燃料水池上方以及火灾自动报警系统的电缆管。而对于其他区域，更换为高性能螺栓式锚栓。通过该施工优化，避免了因重型锚栓打孔较深对墙体内钢筋造成的破坏，解决了重型锚栓因现场工况无法打孔导致施工停滞的问题，保障了施工进度，具有良好的推广应用价值（见图5.2.9）。

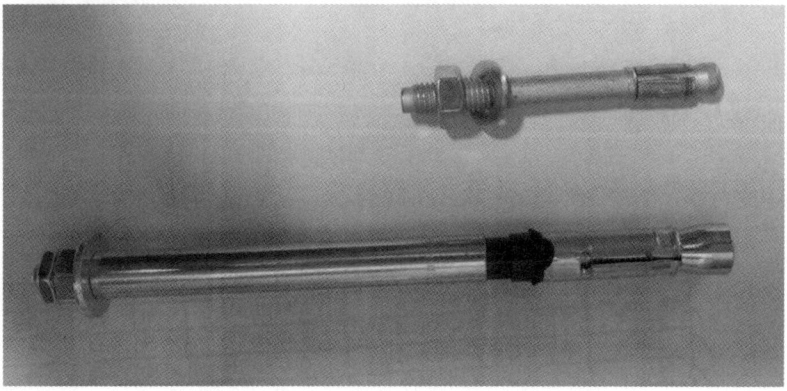

图 5.2.9 重型锚栓使用优化

5.2.10 二回路相关管道的吊装优化

相较于M310机组，“华龙一号”机组16.5 m平台的环廊由可拆卸式的钢结构修改为不可拆卸的钢筋混凝土平台，且混凝土平台边缘距离内壳筒体仅为1 m，设计差异性导致“华龙一号”机组无法利用环吊将二回路相关管道由16.5 m平台吊装至13.5 m和8.5 m安装区域。为了解决该问题，结合现场实际情况，示范工程优化了吊装方案，充分利用混凝土平台，在反应堆厂房+16.5 m（270°～302°之间）设置3个临时吊点工装，通过安全壳与16.5 m平台之间的间隙将二回路管道吊装至13.5 m和8.5 m，然后倒运至安装位置。该施工优化充分利用现场土建结构，设计临时吊点，经载荷计算合格后用于现场，为“华龙一号”二回路管道物项吊装探索了一套可行方案，解决了因新堆型设计差异导致的吊装困难问题，降低了现场吊装安全风险，保证了“华龙一号”二回路物项的吊装质量、施工安全和施工进度，为后续华龙机组提供经验借鉴（见图5.2.10）。

5.2.11 核取样间弯管施工优化

“华龙一号”核取样间管道布置密集，设计弯管多且布置相对集中。根据技术规格书要求，弯管半径（用R表示）应按五倍管道外径（用D表示）考虑，弯管半径越大，现场施工空间需求越大，导致管道发生干涉的风险越高。示范工程在不影响设计深度及力学计算结

图 5.2.10　二回路相关管道的吊装优化

果情况下，将弯管的弯曲半径从 5*D* 修改为 4*D*。通过该施工优化，避免了大量因施工空间受限而引起的管道变更修改，规避了因变更产生的材料、人工及相应工期消耗，优化了取样间的施工周期，示范工程核取样间施工对比专项计划提前 25 天完成，对冷试节点提前实现起到积极推动作用（见图 5.2.11）。

图 5.2.11　核取样间弯管施工优化

5.2.12 主设备间测量控制微网建立方法创新

因“华龙一号”主设备房间的结构变化，较 M310 相比，堆腔半径增大，主设备间测量基准点相互不能通视，原有的主设备三角测量控制网已经无法在现场使用。示范工程对主设备控制网进行改进，以压力容器中心点为固定点，通过增加测量转点，连贯主泵、蒸汽发生器中心点为一体的布网原则，设计出控制微网点位结构图，再利用测量软件对设计的点位结构模拟优化、精度评估得到最佳设计效果。通过此方法的实施，各主设备及附属物项顺利完成就位，满足了安装质量的要求，具有良好推广应用价值，可为后续华龙机组提供借鉴（见图 5.2.12）。

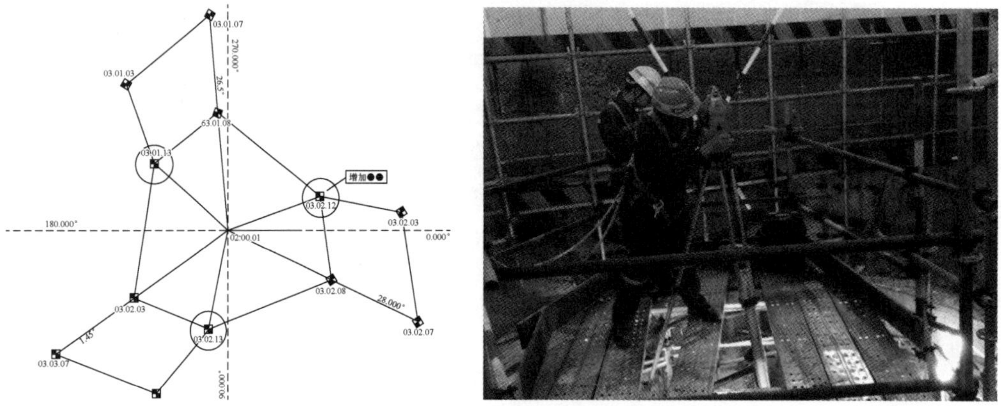

图 5.2.12 主设备间测量控制微网建立方法创新

5.2.13 压力容器本体尺寸三维测量方法

反应堆压力容器是核电厂重要部件之一，在压力容器吊装就位时，需要对压力容器整体水平度进行调整，水平度满足要求后量取支承垫板加工尺寸，待垫板加工完成后就位于支承上。

结合以往测量经验，示范工程进行创新，通过使用三维测量技术，确保压力容器更有效、快捷安装。在压力容器制造完成后，对压力容器的吊篮支承面、管口支承位置进行测量，计算压力容器吊篮支承面与管口支承的实际距离尺寸。根据压力容器设计就位标高与支承环实际就位标高值，计算压力容器就位水平垫板加工尺寸，提前加工垫板，使得压力容器一次就位完成（见图 5.2.13）。

通过使用压力容器本体尺寸三维测量方法，一方面可以根据理论就位标高与现场实际支承环标高提前获取垫板加工数据，实现垫板加工与压力容器运输、前期吊装准备工作工期同步，整体缩短安装工期，使得压力容器一次吊装就位，确保施工安全和质量；另一方面可以提前解放环吊，缓解核岛厂房内部材料、设备、物项的吊装压力，可为后续华龙机组提供借鉴。

图 5.2.13　压力容器本体尺寸三维测量方法

5.3 常规岛安装施工技术创新

5.3.1 液压顶升法吊装发电机定子技术

“华龙一号”发电机定子净重 455 t，比 M310 重 84 t，是常规岛最重的设备。受外形尺寸和重量增加以及厂房土建结构立柱跨距增大的影响，前期机组使用的液压提升装置不能满足“华龙一号”发电机定子吊装要求。示范工程通过对比履带吊屋顶直接吊装法、双行车抬吊法、液压提升装置吊装法等方法的适用性，选择了最适合、最经济的方法，即引进液压顶升装置吊装发电机定子（见图 5.3.1）。该液压顶升装置具有结构简单、拆装便利、顶升重量大、能适用多种厂房和多机型定子的特点。应用该技术，示范工程发电机定子从埋件开始安装到吊装就位仅仅用了 15 天，取得了“华龙一号”首堆示范工程常规岛安装“开门红”。

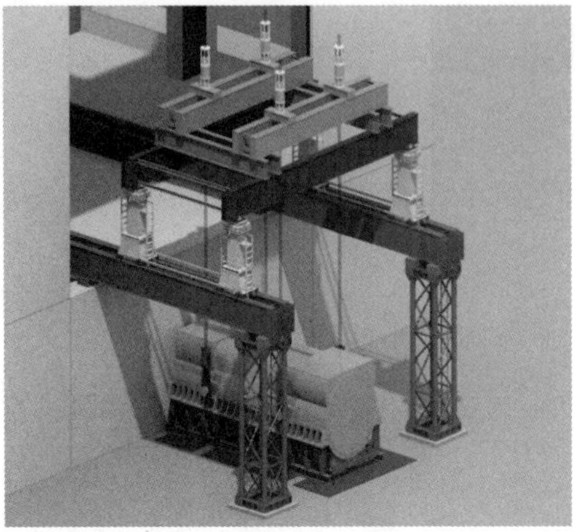

图 5.3.1　液压顶升法吊装发电机定子

5.3.2 平衡梁吊装凝汽器壳体技术

凝汽器壳体是凝汽器内最大部件，且为精密构件，其净重约 148 t，外形尺寸约为

16.971 m × 5.519 m × 5.950 m（长 × 宽 × 高），无法直接采用厂房的桥式起重机直接吊装就位，需要从厂房 A 轴外侧向厂房内引入，引入过程需穿过厂房外墙和汽轮机低压缸大梁，且吊装过程中壳体模块需完全离地。吊装难度大，吊装工艺复杂，壳体模块能否顺利引入直接影响后续凝汽器及汽轮机的安装，对后续常规岛主线设备安装具有重要意义。

示范工程采用平衡梁吊装凝汽器壳体技术，通过 4 台起重设备（厂房外 1 000 t 履带吊、400 t 汽车吊和厂房内 350 t 行车、80 t 行车）在空中不断接换钩将壳体吊装运输至厂房内。该技术降低了施工工作量和作业强度，减少了施工过程使用的材料量，现场施工无需进行焊接打磨等动火作业，经济环保，同时也缩短了就位时间，为后续汽轮机主线安装提供了先决条件（见图 5.3.2）。

图 5.3.2　平衡梁吊装凝汽器壳体

5.3.3　“扁担梁”穿转发电机转子技术

传统方法采用千斤顶顶推转子，需不断增加伸长轴，千斤顶动作非常缓慢，安装时间长且操作复杂，穿转的速度不能控制。示范工程自主开发了“扁担梁”穿转子技术（见图 5.3.3），具体方法为在转子励端增加工字钢扁担梁，采用两个 10 t 的手拉葫芦进行推进（一端挂在定子吊盘上，一端挂在工字钢上），使转子进入发电机定子膛内，直到大约达到转子的安装位置。与千斤顶顶推发电机转子的传统技术相比，采用

图 5.3.3 “扁担梁”穿发电机转子

扁担梁后穿转子方法可以节省 4 个伸长轴和一套 25 t 顶升工具，具有易控制、操作简单、安全有效的施工优点（见图 5.3.4）。

图 5.3.4　穿发电机转子现场图

5.3.4　测力计法进行高中压缸负荷分配

汽轮机高中压缸的负荷分配是高中压缸安装过程中最关键的一个环节，准确的负荷分配可以保证整个汽缸的重力合理分配到各个承力面上，从而避免因载荷不均而导致汽轮机机组出现不均匀沉降和不均匀膨胀，避免因振动大而影响机组长周期安全运行。负荷分配通常有垂弧法和测力计法。相比传统垂弧法，测力计法的测量结果更能直观真实的反映高中压缸负荷情况，测量数据更加精确。示范工程采用测力计法后，负荷分配数据更加精确，测量百分表精度可达 0.01 mm，保证汽缸重力合理分配到各个承力面上，避免因振动影响汽轮机机组长周期安全运行（见图 5.3.5）。

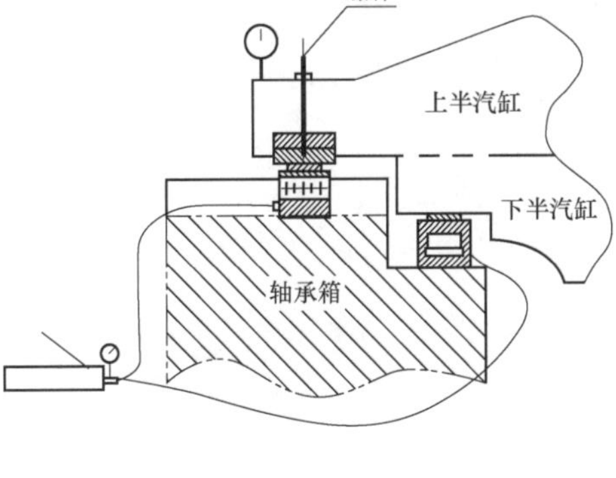

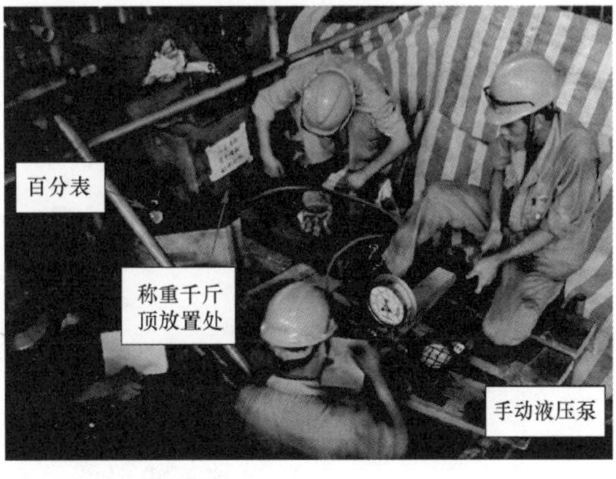

图 5.3.5　测力计法操作示意图

图 5.3.5　测力计法操作示意图（续）

5.3.5　C 型吊具吊装轴向导向键工艺

“华龙一号”低压内缸导向键位于混凝土基础梁侧面悬空位置，安装时安全风险大，且受安装位置上方混凝土凸起的影响，无法顺利地将导向键直接安装就位。技术攻关团队通过对吊装过程的特点、难点和风险点进行分析，查阅了大量国内外及行业上的传统做法进行利弊分析，最终设计研发了专用的 C 型吊具，很好地避免了吊装期间吊索具与轴承箱基础碰撞干扰，从而方便顺利地将导向键一次吊装就位，解决了本质安全问题（见图 5.3.6）。

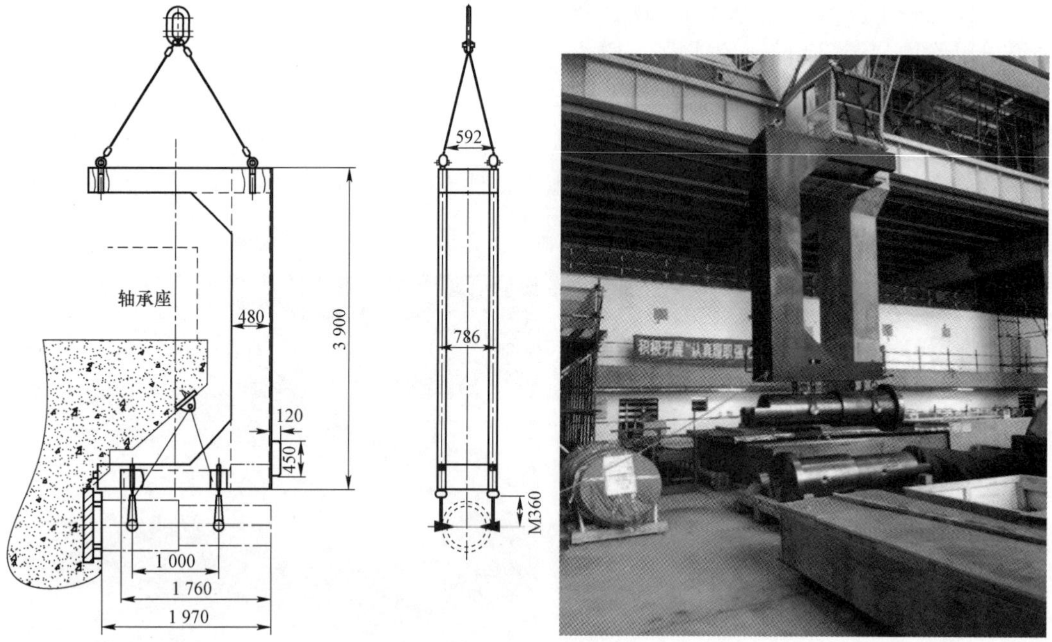

图 5.3.6　C 型吊具吊装轴向导向键

5.3.6 电动秤杆式平衡梁吊装凝汽器旁路扩散装置技术

“华龙一号”凝汽器旁路扩散装置模块最大外形尺寸为 6 374 mm×2 982 mm×2 592 mm，净重 27.5 t，安装位置位于汽轮机低压缸大梁正下方的凝汽器其他模块上，垂直方向上吊装空间仅仅 180 mm，吊装环境复杂。为了满足现场受限空间设备吊装需要，避免歪拉斜吊，确保现场吊装安全，缩短吊装工作时间，提高工效，示范工程研发了称杆式电控吊装平衡梁，该平衡梁通过无线遥控器控制可快速精确调节配重小车行走位置，使设备吊装过程中平衡梁两端保持平衡，有效避免了高处作业和歪拉斜吊的情况。该平衡梁操作简单，适用性广，很好地解决了现场垂直空间吊装受限的难题，有利于施工质量、进度和成本控制，具有良好的社会经济效益和推广应用价值（见图 5.3.7）。

图 5.3.7　电动称杆式平衡梁吊装凝汽器旁路扩散装置

5.3.7 滑轮组电缆敷设工艺

为解决“华龙一号”常规岛工程中大截面的长电缆敷设时，因环境复杂等原因造成电缆易破损、敷设工效低、人工成本高等问题，示范工程开发了滑轮组电缆敷设工艺。该工艺根据电缆敷设路径通道的变化，通过变化滑轮组的承重力、滚轮直径和固定方式灵活设计出不同型号的滑轮组，大幅降低了电缆敷设时的摩擦阻力，具有拆装方便、操作简单的特点；通过加装桥架连接板螺栓防护帽，防止电缆划伤和人员意外伤害；滑轮采用尼龙与合金支架结构配套组装而成，避免直接与桥架、格栅或电缆支架接触进而保护电缆不受损伤，提高电缆的使用寿命；由半机械化施工代替单纯人工敷设，大大降低了作业人员的劳动强度。该工艺可应用于各种复杂工况，适用于各种截面的电缆敷设，具有良好的社会经济效益和推广应用价值（见图 5.3.8）。

5.3.8 高中压缸、低压内缸安装平台

原有技术在安装高中压缸、低压内缸时，需采用脚手架搭设安装平台，并在脚手架上

图 5.3.8　滑轮组电缆敷设

铺设木板以便于作业人员的安装操作和行走，但脚手架平台在高中压缸、低压内缸安装期间需反复搭拆修改，且搭设过程中脚手架杆可能与设备发生碰撞、不利于设备保护；同时人员在平台上缺少可靠牢固的安全带挂点，存在一定的安全风险。示范工程采用了高中压缸、低压内缸安装平台，大大降低了原有技术因平台反复拆装带来的作业风险，有利于对设备的物项保护，增加了施工作业的安全性（见图 5.3.9、图 5.3.10）。

图 5.3.9　高中压缸安装平台

图 5.3.10　低压内缸安装平台

5.3.9　汽轮机轴向导向键安装平台、支撑臂安装平台

“华龙一号”常规岛设计阶段未设计用于导向键、支撑臂安装的平台，9.25 m 层汽轮机运转层作为“华龙一号”示范工程常规岛建设的形象工程，必须设计专用的标准化操作平台，进行施工标准化建设，保证导向键、支撑臂的安装工作能够安全、顺利、便捷的完成。为此，技术攻关团队经过精心筹划，设计制造了“华龙一号”汽轮机导向键、支撑臂安装操作平台。该平台的使用，为汽轮机轴向导向键、支撑臂安装、测量工作提供了一套结构简单、操作方便、可灵活拆卸、安全可靠的行走通道和操作平台，既保障施工安全也大大缩短了工期，受到各方的一致好评（见图 5.3.11）。

图 5.3.11　轴向导向键、支撑臂安装平台

5.3.10　汽轮机隔板存放架

汽轮机低压隔板、高中压隔板上/下半共计66块，最大的低压5级隔板上/下半重约12 t，直径达6.8 m。汽轮机安装高峰期所有隔板均需存放在汽轮机运转层9.25 m层平台上，原有技术汽轮机隔板采用卧式存放，不仅占地面积大、不利于物项保护，且汽轮机隔板长时间存放有可能导致变形，安装高峰期间隔板需频繁起吊翻身，存在较大安全风险。示范工程创新性地设计了隔板存放架，该装置具有以下特点：① 节约存放面积；② 能有效防止隔板现场存放期间发生变形；③ 隔板存放支架上标记好每一级隔板的序号后更容易区分；④ 隔板立式存放有利于起重作业安全，避免了隔板频繁翻身带来的吊装风险；⑤ 有利于设备物项保护，防止人员或工机具与隔板发生碰撞；⑥ 有利于现场文明施工管理；⑦ 简洁、美观（见图 5.3.12）。

图 5.3.12　汽轮机隔板存放架

5.3.11 定制化汽轮机螺栓存放架

汽轮机低压缸、高中压缸螺栓数量多，尺寸大，最重的螺栓重 92 kg，最大长度达 0.9 m。汽轮机安装过程中所有螺栓需全部存放于现场，并进行反复试装和拆卸。示范工程设计了汽轮机螺栓存放架，具有如下特点：① 节省存放空间；② 有利于螺栓的物项保护，避免磕碰；③ 大螺栓立式存放，有利于吊装，减小吊装安全风险；④ 螺栓存放架上均标记有螺栓型号大小，易于区分（见图 5.3.13）。

图 5.3.13 定制化汽轮机螺栓存放架

5.3.12 液压升降平台、曲臂升降机代替部分脚手架

常规岛施工需大量设置用于现场管道倒运和安装的临时吊点。原有技术是在设置临时吊点时，首先搭设脚手架至吊点处进行手拉葫芦的挂设和安装，在设备和管道安装施工前将脚手架拆除，施工完成后再搭设脚手架、拆除临时吊点，一项安装作业需重复进行脚手架搭设和拆除，严重影响了施工进度和工效。示范工程在临时吊点挂设、屋顶支架安装等作业中采用载荷 300 kg、起升高度为 16 m 的移动剪叉式液压升降机。该装置的使用，不仅减少了重复作业，而且作业人员不用攀爬至高处的作业平台，而是直接在升降机上进行施工作业，较大地提高了施工作业进度；同时降低了脚手架搭设和拆除的人工费用，实现了降本增效的目标；此外通过使用液压式升降机，降低了临时吊点挂设、支架安装等工作的安全风险（见图 5.3.14、图 5.3.15）。

5.3.13 焊接集群设备实时监测与数据分析技术

焊接集群设备实时监测与数据分析技术的开发是为了采集项目的各种焊接设备运行数据，并通过对这些数据的分析，为各级管理者对焊接工艺精细化管理、提高生产节拍的紧凑性、提升生产效率并为质量提升提供数据支持。建立一套信号采集、信息通信、数据远程访问、大数据分析为一体的集群焊接设备检测系统。

图 5.3.14　液压升降平台

图 5.3.15　曲臂式升降机

焊接集群设备的应用，可以通过对搜集到的数据进行分析，得到关于焊工的实际工作效率和焊接设备的闲置率。开发集群焊接设备运行工效大数据分析系统可以减少人力成本的浪费，降低设备闲置率，通过对焊接设备的实时监测，对监测数据进行分析，从而制定出焊接人员的出勤时间，为现场的施工管理提供依据。数据分析系统可使焊接施工计划精益化，以往的焊接施工计划常常依靠经验来制订，或者利用 Enpower 等通用的项目管理系统去制订，但是往往这种系统只属于执行层面的系统工具，并不能给施工管理者提供决策依据，而利用大数据分析可以为施工管理者提供决策和计划的依据。数据分析系统可使焊接施工流程精益化，精益的焊接施工流程是提升焊接施工效率的关键内容，利用大数据分析可根据以往设备的使用率和使用时段统计分析，为优化焊接施工流程提供有利的依据（见图 5.3.16）。

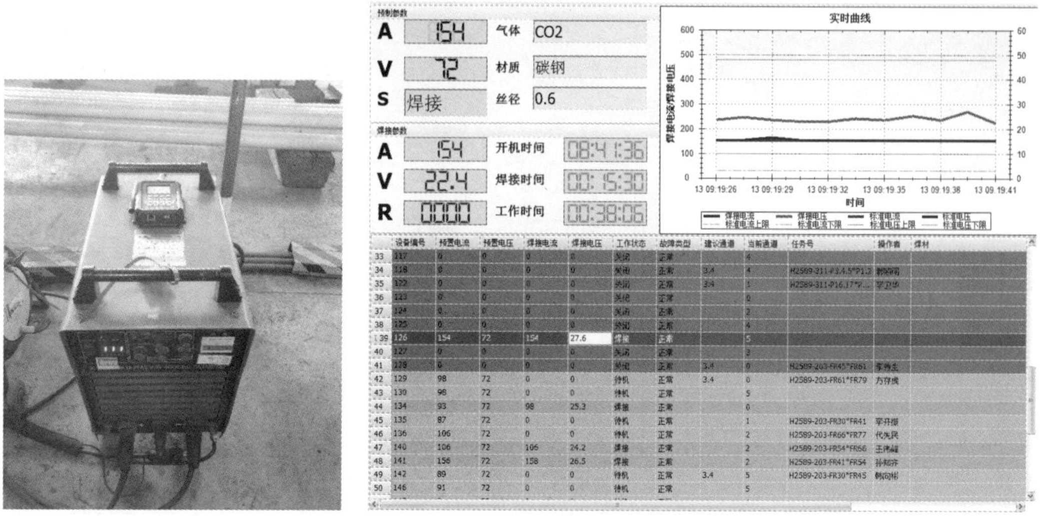

图 5.3.16　焊接集群设备实时监测与数据分析技术

5.4 调试技术创新

5.4.1 调试工具研发

（1）核电厂调试多用途仪控系统

示范工程作为“华龙一号”全球首堆需执行多项首堆试验，首堆试验方案对于信号采集与监测并无正式设计。以波动管温度及位移监测试验为例，需监测信号近百个，若采用正式设计需增加大量试验设备，并导致试验完成后设备闲置，资源浪费。

针对首堆试验特点，示范工程调试团队开辟先河，创新钻研，开发了专用测试工具——调试多用途仪控系统（见图 5.4.1）。调试多用途仪控系统具备轻便、可移动等特性，系统设置控制柜及网络柜，实现信号远距离监测，满足不同试验需求，不仅可以完成试验相关信号采集、监视，亦可进行信号模拟以及仿真，提高调试试验的质量与效率，保证首堆试验能够更加安全、高效、稳定完成。

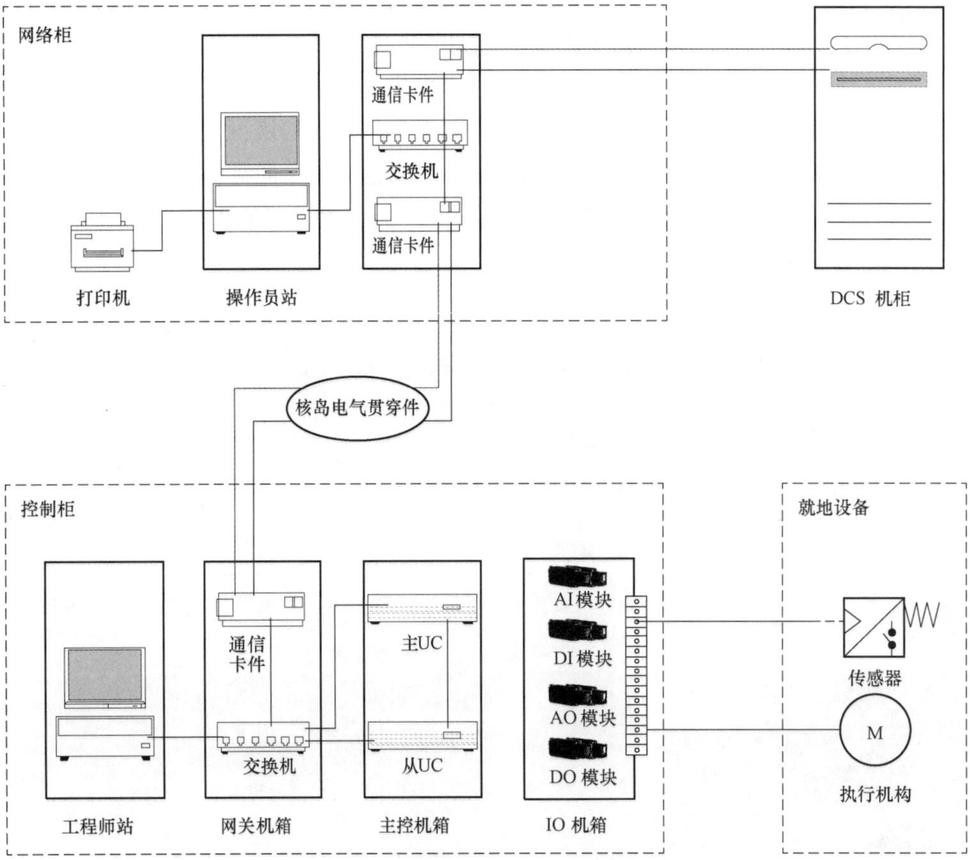

图 5.4.1 调试多用途仪控系统结构图

（2）主控室可居留区域气密性检查试验工具

主控室可居留区域气密性检查试验是测试在事故工况下，未经空气净化装置，通过门、窗、孔洞、风管、风阀等压力边界，从室外直接进入主控室可居留区域的空气渗漏量。该试验旨在发现并处理主控室可居留区域压力边界的泄漏点，确保在事故工况下，主控室居留区域的可居留性。

示范工程主控室可居留区域气密性检查试验拟采用浓度衰减法并辅以恒定流量法进行非过滤渗漏量测试，所使用的测试工具和测试系统均为自主研发，拥有完全的知识产权。

（3）除盐水生产系统一键制水程序

示范工程开发的除盐水生产系统一键制水程序旨在通过提高除盐水生产系统自动化程度达到减少制水过程中的人工操作，提高系统运行稳定性与制水效率，降低人因失误概率的目的。

优化内容主要包括双滤料过滤器、反渗透装置以及离子除盐床联动制水，双滤料过滤器自动清洗，离子床自动再生，废水池自动中和排放等几个板块。

该技术创新实用性强，可复制性强，应用后效果明显。据统计，除盐水生产系统一键制水程序应用后提高了15%～25%的周期制水量，节约了40%～50%的再生时间，减少了15%～20%的酸碱消耗量，同时还降低了运行人员的操作频度和设备故障率。

（4）核电厂水喷雾灭火系统启动时间测试系统

核电厂水喷雾灭火系统是由水源、供水设备、管道、雨淋报警阀（电动控制阀、气动控制阀）、过滤器和水雾喷头等组成，向保护对象喷射水雾进行灭火或防护冷却的系统。

示范工程调试团队研发的核电厂水喷雾灭火系统启动时间测试系统针对《水喷雾灭火系统技术规范》（GB 50219—2014）要求，能够精确地测量核电厂水喷雾系统的响应时间，采用两个压力变送器，实时、准确监测系统压力，确保水喷雾系统响应时间、压力、流量等参数均符合设计要求，提高消防系统的可靠性，更好地保证核电厂的消防安全。这开创了核电厂水喷雾灭火系统启动时间测试的先河。

5.4.2 调试方法创新

（1）冷态性能试验后不打开压力容器顶盖

堆内构件流致振动试验首堆调试试验需要安装流致振动探头及仪表，若按照冷态性能试验后打开压力容器顶盖的正常施工逻辑，冷试后将进行压力容器的役前检查和流致振动探头及仪表的安装工作。其中，流致振动探头及仪表的安装工作将占用约 2 个月的堆芯主线时间。示范工程采用冷试后不开盖的创新调试方法，通过在建安阶段同步执行流致振动探头及仪表的安装工作，可节约主线工期 60 天。

（2）内置换料水箱水质优化方案

内置换料水箱是“华龙一号”机组的“三新”设备，采用下沉式设计，位于安全壳厂房底部，具有横截面积大、高度低的特点。

内置换料水箱是核岛试验总水源，内部的水质直接关系试验的成败。示范工程为保证水箱内水质满足A级水质要求，采用冲洗阶段在小流量返回管线上连接临时管将冲洗水引入厂房外、带载试车阶段在小流量返回管线上增加临时过滤器的方案，并优化内置换料水箱充/排水管安装、内部清扫擦拭冲洗、防异物盖板安装、水箱充水、带载试车等工作施工逻辑。核回路冲洗、开盖功能试验、水压试验用水取样一次成功，且使用过程中避免了交叉污染。

（3）余热排出系统小流量试验方案创新

根据“华龙一号”系统设计，内置换料水箱至余热排出泵入口之间设置了倒U形管道，导致余热排出系统小流量试验无法按照M310机组的试验方法从换料水箱取水进行试验，需改为从一回路主管道取水。但在系统具备带载试车条件时，发现一回路状态无法满足试车要求，会对余热排出泵带载试车产生滞后影响。示范工程调试团队经过大量分析，最终确定了通过5RFT135/285/021/020VB从乏燃料容器装载井取水为5RHR系统充水，并提供余排泵压头。安装单位按照此方案完成了余排泵小流量带载试车试验，消除了余排泵带载试车主线进度制约，节约了现场的工期。

（4）开盖功能试验逻辑优化

开盖功能试验相关的系统主要为安全注入系统、余热排水系统、反应堆冷却剂系统、安全壳喷淋系统、化学和容积控制系统、反应堆换料水池和乏燃料水池冷却和处理系统等。示范工程冷态开盖功能试验前，调试团队组织对每个试验内容和前提条件梳理，确认了开盖期间必须完成的8项试验内容，以及可以在开盖期间执行的5项试验内容，并在试验执行期间根据进展适时调配资源和优化逻辑，各项试验内容穿插执行，避免因为系统设备故障导致的试验停滞。

开盖功能试验期间，为节约水资源，在保证水质的前提下将注入压力容器的除盐水排放至内置换料水箱复用，试验期间节约除盐水使用量约10 000 m^3，节约排水时间约60 h。通过试验逻辑的优化，开盖功能试验在两周内执行完成，相比M310机组有大幅缩短，节约主线工期15天。

（5）安全壳外壳孔洞封堵后密封性测试新方法

环形空间通风系统维持安全壳环形空间的负压，保证来自内层安全壳的空气在排放前经过过滤，避免被污染的空气直接流向环境，有利于提高密封性，降低了事故情况下放射性物质向环境释放的风险，提高电厂安全性。环形空间实际泄漏量受土建安装质量影响，外层安全壳上电缆孔洞封堵及密封门的密封性直接决定环形空间的实际泄漏量。

示范工程拟采用超声法对影响双层安全壳环形空间负压建立与维持的孔洞封堵（主要是电气孔洞封堵）、边界门的密封性进行测试。该方法创新之处在于提前介入，化整为零，不用等所有的孔洞封堵、边界门安装完成后再进行升降压测试，可以每完成一处，测试一处，处理一处，提高了安全壳外壳泄漏率测试一次通过的概率，节省了关键路径时间。这为核电孔洞封堵、门密封性测试提供新方法。同时，为核电厂辐射控制区孔洞封堵管理指明了方向。

（6）安全壳 C 类试验的中腔打压法

5CSP（安全壳喷淋系统）、5RSI（安全注入系统）系统地坑阀门的密封性试验，按照以往机组的经验，需在安全壳内焊接临时盲板作为试验充压口。但是，“华龙一号”由于内置换料水箱的设置，焊接临时盲板施工困难，且工作量巨大。

在结合阀门结构及试验原理的前提下，示范工程采用中腔打压法的试验方案，即通过阀门填料吹扫孔充压，将试验压力引至阀腔内，通过流量补充法对阀门密封性进行验证。中腔打压法已在示范工程安全壳 C 类试验中进行了成功的应用，极大地减少了工作量，节约了时间成本（见图 5.4.2）。

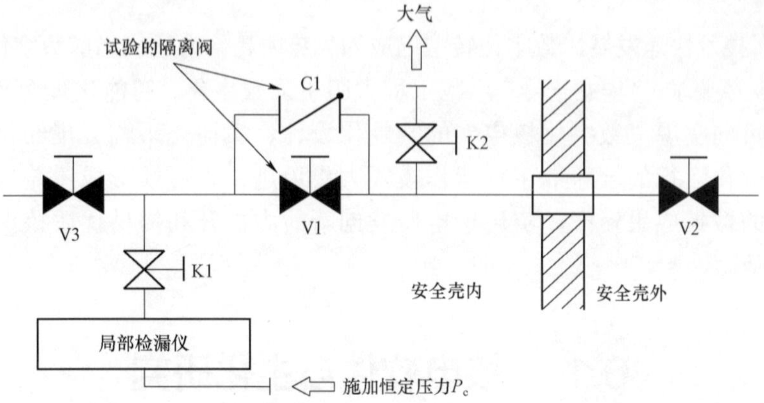

图 5.4.2　中腔打压法示意图

（7）核电厂泡沫灭火系统泡沫混合比测试方法

核电厂泡沫灭火系统设置于柴油发电机厂房，为柴油发电机组正常运行提供安全保障。其中泡沫比例混合器（装置）是构成泡沫灭火系统的重要部件之一。经泡沫比例混合器（装置）喷出的混合液的混合比会直接影响泡沫灭火系统的灭火效果。

根据国标 GB 50281—2006 要求，系统调试期间需要测试泡沫混合比。目前，国内外测量泡沫比例混合器（装置）混合比的方法分为直接法（包括体积法和称重法）和间接法（电导率法）。示范工程调试期间拟采用间接法。通过预先配置特定混合比例的标准泡沫混合液，然后测量其电导率并绘制不同泡沫混合比下的电导率标准曲线。试验时，通过测量实际装置产生混合液的电导率，并与标准曲线相对比确定实际泡沫混合液的混合比。核电厂泡沫灭火系统泡沫混合比测试标准曲线绘制与应用可以完成泡沫混合比的测试，并直接评判比例混合器的性能和泡沫灭火系统功能是否满足要求。这开创了核电泡沫消防系统调试的先河。

第 6 章 数字化核电与智能建造

当今 IT 技术快速发展，数字化转型已成为大势所趋。为适应当前数字化革命给核电行业带来的变革要求，“华龙一号”示范工程大胆引入数字化、智能化理念和技术，积极推进核电项目向实现“数字化核电”的智能化设计、敏捷化采购、集约化施工、系统化调试、高效化运行的全新数字化运作模式大步迈进，为后续形成覆盖核电建设全领域全产业链的数据成果资产，实现核电研发创新能力提升和提供优质核电技术服务打下了坚实的基础。

6.1 核电软件自主化研究

核电设计与分析软件技术是核电厂在科研、设计、建造、运维、退役等阶段不可或缺的技术手段，直接影响核电厂的安全性和经济性。由于该技术涉及核物理、热工水力、材料机理、软硬件技术等高精尖技术领域，不仅需要与数量繁多各具功能的核电站系统、复杂严谨的操作流程紧密结合，而且需要达到多项苛刻的经济性和安全性技术指标要求，同时软件完善还需要大量运行实验数据和工程科研经验，因此，核电设计与分析软件技术具有极高的技术门槛。

长期以来，先进的核电设计与分析软件技术一直掌握在美、法、俄等核电强国手中，我国自主开发的核电软件技术虽有成果但未拥有自成体系的软件技术品牌，主要依靠舶来的软件技术开展核电站设计，这种状况带来了许多弊端。一方面，软件技术受制于人。20 世纪 90 年代开始，我国进入了引进国外核电的快车道，从法国等国引进了 M310 型压水堆等核电机组，使用法国 AREVA 公司的 SCIENCE 软件系统等开展核电厂设计、运维等工作。但是按照相关引进合同规定，这些引进的软件系统仅可用于国内核电；且所引进的软件版本偏低，多项软件关键功能被删除，软件培训、咨询以及升级成本费用极高；在一些工程项目的谈判中，独有软件技术常成为外方谈判砝码，合作意向、项目定价决定权向外方倾斜。另一方面，软件技术成为制约我国从核电大国走向核电强国的重大瓶颈之一。从规模上来说，我国已成为名副其实的核电大国，但从国内市场竞争来看，匹敌国外核电强国，掌控国内核电市场优势市场份额，提升市场竞争力，缺乏自主先进核电设计与分析软件技术等核心技术；从国外市场竞争来看，自主化的核电设计与分析软件技术则是进入国外市场必备的“入场券”之一。再者，未来核电站系统研发需要自主化核电设计与分析软件提供可持续发展的先进技术手段。在役核电站将不断通过技术改进提升电厂的相关指标，三代核电技术也将通过技术创新不断升级完善，而四代核电技术也将逐步成熟。这些技术的进步和创新又会倒逼软件技术的深化和发展，对所使用的软件技术等工具提出更高要求，只有以自主核电软件研发技术体系为基础，才能通过不断的技术创新满足不断发展的新需求，从而促进新核电站系统技术的研发。

6.1.1 核电设计与分析软件包 NESTOR

中核集团自 2011 年起，启动“核电软件自主化”重点科技专项，开展自主化核电设计与分析软件技术研发，力求研发出自主化核电设计与分析软件，创立具有完全自主知识产权的核电设计与分析软件技术品牌，摆脱对国外软件技术的依赖，满足我国核电出口等对自主化核电软件技术的需要。“核电软件自主化”研发充分调研国际上各国核电设计分析软件技术发展情况，梳理我国已有核电软件技术成果，结合当前和未来的核电软件技术发展需要，从核电工程软件研发总体技术、堆芯设计分析软件技术、源项与屏蔽软件技术、热工水力与安全分析软件技术、燃料元件相关设计分析软件技术、设备与系统设计分析软件技术、核电运行仿真与数字样机软件技术、核电工程设计管理软件技术等 8 个方面开展研究，完成了自主化核电设计分析软件技术体系蓝图和发展路线图规划，并同步启动软件知识产权保护、软件使用推广等工作。同时，根据软件开发规模和进度、质量要求，实施工程化软件开发模式；充分调研和引进当前先进的软件技术开发理念和技术，在项目团队中形成共识，以若干个规模适中的软件开发为例，实施软件开发，走通技术路线，总结相关经验，完善相关流程；实施大规模软件技术开发，形成相关软件技术产品，通过严格地测试和验证工作，实现高质量地大规模开发，形成适用于“华龙一号”核电机组的核电设计与分析软件包 NESTOR（见图 6.1.1）。

自主化核电设计与分析软件包 NESTOR 涵盖了核电设计与分析的关键核心领域，包括核反应堆物理设计、屏蔽与源项设计、热工水力与安全分析、燃料元件相关设计、设备与系统相关设计、软件共性技术等专业领域。NESTOR 软件包以中核集团数十年工程科研成果为基础，结合了大量科技人员的工程经验和智慧，软件基于 C++、Java 等先进计算机语言研发，按照严谨的软件工程化方式进行开发，相关软件已通过了严格的第三方测试和验证，具有计算精度高、用户人机界面友好等特点，已达到国际先进水平。

自主化核电设计与分析软件包 NESTOR 于 2015 年完成研发，并于 2015 年 12 月 17 日在北京成功发布，标志着中国首套自主化核电设计与分析软件包的正式诞生。该软件包的成功开发，不但解决了中国核电出口无成套自主化核电设计与分析软件与之配套的问题，同时也成功建立了自主化核电设计与分析软件技术研发体系，并创立了高技术水平的核电软件技术品牌。

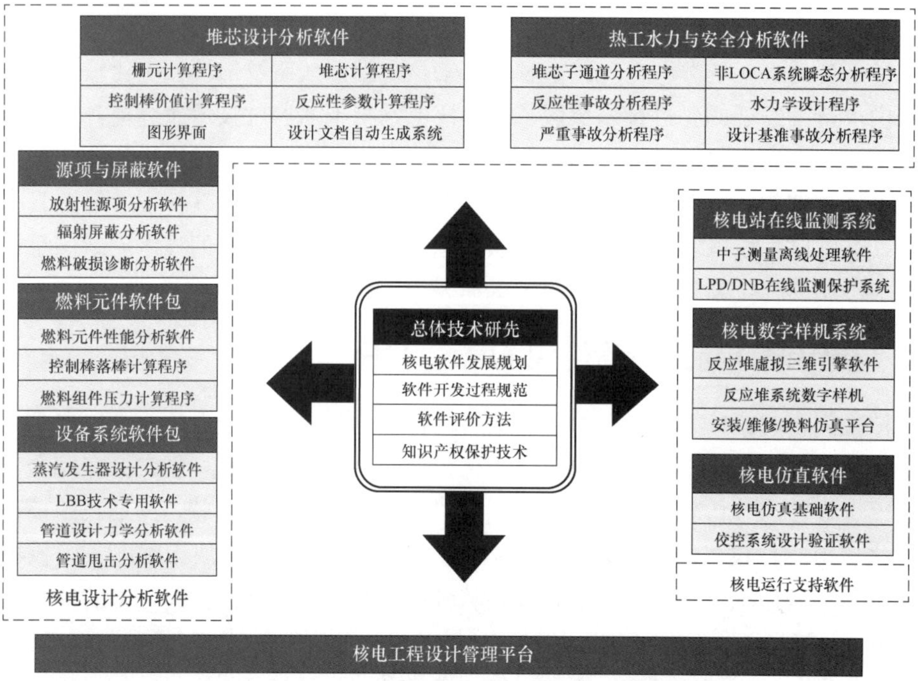

图 6.1.1　核电设计与分析软件技术构成图

6.1.2　"华龙一号"严重事故管理导则智能辅助决策系统

严重事故管理导则（SAMG）是一系列完整的针对严重事故的指导性管理文件，主要由技术支持中心的严重事故管理人员，即 TSC 人员使用，并指导主控室人员具体操作实施。严重事故管理导则的实施效果直接影响核电机组应对严重事故的能力。目前存在以下情况：导则文件多，执行跳转频繁，纸质版文件翻阅效率低；严重事故状态分类多、变化快，人工循环诊断不及时；监测的设备仪表多，需两人配合，一人执行导则，一人监测；手动生成决策单，线下审批，传真传递，效率低。

依托中核集团智能核电、数字核电的发展战略，整合"华龙一号"机组现有设计资源，结合十余年的 SAMG 开发经验，于 2020 年开发完成了"华龙一号"严重事故管理导则智能辅助决策系统（Intelligent Aid Decision System，简称 IAD）。IAD 系统与核电厂数字平台建立接口，实现"华龙一号"严重事故管理设备和仪表的数字化实时监测；提出了一体化智能解决方案核电厂状态诊断表（Plant Diagnostic Table，PDT），实现核电机组状态的智能诊断；设计了一系列严重事故管理辅助决策功能，并一键生成严重事故管理决策单，线上完成决策单的审批和传递，实现导则的智能辅助决策。IAD 系统应用于"华龙一号"，可以大大降低严重事故管理人员的决策压力，有效降低人因失误，从而提高"华龙一号"机组应对严重事故的能力（见图 6.1.2）。

IAD 系统具有自主知识产权，同时开发了中文版和英文版，随着"华龙一号"机组出口，可作为严重事故管理支持系统一同销往国外。

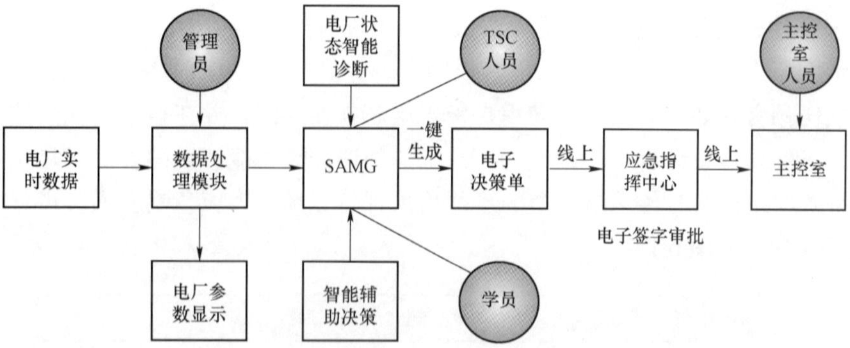

图 6.1.2　IAD 系统总体技术方案

6.1.3　“华龙一号”堆芯损伤评价系统

堆芯损伤评价系统是核电厂计算机应急辅助决策系统和核应急响应体系的一部分，也是应急事故处理和缓解以及应急防护行动决策的重要依据之一。日本福岛核事故也表明，为了在事故后做出正确决策并采取合适的应急行动，应急响应组织需要对事故后堆芯损伤状态进行及时准确地判断。在实际系统可用性状态未知的情况下，进行事故管理可能会给严重事故管理带来不利因素，甚至有可能会恶化事故。因此有必要开发一套实时评估核电厂堆芯损伤状态的方法和程序，为应急响应行动提供建议。以国家能源应用项目《严重事故预防和缓解措施的研究与试验验证》课题为依托，严重事故管理团队开发完成了具有自主知识产权的堆芯损伤评价软件。该系统已通过中核集团科技成果鉴定，取得软件著作权证书和发明专利，并在 2019 年完成针对“华龙一号”的适应性开发，现已上线投入使用（见图 6.1.3）。

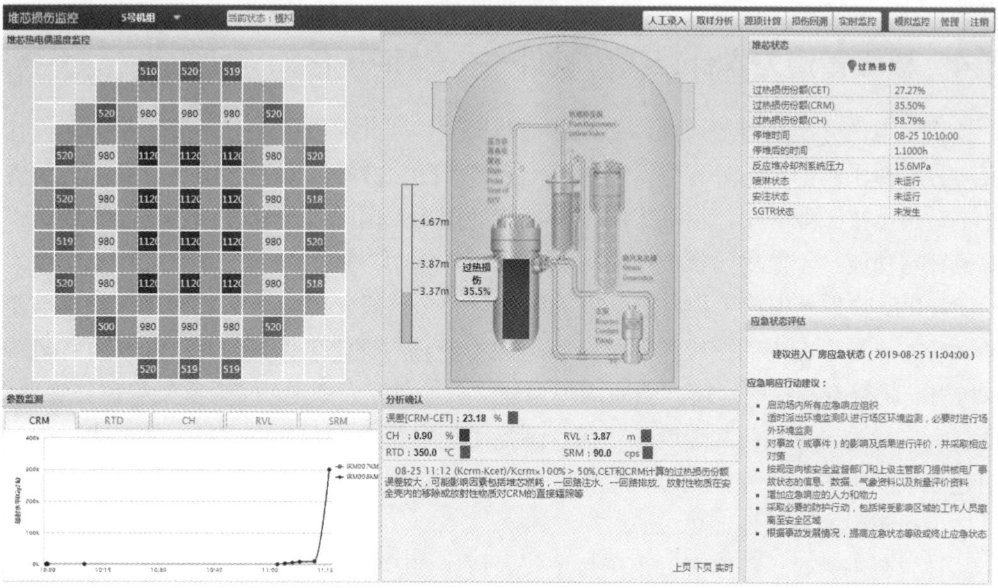

图 6.1.3　堆芯损伤评价系统运行主界面

本系统通过在后台快速计算电厂输入数据，可以做到堆芯损伤评价主界面实时、动态、直观地展示堆芯损伤评价结果（包括堆芯损伤实时评价、事故源项结果、应急评估建议等）；具备堆芯损伤预警功能，可以提前向用户警告堆芯损伤风险，并在核电厂在线监测能力完全丧失条件下保留后备评价手段和能力；系统源项评估模块能够以图表形式显示源项计算结果，并将源项结果实时传递给下游的事故后果评价系统，为应急响应人员进行决策提供重要的技术依据（见图 6.1.4）。

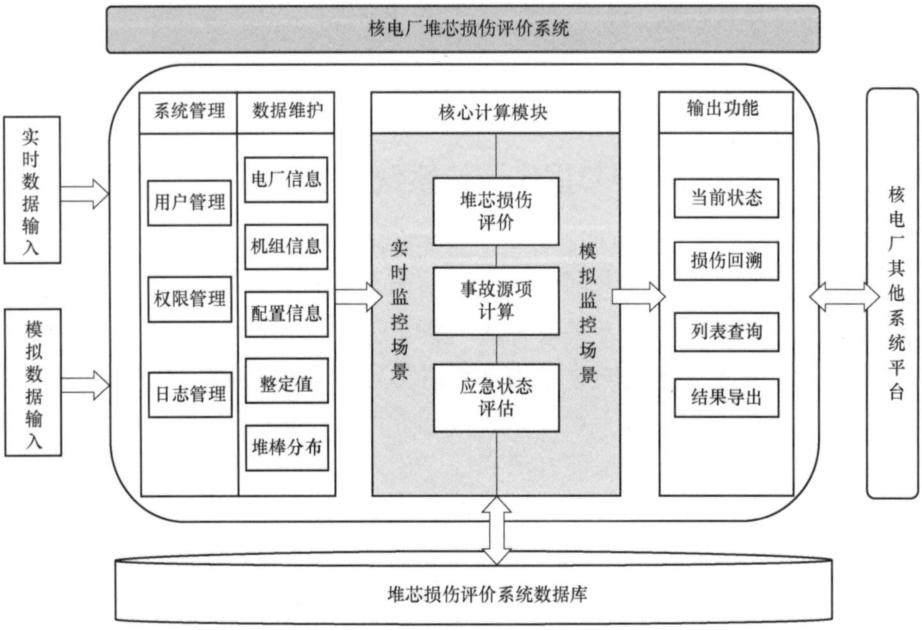

图 6.1.4　堆芯损伤评价系统总体架构

6.1.4　核级管道力学计算核心软件——CNPIPE

核级管道内介质具有放射性，必须保证其安全，因此对管道的分析要求极高。以往管道应力分析都采用的是国外程序 SYSPIPE、PIPESTRESS 等。因为适用于普通工业的管道软件不适用于核工业应用，很多应用范围很广的国内、国际管道软件，由于没有核级管道的规范评定功能，不能用于核电厂管道分析。

CNPIPE 软件是中核工程自主开发的国内第一个核级管道力学计算程序，已成功用于包括“华龙一号”在内的核级和非核级管道应力计算与评定工作。CNPIPE 采用有限单元法，利用已获得专利权的建模方法完成模型建立，具有应力评定功能、支架载荷计算输出、设备管嘴载荷输出及阀门加速度输出等，满足工程中管道应力分析与评定的要求。程序开发中建立了严格的质量保证制度，经过了 V&V，多项重要功能都经过第三方独立验证，满足核工程应用的质量保证要求。

从评定范围来讲，程序可以用于核 1 级、核 2 级、核 3 级管道应力评定。题目中包括弹簧、刚性支架、阻尼器等各种支吊架，包括三通、弯头、大小头、法兰、阀门等各种部件，可以计算自重、温度、地震、热瞬态、疲劳、蠕变、时程冲击等各种载荷。从所用规范来讲，程序既可以采用多个不同年代版本的法国 RCC-M 规范，也可以采用多个年代版本的美国 ASME 规范，还包括了中国自己的规范。更重要的是自主软件，升级方便，可以跟随着规范发布而升级，再也不会受国外软件限制。并且除了规范中的评定方程，程序还添加了其他管道程序都没有的、适用于不同堆型核电站所需要的附加评定方程，以满足不同核电工程的需要。而且程序还创造性地增加了用户自定义评定公式的功能，用户可以给定自己的任意评定公式进行应力评定（见图 6.1.5）。

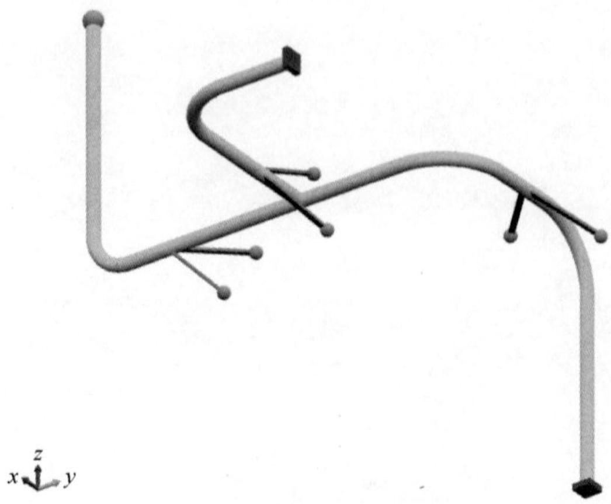

图 6.1.5　程序模型图

程序可以全自动设计如上图的梁单元抗震用无温度载荷刚性支架，在基本不增加温度应力的条件下，减少地震应力 30%以上，高温管道抗震是管道抗震的国际性难题。这将使抗震设计简单化，并可以大量减少阻尼器的使用，提高核电站的经济性。该技术已经申请中国、欧盟、美国和阿根廷专利。

在知识产权方面，程序中采用中核工程的国际、国内发明专利共 7 项，其中已授权 5 项。

6.1.5　LBB 技术专用软件

LBB（破前泄漏，Leak Before Break）技术是保证反应堆运行安全性和可靠性的一种先进的设计技术。其基本思想是当管道发生泄漏，泄漏量达到一定程度时，可以通过专设泄漏监测装置测量出来。因此，在管道裂纹扩展到临界裂纹尺寸而突然断裂之前，可以有充裕时间实现安全停堆，对泄漏管道进行修补或更换等处理，以避免管道双端断裂的发生。LBB 专用软件包括泄漏率计算软件、裂纹稳定性分析软件和疲劳裂纹扩展计算软件。其中泄漏率软件受国外限制无法购买。

泄漏率计算软件可考虑汽液两相不平衡闪蒸传质、流道表面粗糙度引入的摩擦、变流道截面以及有 90° 和 45° 拐角存在的实际流道长度等因素对临界流量的影响。此软件具有完全自主知识产权的管道穿透裂缝泄漏率软件，包括裂纹张开位移和热工水力计算，可计算裂纹张开位移、泄漏率与裂纹长度关系，获得欠热液体、饱和液体、气液两相混合物、饱和蒸汽以及过热蒸汽穿过椭圆形、菱形、矩形及圆形等多种方式管道裂纹泄漏率数据。与试验结果对比，结果合理（见图 6.1.6）。

图 6.1.6　泄漏率计算程序

LBB 裂纹稳定性分析软件主要采用的是 EPRI/GE 方法，该方法是在大量有限元计算和试验基础上总结出来的一种弹塑性断裂力学工程方法，计算结果较保守，满足工程需要。该方法基于材料的拉伸性能 Ramberg－Osgood 材料模型和断裂力学性能 JR 阻力曲线（见图 6.1.7）。

图 6.1.7　裂纹稳定性分析程序

疲劳裂纹扩展计算软件可进行表面裂纹和贯穿裂纹疲劳裂纹扩展分析，管道瞬态工况的选取、包络以及应力强度因子在不同载荷下的计算。针对“华龙一号”主蒸汽管道最危险位置完成了表面裂纹和贯穿裂纹的疲劳裂纹扩展分析。用疲劳裂纹扩展计算方法证明在电厂寿期内不会失稳扩展和发展为穿壁裂纹。LBB 技术研究获得 4 项发明专利、省部级三等奖，并已在华龙项目中使用（见图 6.1.8）。

图 6.1.8　疲劳裂纹扩展分析程序

6.1.6　电缆敷设软件开发

由于核电厂的核安全等特殊要求，电缆通道的网络拓扑结构复杂，电缆数量达 6 万根以上，因此合理的路由资源分配、高效率的路由设计以及便捷的路由修改，必须借助于高效率的设计软件。经调研，国内现有的敷设软件设计过于简单，无法满足核电厂复杂、严格的设计要求。国际上的敷设软件虽然满足核电厂的基本敷设要求，但仍存在很多技术问题和不足，无法满足工程总承包（EPCS）模式的管理需求。

通过对电缆敷设工作十多年的应用和研究，开发了电缆敷设设计管理系统，实现了以下功能（见图 6.1.9）。

① 将实际的电缆桥架系统映射为计算机系统中的各个数据元素，并且分层、分类描述桥架，使桥架网络结构清晰并符合实际桥架系统的复杂性，降低了电缆敷设的复杂性和人工判断的失误率，提高了工作效率和成果质量；

② 数据采集手段多样化，可以依据图纸、图表等纸质媒介信息直接录入数据，也可

以采集 Excel 格式数据和读入 PDMS 等系统数据，自动完成系统节点网络搭建；

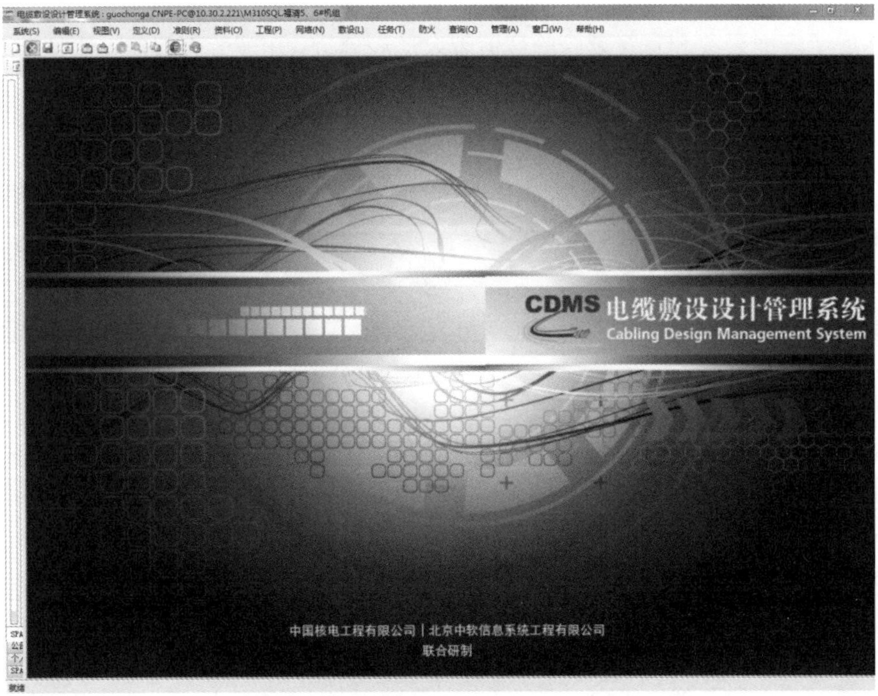

图 6.1.9　电缆敷设设计管理系统

③ 增加次桥架和孔洞容积填充率计算，解决了以往常出现的桥架超载、孔洞超容问题；通过主、次桥架荷载计算，保证了通过电缆重量不超过桥架的载重上限，确保电缆敷设的合理性；

④ 利用关系型数据库定义防火空间和防火保护等基础信息，并据此提取电气设备和电缆的火荷载值，分析需要被保护的电缆路径以及计算动力电缆的散热量，辅助完成防火保护的分析工作，极大地节约了人力资源，提高了工作效率，并有效保证了文件质量；

⑤ 同时通过对软件多个模块的设计，实现了设计、采购、施工管理、监理、安装公司的同平台数据库实时共享，满足了 EPCS 模式下电缆敷设管理的需求。

6.1.7　核电厂冷端优化软件研发

核电厂冷端优化软件（CODP）是国内领先的针对核电厂冷端系统设计、运行、设备设施性能的计算分析软件，对核电厂冷端系统进行冷端优化计算工作，可大大提高设计人员的工作效率。CODP 软件能够对冷端系统进行完整的水力、热力、空气动力及经济性等计算分析。用户可快速地利用 CODP 软件实施冷端系统的设备设施优化选型、系统设计背压的确定以及系统运行方案的优选、设备设施的性能计算等工作。目前已依托 CODP 软件完成了福清项目、田湾项目、徐大堡项目、桃花江项目、河北海兴项目、漳州核电项目、海南核电项目以及小堆项目等的冷端优化验算与设计工作，在核电厂冷端系统设计、设备设施优化选型计算等工作中发挥了重要的作用，为上述项目的顺利完成提供了强有力的支持；同时，通过该软件的使用，为水工专业设计能力的提升和人才培养提供了重要的帮助（见图 6.1.10）。

图 6.1.10　核电厂冷端优化软件界面

6.1.8　核电厂 BOP 土建数据库软件

做好核电项目的经济性分析及投资控制，是“华龙一号”经济性提升和建设的必要条件，对以往核电厂经济数据的整理和分析显得尤为重要。一般而言，同一堆型下各厂址的 BOP 子项大多类似，因此丰富的经验数据积累对编制类似子项土建工程造价有着重要的参考意义。

核电厂 BOP 土建数据库软件的开发针对核电厂中的 BOP 子项，在收集已建成核电厂的 BOP 子项土建工程造价数据，并对基础数据进行整理和分类的基础上，对收集到的数据进行统计分析和加工处理，最终得到可用于新厂址的 BOP 土建工程造价指标。通过对此软件的应用，可在设计图纸不全的情况下短时间内报出较为合理的工程造价（见图 6.1.11）。通过开发软件实现了以下功能：

① 统计已有核电厂的 BOP 造价数据。软件能够自行读取以往核电项目 BOP 工程的造价资料，按照不同厂址、不同机型，以子项为单位对 BOP 土建工程造价数据进行统计，使核电造价数据按照统一的格式得以保存。工程量数据统一管理，工程数据可复制、备份及恢复。

② 查询相应的造价指标及信息。软件在已有造价数据的基础上，能够快速实现必要的数据检索、查询功能。可查询的信息有工程号、子项名称、编制日期，总造价、子项规模、主要材料量（价）以及该子项的一些特殊信息。

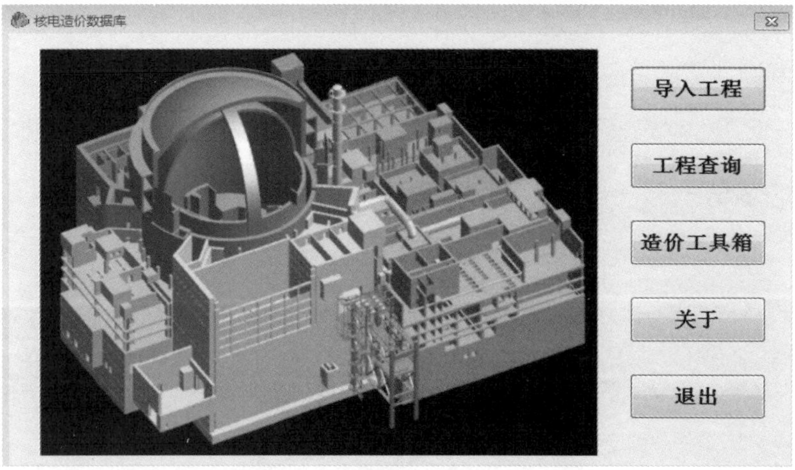

图 6.1.11　数据库软件主界面

③ 软件自带 office 软件显示功能。平时工作中经常使用到 TC 软件，该软件中可以直观地操控 office 程序，因此核电 BOP 造价数据库软件也设计有直观、清晰的 office 控制界面，可直观地在软件中读取、修改相应的造价数据。友好的界面和极其方便灵活的操作，有助于造价人员得心应手的使用。

④ 软件自带多种造价工具。软件功能设计中嵌套造价工具箱，包含 EXCEL 公式大全、EXCEL 版计算器、工程常用资料查询、土方工程量计算、手工算量表格、钢筋网片计算表格、钢结构预算帮手、金属材料单重、钢结构界面属性等造价工作中实用性很强的小型应用软件，可以极大地方便造价人员的日常工作。

通过对核电厂 BOP 土建工程数据库软件的开发与应用，显著提升了造价文件的编制效率，并对造价文件的工程量和指标进行了验证，从而确保了造价文件的准确性。

6.2 打造数字化“华龙一号”

数字化技术的快速发展已带动了各个行业的变革，基于软件基础平台的搭建、高速网络的互联互通，以及大数据和物联网的硬件智能化让“工业 4.0”时代应运而生。在数字化技术广泛应用的时代背景下，数字化技术应用到核电领域的需求越来越凸显出来。当前核电“走出去”面临多个国家、多个公司、多种成熟堆型以及其他新型能源的激烈竞争，发展智能化、数字化是提升“华龙一号”竞争力的必然选择。

6.2.1 数字化设计应用

“华龙一号”的设计涉及近 70 个专业，专业间的数据交互数以万计，同时需要兼顾采购、施工、调试、运行、维护等业务环节，是具有较高难度的系统工程。发展数字化设计，形成数字化“华龙一号”核电厂，是核电厂全寿期数据共享利用，提高安全性、经济性的重要手段。

（1）数字化反应堆

核电反应堆设计过程中使用的研发工具多而复杂，具有软硬件系统环境异构的特点，因而运维管理成本高，协同困难。示范工程采用了基于数字化反应堆的“华龙一号”研发设计与管理一体化集成平台。该平台以在工业领域较为成熟的产品全生命管理（PLM）以及基于模型的系统工程（MBSE）的理论体系为基础，充分利用虚拟化云计算、异构集成与统一认证、三维协同设计与高精度数值模拟、知识工程与大数据等先进的数字化技术，集成反应堆设计计算系统、三维结构协同系统及数字化反应堆综合性能模拟仿真系统等核心应用系统。实现了跨异构系统（WINDOWS/LINUX/UNIX）的流程全覆盖流转与数据的统一管理和利用；实现了核反应堆协同设计及优化改进的设计研发能力，系统性地提高反应堆工程化设计的效率和研发设计能力；建立了核反应堆工程化研发设计知识库，利用知识图谱等技术智能化、定制化地推送用户所需的信息和知识，为进一步打造生态化的核反应堆综合研发设计集成环境提供技术基础。

（2）一体化协同智能设计平台

核电工程设计具有周期长、专业多、过程复杂、质量和安全性要求高的特点。示范工程应用了一体化协同智能设计平台，通过互联网技术联通多个设计部门或设计数据应用部门，在同一平台的管理下，实现不同地域、不同专业、不同设计范围以及不同设计阶段的数字化核电厂设计协同，以完成统一的项目设计数据库。

一体化协同智能设计平台包含工艺数据管理系统和三维协同与智能化设计系统。目的是提升二三维设计软件的智能化，并且依据设计业务流程，构建数据管理系统，确保数据的有效性和一致性。平台联通工艺数据系统，获取工艺设计数据并向三维设计传递，确保数据源的唯一性；向下游力学和结构专业进行智能提资，减少重复工作，保障数据准确；通过智能化设计工具，实现设计数据的校验，提高设计效率和质量。通过该平台，不仅实现了对项目的统一管理、版本管理及权限控制，将设计数据挖掘的成果发布给有需要的专业，确保了设计质量；还在系统中嵌入了材料编码系统，实现了编码管理，为后期施工管理提供准确的基础数据，为施工管理、采购、成本概算等工作提供服务。

1）工艺数据管理系统

工艺数据管理系统由智能 P&ID 应用工具和工艺设计管理系统组成。

① 智能 P&ID 应用工具

智能 P&ID 应用工具软件架构见图 6.2.1。基于 AutoCAD 图形平台，构建 P&ID 项目环境，并且在 AutoCAD P&ID 基础上开发了一套智能工具以提高工作效率与质量。

② 数据发布接口

连接智能 P&ID 和数据中心，通过接口提交到数据中心进行存储和映射，之后发布给设计信息管理系统进行审核流转与归档，审核状态记录到数据中心。设计人员根据需要，调阅数据中心中的历史数据。

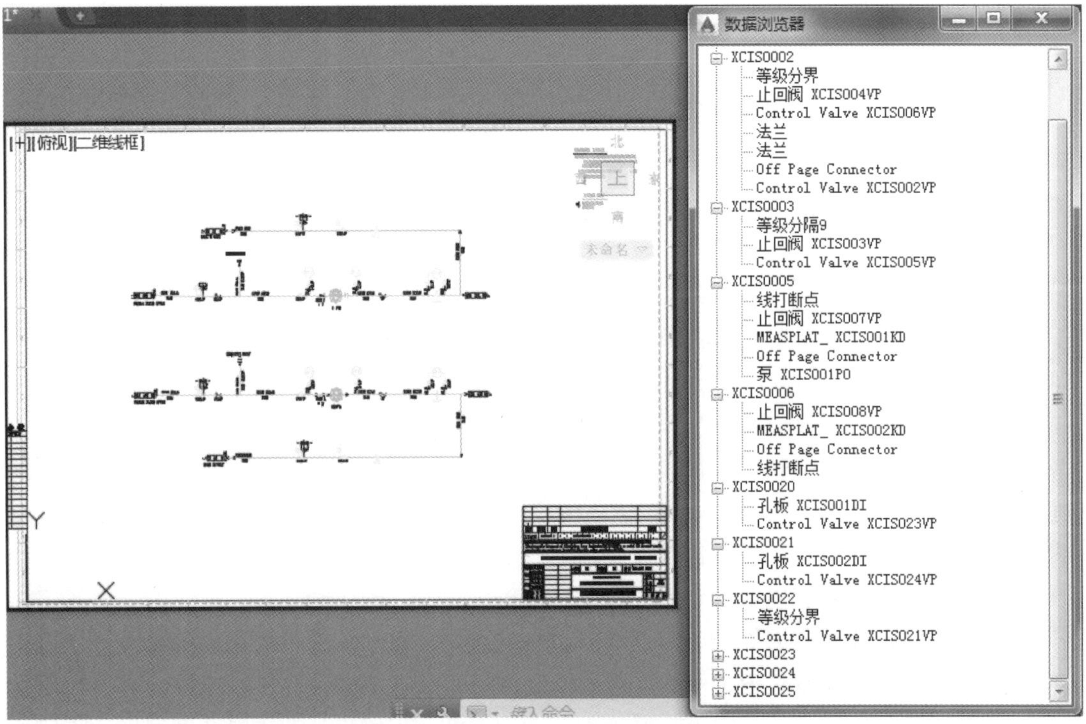

图 6.2.1　智能 P&ID 应用工具示意图

③ 工艺数据管理中心

通过数据中心的建立能够建立统一的项目数据采集分发和沟通通道，可以支撑工程项目全生命周期中组织内部和跨组织的多方异地协作沟通、各方数据整合、数据组合发布、数据共用与知识积累，进而促进工程项目上下游更加紧密、高效、灵活地开展协作（见图 6.2.2）。

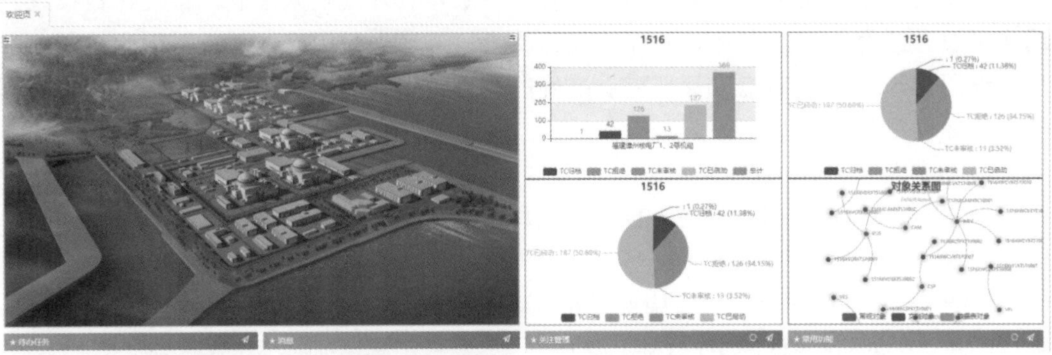

图 6.2.2　工艺数据管理中心示意图

2）三维协同与智能化设计系统

三维协同与智能化设计系统各功能模块分步骤进行开发和实施，着重解决“华龙一号”在数字化进程关键路径上的问题，2017 年开始集成平台使用。迄今为止，三维协同与智能化设计系统已完整应用于“华龙一号”堆型中，在后续的快堆、小堆等项目上也着手建立数字化应用。协同系统的应用不仅实现多设计院多地协同设计，还与核电业主、项目管理、工程采购、设备制造厂以及土建与安装施工等单位连接，提供相关设计数据支持。互联单位共约 20 余家，终端数量达到 500 个，并可以根据需要进行扩充。

三维协同与智能化设计平台确保了“华龙一号”全球首堆工程的积极推进。作为设计成果的数据和模型，为精细化施工管理、核电运维提供支持，实现了“华龙一号”全寿期的数字化应用（见图 6.2.3）。

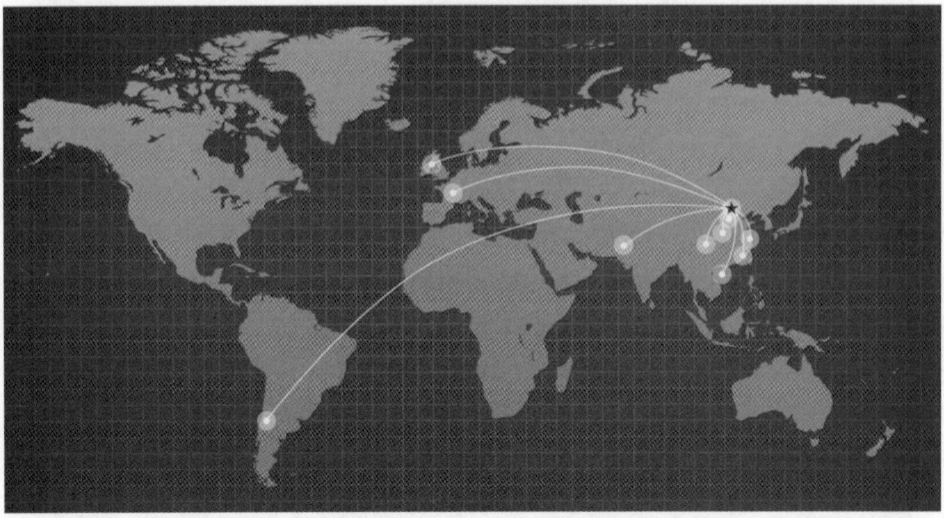

图 6.2.3　三维异地设计协同

在 2015 年 10 月 16 日出版的《求是》杂志上，李克强总理的一篇题为《催生新的动能实现发展升级》的文章，特别以“华龙一号”的研发为例彰显了“双创”的主题。“我在参观‘华龙一号’时了解到，核岛设计非常复杂，而中心实验室只有十几个人，他们通过互联网连接 20 多个城市的 500 多台终端工作，这些终端后面有成千上万的科研人员作为支撑。这就是‘积力之所举，即无不胜也；众智之所为，即无不成也’。”文中，让李克强总理赞誉有加的，正是“华龙一号”持续打造的一体化协同智能设计平台。该平台的建立提升了“华龙一号”的数字化、信息化水平，进一步增强了“华龙一号”的海外竞争力，带动了国内核电装备制造的数字化水平（见图 6.2.4）。

（3）数字化设计验证平台

设计验证平台作为设计及验证的工具，为新电厂或新堆型的研发提供了一种多样化的验证手段，为提高设计效率、降低设计研发成本与风险、保障核动力系统安全性和建造的经济性，发挥出了巨大的作用。其主要应用于核电厂的系统设计验证、控制逻辑设计验证、先进主控室相关设计验证。随着数字化设计与数字化交付体系的推进，以及各项设计验证任务要求的提高，对验证平台本身的要求也越来越高。示范工程应用了全新的数字化设计验证平台（见图 6.2.5），通过开发与集成验证辅助工具，支持了快速设计迭代、智能查错、自动组态，极大地缩短了仿真建模周期、降低人为错误、提高设计迭代效率。此外，完全

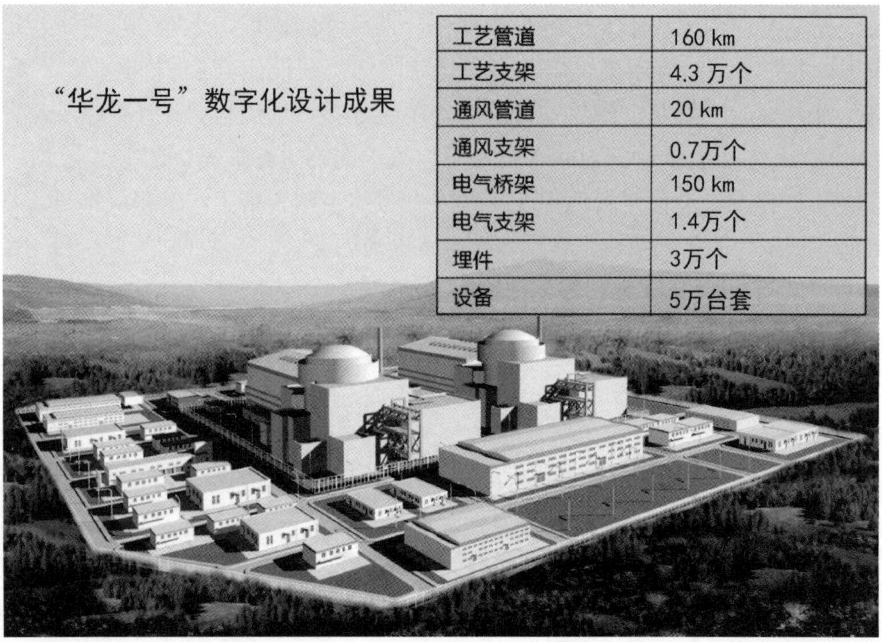

图 6.2.4 "华龙一号"数字化设计成果

图 6.2.5 数字化设计验证平台

掌握了最佳估算热工水力软件 RELAP5、严重事故分析软件 MAAP5 等主流工程分析软件与仿真平台的集成交互和协同运行关键技术，使仿真设计验证平台对正常、异常和设计基准事故的动态过程的模拟精度更高，拓展了数字化设计验证平台的应用场景与范围，可将验证平台应用于事故导则及严重事故管理导则的策略研究（见图 6.2.6）。

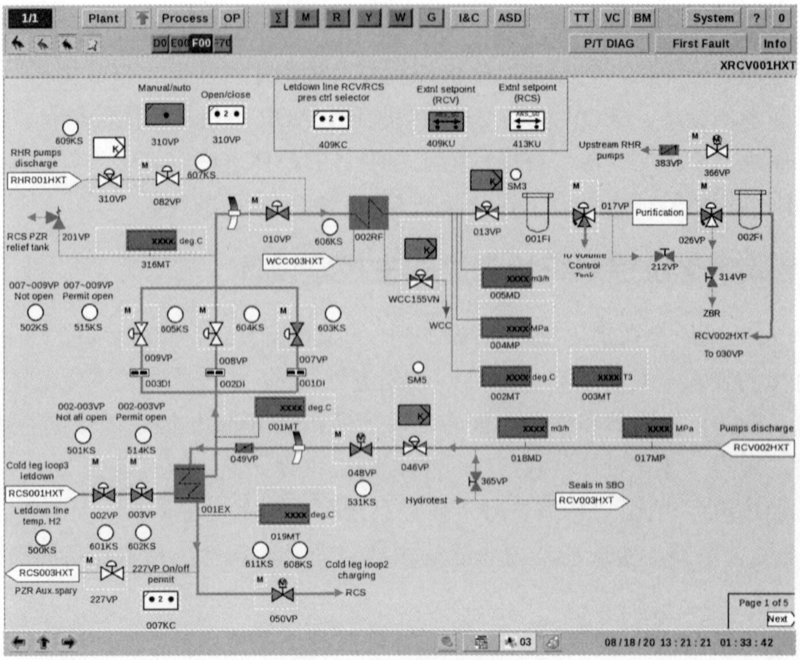

图 6.2.6　控制画面模拟

通过“华龙一号”数字化设计验证平台的研制与应用，形成了一套针对控制逻辑、人机画面、BUP 后备盘面等设计文件的批量识别、导入组态、智能查错的方法与流程（见图 6.2.7），

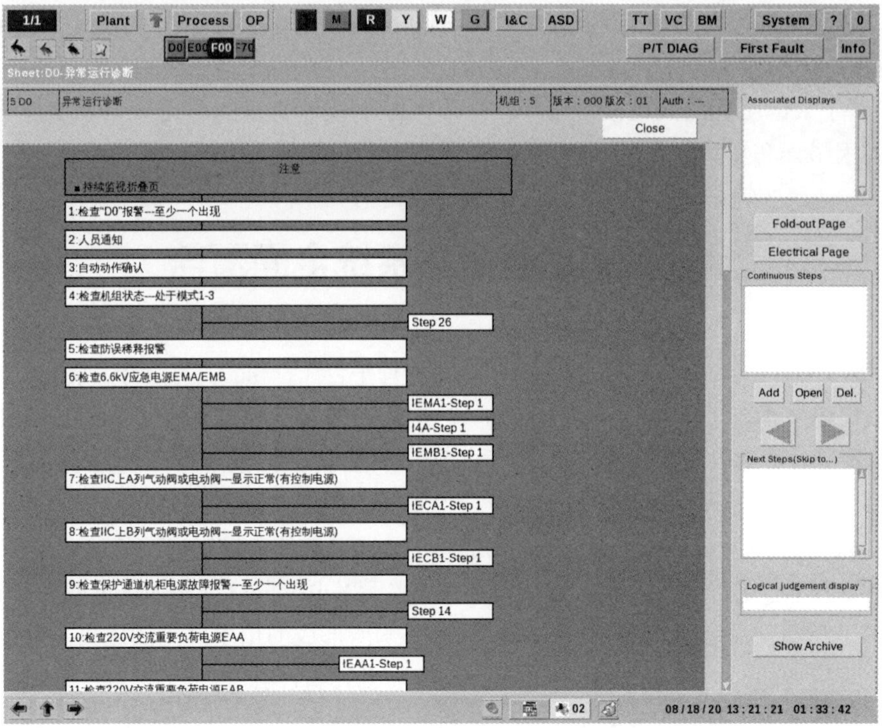

图 6.2.7　操纵规程

能够快速响应设计迭代验证需求。设计单位基于此平台，完成了大量设计验证数据的引入，并开展了大量的验证工作，包括数字化仪控画面及控制逻辑验证、事故规程导则的验证、计算机化报警卡的验证、SEOP 及相关画面的验证、AOP 及相关画面的验证、HMI 配置验证等，有了保障了“华龙一号”首堆示范工程项目的整体进度。其中，首次将验证平台应用于事故导则的策略验证，实现了设计验证平台功能和应用的突破。

6.2.2 全数字化仪控系统和先进的主控室设计

“华龙一号”采用全数字化仪控系统和先进的主控室设计，具有良好的人机接口功能，满足总体目标的要求，具有很高的成熟性和先进性。“华龙一号”数字化仪控系统以分布式控制系统（DCS）为基础和核心，核岛、常规岛和 BOP 的仪控系统尽可能纳入 DCS 统一平台之内，采用一体化设计并执行统一的人因工程设计原则。

与二代加核电厂相比，“华龙一号”仪控系统有下列主要特点：

① 配合工艺系统，实现能动与非能动相结合的设计理念，具有完备的严重事故监控手段；

② 改进了控制方案，满足事故后 30 min 操纵员不干预原则；

③ 吸纳了福岛核事故后一系列技术改进，提高了仪控设备鉴定水平，并结合厂房结构和布置设计改进，大大提高了系统抵御内外部灾害的能力；

④ 采用固定式堆芯自给能探测器，实时监测堆芯中子通量，更精确计算堆芯功率分布、LPD 和 DNBR；

⑤ 采用 LBB 破前泄漏监测技术，可以早期探测主管道和主蒸汽管道的泄漏并定位泄漏位置；

⑥ 基于人因工程的人机接口设计，采用国际上成熟先进的征兆导向事故处理体系，降低了人因错误和负荷强度。

6.3 工程信息系统全面覆盖

“华龙一号”示范工程管理信息系统由项目管理平台（“一面”）和设计、采购、施工、调试业务板块信息系统（“四柱”）共同组成，全面覆盖“华龙一号”设计、采购、施工、调试工程各领域业务管理以及计划、文档、接口、变更、质量、安全、成本等管理维度（见图 6.3.1）。

项目管理平台为项目参与各方提供了一个统一、标准的电厂分解结构——结构、系统组件（Structure，System，Component，SSC），用于定义各自的工作，从而实现了以 SSC 视角展现各板块工作成果，提高工程管理效率；实现以电厂分解结构的维度查看统计设计、采购、施工和调试进度状态的功能；将设计、采购所形成的用于施工的成果文件收集到平台中，并与相关的 SSC 进行挂接，方便工程管理人员的查阅；将施工过程中形成的施工方案、质量计划、现场变更等重要资料在实施过程中收集到平台中，并与对应的 SSC 结构进行挂接，实现各级工程管理人员在平台中方便地查看当前施工作业的依据性文件，并为全寿期管理进行了系统构架和数据准备。

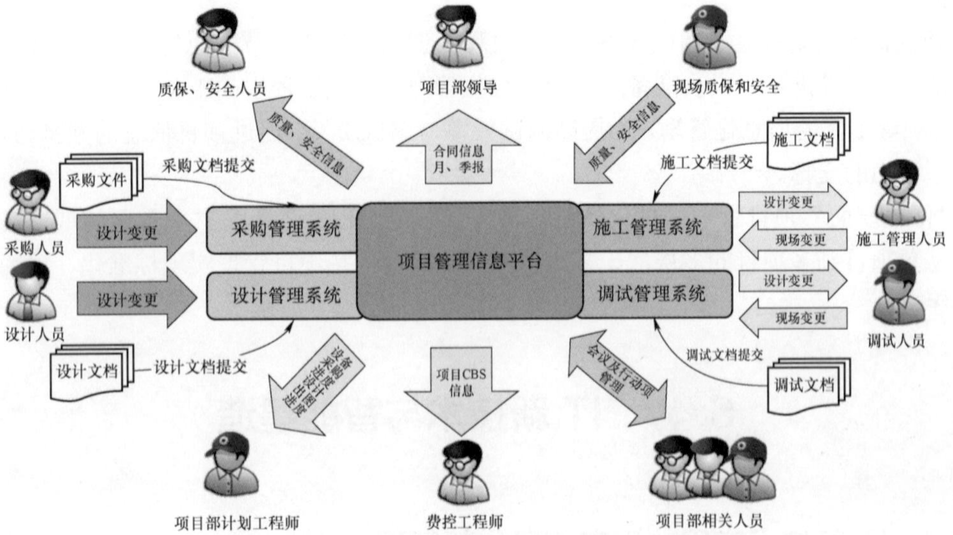

图 6.3.1　工程信息管理系统应用示意图

设计信息管理系统为设计板块提供了一个统一的工作管理环境，从不同层面对设计业务进行管理。对设计进度进行集中管控，实现对多项目设计进展和任务状态的动态跟踪，提高设计进度控制、配合、预警与应变能力；进行设计过程管理，实现设计输入、接口、审查、验证和变更等全过程设计信息的记录、关联、传递与追溯，提高协同设计水平与过程控制能力；对设计交付物进行集中管理，实现设计交付物全面、系统、动态的管理，提高设计交付物关联、跟踪与安全控制水平，有效支持采购、施工、调试管理应用；强化对设计分包管理，实现对设计分包商进度计划、设计接口、设计审查等的全面管理，提高设计分包商精细化管理水平与风险控制能力。

采购管理系统以采购计划管理为主线，覆盖了采购计划管理、技术规格书管理、采购包管理、采购合同管理、合同执行管理、采购质量管理、到货管理、支付管理、仓储管理、采购风险管理、采购绩效管理、经验反馈等业务点，通过管理驾驶舱，图形化展示采购业务完成情况，实现了采购全过程的信息化管理，系统功能已覆盖采购业务 90% 以上，已基本满足采购领域对信息化的要求。基于微信平台，创建了采购微信企业号，实现日常办公移动化。基于“互联网 +”理念，为建立采供协同的物联网体系搭建基础，打通供应商与采购、设计、仓储之间的数据通道，实现设计、采购、供应商三位一体的协同管理平台。

施工管理系统覆盖了施工管理业务中的质保、质控、安全、风险、工程变更、土建移交、安装移交、文函分发传递等业务领域，使项目业主、总包单位、主要建安分包商、监理公司等项目建设各参与方，可以在统一的平台上进行施工业务的操作、控制、监督与管理，实现了参与各方在施工现场范围内的业务协作与信息共享。施工管理信息系统中内置了 154 个标准的业务流程、274 个标准的业务表单、71 个标准的统计分析指标，为后续项目应用推广奠定良好基础，系统内置了 16 个标准的数据接口，可以方便快速实现与其他系统的整合集成。

调试管理系统覆盖了调试准备、调试过程及调试交付各环节的业务管理，实现了调试物资准备、文件准备、人员准备工作的信息化管理，调试过程中的工单、许可、隔离、缺陷、尾项等工作的信息化管理，为提高调试效率与调试质量、促进项目信息的共享与移交，提供了有力的支撑。

“四柱一面”项目管理信息化体系，覆盖了示范工程的各参与方和重要领域，最终实现了从单项目到多项目的多层次、多维度的集中管控，是项目管理实现标准化、精细化的重要手段。

6.4 IT 新技术与智能建造

6.4.1 IT 新技术应用，迈向信息化新征程

示范工程在 IT 新技术应用方面做了有益尝试，取得了较好的效果，主要包括移动技术和人脸识别技术在施工管理系统的应用，高性能计算在设计领域的应用，多个软件/系统在云平台上应用，有效支持了项目用户工作效率和工作质量的提升。

（1）移动技术

移动技术作为当今普及最广的信息技术之一，在示范工程管理信息系统中获得最先应用，为施工管理工作中的质量、安全等业务提供了移动式、全闭环的应用功能体验（见图 6.4.1）。

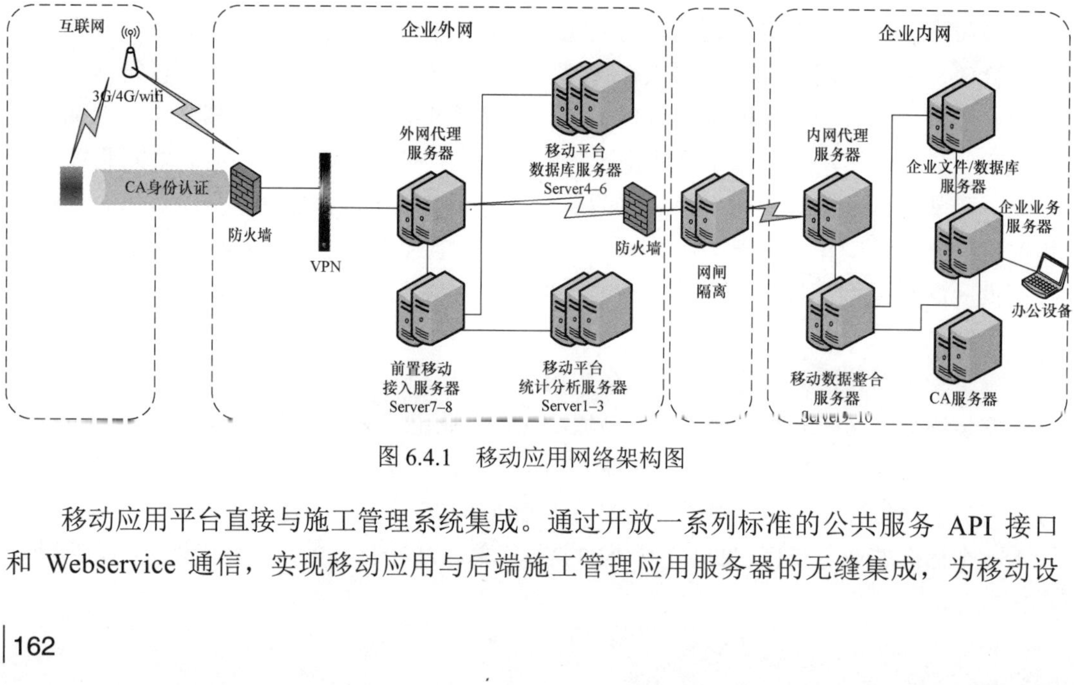

图 6.4.1　移动应用网络架构图

移动应用平台直接与施工管理系统集成。通过开放一系列标准的公共服务 API 接口和 Webservice 通信，实现移动应用与后端施工管理应用服务器的无缝集成，为移动设

备和业务系统搭建了一座信息互通桥梁。移动辅助平台通过私有通信协议、数据压缩技术与严格的信息验证机制，实现低成本、强集成、无遗漏的协作通信，实现企业内部的高效协作。

施工管理系统中安全隐患的排查、整改、验证，质量计划的发点通知、消点，均实现了移动式办公处理。在安全管理中提高了安全隐患管理的及时性，有效促进了隐患发现、整改的效率。在质量管理中，提高了质量计划管理的效率，使质量计划消点检查人员清楚了解当天的工作范围，同时便于隶属于不同责任方的消点人使用各自移动设备，共同旁站质量检查点，做出消点判断。

（2）人脸识别技术应用

人脸识别是利用摄像头采集含有人脸的图像自动检测并对检测到的人脸进行处理的一项技术。该项技术的使用是对管理方和施工方的双向解放。通过对施工人员的安全三级教育、安全考试，收集合格者的人脸信息，对其发放电子进场证。在施工人员进入施工场地时，利用摄像头提取进入者人脸图像，并与“电子进场证”上预留图像进行比对，控制进场闸机。对进场人员的身份进行识别，使合格人员可以直接进入，陌生闯入者自动报警。在工程的管理中，实时统计进/离场人员详细信息，追踪施工人力投入情况。

（3）高性能计算

随着“互联网”“云计算”“大数据”等新一代信息技术的广泛应用，当今企业面临数字化转型发展的压力与动力日益增大，利用高性能计算开展大型仿真模拟与计算分析的需求快速增长。高性能计算能力已经成为企业重要的基础能力建设，高性能计算应用已经成为企业高端科技发展的决定性力量，高性能计算也必将成为未来科技的中心，成为第一生产力。

工程公司高性能计算平台在 2017 年启动建设，2018 年交付运行，2019 年完成 14 款计算软件的迁移，2020 年完成平台优化，总体计算能力达到 150 万亿次（TFlops）。截至 2020 年 10 月，高性能计算平台关键用户 177 个，累计完成 71 849 个计算作业，累计使用机时 1 300 万核时，数据存储超过 175 TB。该平台服务了超过 50 项科研设计项目，有效支撑了工程公司科研、工程设计任务高效、高质、高速发展，使得高性能计算平台成为了公司数字化转型的有力保障与攻坚武器。

高性能计算平台是基于 IB 高速网络，以计算资源调度系统、并行文件管理系统为核心，通过在 Linux 环境下部署并行计算、单机大内存和图形加速计算单元，极大地缩短了结构、流体、热、堆工力学以及流固耦合等专业十余项仿真模拟与计算分析软件的计算时间，提高工程设计精度与设计效率。高性能计算平台技术架构如图 6.4.2 所示。

高性能计算平台作为工程设计能力的基础建设项目，在“华龙一号”的设计验证、设计变更及设计优化过程中发挥了重要的作用，有效缩短设计任务的计算时间，有效提升设计质量，有效提高设计效率。随着高性能计算平台的持续推广，将会持续带动计算软件对设计专业的覆盖，进一步发挥高性能计算平台对数字化设计的支持作用。

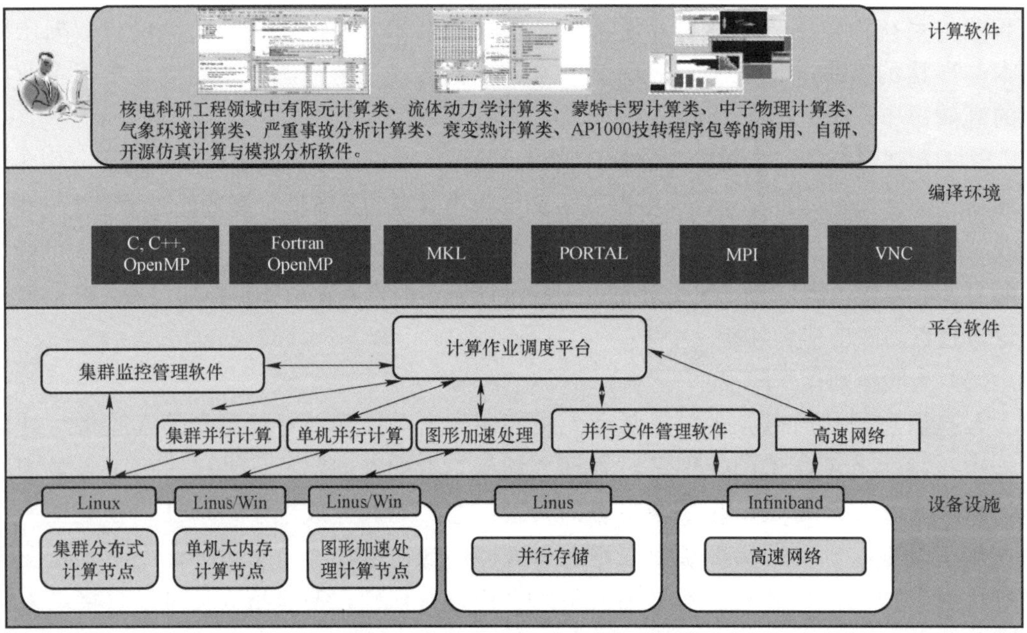

图 6.4.2　高性能计算平台技术框架图

（4）软件云平台

在信息技术高速发展的历史机遇下，在工程公司核心业务数字化转型的重大挑战下，软件云化应用作为提高软件利用率、降低软件采购成本与运维成本、促进软件正版化的重要技术手段，在“华龙一号”建设过程中发挥出了重要作用。工程公司利用软件云平台，提供了 TC 云、P6 云、Promis 云等重要业务应用系统的云化应用，在促进协同发展的同时增强了网络安全控制；对设计、采购、施工、调试及项目管理板块，提供了办公软件云、工具软件云等云化应用，在提高工作效率、降低成本的同时巩固了软件正版化成果。软件云化应用与实践成为“华龙一号”首堆示范工程顺利完工的重大信息技术突破。系统架构如图 6.4.3 所示。

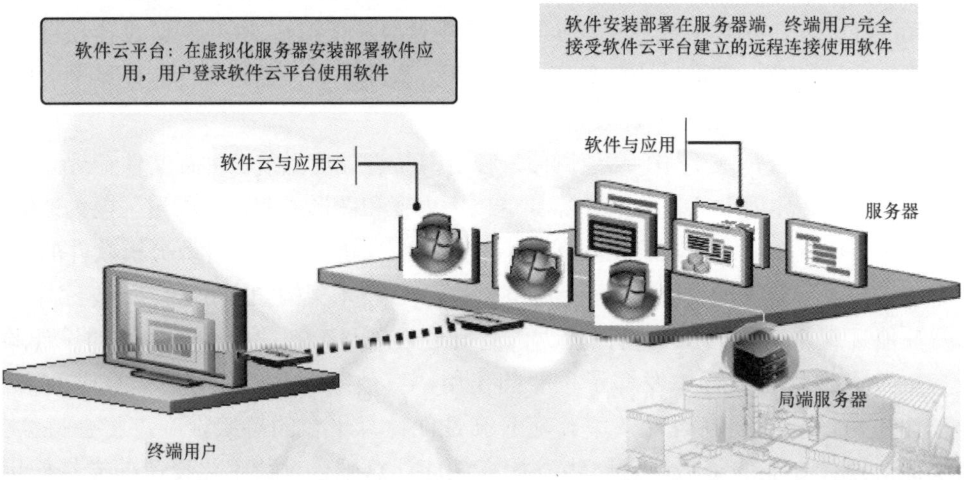

图 6.4.3　软件云平台系统架构

工程公司在“华龙一号”推广的软件云平台具备了以下特点：统一发布，集中管理；使用简单，快速部署；安全接入，分级管理；减少带宽，提升效率；性能稳定，自动接入。通过部署开放的云端架构，企业可以将所有网络资源（包括应用软件、共享的文件、打印机等）统一发布和集中管理，使公司资源得到有效的利用和方便的维护管理；采用“瘦客户端模式”，即无需任何硬件产品，用户可以快速实施整套系统，不需要专业技术知识；对于应用程序，可以集中在平台服务器上快速部署，而不需要在每台电脑上逐个安装，实施周期大大缩短；采用域控用户身份认证、SSL 加密等手段保证接入安全性，提供了更高级别的安全访问，不同的用户可以根据自身权限登录，防止信息外泄；减少了 20%～40% 的带宽使用，提升了平台访问速度，不再需要依赖光纤、专线，节省成本的同时提高了应用系统的速度；提供稳定的平台连接，即使出现断线情况，也会实现自动连接，保留断开点的信息，不影响数据使用。

全面数字化转型的新时代已然临近，通过云化应用等一系列新技术的应用为数字化转型增加动力。让我们携手共进，助力“华龙一号”为代表的三代核电技术“走出去”，助力工程公司早日成为国际一流的工程公司，助力中核集团国际化发展。

6.4.2 信息化促进效能提升，助力智能建造

（1）协同设计提升设计质量和效率

示范工程在专业设计领域，广泛使用各种设计、计算与分析工具软件或系统。跨地域的三维协同设计平台，基本实现了跨区域的数字化协同设计。核电设计各主要专业在同一设计平台上完成布置设计，等同于完成一次核电厂的数字化虚拟建造，可以实时反应各专业设计成果，避免设计冲突，极大提高了设计质量和效率，避免设计变更，大幅降低建造成本。数字化核电厂协同设计平台还可以实时获取智能流程设计系统提供的设计结果和工艺参数，实现二、三维设计校验，保障设计数据源的唯一性。协同设计平台是包含数据、视频、声音的综合可视化协同设计平台，可使多地域用户同时进行可视化设计交流，极大地提高了设计效率与质量。示范工程以互联网为基础构建“互联网＋3D”的设计模式，在北京、成都、郑州和石家庄等多个地区开展协同设计。

（2）BIM 应用强化施工管理推动力

示范工程广泛应用 BIM 数字建造技术，构建了“华龙一号”土建施工数据库，包括钢筋、套筒、埋件、型钢数据库等，数据库的建立可为三维建模提供便利，建模过程中标准构件只需要加载数据库文件后点选即可，无需重新绘制模型，方便、快捷，建模效率更高；通过对 BIM 软件进行二次开发，实现运用 BIM 软件建模、制定相应下料规则来进行钢筋深化下料设计，再将钢筋翻样数据自动录入信息化管理系统。钢筋断料自动计算，既缩短技术人员钢筋翻样、断料计算、数据录入的时间，又提高了钢筋下料的准确性。其次，在后续钢筋加工、料牌制作等钢筋下料管理过程中，运用扫码器、钢筋联动设备、钢筋料打印机等信息化设备，使钢筋加工过程自动化。经过这一系列的探索与改革，运用“BIM＋信息化＋智慧”使钢筋下料及加工的全过程实现了智能化、信息化的变革；通过 BIM 技术的广泛实施，实现了重大施工方案的模拟论证，如穹顶吊装、外挂水箱施工、双屋面施工等，

实现了局部重难点施工部位的技术优化，如安全壳筒体应急闸门、设备闸门、环吊牛腿等。通过 BIM 数字模型可视化、碰撞检测分析，辅助区域技术员解决钢筋角度、铆钉焊接与铆钉之间穿插钢筋绑扎的逻辑问题，缩短现场技术准备时间，赢得施工周期（见图 6.4.4）。

图 6.4.4 钢衬里模块化吊装 BIM 应用

安装施工准备时，通过 BIM 数字模型可以直观地查看设备吊装引入路径，提前发现施工密集区域碰撞问题，也可通过 BIM 数字模型对出现施工过程中出现的问题。通过查看其周边其他物项的布置来确定变更方案的可行性，有利于现场提前发现问题，也为解决现场技术问题提供了便捷高效的工具。如，为解决主设备引入、翻转工艺中存在的重点、难点问题，通过三维建模、数据分析、试验方案编制、动画演示、翻转模拟试验等技术手段，验证主设备运输引入路径是否满足施工需求、牵引方式结构是否合理、专用工机具与主设备的接口关系是否可靠、翻转区域布置是否合理、翻转空间尺寸是否满足施工需求，以及翻转竖立后主设备附件安装与专用工具拆除、倒运等内容。

（3）DCS 软件优化提高调试管理效能

DCS 系统被誉为核电厂的大脑，DCS 软件平台的安全性对于整个核电厂的安全稳定运行至关重要。示范工程 DCS 软件平台将 DCS 软件变更和平台网络安全防护进行优化和完善。首先是细化了 DCS 软件变更类型分类管理，将软件变更精细化管理，特别增加了重要变更的定义，严格控制了重要系统或设备逻辑修改流程，防止跳泵或停堆等重大事故的发生。其次是优化了变更流程，针对编校审批指定专人管理，并增加了跨部门审查环节。对于变更内容均要求最终用户进行审查，有效地做到防人因失误工具中他检的环节，保障了 DCS 软件变更实施的正确性。另外还增加了 DCS 平台网络安全防护相关管理规定，将 DCS 工程师站密码管理、数据拷入拷出管理、专用存储介质管理、病毒检测等严格管理，防止了 DCS 平台网络安全受到攻击破坏。

第7章
工程 EPCS 总承包

“华龙一号”示范工程采用工程 EPCS 总承包模式。工程总承包单位中核工程在中核集团的领导和支持下，通过十年的不懈努力，结合核电工程建设特点和国家要求，探索出以核电设计为龙头的核电 EPCS 总承包模式，建立健全了一套有利于核电工程建设质量、安全、进度、成本管理的一体化的协同管理运作体系，提高了工程建设的防范风险能力。

7.1 创新项目管理模式

7.1.1 业主负责制的工程总承包模式

早在 2014 年，示范工程尚处于筹备阶段，中国核电即牵头组织业主公司、中核工程等多家单位和工程建设领域专家对项目组织模式进行专题研讨。在认真总结分析福清核电 1～4 号机组、方家山核电、海南核电和田湾核电 3～4 号机组工程建设情况的基础上，分析了核电工程建设组织模式特点及适用性，汲取福清、方家山和海南核电项目的工程建设经验，结合国家法律法规特别是核安全监管当局的最新要求，初步确定采用业主负责制的工程总承包模式，并拟定了有关实施方案。明确规定，业主对总承包管理体系的有效运作进行全面监督，重点管控关键目标和过程偏差，补强工程总承包管理中出现的不足。业主有主动管控、主动监督的责任，总承包单位按照总承包合同约定向业主负责并承担其相应的法律责任，承担设计、采购、施工、调试、项目管理等工作。

在具体实践中，双方通过总承包合同及接口管理程序，细化落实双方责任分工：业主作为核设施营运单位承担项目全周期的核安全责任，作为项目建设单位承担项目四大控制主体责任，同时业主公司在重大工程事项上具有参与权和决策权；总承包方直接负责项目建设及项目管理，履行总承包合同义务，并享有相应权利，通过合理放权，在若干事项上可由中核工程直接决策并执行。由此使业主和总承包方在项目决策、风险承担和执行效率上找到了合适的平衡点，双方对于权责界面的划分，也成为后续总承包项目的标杆和样板。此外，业主的部分人员进入中核工程项目部，双方合署办公，深入融合，减少管理层级，实现资源共享。

优化后的工程总承包模式既满足了业主负责制，又满足了工程总承包制的要求，以项目为中心，以问题为导向，形成了项目部层面的统一领导体系，使得总承包合同执行过程中存在争议的问题能够快速解决。各参建单位和员工以现场工作为目标，减少分歧，增强合力，资源共享，达到“1+1>2”的效果。

7.1.2 总承包合同合理分担项目风险

核电工程技术难度大、投资高、工期长，项目建设过程中面临诸多风险，“华龙一号”全球首堆特点进一步增加了项目的技术验证等不确定性风险，项目风险在业主和总承包方之间的合理分担是项目执行成功的重要保证。“华龙一号”首堆示范项目充分吸取和借鉴前序总承包项目的执行经验，在总承包合同策划、总承包合同文本拟定、定价模式确定以及项目执行期间的商务工作开展等方面，开展有益创新、探索与实践。

合同双方首先确定了“谁掌握资源，谁承担风险”风险分担原则，对于由最有能力承担方主要承担相关风险的原则取得共识。此外，本项目系统梳理了核电工程项目面临的各类执行风险，并开展了深入的风险分析；对于可以合理评估并量化的风险，通过合同商务措施逐级分解和分配，并最终实现整体可控；对于难以量化且发生概率较小的风险，则确定由项目业主承担。

事实上，本项目之所以能够在管理模式和权责界面上取得共识，与双方事先对项目风险的系统梳理以及分担原则保持一致密切相关。由此给后续项目提供了一个重要启示，核电工程项目虽然系统和接口复杂，边界条件繁多，执行风险多样化。但是在系统和量化分析的基础上，各参建方仍然可以合理进行事前风险分析、科学决策，并通过多种措施进行风险逐层分解，将执行争议解决在合同签订之前。

（1）两阶段定价降低定价难度和风险

综合考量国际工程总承包领域定价惯例，吸取中核集团第一轮总承包合同定价的经验教训，“华龙一号”首堆示范项目采用“两阶段定价模式”。

第一阶段：依据项目可研估算，固化前期工作费、设计与技术服务费、总承包管理费（含招标费和设备监造费的分项价）、调试费；预估建安工程费、设备采购费（运输保险费、采购管理费和仓储保管费在第一阶段固化价格）、风险费等价格。

第二阶段：依据项目初步设计概算，固化建安工程费、设备采购费、风险费等价格，确定总承包合同总价。

定价总体原则如下：

1）集团化、专业化原则

根据集团公司“集团化、专业化”战略，核电工程建设在集团公司内部实施专业化总承包。组织发挥集团公司的核工业全产业链优势，确保项目利益最大化。

2）市场化原则

在总承包合同定价过程中，遵从市场化原则。总承包合同价格水平与国内其他类似核电工程具有可比性、竞争性。

3）责权利一致原则

在总承包合同定价过程中，根据合同双方所承担的工作范围、建安工程和设备采购市场价格水平，合理确定总承包合同价格，确保合同价格与总承包工作任务相统一。

4）风险分担原则

在总承包合同定价过程中，开展总承包合同风险评估，合理确定总承包合同风险费（见表 7.1.1）。

表 7.1.1　合同主要风险及分担原则

序号	主要风险	分担原则
1	外币汇率风险	项目公司承担
2	国内物价指数风险	由项目公司和工程公司根据合同约定的波动范围各自承担
3	国家政策调整风险	项目公司承担
4	总承包合同工作范围调整风险	由项目公司和工程公司根据合同约定的波动范围各自承担
5	设计变更风险	根据合同约定和设计变更的原因，由项目公司和工程公司根据合同约定各自承担
6	工期延误风险	非工程公司原因导致的工期延误风险，由项目公司承担
7	不可抗力风险	由项目公司和工程公司根据合同约定共同承担
8	示范工程相关风险	设备科研攻关、工程量预估等风险，由项目公司和工程公司根据合同约定各自承担

5）合作共赢原则

以共同提升项目管理水平、有利促进项目进度、合理控制项目投资为目标，建立合理有效的奖惩机制，共同推动项目按期完工投产。

两阶段定价模式在首堆工程缺乏历史经验数据、项目风险费难以准确预估的情况下，在初始合同签订进行“一阶段定价”时，预估建安工程费及设备采购费作为合同暂定价，以满足项目阶段性支付需要。在初步设计概算批复后进行“二阶段定价”时，设备采购费以及建安工程费以初步设计概算为定价基础文件，结合项目已签订的分包合同、已发生的分包合同变更以及项目的阶段执行情况，全面统计项目成本，并开展风险费预估，以此确定总承包合同目标控制价，有效避免由于设计深度不够而导致的合同费用不足的风险（见图 7.1.1）。

（2）完善总承包合同变更条件

为进一步合理分担合同风险，在两阶段定价模式下，第二阶段确定的总承包合同目标控制价不是“包死价”，对于法规风险、首堆风险、工期风险、物价波动风险、汇率风险等，通过总承包合同对应的变更条件和调价机制，对各类风险进行合理分配，实现项目整体利益最大化。

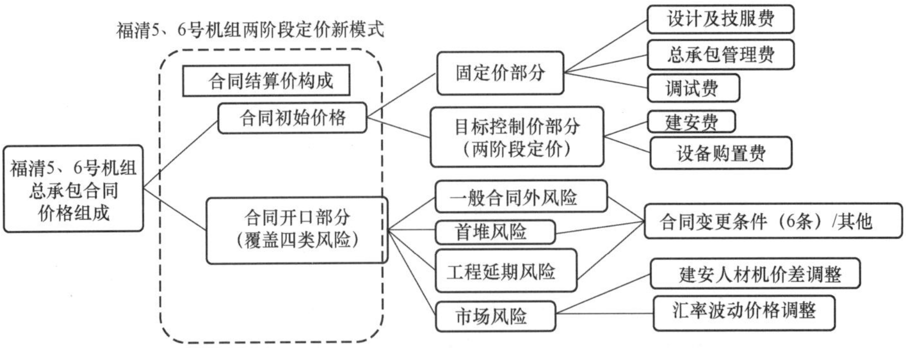

图 7.1.1 “华龙一号”首堆两阶段定价合同价格组成

根据总承包合同约定，总承包合同价格确定后，合同工作范围、工作要求、外部政策或市场环境发生变化，可以通过合同变更的方式对总包合同的费用和工期进行调整。“华龙一号”首堆项目综合考虑各类风险特点及风险费的合理承担方式，确定如表 7.1.2 所示的合同变更及价格调整条件。

表 7.1.2 合同变更条件及风险特点

序号	合同变更条件	风险特点
1	汇率/价格波动	市场风险，双方合理分担
2	国家法律、法规、强制性标准改变或国家有关管理当局的强制性要求	不可预见，风险影响无法预估
3	增加或减少合同范围内的工作	不可预见，以业主方指令/意见为主
4	超出本机型核电技术范畴的设计	属于重大设计方案变化，对项目影响较大且无法提前量化评估
5	首堆原因新增加的设计验证、试验验证项目及验证引起的相关工作	首堆项目特性，不可预见，风险影响无法预估
6	首堆原因，新增加的设备研发、鉴定及国产化原因引起的相关工作	首堆项目特性，不可预见，风险影响无法预估
7	项目工期优化	首堆项目建设情形无法预测，是否发生存在不确定性

以上变更条件涉及的相关风险，共同特点是具有不可预见性，风险影响难以提前量化评估。若合同约定由总承包方承担上述风险，相应的风险费测算缺乏分析依据，将给合同价格谈判增加难度，不利于项目风险费的合理分配。作为总承包合同开口条件，使核心资源掌握方与项目风险承担方相统一，为整体项目工作执行以及项目投资管控提供良性环境。

（3）优化商务问题解决机制

“华龙一号”首堆示范项目总结借鉴中核集团首批核电 EPCS 总承包项目的建设经验，建立了敏捷高效的商务问题处理机制，为项目工作推进提供助力。

在前期项目中，工程进度优先而商务工作滞后，商务问题留在项目结算阶段统一解决，存在事件背景无法还原、过程资料缺失等问题。“华龙一号”首堆示范项目提出了“工程先行、商务并进”的商务问题总体处理原则。一方面，为确保“华龙一号”首堆工程的建设进展，避免因商务争议制约项目工作开展，双方暂时搁置商务问题让工程先行；另一方面，也对商务工作提出新的要求，必须紧随项目工作同步推进，在项目建设期间及时解决关闭，避免积压至结算阶段。

为确保实施效果，合同双方共同签署“机制协议”（与总承包合同具有同等法律效力），建立三级协调机制；双方签订“实施细则”，细化工作流程，明确节点时效，顺畅商务问题处理渠道；双方同步开展过程跟踪，已开启事项按月反馈进展状态，业主审查及早介入及早开展；商务问题解决分步走，合同责任先行明确，工作边界提早划清，具备审查条件的费用阶段性固化，推动整体事项及早关闭。

为广泛提高项目人员的商务合同意识，及时识别潜在的变更索赔问题，通过组建变更索赔专项工作小组，在各基层部门设置专员，明确工作接口、缩短沟通路径。通过发布标准化的变更索赔工作程序，细化落实工作责任，将争议事项识别与责任初判的主体确定为具体工作业务部门，并加强对各层次管理人员的宣贯与培训。

鉴于工程建设过程中的大多数争端事项具有可借鉴性，通过建立经验反馈制度，与历史前期和同期在建项目形成对标，使有效的处理经验得以延续。合同管理人员定期交流，召开项目管理经验交流会，使各项目间互相借鉴，提高成效。

（4）价格波动风险动态跟踪与管控

建设周期长、造价高的核电厂工程造价受市场规律影响尤为显著，在适度通货膨胀作为中国现阶段经济发展常态的环境下，“包死”固定价不利于总承包合同双方就价格达成一致，增加了交易谈判成本，明显制约核电厂项目建设资源保障。

据国家统计局发布数据，中核集团首轮总承包核电工程建设同期 CPI 累计涨幅达 24%（2008—2015 年），价格的普遍上涨最终反映在了工程实际结算成本中，这成为项目成本超出原总承包合同价格的重要因素。

借鉴历史项目经验，在“华龙一号”首堆示范项目，总承包合同双方需持续关注并监控价格波动风险，量化价格波动对于项目成本的影响，并采用公平合理的方式有效解决由此带来的项目成本增加问题。

① 提出符合核电工程建设造价特点的调价方法，将市场人工、材料等价格波动合理传导到核电厂造价中。通过广泛深入调研，确立了以价格调整为核心的核电工程总承包项目价格波动风险应对策略。研究评价调价公式关键参数对于评估价格波动与风险分担的影响，包括调价周期对于调价准确性的影响，不可调部分权重与风险分担的直接关系，评价国内主要价格指数内容、来源以及权威性对于其应用的影响，基于选取指数对应的可调因素的权重分析等，提出符合核电工程建设造价特点的总承包项目调价方法，将市场人工、材料等价格波动合理传导到核电厂造价中。

② 在“华龙一号”总承包合同策划及签订工作中，合同双方对价格波动风险对造价影响的定量分析与评估取得共识。将价格调整机制明确于合同条款中，降低集团内总承包合同双方交易谈判成本，使得总承包商更关注项目建设本身，而非远期价格波动造成的财务风险。

③ 建立完善价格数据选取、编制、发布、研判、应对的价格动态管理机制，将价格波动风险分析与监测融入日常业务工作流程，使价格风险管控成为常态，增强中高级管理人员的费用意识。

在相关数据面前，合同双方基于“两阶段定价模式”，在定价方案中提出，结算阶段根据实际人工材料涨价情况，补充人工材料的价差费用，以此合理解决价格波动风险对项目建设成本的影响。

7.1.3 精细化管理提高项目收支匹配性

“华龙一号”首堆示范项目在 EPCS 总承包合同模式下，各类款项（设计、管理、调试、建安、设备）均采用节点支付模式，即以确定的支付曲线为依据，按照约定的计划时间办理支付，在计划支付金额范围内依据支付控制点实际完成情况核算当期实际支付金额。

此种支付模式下，总承包合同拟定的支付曲线与项目实际支付现金流的匹配性是影响执行效果的核心因素。如果前期支付需求预计不足，则项目执行过程中会出现资金短缺，造成下游分包支付不及时，制约项目建设资源投入；如果为满足资金充裕性，扩大估计支付需求，可能会造成资金沉淀，使项目全周期现金流前移，增大项目财务成本。而“华龙一号”示范项目的首堆特性进一步增加了合理确定总承包合同支付曲线的执行难度。

对此，合同双方从优化收付款匹配机制着手，建立了灵活的总包支付曲线调整机制。在“收支策划、偏差监控、动态调整”的闭环控制策略下，在总包收款计划拟定、收款风险监控、收支分析方法及支付考核方法改进等方面，以精细化管理为手段，进行了一系列管理优化。切实保障首堆项目用款需求，为项目建设保驾护航。

（1）合同优化完善总承包合同支付条件

“华龙一号”示范项目作为全球首堆，缺乏基础数据作为参考，并且在总承包合同谈判阶段拟定支付曲线时，项目已开展工作有限，无法准确预测项目全周期的分包支付计划。此种情况下，双方通过建立总包支付曲线调整机制，来实现项目全周期与实际分包支付现金流的动态匹配。

在总承包合同中，除合同变更条款以外，单独设置以下支付曲线调整条件：

① 每年第四季度双方一起评估本年度和下年度总承包合同建安和设备部分的支付与分包合同支付间的匹配性，并以此为依据确定是否调整支付计划。

② 当进度计划发生改变和调整时，双方一起评估升版后的进度计划与支付曲线的匹配性，并据此确定是否调整支付计划。

③ 附录控制点计划完成时间基于现行进度计划编制，如进度计划变更或升版，则支付控制点完成时间经业主审核确认后按照最新计划调整。

以上调整条件涵盖了总分包支付不匹配、进度计划调整等情形，既包含支付额度的调整，也包括支付控制点的调整，继而从计划支付额度和实际达成率两个方面，确保实际收款金额与下游分包支付金额的匹配性。同时，调整条件既包含定期分析评估，同时针对工程可能出现的各种突发情况（例如，春节前维稳、赶工、窝工、疫情影响等)，也能够进行及时响应。

根据项目实际执行情况，自 2017—2020 年，合同双方依项目实际需要，共计开展 6 次支付曲线调整，平均每年超过一次，在前期已建项目及当前国内其他在建项目中，调整频次创下纪录。其中，连续 4 年在春节前的资金需求密集期，调增总包收款额度，切实保障下游工程建设资金需要及现场施工队伍稳定。

此外，鉴于总分包合同支付考核颗粒度的不同，为尽可能减小上下游支付偏差，“华龙一号”项目优化总承包合同支付控制点选取方案，在核心主线、难易搭配、数量均衡等方面综合考量。同时，提出对各控制点开展单项评估，按照实际工作完成比例进行支付的考核方案，以进一步提高总分包支付的匹配性。

（2）建立总承包合同收支风险管控机制

以往项目执行过程中，启动总包支付曲线调整或紧急资金筹措，通常是源于资金需求部门的外部要求，是既已出现资金不足问题后的应对解决。在“华龙一号”首堆项目，强化“防患未然”的风险管理意识，项目整体建立了 TOP10 风险管理机制，而在其中商务合同风险领域，总承包合同收支风险始终作为重点风险长期持续跟踪并管控。

1）明确风险管控目标

总承包项目进行收支管控的目标是实现项目收支匹配。对于收支匹配的具体要求是：总体收支额度相当，且不出现大额或长时间的资金断流。

2）确定风险分析方法

评估总承包项目收支匹配性需从总额和时间分布两个方面进行，由此确定表 7.1.3 所示的数据统计要求，在此基础上即可逐月开展现金流分析。

表 7.1.3　收支分析数据统计基础表

当前资金情况（截至统计当前日期）			总体收支分析预测（截至统计预测日期）			X 月		X+1 月		……		X+n 月	
总包收款累计	分包支付累计	当前账面余额	总包计划收款总额	分包计划支付总额	预计账面余额	收款计划	支付计划	收款计划	支付计划	收款计划	支付计划	收款计划	支付计划

根据收款进度和额度两个目标设置收款进度风险指标和收款额度风险指标，以此实现风险评级，并依据实际情形制定相应应对措施。

3）建立风险监控及应对机制

为实现总承包项目收支风险实时监控，项目定期开展收支分析，掌握项目资金状况。

月度收支统计：每月更新收支数据，实时跟踪账面余额，并结合下月分包支付计划，评估资金状况。

季度收支分析：随每期进度款支付申请开展下三月（下一次进度款支付前）的收支分析。

年度收支分析：与年度投资计划编报工作同步开展，统计预测下年度分包支付计划，并与总包支付曲线进行对比。如经分析收支出现大额偏差，适时启动总承包合同支付曲线调整。

春节前专项管控：响应国家开展农民工工资支付保障的要求，在年终春节前启动专项分析与管控，测算分析截至来年春节前的收支数据，并确定保障措施。

（3）优化收支测算分析方法提高数据精确性

在实现项目资源保障的同时，须提高分析测算数据的准确性，减少资金沉淀，配合业主公司实现投资管控和降低财务成本。

鉴于总承包合同收款及分包合同支付从现金流三要素角度都存在不确定性，为开展收支策划，本项目引入基于蒙特卡罗模拟的定量风险分析方法，以工程进度作为上下游支付的共同风险因子。借助仿真软件构造典型模型，加载风险因素，以仿真模拟输出的概率分析结果为基础开展收支分析，提高分析精度及深度。同时，针对拟定的收支方案，在仿真环境下模拟推演，检验在风险因素下的执行效果。通过敏感性分析，锁定完成风险较大工作实施重点管控，提高策划方案的可执行性和抗风险能力。总体思路及流程见图 7.1.2。

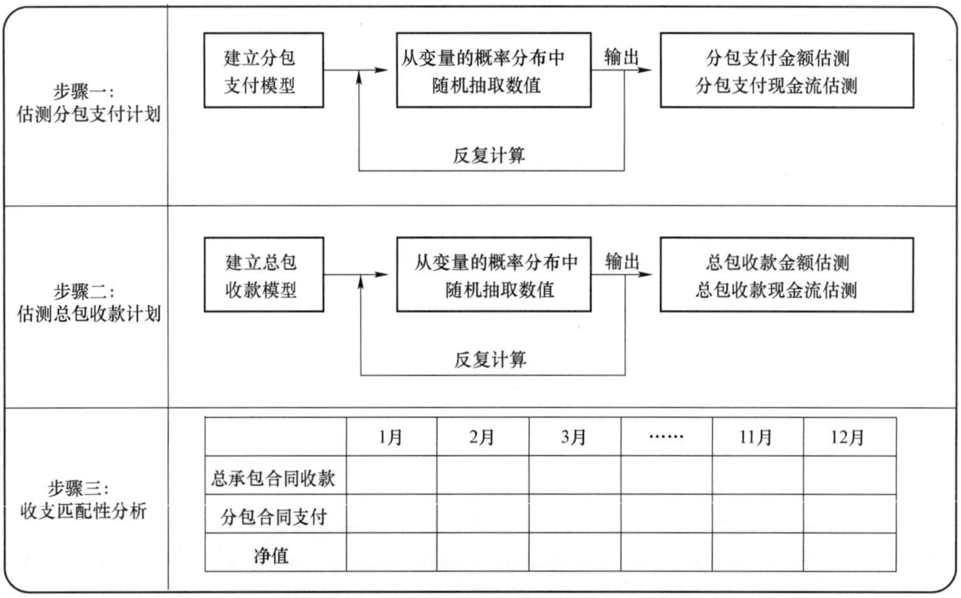

图 7.1.2　基于蒙特卡罗模拟的收支风险定量分析方法

7.2 核产业链协同发展

7.2.1 联合研发设计

核电型号涉及的系统多、专业广、研发难度大。针对这种情况，中核集团建立了技术分层决策体系，通过“小核心、大协作”合作模式，发挥知名科研院所和企业优势，解决型号研发所需的人才、技术及研发设施等科技资源短缺问题。

利用“互联网 + 异地三维设计一体化”的研发设计协作模式，依托示范工程，将研发设计有机结合，极大提高了项目研发设计效率。在“华龙一号”的研发过程中，以工程公司、核动力院为主，联合国外包括法国、美国、意大利、奥地利等国家的 14 个国际组织机构，国内 75 家高校、科研机构、设备制造厂共同参与，协作完成了 179 项研发工作。通过广泛利用社会研发资源，极大地加快了“华龙一号”的研发进程，并取得型号研发的成功。

“华龙一号”依托互联网协同研发，将核电工程设计智能化水平提升到新的高度，实现了“数字化电厂”，设计成果可直接对接核电工程的采购、建安、制造以及项目管理环节。“华龙一号”综合协同设计平台，将核电设计与信息技术进行了深度融合，充分利用互联网、数据加密、仿真与虚拟现实等技术，实现了核电厂设计研发的全面升级，达到国际先进水平。

“华龙一号”采用三维综合设计平台（见图 7.2.1），除包括工程公司、核动力院两院四地协同设计外，还与核电业主、项目管理、工程采购、设备制造厂以及土建与安装施工等单位连接，提供相关设计数据支持。互联单位共约 20 余家，协同设计平台的终端数量达到 500 个，并可以根据需要进行扩充。平台集成了工厂三维设计、电缆敷设、力学分析计算等多种功能。基于这个平台，建立了一个数字化的“华龙一号”核电厂三维设计模型及完整的数据库，其中包含了 5 万多台（套）设备、165 km 管道、2 200 km 电缆等。它包含了核电厂完整的设计数据，能有力支撑各个环节提高工作效率和管理水平；可直接生成设备清单及性能参数表用于采购，直接抽取施工图纸用于建安单位的预制与施工，直接发布下厂图纸到制造企业用于设备生产。数字化模型与进度计划匹配可作为建安工程的精细化管理工具，可为业主和核电厂运行单位提供全寿期服务的重要基础数据库，在工程建设及核电厂运维，直至核电厂退役的全寿期内，都将发挥重要作用。

图 7.2.1 “华龙一号”三维综合研发设计平台

7.2.2 协同发展助力产业链能力

为进一步加大核安全文化推广和落地力度，确保“华龙一号”的供货质量，工程公司与几十家供应商开展了精准质量提升专项行动。

针对每一个供应商，专项设备监造经理和监造人员精心策划、深入分析，着重在三个方面开展了精准的质量提升工作。第一，各专项设备监造队深入分析 SAP 系统质量问题数据，挖掘出质量问题发生概率高的制造领域，有针对性地实施专项检查。把脉供应商薄弱环节，从质保、质控和管理多方面提出改进措施，降低质量风险。第二，监造队认真分析同类设备共性问题和典型质量案例，将制造厂的经验教训和良好实践传递至同类设备供应商，用实例来提升供应商的质量风险防范意识，有效降低同类问题重复发生的概率。第三，认真贯彻落实核安全文化理念，监造经理、监造人员将公司核安全文化手册带入供应商，与技术、生产、质量人员分享核安全文化知识，探讨核安全文化特征的具体实践，共同促进核安全文化落地，用文化软实力来驱动实体设备质量水平的提高。

在精准质量提升专项活动中，各方积极参与，直面检查发现的问题，主动汲取良好实践和经验教训，深入探讨核安全文化的落地措施。通过检查和交流，供应商、监造人员对核安全文化及设备质量管理与控制的认识都有了进一步的提高。参与方一致认为必须进一步加强设备制造的过程控制，认真全面地贯彻落实“两个零容忍”和“两个全覆盖”的核安全监管要求。从严把控设备质量关，总结经验、预警风险，从而实现质量风险受控，确保核电设备的制造质量满足合同要求。

7.3 EPCS 一体化协同

示范工程采用 EPCS 工程总承包管理模式，总承包单位中核工程向业主提供包括设计、采购、施工、调试，直到竣工移交的全套服务，同时探索出一套有利于工程质量、安全、进度、成本管理的一体化协同管理运作模式。通过扁平化、集约化、标准化、信息化的管理，整合了各专业资源，实现了设计、采购、施工、调试的深度融合，增强了主体责任意识。变外部被动控制为内部自主沟通，协同作战，实现板块互补，减少接口中的盲区和模糊不清的界面，简化管理层次，提高了工作效率。

7.3.1 设计引领全局

“华龙一号”设计过程充分利用工程总承包模式下的设计与采购、施工、调试的协同，将降低造价，提高施工的便捷性和安全性贯穿设计之中，并充分考虑首堆调试要求，为示范工程的顺利实施奠定了技术基础。

（1）设计提升为采购提供便捷

按照国家要求，“华龙一号”设备国产化率不低于 85%，多个关键设备都要进行研制，提高经济性的同时解决了“卡脖子”问题，但也给设备采购与制造带来了挑战；另外，“华龙一号”三代标准要求的提升也给设备设计和制造带来了前所未有的压力。因此，“华龙一号”在设计之初就重点关注了与采购的结合，为“华龙一号”设备采购的顺利实施提供了技术保障。

1）充分借鉴并选用成熟的泵类

在“华龙一号”核级泵的选型和设计中，充分考虑了成熟设备的优先选用，最大限度地吸收了二代及二代加改进型核电厂核级泵的研发成果，梳理并补充了“华龙一号”诸如地震加速度、辐照剂量等鉴定输入条件。完善了鉴定的程序，将泵组的鉴定按照泵本体、驱动机、配套附属设备等分属不同设备类型进行鉴定的原则分别鉴定，更充分地利用已有的鉴定资源，提高了鉴定效率，提高了泵组的采购便利性和可操作性。这样，既保证了鉴定的有效性，也尽可能避免了因鉴定造成的资源浪费和供货周期长的风险，对工程建设顺利推进十分有利。

2）完善的阀门采购文件体系

在“华龙一号”阀门设计中，针对阀门采购过程中供货商的问题反馈，梳理并补充出版了《ACP1000核级阀门鉴定要求》《核级金属材料复验技术要求》《设备鉴定条件》等工程文件，完善了阀门文件体系，大大提高了阀门采购过程中的合同执行效率和可操作性。另外，在阀门设计和采购过程中，为了充分利用供货商现有的技术储备，加快阀门鉴定进展，针对特殊情况也进行了合理化处理。例如，安全壳外辐照剂量梳理和豁免、已有鉴定样机的扩展等。对采购而言，允许在原样机上进行阀门鉴定的补充试验，节省了采购成本，缩短了样机鉴定周期。

3）联合设计的PCS换热器/汽水分离器

“华龙一号”PCS热交换器和汽水分离器全部由国内供货商供货。在福清5、6号机组工程中，通过设计院出图设计、供货商来图加工的方式与国内供货商签订了PCS热交换器和汽水分离器的供货合同。在设备采购、制造与安装过程中，设计与采购、供货商、安装公司通力协作、紧密配合，实现PCS热交换器和汽水分离器的顺利制造和安装。

4）仪控就地箱设计优化

此设计优化提高了仪控就地箱的可靠性，稳定性，可维护性。采用PLC技术，不仅缩小仪控就地箱体积，还节约工程投资，同时能够大大减少布置、安装方面的投入。仪控就地箱清单文件的拆分优化，大量减少了设计人员的人力成本，满足了采购和施工的不同需求。进口长周期元器件替换成国产化元器件，将采购周期从3～8个月缩短至1个月，很大程度上解决了供货周期长给现场施工带来的拖期等问题。K1类样机鉴定元器件的多元化选择，可以避免出口项目元器件采购受限和“卡脖子”问题。

5）电气贯穿件外部电缆信息接口的改进

“华龙一号”电气贯穿件的电缆分配在与电气贯穿件供货商的设计接口中，改变了电气贯穿件外部电缆信息只提供一张汇总表格的模式。在同轴电缆及外部连接器和电气贯穿件外部电缆信息这两个接口发布中，将所有电缆的芯线直径、绝缘外径和电缆外径以详细表格模式（即对应到每个贯穿件和每个芯棒上的每一根电缆）提供给电气贯穿件供货商，以方便供货商对电气贯穿件电缆端接附件进行统计和采购工作。由此提高了接口信息的准确性，并能及时掌握电气贯穿件电缆配置的变化，为端接附件的采购提供了方便、准确、快捷的设计输入。

6）通风系统设计标准化

通风系统仪控标准化设计主要包括：仪控控制方案标准化、设备接口标准化和上下游提资标准化。标准化设计统一了设计图纸，减少了设计的偏差和错误。仪控设计图纸标准化为核电厂标准化、数字化的核电设计奠定了基础，同时也为设计能力和设计创新工作提速增值。标准化的设备接口，有效地减少了来往文函数量，大大节省了人力、时间；同时标准化接口数据表格要求的提出，也为核电设计数据库建设和大数据工程奠定了基础。设计上下游提资标准化缓解了核电设计中专业间进度上相互制约的关系，同时也为各专业间设计标准化工作奠定了基础，为设计管理标准化、数字化设计流程提供了数据和方法。此标准化的设计方法不仅可以推广应用到“华龙一号”机组其他系统的仪控设计中，而且也为后续批量化建设“华龙一号”机组奠定了坚实的基础。标准化、数字化核电将成为核电“走出去”“国际化”战略落地的重要手段。利用数字化技术设计核电，可以大幅提升正向科研、设计能力，保障多项目的并行实施。

7）阀门配电装置标准化设计

阀门配电装置在特定条件下（如管道内流体压力变大或管道变形），阀门转矩增大，阀门电动机的电流会随之变大，会导致热继电器误动作。因此阀门配电装置在设计时需要在保证电气安全的同时，确保阀门在执行安全功能时能够正常运行。电气专业设计了一个中间继电器与热继电器的辅助触点并联，试验插头未插入时，热继电器旁路，当试验插头插入时，热继电器投入，保证安全级阀门在正常工作时避免由于热继电器的动作而失去功能。为了简化设备类型，方便采购和业主备品备件的购置，所有的阀门配电装置采用相同的二次设计。安全级和非安全级配电装置通过连接片进行区分，这样在保证安全功能同时为设备采购带来了便利。

8）通用的转接箱设计

在“华龙一号”的安装调试阶段，常常会出现电缆规格和设备不匹配的问题，需要紧急增加电缆转接箱，因为涉及大量文件变更，加上厂家的设计生产过程，采购的电缆转接箱难以满足安装时间节点的需要。电气专业设计了一种通用的电缆转接箱，能够实现不同电缆规格的自由转接。这种转接箱可以提前采购，在需要使用时贴上设备标牌即可使用，大大加快了采购周期，节省了安装和调试的时间。

9）有效的大宗材料管理

“华龙一号”大宗材料包括管道、管件、紧固件、支架部件、电缆、托盘、桥架等，通过编制一物一码、三维预估材料用量、定期更新材料量、定期升版规格书、核对现场需求量等环节确保输入的准确和及时性，有效降低了采购裕量，避免出现漏采、重复采购的情况，估计降低成本 6 000 万元。同时，通过设计优化减少仪表管阀件、电缆规格、合并采购量较少的规格，减轻了采购压力；“以高代低”方式充分利用现场余料，有效节省了采购费用。

10）合理的厂房抗震设计

“华龙一号”采用更高的抗震设计基准，将地震地面加速度输入提高至 0.3 g；抗震安全性有了极大的提高，与此同时，也给设计、采购及施工带来了一系列的困难。抗震设计标准提高带来的最大问题就是厂房的地震动响应（楼层反应谱）过大导致设备设计及采购困难。针对该问题，设计采用了优化厂房结构布置、降低厂房的地震动响应、局部楼层反应谱的方法、在规范允许范围内进行削峰处理等多种工程手段解决，在保证“华龙一号”抗震性能不降低的情况下，为设备采购、鉴定提供了有利条件，同时提高了设备的经济性。

（2）设计与施工的融合

“华龙一号”设计过程中，充分考虑将可施工性融入设计，重点考虑了施工便捷性、安全性，为工程的顺利实施奠定了技术基础。

1）增强可施工性的安装及布置设计

① 厂房总体布置

a. 采用单堆布置，厂址的机组配置更加灵活，具有更好的厂址适应性；同时，提高了机组之间的独立性，减小了机组之间的影响，为施工便捷提供了条件。

b. 各厂房层位标高基本一致，便于施工。

c. 紧凑布置，减少管道、电缆等物项布置，有效减少施工量。

② 设备引入

设备的引入路径设计对施工逻辑、采购计划及电站安装周期都存在重要影响。“华龙一号”设备安装引入路径设计根据设备的功能和外形分别进行相应考虑。

a. 箱罐设备由于体积比较庞大，多采用一次引入的方式。部分体积特大的，为了不影响土建施工，采用现场制作的方式，即在安装位置进行焊接拼装。另外，“华龙一号”核岛还采用了大量不锈钢衬里水箱，如内置换料水箱（IRWST）、堆芯淹没（CIS）水箱、安全壳换热（PCS）水箱、辅助给水（TFA）箱等，在满足工艺需求条件下节约一定的施工时间。

b.“华龙一号”采用了两类换热类设备，一类是板式换热器，另一类是管壳式换热器。板式换热器为方形换热器，如乏燃料池冷却系统（RFT）换热器和设备冷却水（WCC）换热器，安装方式比较灵活，甚至可在现场组装，安装难度不高。而管壳式换热器的特点是“细长”，如安全壳喷淋（CSP）换热器、余热排出系统（RHR）换热器等，这些管壳式换热器，通常安装在核岛厂房的 0 m 及以下楼层，需要长条形安装孔洞及吊装设备，使设备能够到达安装楼层。另外，在平层运输时，考虑了足够的转弯半径，使设备能到达需安装的位置。

c. 泵阀类的设备特点是体积相对较小，但质量较大。泵阀类设备制造周期较长，采用后引入的方式安装，“华龙一号”为泵阀类设备设置了相应的吊装孔洞和吊装设备。部分体积较大的泵阀，与供应商建立相应接口，可进行分体吊装。

d. 对于公称直径较小的管道，安装运输难度较小。但对于管径较大管道，如主蒸汽管道及贯穿件，受位置条件的限制，安装就位难度较高。“华龙一号”为这些管道类物项设置了专门的通道及吊点，满足其运输要求。

e. 制冷及通风类设备体积也比较大。对于制冷类设备，通常设置在厂房的 0 m，满足引入及维护需求。通风类设备安装在各楼层，也设置了相应的通道和吊装设备。

f. 电气仪控类设备的特点是标准化程度较高，尺寸及重量有一定的限制，其运输也是通过专门的通道进行，“华龙一号”为其设置了专门的通道。

③ 电气布置规划

根据核岛厂房的总体布置方案，所有 A、B 列电气和仪控设备均布置在不同的厂房，有效地做到了实体隔离。其中，A 列中低压盘柜布置在 SL 厂房，B 列中低压盘柜布置在 SR 厂房；A 列蓄电池及其直流盘、仪控设备布置在 LX 厂房，B 列蓄电池及其直流盘、仪控设备布置在 SR 厂房。由于电气和仪控设备实体隔离的布置方案，A、B 列电缆通道也可以实现实体隔离。

此外，按电缆通道布置走向，从 SL 厂房新增两条电缆沟，分别通往常规岛，以及 KX、NX 等核岛厂房；核岛内跨厂房的电缆，利用双壳环形空间的位置，新增电缆通道，更好地实现了 A、B 列电缆通道在空间上的隔离，并有效缓解核岛厂房内部空间压力，为施工提供了便捷。

④ 设备设计

a. 根据设备安装位置以及设备吊装的特殊性设计设备底座，先将较轻的设备底座安装就位后再安装相应设备，为设备安装提供支撑，如 PCS 换热器/汽水分离器等。

b. 考虑现场的施工误差，设备设计过程中考虑了调整垫板、弹性件、椭圆螺栓孔等措施，实现安装过程中可调性，如内置换料水箱过滤器等。

c. 风机、空调机组及净化箱体等共计有近 450 台（套），按以往的设计采用混凝土基础且需二次浇灌，影响安装速度，费时费力。在“华龙一号”设计中，采用土建按设计要求预埋钢板，同时要求设备制造厂家在制造设备时，设备底座应包含设备基础。待设备到货后，底座和预埋板焊接，此项设计创新可节约近 1 000 人·日，每台（套）设备安装时间缩短至少 5 天（按基础混凝土养护时间 7 天计），创造出可观的经济及时间效益。

⑤ 三维设计

作为首堆，技术难度大，设计参与方众多，为实现设计服务施工等其他各方的目的，“华龙一号”在项目启动阶段即开始采用三维设计，保证了三维数据信息尽可能完善。为此，开发了三维抽图、材料汇总、可视动画、模型集成浏览、室外工程三维可视化等功能，为直观模拟、减少碰撞、方案研究、施工逻辑安排等方面提供了极大方便。目前已将设计三维模型推送到施工现场，广泛应用于施工方案模拟、施工逻辑安排等场合，助力了各项建设工作的开展。

⑥ 安装误差授权许可

为解决现场安装中出现的误差，“华龙一号”各施工图设计专业出版了一系列的“对安装单位进行现场安装适应性修改的授权”文件及安装文件，对安装中产生的误差进行适应性修改授权，减少了现场澄清的工作量，节省了施工方及设计院的人力投入，同时也降低了工程承包方的管理成本，对缩短工期有较大的益处。

⑦ 阀门远传机构优化

当阀门布置在高放区或人员不可达区域时，需要设置阀门远传机构，将阀门操作端引至人员可达区域。“华龙一号”核电厂中布置有 200 多台远传机构，为解决阀门远传机构在设计、安装过程中出现的问题，“华龙一号”对阀门远传机构进行优化。优化管道布置，减少不必要的阀门远传机构设置；优化阀门远传机构设置路径，减少远传机构与其他物项可能出现的干涉。增加阀门远传机构本身对安装、施工误差的吸收余量，减少现场澄清的工作量，节省了施工方及设计院的人力投入，对加快工程进度有十分显著的作用。

⑧ IED 电缆管安装锚栓优化

核岛厂房 IED 电缆管主要用于敷设通信、火灾自动报警以及照明系统的电缆，安装方式是用锚栓固定。在“华龙一号”设计中，考虑抗震要求及开裂混凝土的特性，均采用重型锚栓，但同时带来了安装的困难。为此，设计对核岛 IED 电缆管现场安装问题进行优化。根据照明、火灾自动报警以及通信专业的抗震要求，按电缆管的功能以及应用区域进行划分：对于重要区域仍采用重型锚栓进行安装，如主控室、远程停堆站、反应堆或者乏燃料水池上方以及火灾自动报警系统的电缆管。而对于其他区域，采用其他类型的锚栓进行安装。IED 电缆管安装锚栓的设计优化，降低了采购费用，加快了现场施工进度。

⑨ 厂区总平面可视化设计

为了提高厂区总平面设计的合理性及高效性，为了更直观、更准确地指导现场施工，设计对福清 5、6 号机组厂区总平面进行了可视化设计，主要包括建/构筑物单体建模、场地设计、道路设计、管线设计、厂区实物保护围栏及大门设计和模型整合。

2）提升施工安全和便捷的结构设计

① 外挂水箱钢桁架设计

“华龙一号”PCS 水箱沿外层安全壳外侧环形布置，标高为 42.3～56 m，是典型的高空超大悬挑混凝土结构，施工难度极大；存在高空悬挑跨度大、施工荷载大、与周边厂房交叉作业等不利于施工及安全的难题。

针对 PCS 水箱施工难度大的问题，经研究分析后，采用永久式钢平台的方案。施工钢平台按其承受 42.3 m 楼板的施工荷载进行设计，其上部墙、板的施工荷载均由 42.3 m 楼板承受，大大降低了施工平台承受的施工荷载、提高了经济性。施工钢平台的设计中也充分考虑了施工的便捷性，如：桁架的布置充分考虑施工的方便，设计中采用“安装螺栓+焊接”的连接方式，避免了高空吊装就位精度不足的问题；桁架主梁也直接浇注在外层安全壳筒体混凝土中，避免了桁架梁与埋件的焊接问题等。同时，施工平台还兼有运行期间检修平台的作用。

施工钢平台的应用，解决了高空大悬挑 PCS 水箱施工困难、安全风险大的难题，同时也减少了与周边厂房的交叉作业、加快了施工进度。

② 外穹顶技术优化

“华龙一号”反应堆厂房外层安全壳穹顶为准扁球形钢筋混凝土壳体结构，外半径 39.7 m，内半径 38.2 m，穹顶厚度 1.5 m，混凝土浇筑量约 4 100 m^3。以往的外穹顶施工方案是在内层安全壳顶部支设脚手架作为混凝土模板支撑，而内壳为预应力混凝土结构，在内壳穹顶上支撑脚手架，会影响内壳预应力张拉工作的开展，从而影响施工周期。此外，内外壳之间空间较小，模板支撑脚手架施工作业不太方便，且属于高空作业，存在一定的危险性。

为了优化工期，提高施工安全性，“华龙一号”采用了一种可整体吊装的外穹顶施工模板，即在现场空地上拼装完成后整体吊装至外壳顶部，作为穹顶混凝土浇筑施工用模板。

钢模板支撑体系由钢板与型钢加劲肋组成，采用环向与径向型钢加劲肋相互交叉布置形式。由于分段施工浇筑的原因，在施工缝附近设置了型钢拉杆。外穹顶钢模板设计还开展了大跨度带肋扁球壳结构的稳定性验算、分段施工下的模板受力计算、飞机撞击验算等，成果满足安全性要求。

此外，由于钢模板支撑体系的自重及施工荷载较大，对吊装能力和浇筑方案均有较严格的要求。为了降低施工难度，总用钢量控制在 400 t 以内，保证了现有的吊装设备可以满足要求。外穹顶钢模板的使用，不仅提高了施工安全性，降低了施工难度，而且缩短了总工期，对提高“华龙一号”全周期经济性具有重要意义。

③ 模块化设计

模块化设计与施工可在提高施工质量的同时减少现场的工作量、大幅提高工作效率，“华龙一号”设计中也充分考虑了模块化的应用：

a. 水池钢覆面的模块化设计与施工

传统的水箱施工多采用后贴法，即混凝土结构浇筑完成后再进行不锈钢覆面的施工，这种施工方法存在施工环境恶劣、安全性差、质量不容易保证、与其他作业相互交叉影响施工进度等问题。设计与施工密切沟通，创造性地采用了先贴法，即：通过增设背肋的方式增大不锈钢覆面的刚度，将其作为混凝土的“永久模板”。水池钢覆面先贴法也根据施工情况采用了不同的施工方法，如：针对 PCS 水箱这类超长、高空悬挂水箱，采用的是分片模块化吊装的方式。

b. 装配式女儿墙设计与施工

“华龙一号”厂房女儿墙设计、施工采用了装配式技术，女儿墙在车间分块预制完成后在现场进行装配施工；同时在两个装配女儿墙模块中间增加现浇混凝土柱，以解决装配式女儿墙与现浇混凝土墙板直接连接问题。

模块化设计与施工在“华龙一号”机型的应用，减少了现场的作业量。在提高了施工质量的同时提高了施工效率，节省了大量工期，同时也提高了施工的安全性。

④ 抗大飞机设计

a. 抗大飞机撞击屋面（LB/KB/RB）拉钩优化

目前“华龙一号”APC 壳屋面（LB/KB/RB）普遍采用了抵抗大飞机撞击的“几”字形底部封闭式拉筋，这种拉筋形式同样是 APC 壳墙体抵抗大飞机撞击的主要形式。在设计阶段，基于大飞机撞击时混凝土截锥体的冲切破坏过程，通过在墙体和屋面中设置“几”字形拉筋，可有效使内外层纵筋形成整体骨架。在混凝土受冲切时，钢筋骨架能起到约束背部混凝土的作用，使钢筋与混凝土协同工作，防止撞击过程混凝土和钢筋被逐个击破。这种抗飞机撞击设计构造在初步安全分析阶段，得到安审中心专家的认可。对于施工来讲，将“几”字形拉筋改为单拉钩比改为上下对包的拉筋形式更能有效降低施工难度与安全风险。APC 壳厂房屋面在抗大飞机撞击分析时，飞机下降的最大下滑角是有限的，因此，对于屋面所受的撞击力会小于墙体所受的撞击力，屋面中拉筋所起的作用会降低，这就为优化改进提供了可能。

b. 屋顶分层施工方案设计

燃料厂房外 APC 壳屋面（以下简称 KB 屋面）施工时，内部厂房的屋面承载力不足以承受全板厚的混凝土重量和施工荷载，不能按照整体浇筑方式进行施工，给施工带来了困难。相比于整体浇筑法与预制构件装配整体法，分层浇筑法操作方便。在施工阶段支撑承载能力受限的情况下，采用分层浇筑施工方法，用第一阶段浇筑成型的底层混凝土承担上层混凝土的重量，有效解决燃料厂房屋面承载能力不足的问题，省去了大量支撑材料，施工不影响设备安装和厂房装修。

c. 龙门架阻挡抗大飞机撞击

由于 APC 壳主设备运输通道防护门外有龙门架，可以阻挡大飞机撞击，对于 APC 壳主设备运输通道防护门有补强效应，因此设计重点考虑了飞机在撞击龙门架体系开始和结束时的体系总动能，撞击过程中总动能的损失即为龙门架体系和飞机自身的应变能。将撞击结束时的体系总动能，保守的看作是飞机在撞击结束时刻的动能。通过计算得到的飞机在撞击结束时刻的动能，反推出飞机在撞击结束时刻的速度，以此速度作为飞机撞击 APC 壳主设备运输通道防护门时的初始速度。据此对 APC 壳主设备运输通道防护门进行设计，有效降低了防护门的厚度，进而降低了施工难度。

（3）完善的技术体系保障首堆调试

1）调试首堆试验要求

“华龙一号”首堆调试试验选取的项目是针对核电厂中所有采用了新概念设计和具有新设计特性的设计特点，基于调试相关法规和导则的要求以及我国核安全当局的意见和建议，通过风险因素、代价因素并结合良好实践反馈，采用了多元化特性评价和试验可执行的再评价进行选取的，包括：PRS 换热能力验证试验、堆内构件流致振动试验、RCS 自然循环载热试验、波动管温度及位移监测试验、TSA 快速冷却功能验证试验。调试首堆试验能够在满足法规、导则要求以及确保核安全、人员安全和设备安全并兼顾机组经济性的前提下，全面、有效、正确地验证国产先进压水堆核电厂中新概念设计和具有新设计特性的物项性能符合设计要求和有关规定及准则，从而为机组安全稳定的运行提供有力保障。

2）调试技术文件体系

“华龙一号”采用了创新性、规范性的设计理念，建立了一套全面的调试上游文件体系，包括：基于系统、子系统及设备功能拆解设计的系统调试大纲；基于工艺系统及设备梳理、标准化分析设计的调试导则；从三大核安全功能出发，结合系统安全功能及安全分析的初始假设设计的系统安全准则。针对上述三类文件，分别提出了一种普遍适于压水堆核电厂调试上游文件体系的标准化、规范化的设计方法。

全面的调试指导文件体系设计，在最大程度上保证了“华龙一号”的设计功能在调试期间得以全面验证。“华龙一号”的调试指导文件体系设计，可以保证调试工作安全、有序、高效地开展。

7.3.2 计划协调一体

“华龙一号”示范工程通过一体化协同实现了计划协调一体，设计、采购、施工、调试信息高度融合，实现以项目为中心的各板块一体化协同，缩短了信息流程，提高了反应速度，增强了项目控制效能。

（1）一体化进度计划

“华龙一号”示范工程应用一体化计划管理模式，在横向上通过接口计划将设计、采购、施工、调试等各领域相互独立的三级进度计划连接成一个整体，在纵向上通过 P6 计划管理系统实现二、三级进度计划的联动，通过统一动态匹配、跟踪、协调，提升了协同管理的效率。

在示范工程建设初期，各方对设计、采购、施工、调试间的逻辑关系进行了全面梳理。通过对贯通项目始末的土建施工图、安装施工图和 DCS 接口三条逻辑线的梳理，形成了《标准进度计划模板》《影响 DCS 提资的采购包管理推进策划》《影响土建出图及系统设计的第三方提资管理推进策划》等系列成果，打破了单一以设备制造周期匹配安装需求时间编制进度计划的思路。能够提前发现问题并解决，使进度计划更为合理，为图纸按期出版、设备按期到货提供了有力保障，为发挥整体协作优势奠定了基础。

“华龙一号”二、三级进度计划采用联动模式，二、三级进度计划作业在同一个 WBS 下分解实现联动后，保证了上下游二、三级进度计划的一致性，解决了以往项目中二、三级进度计划之间不匹配的问题。同时以设计、采购和施工信息系统支持 P6 计划管理系统，实现二、三级进度计划进展的自动更新，保障了数据更新的及时性和准确性。

（2）多级协调

“华龙一号”示范工程是新时代“大力协同搞好核工业”的典范之作。从国家层面，国家各相关政府部门对示范工程建设均高度重视。借助这一优势，示范工程建立了具有首堆特色的多层次会议协调机制（见图 7.3.1）。

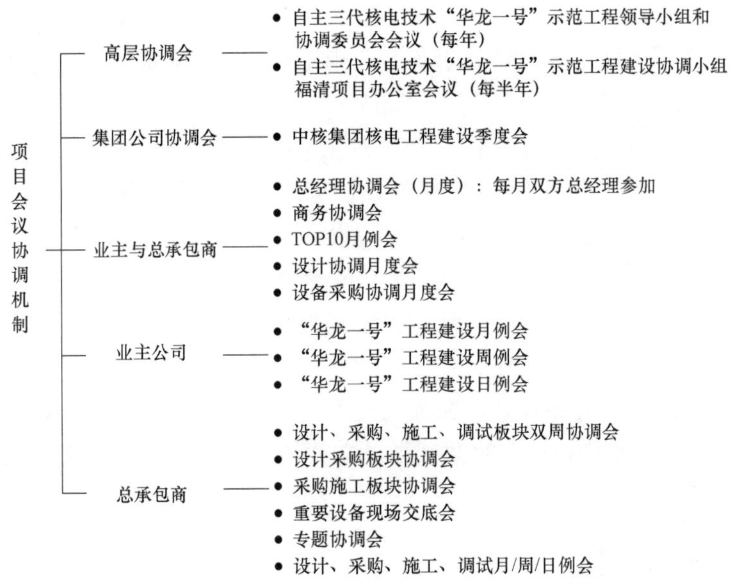

图 7.3.1　项目示范工程多层次会议协调机制

1）高层协调会

国家能源局于 2015 年成立自主三代核电技术“华龙一号”示范工程建设协调小组。协调小组成员包括国家能源局、地方政府部门、有关行业协会、有关设计、施工和设备制造涉及的集团。主要目的是集中优势资源、加快经验共享、稳步推进国内示范工程顺利建成投产，推动“华龙一号”核电技术加快走出去。协调小组下设项目办公室，项目办公室主任由中核集团主要领导担任，成员由福建省发改委、中国核能行业协会、中国机械工业联合会、华电集团、中核建、中能建、中国一重、东方电气、上海电气和哈电集团等 10 家单位主要负责人组成，负责推进各自项目进展，协调各单位资源和行动，落实协调小组会议议定事项，并推动解决项目建设中的重大问题。主要工作包括：向协调小组报告示范工程项目进展情况；讨论并就纵向、横向接口管理的重大原则达成共识，提高整体运作效率；根据各阶段需要为项目建设落实关键资源；针对示范工程建设过程中遇到的重大问题，充分讨论并形成决定；建立经验反馈和交流沟通平台。福清项目办公室已累计召开 9 次项目办公室会议，形成 48 个行动项，高效地解决了示范工程建设过程中土建、安装和设备供货等重大问题，充分体现了集中力量办大事的中国特色和优良传统，有力保障项目节点按期实现。

2）集团公司协调会

由中国核电组织，每季度召开一次，协调解决项目进展中出现的重大问题并制定相应措施，指导、协调问题的解决。中核集团国内核电工程建设主管领导、集团公司经营管理部、安全环保部、中国核电、业主公司、总承包商、分包商等单位和部门参加。

3）业主与总承包商间协调会

由业主公司组织，每月召开一次。业主公司有关部门，总承包商以及有关分包商参加。必要时，邀请上级单位参加；总经理协调会分为分组会和高层会，分组会为各领域（设计、采购、施工、商务）的分组讨论，高层会讨论分组会未能达成一致的议题和重大事项。

4）业主内部协调会

工程日协调会由业主公司项目控制处处长主持，解决每日出现的工程领域的新问题，并负责向周协调会提供议题；工程周协调会由业主公司主管工程副总经理主持，每周召开，协调解决日协调会提交的问题；工程月协调会由业主公司总经理主持，每月召开，协调解决周协调会提交的问题。

5）总承包商内部协调会

总承包商中核工程建立了设计–采购–施工–调试板块高层双周协调机制，由总承包商总经理或副总经理主持；建立了设计采购板块协调会、采购施工板块协调会、重要设备现场交底会、专题协调会等全方位、多角度的沟通协调机制。一体化的沟通协调机制，使得各板块密切配合，信息高度融合，联合协作效果明显。示范工程关键设备的接口按期关闭率均超过 90%，特别是 DCS，较之前项目提高了 4.3 倍，设计固化周期缩短了 31%。

（3）专项组

“华龙一号”示范工程成立了多个设计、采购、施工和调试联合专项组（如：核级小三箱专项组、主泵专项组、DCS 专项组、常规岛及 BOP 协调专项组、冷热试节点优化专项组、装料条件推进专项组等），通过定期组织会议讨论、发布进展报告，在厘清上游设计输入和下游施工调试需求的基础上，为设备按需交付提供了有力保障。以 DCS 为例，“华龙一号”示范工程首堆 DCS 在 4 年间，召开协调会 127 次、处理文函 16 078 件、出席质量见证点 2 448 个，最终提前计划 2 天交付现场，打破“首堆项目 DCS 供货必延期”的魔咒。

2020 年 7 月，为实现年内商运目标，业主公司、总承包商与各参建单位联合成立了“华龙一号”首堆装料条件推进专项组（见图 7.3.2）。

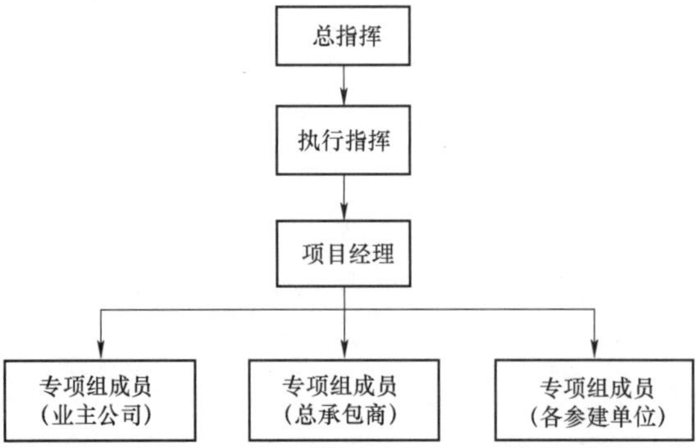

图 7.3.2 “华龙一号”首堆装料条件推进专项组组织机构

总指挥由业主公司总经理担任，负责总体推进装料条件推进的各项工作，组织对工程节点、目标和重大事项做出决策。执行指挥由业主公司副总经理担任，协助总指挥推进专项工作，组织并主持管理晚会。专项组当班成员集中办公，协同完成主线计划、系统 EESR 计划、TOTO/TOM/BHO 移交计划、质量计划及三单梳理、尾项消缺等计划的制定，并全程跟踪推进。对具备装料条件存在的各项问题，包括设计、设备、施工、调试、移交接产等方面，均由专项组当班成员当面协商、讨论，并达成一致。执行指挥和项目经理每天各安排 1 人值班，及时决策各项问题。

专项组通过每日早会、主线计划协调午会和管理晚会协调、决策难题，重要工作 24 h 不间断推进：

① 每日早会由项目经理主持，总结前一天工作执行情况，并布置当天工作任务。

② 主线计划协调午会由项目调试部经理主持，以调试试验和装料条件为主体，详细讨论和确定未来三天的主线计划项目内容、责任单位/责任人、计划时间安排，各执行专业反馈主线计划的执行和进展情况，提出需要协调或解决的问题。

③ 管理晚会由执行指挥主持，总结当天主线工作进展，协调、决策重要偏差和重大工作安排，根据需要组织专题会。

“华龙一号”首堆装料条件推进专项组在成立期间，34 天完成 15 160 项尾项的处理，为运行许可证的顺利获取提供了有力保障。

（4）联合文档管理

核电工程文档的产生、交付、接收、验收等活动覆盖了工程建设的全周期，工程文档竣工验收离不开整个工程建设期的文档管控。示范工程业主与总承包单位统一目标，建立了建设方与运行方“联合文档”管理模式，提高了项目文档的管控效率。针对项目文档管理工作执行四个统一，即统一的文档管理组织，统一的文档管理目标，统一的文档验收要求规则，统一的监督管控和监查反馈。例如，总承包单位邀请业主参与对建安分包商的验收，对于归档验收文件，联合文档只检查一次，一次性给分包商检出问题，避免不同单位重复监查，重复修改，提高人工效率，降低交付压力（见图 7.3.3）。

示范工程建立了文档标准化分发、归档规则和渠道，实现了对文档传递分发的有效管控，同时运用科学的管理手段，变被动接收为主动管控，介入文档源头管理，提升文档有效性的保障力度和深度，并根据标准分发规则，做到传递规范，有据可查。

总承包单位加强了对分包单位的过程管理，统一了接收标准，降低了各分包单位的管理成本，同时提高了文件提交质量和合格率。例如，加强对设备分包商的管控力度，将项目文档规范要求、管控标准前期发放并定期宣贯、过程中组织多种形式的培训并对分包商进行检查、交付前进行电子版预检或参加设备厂商的出厂验收，问题整改形成闭环管理。为达到交付要求，还采取多项文档管理措施，包括组织协调会、派驻竣工文件整改人员等，提升了采购分包业务文档质量。

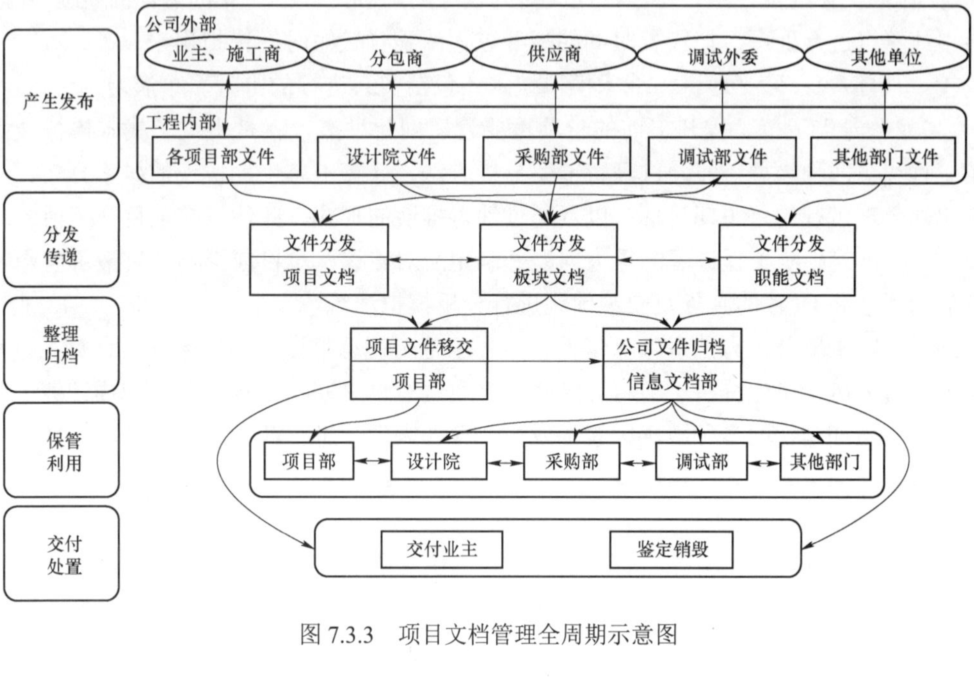

图 7.3.3　项目文档管理全周期示意图

7.3.3　全面风险管理

（1）沙盘推演，提前进行风险预判

1）沙盘推演的起源与发展

沙盘推演，也叫沙盘地图对阵，是一种战术模拟技术。所谓沙盘地图对阵，就是在以沙盘、地图表示地形地貌，以标识器表示军队和武器配置的战场模型上，利用反映实战条件约束的若干行动规则，交战双方指挥官和参谋人员以下棋方式进行策略运筹的对抗。起初这种技术主要用于军事训练，后来因为应用成果突出，成为开始一项作战行动的正规程序。刚开始沙盘地图对阵的进行主要依靠军事经验，艺术的成分多于科学技术。随着科学技术的发展，蒙特卡罗方法、最大最小原理、博弈论、概率论、统计技术、电子计算机等技术逐渐在沙盘地图对阵中应用，使得模拟出可能的战斗结局的概率分布成为可能，科学家们也可以处理更为复杂的战斗局势，战术模拟技术也成为一门真正的技术。

战术模拟技术主要有四种类型：

① 人工进行的战术模拟：利用沙盘、地图、三维地形板、标识器、杀伤率方程以及蒙特卡罗方法，按照给定的规则和数据条件，对战斗程序进行模拟。交战双方的指挥和参谋人员在分隔的作战室中按照实战方式进行策略运筹，演习裁判在专门的控制室里把双方的一对策略结合成一个局势，并馈送给双方作战室，交战双方再根据这一局势开始新的决策过程，从而推演整个战斗过程。全部计算靠人工进行。

② 计算机辅助战术模拟：在第一类模拟的基础上，利用小型计算机代替人工进行数字计算。

③ 计算机化战术模拟：在沙盘地图对阵模型的基础上，用计算机语言描述战斗程序，然后用计算机进行处理，把较长时间的战斗过程浓缩到较短时间模拟出来。

④ 军事演习：广义地讲，战术模拟技术还包括实兵进行的野战军事演习。

“华龙一号”示范工程开工前的一项重要管理创新举措，就是引进了战术模拟技术中的第三种和第四种类型，即通过蒙特卡罗分析方法，计算出总工期实现的概率分布，从而制定更加合理可行的总工期目标；以及通过沙盘推演的形式，评估目前项目开工前的准备情况，分析可能影响工程进展的重大问题并制定应对建议，对目前影响项目最可能影响工程进展的主泵和 DCS 的到货及安装问题进行分析模拟演练。

通过蒙特卡罗分析方法进行“华龙一号”示范工程总工期实现概率分布计算的过程，在第 8 章进度风险量化分析一节将详细描述。通过对总工期实现概率分布抽样计算，可以得到影响总工期实现的各种敏感因素的发生频度，为后续进行沙盘推演、有针对性地清除影响工程进展的风险因素提供依据。

2）沙盘推演的应用过程及效果

2014 年 10 月，受中国核工业集团公司和中国核能电力股份有限公司委托，中国核能行业协会组织了国内核电工程建设管理领域的 34 名专家组成评估队，对“华龙一号”示范工程开工前准备工作进行了评估与沙盘推演。评估的领域包括项目整体管理、设计管理、采购与合同管理、设备监造管理、施工管理、进度管理、风险管理等，评估的形式主要为访谈和查阅文件。评估后共提出了 5 个方面、13 个领域、26 项待改进的问题，最终形成了 100 项整改措施。在落实整改计划的过程中，通过定期报告和会议检查的形式，及时对改进计划的实施进行监督和跟踪，推进改进行动的真正落地。

同时，对“华龙一号”示范工程建设初期风险集中的设计、设备领域，各方组织制定了推演工作程序、工作计划。其中设计领域选取了两项系统设计组织、核岛仪控系统提资策划、主泵设计接口设计组织等6类典型的设计组织与管理任务进行了具体的沙盘推演；设备领域对102项“新设备、新厂家、新工艺”的“三新”设备的采购组织和管理制订了详细的推演计划，并按计划实施；建安领域推广开展模拟吊装和模拟浇筑等现场活动。设计领域发布了《设计沙盘推演管理》及《设计沙盘推演工作计划》，设备领域发布了《设备沙盘推演管理》，并制订了《“三新”设备推演及鉴定工作计划》，施工领域在《施工组织设计》和管理程序中也明确了模拟演练的工作流程和组织方式。

结合以往项目建设经验及通过蒙特卡罗方法计算的影响总工期实现的各项敏感因素，与会专家选取了主泵的设计、采购及现场组装和DCS的设计制造、采购两项重要工作，展开了具体的沙盘推演。主泵的沙盘推演从主泵的技术特点入手，详细介绍了福清1～4号机组在主泵设计、采购、制造过程中存在的问题及目前“华龙一号”示范工程主泵设计、采购的进展情况，在此基础上围绕设计固化延误、哈尔滨电气动力装备有限公司（HPC）水力部件供货严重延误、在AC厂房组织时严重延误等三个假设场景展开推演，最终明确了应重点关注的7个问题，并提出了28项建议措施。DCS的沙盘推演同样从技术特点及目前已知的问题和采取的措施入手，重点围绕供应商选择、设计提资过程、项目组织模式、合同执行等方面的问题展开推演，最终明确了应重点关注的5个问题及19项建议措施。

参建各方通过沙盘推演前的策划、组织结构和人员确定、文件准备及推演过程中的访谈沟通、文件调阅、追踪、评价、情景模拟、压力测试等，总结归纳基础数据事实，测试了团队的管理知识、管理经验及解决问题的能力。通过推演后评价及制定改进行动计划，追踪改进行动的落实情况，最终实现提升项目管理水平、增强团队风险应对能力的目标。

（2）覆盖全员，构建全面风险管理

示范工程为实现“全员参与，预防为主，防控结合”的风险管理思想，在充分吸收以往承建项目的风险管理经验的基础上，加强风险管理制度建设及组织体系建设，充分发挥示范工程矩阵组织管理模式的协同效用。以示范工程项目目标为核心，建立健全了一套贯穿始终、前后协同、边界清晰、层级纵深的风险防控机制，营造全员参与、全领域覆盖、全过程防控的风险管理氛围。

1）建立组织管理体系，夯实风险管理职责

项目风险管理是项目管理的重要组成部分，项目团队成员均需要在遵从组织政策和实践的指导原则下开展工作。示范工程项目为了更好地开展全员风险防控，以工程项目部的组织机构为基础，成立风险管理委员会及风险管理办公室，为项目总经理层、各部门负责人层、各领域负责人层加载风险管理职责，统一全员风险管理目标。各部设置有专职/兼职风险管理工程师开展风险管理组织工作，逐级分解管理责任，明晰项目决策层、部门执行层及五大领域支持层的风险管理工作界面和工作要求，推进风险管理与业务领域的广泛融合。通过项目月度例会、项目风险管理专项会议、项目总经理协调会来落实各方项目重大风险管控责任，充分发挥组织作用，围绕项目重大风险实施动态管控（见图7.3.4）。

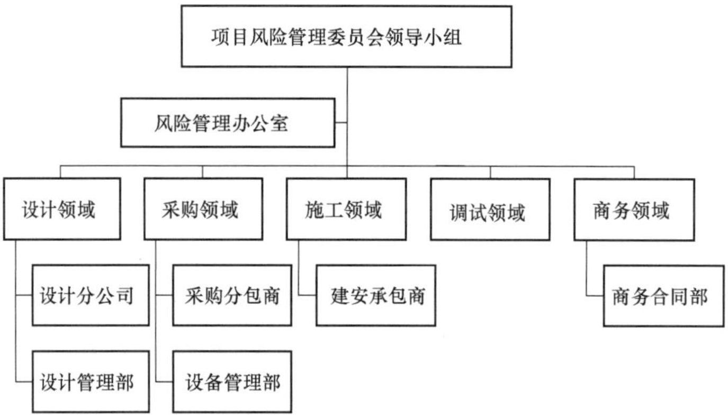

图 7.3.4 示范工程项目风险管理组织体系示意图

示范工程项目风险管理委员会领导小组（以下简称领导小组），由项目部总经理、项目党支部书记担任组长，副组长为示范工程各项目副总经理、各领域总部领导、各主要分包商项目经理。项目风险管理办公室主任由项目部主管风险的副总经理担任，成员包含项目控制部及各部门经理以及各部门风险管理工程师。领导小组与办公室职责是为了决策项目重大风险管控应对责任的划分与管理资源的调配，聚焦项目目标及管理重点，夯实风险管控责任，确保责任到岗到人、管理有效有序。设置五大领域管控风险，是为了打破单一部门管控风险的局限性，打破部门边界，以业务为核心整合识别、分析、评估和管控领域风险，实现从点到面的组织管控模式，建立“管理单个风险——管控领域风险——监控项目整体风险”的递进式风险管控网，以确保层层布防、前后协同的风险管控体系的有效运转。

2）建立管理制度体系，压实风险管理链条

示范工程以制度文件来规范各部门、各领域以及主要施工承包商的风险管理活动，顶层设计以《核电工程项目风险管理导则》程序为纲统筹全局，项目执行层面以《核电项目风险管理程序》为总体工作指导、以《“华龙一号”示范工程 TOP10 管理办法》及《风险分析及报告管理程序》为主要管理支撑。领域工作层横向拓展至设计、采购、调试领域的风险管理程序为辅助，纵向延伸至各主要施工承包商层级风险管理程序及对主要分包设计院、主要供货商的风险管理要求（见图 7.3.5）。

通过制度体系的架构实施，将项目风险管理的理念、方法、要求等进行层层传递和推广应用，对内压实风险管理链条，对外为业主提供体系保证，并结合工程实践逐步优化工作接口和流程，加强对重点领域、重点环节、重点人员的管理，推进风险管理全面覆盖、有效运行。

3）建立分级执行体系，打通风险信息通道

示范工程为全球首堆核电工程，从项目策划至项目实施的全过程各个阶段的不确定是持续存在的，为了更加有效地保证风险管理体系在项目执行过程中的良好运行，示范工程以“按类别分级、按事件分级、按责任分级”的理念为驱动，逐级递进式、动态管控风险。建立了“自下而上+自上而下”双向风险信息流通通道，确保各领域风险信息流快速识别、分析、评估和管控，提升管理及时性。

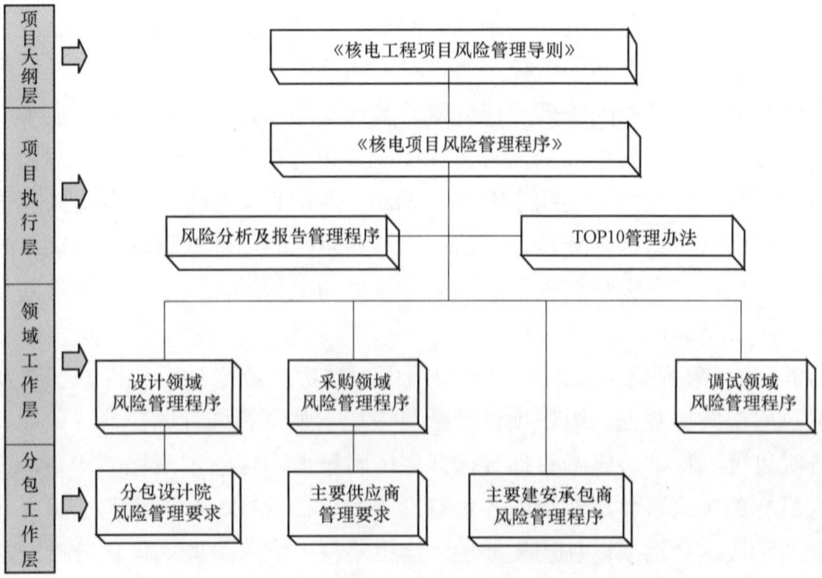

图 7.3.5　示范工程项目风险管理制度体系架构示意图

示范工程按照风险来源、受影响的项目区域或领域、项目建设阶段、专家经验等因素，结合项目 WBS 情况，对项目风险源进行分类，并逐级细化，形成三个层级、八大类别的风险分解结构（简称 RBS），分别为外部风险、设计风险、采购风险、施工风险、合同风险、管理风险及财务风险，逐级细化后共计识别并固化出 276 项风险类别，以类别来分类管理、分别统计项目建设全周期过程的风险事件情况（见图 7.3.6）。

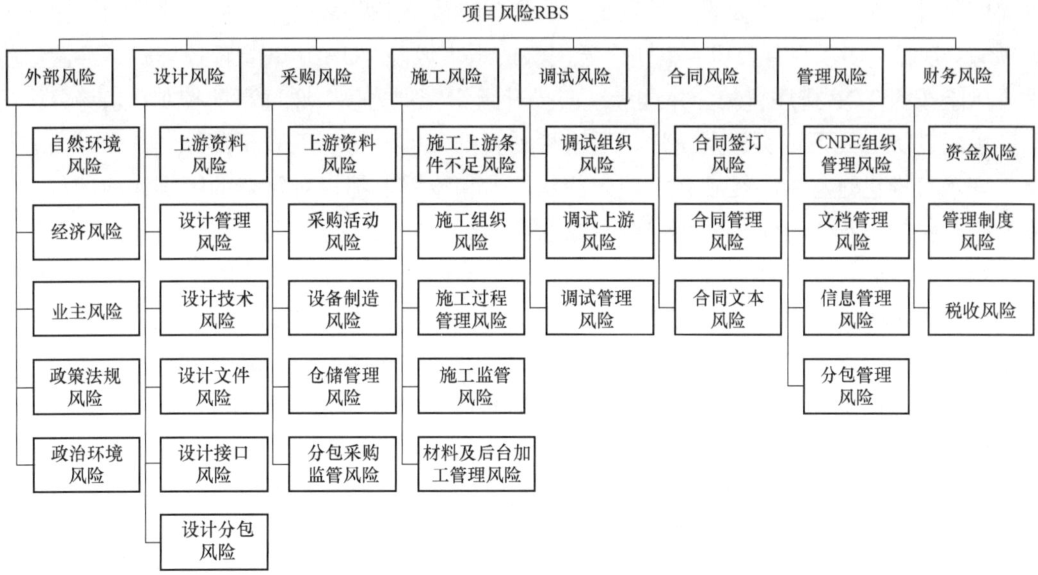

图 7.3.6　示范工程项目风险 RBS 结构示意图

示范工程的风险管理工作需要贯穿整个核电项目建造过程，在项目风险 RBS 基础上，结合科学方法对识别出来的项目风险进行定性、定量评估后形成四级的风险等级，四级风险管控级别最高，一级风险管控级别最低。对风险分级是为了更好地评估优先管控等级，针对不同级别风险，采取不同的管控策略，对不同等级风险的实施精准管控。同时结合风险等级不同，对应设立不同的管理责任分级，节约管理资源，体现“抓大放小”理念，将有限的管理资源投入到更为重大的风险管控中，集中力量应对和管控重大风险。

“自下而上”信息流由各个部门发起，以部门业务工作为核心，根据风险管理基本流程，开展部门层面风险识别、分析、评估、应对和监控的闭环式管理，筛选出的等级较高风险上报上一个层级。逐级筛选等级较高风险进行向上传递，突发重大风险则直接通报最高管理级别进行决策和应对。

“自上而下”信息流则由组织机构上层组织根据历史数据分析、良好实践及经验反馈等维度获取风险源案例数据，组织项目部全员依托于某个领域具体目标，比如，项目总工期、项目各级进度里程碑、成本目标等，开展风险管理闭环基本流程的运转，提前识别影响项目重大目标的风险事件，并集中各级管理资源进行管控。如：示范工程在开工前确定项目总工期的阶段综合运用以往历史经验，运用蒙特卡罗风险概率量化分析方法开展总工期按期实现风险概率及敏感因素分析，并根据敏感因素分析出的预计影响项目的重大风险事件及关键路径作业情况来制定风险管控方案，并组织全员应对。

综上所述，通过在具体工程的各个阶段建立分级执行的管理体系，打通风险信息通道，确保风险管理理念、流程、工具和方法结合项目其他业务管理体系的运行，达成风险管理与业务管理融合的功效，保障项目风险管理体系的有效运行，保障项目目标顺利实施。

（3）TOP10 管控，攻坚克难解决问题

示范工程在项目建设过程中，实施重大 TOP 风险管控机制，将风险与项目全业务领域深度融合，纵向按照“要素－子系统－系统”的系统工程思维方式和方法，构建出“业务领域－项目－多项目－公司－集团”五层级的重大风险 TOP10 风险管控模式。各层级将重大风险按照 TOP 排序管控，并逐级纵向提升组织管理力度；通过事前控制、趋势分析的工具手段，从上到下地实施系统性、递进性的管控，使风险管理真正落地。

在项目推进过程中，经常会出现一些从技术和流程上都相对复杂的困难和问题，往往成为拖后腿的工程“钉子户”，久拖不决就会影响整体的施工进度。TOP10 管控机制基于“问题导向原则”，以整体项目协同推进为目标，整体联动，集中资源解决影响项目有序推进的重大关键事项。TOP10 以解决关键问题为导向，实行“多层级协同”的分级管理，从而推动项目全周期全范围一体联动。在分级管理方面，业主单位、总承包单位以及项目相关方应当按照问题的影响和紧急程度，列出 TOP10 风险（排在前 10 位，最重要紧急的 10 项关键问题）。

在此基础上，示范工程各参建单位，涵盖业主单位、总承包单位、施工承包商及主要设备厂家等应用 TOP10 方法，同步建立 TOP10 管理制度、TOP10 清单，形成 TOP10 纵向联动、横向协同的管理框架，从而打造了全周期全范围一体联动的 TOP10 管控机制。

在日常协调、推进的基础上，通过已有的周例会、月例会、总经理协调会等协调解决 TOP10 问题，突发、紧急问题通过专题会等协调解决。

通过对 TOP10 问题的系统分析，各方共同制定相应的解决措施及手段，通过各类报

告、会议平台对措施的进展和效果进行动态跟踪评估，协调过程中的问题，并实时对措施执行情况和效果进行更新。在此基础上，建立责任到人、严格落实的 TOP10 奖惩机制，层层分解责任到人，形成完整的 TOP10 管控责任体系。对解决 TOP10 和实施有效管控措施的相关人员给予重点奖励，未得到有效控制时给予处罚，有力督促、推动措施落实和问题解决。

从管控效果来看，TOP10 对工程进度推进起到了明显推动作用，主要是该方法推动各参建单位提前分析、识别未来和后期阶段的潜在关键问题，在潜在关键问题未造成实质性影响前为风险解除预留时间。

第 8 章 全生命周期管理优化

“华龙一号”注重增强管理流程的系统性，不断提升标准化、精细化全生命周期管理水平。构建了知识产权与研发一体化管理体系，实现了设计服务采购、施工、调试的深度融合，提升了设备管理全周期、全产业链集成一体化管理能力，强化了提前策划、统一运作的现场施工执行力，创新了调试有秩序、有重点提前介入安装的管理机制，应用了沙盘推演、TOP10 风险管理、蒙特卡罗量化方法、挣值技术等先进项目管理工具。全生命周期管理的优化，提升了技术创新研发效率和工程按期交付能力，为华龙品牌与其他三代核电技术角逐国际市场保驾护航。

8.1 研发管理一体化升级

为适应国家产业政策和国内外核电形势，“华龙一号”研发团队结合自身技术能力和条件，根据国际先进三代核电技术发展趋势，创新研发管理模式实现研发体系转型升级，构架一体化知识产权管理与研发体系实现完全自主知识产权，搭建全球化协同创新平台整合技术资源。创建“互联网+”核能一体化三维协同研发设计平台，大幅提升创新研发效率，成功研发出具有完全自主知识产权的三代核电型号“华龙一号”。推动核能行业创新水平的提升，带动全产业链的持续发展，为我国核电自主发展及核电走出去奠定坚实的基础。

8.1.1 加强顶层策划，制定自主化研发技术路线

根据三代核电技术的发展要求及国内核电研究技术基础，“华龙一号”研发团队讨论确定“华龙一号”总体研发思路：在充分利用我国批量化压水堆设计、建造和运行经验的具有自主知识产权的成熟技术经验基础上，借鉴国际三代核电技术的设计理念，吸取福岛核事故的经验反馈，开展进一步的自主研发，实现具有自主知识产权的三代核电型号的研制。

（1）顶层策划确定“华龙一号”总体技术特征，明确自主创新要求

“华龙一号”作为我国自主研发的三代核电型号，需满足国际上对三代核电技术指标的要求，并具备良好的安全性、先进性和经济性。

为确保“华龙一号”型号技术的自主创新性，在顶层策划中，确定在总体设计、堆芯

设计、结构设计、抗震技术、严重事故预防系统和应急能力等核电整体型号的核心领域采用自主技术，在满足三代核电技术指标要求的基础上，也突破外方知识产权限制，实现“华龙一号”整体型号技术知识产权的自主化。完成技术创新后，“华龙一号”将形成的主要技术特征，包括 177 堆芯、单堆布置、双层安全壳、能动与非能动安全设计理念、抗震能力、抗商用大飞机撞击能力、应急能力提高等。

（2）明确技术路线方案，指导项目实施

作为渐进式的先进压水堆设计，“华龙一号”是基于成熟技术基础上开展的各系统的研发，根据总体技术特征及自主研发要求，确定的研发方式包括创新研发、渐进式改进及消化吸收再创新。

8.1.2 建立先进的产业化研发管理体系

（1）项目分类分级管理模式

为适应市场机制、推进创新发展、全面提升核心竞争力，为进一步提高研发水平和效率，“华龙一号”实施项目分类分级管理模式。按照科研项目计划形式、合同（委托）形式和经费形式将项目分为三大类，分别为纵向科研项目、横向科研项目、自主研发项目；按照科研项目重要性和创新性经费总额、来源及特点，将科研项目分为三级。特级科研项目，主要包括核电型号研发、型号整体改进技术研究、国家重大专项项目等具有战略性研发和总体性技术研发项目，或科研经费在 8 000 万元以上的项目；甲级科研项目，主要包括国家部委或集团公司批复的系统性较强的专题研究，或科研经费在 4 000 万元至 8 000 万元之间的项目；乙级科研项目，其他一般性课题，国家部委批复的单个项目、集团优先发展技术等课题，或科研经费在 4 000 万元以下的项目（见图 8.1.1）。

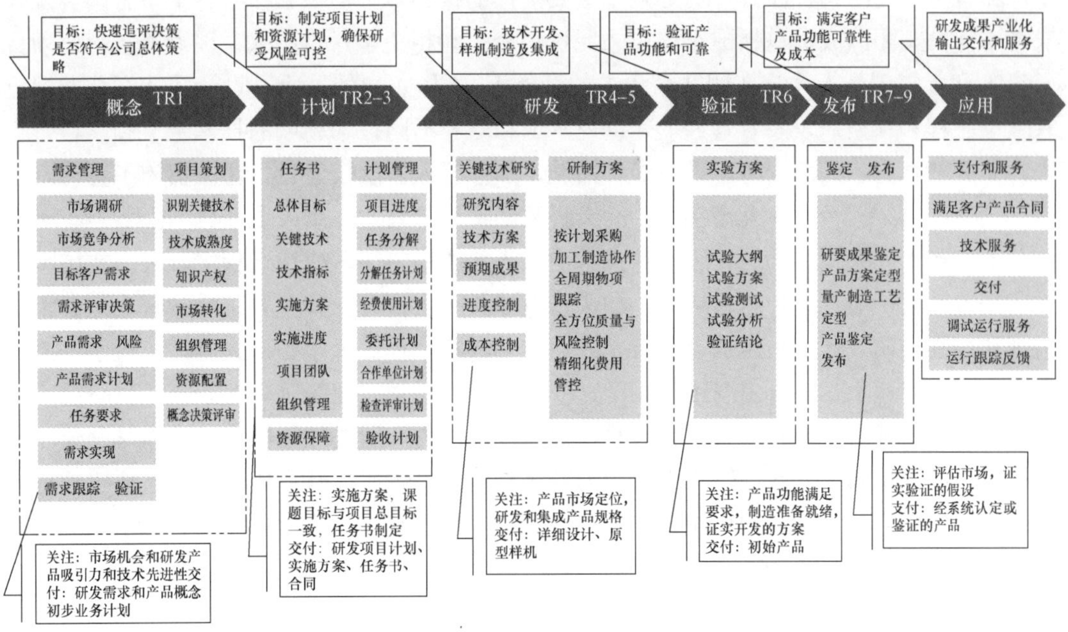

图 8.1.1　先进的产业化研发管理体系图

（2）结构化的产品开发流程

为了能快速适应市场需求，能够准确、快速、低成本、高质量地推出新产品，建立结构化的产品开发流程。产品开发流程主要涵盖阶段到步骤，包括研发、采购、营销、财务等各角色在各阶段需要完成的步骤，主要解决全流程的配合关系，主要解决跨体系和部门的协同。产品开发流程分为六个阶段，分别为概念阶段、计划阶段、产品开发阶段、验证阶段、发布阶段以及应用阶段，并且明确各阶段的目标、关注点以及交付物。如：概念阶段最重要的活动是市场验证以及需求调研和多方案选择，明确产品的功能、性能、规则等，满足客户的需求，并解决顾客的问题。计划阶段是将产品开发的方案设计阶段全部合在一起，包括需求的分解分配、产品规格说明书以及各方案概要设计，以达到设计与实现分离的目的。同时引进美国 NASA 技术成熟度评价体系，设置项目转阶段门槛，以控制技术和投资风险，作为新型号或新产品成果转化依据，为科学化管理提供得力工具。将结构化的管理流程与技术成熟度相结合，确保研发产品成功应用于工程中。

（3）建立集成产品研发团队，完善人才梯队培养模式

“华龙一号”技术研发创新的主体是“人”，必须建立高效研发组织架构和行业领先人才队伍。为确保“华龙一号”技术研发高效实施，“华龙一号”研发团队创新了科研项目管理模式。各参研单位根据实际情况，建立适应科研开展的管理体系，在集团内形成整体集成产品研发团队，有力统筹“华龙一号”研发。

1）团队建设

在核电厂总体设计方面，建立了以“华龙一号”总设计师为负责人的“华龙一号”研发设计创新团队。团队核心成员覆盖核电型号研发所需要的重要技术领域的主要学科与专业，包括公司（院）副总工程师、核电总体、反应堆工程、核安全、核设备、工艺系统、电厂布置、土建结构、项目管理等多个重要岗位的核心骨干，多名核心骨干享有国务院政府特殊津贴。团队成员包括国家核电领域资深专家和相关学科带头人、国家重大科研项目负责人和青年创新人才。在团队负责人的带领下，“华龙一号”研发设计团队充分发挥已有大型工程和科研研发及管理经验，重视发现和培养不同技术领域的技术专家和学科带头人，充分整合内、外部资源，采取多种措施，加强了人才队伍建设。团队实施了“首席专家”“学科带头人”和“专业带头人”三级研发创新科研人才体系；采用了“型号总师”“系统总师”和“分系统总师”三级设计技术决策人才体系。团队建设过程中，大力实施紧缺人才培养计划，通过多种培养方式，加快培养核科技重点专业和主要工种紧缺人才。团队重视和加强科研设计人员培训、教育，先后与瑞典皇家理工大学、意大利比萨大学、清华大学、西安交通大学、哈尔滨工程大学、中国原子能科学研究院等高等院校、科研院所合作培养人才，开展博士和硕士学位教育，提升基础能力。通过加强国内外合作与交流，拓宽视野；通过实际工作锻炼提高实践能力等多种手段，快速提升科研设计人才队伍的总体水平。通过先进的组织管理机制，进一步规范和完善了高层次人才的培养、吸引、评价、选拔、使用、考核、激励与保障机制。“华龙一号”研发设计创新团队培养了 100 多名拔尖人才，吸引了近千名优秀人才，造就一支规模适度、结构合理、素质优良，适应核工业持续发展需要的高级科技人才队伍、高级管理人才队伍和高级技能人才队伍，有效地推动

了研发工作的顺利进展，创建了自主知识产权的先进核电品牌。

在反应堆核蒸汽供应系统设计方面，实施了“1333”组织与人才管理模式。“1”为一个院级反应堆型号总体研发部；“333”分别为“三同时”“三队伍”“三分级”的人才管理机制，并有效激励团队，培养了一支高层次人才队伍。创新性的采用组织级项目管理模式，把“华龙一号”研发作为项目集管理，将零散的与“华龙一号”相关项目集中管理，统一管理架构，侧重从战略层面权衡组织效益，实现了单个项目无法实现的效益。

在产品研发组织架构上，建立了由院主管领导负责制下，包含院级主要管理部门和所领导、主要技术负责人以及科技、质量、知识产权等部门专职管理人员组成的型号产品研发管理团队（院级反应堆型号总体研发部），主要负责项目集管理和总体技术管理，确保“华龙一号”研发目标实现。具体科研项目由总体研发部下设的多个项目部负责子项目管理，如总体、关键设备、燃料、仪控等子项目部，型号总设计师负责技术管理。

各项目部下设多个课题组，开展技术攻关。通过这种组织级战略执行框架，确保了各级项目管理符合“华龙一号”整体研发战略，研发目标一致，并形成内外部、各项目、各课题间有效协同。通过采用“333”人才管理机制，使人才培养管理工作紧密结合研发任务，分层分级管理人才，真正实现创新人才培养常态化，发挥人才在技术创新中引领作用。“三同时”是指在实际工作中依照科研与培养相结合的“双向联动”机制，以科技创新助力人才培养，以人才培养助推科技创新。做到科研任务与人才培养任务同时策划方案、同时制定计划、同时制定激励措施，推动科研与培养的联动发展。“三队伍”是指在对人才管理进行指导时，依照管理人才、技术人才、技能人才进行人员分类后完成相应指导，重点突出，有效地推进人才队伍整体建设。紧密结合产品研发，形成复合型人才培养机制。通过系统引进、专项培养，打造一支适应未来的型号研发的技术尖兵队伍，发挥人才“领头羊”作用。在重大领域、重点学科、重点专业分类设置院首席专家、学科带头人和专业带头人三个层级职位，在重点领域选拔培养领军人才，在重点学科选拔培养学科引领人才，在重点专业选拔培养带头人才，形成“金字塔”形人才梯队建设；对三个层级的科技领军人才实行津贴制度。“三分级”是指分别设定院、所、室三级人才培养目标，针对三级人才培养，做到层层落实、层层培养、层层考核。完善人才轮岗交流制度，拓宽人才发展通道，使人才在科研、管理、技能等不同的岗位上锻炼。全方位培养人才的综合素质和能力，形成科研领军人才、技能领军人才、管理领军人才等人才队伍的发展通道，使得一批年轻的核心人才在研发创新工作中发挥重要作用。

2）激励机制

科技创新研发具有不确定性，为鼓励团队积极开展科技创新，“华龙一号”建立了覆盖面广且重点突出的科技奖励机制，先后发布、升版一系列关于专利、科技成果和科技创新评价奖励的制度。“华龙一号”设立每年 140 万元的科技创新奖励基金，通过对专利、计算机软件、技术标准、成果鉴定、科技论文等进行计分的形式，对参与科技研发的单位进行科技创新评价，对获奖单位予以表彰和奖励。同时，在专项奖励方面，尤其加强了对知识产权的奖励，对获得授权的发明专利奖励 1 万元、实用新型专利奖励 3 000 元；对获得国家或省部级的科技成果奖，除上级部门奖励外，进行等额的配套奖励。根据规定，这些奖励必须落实到开展科技创新的具体员工，如专利的发明人、科技成果的完成人、软件的开发者，用于调动广大基层科技人员开展科技创新和知识产权保护的积极性。

3）培训制度

科技创新战略实施需要有一支优秀的专业技术管理队伍和技术人才队伍的支撑。为保障“华龙一号”型号研发所需的管理及技术人才，制定了《中国核电工程有限公司培训体系管理办法》，建立由培训管理体系、培训讲师体系和培训信息化支持体系四部分组成的培训体系。

培训管理体系以“分层级、分阶段、分通道”的培训管理体系为核心理念，培训课程体系和培训核心体系为保障，培训信息支持体系为有效支撑。培训整体划分为公司级培训和板块级培训两个层级；培训紧密围绕员工职业发展阶段和岗位任职要求，以岗位培训为核心，主要分为上岗培训和在岗培训；公司岗位体系及员工职业发展双通道设置，培训项目实施时按管理发展线分为内设机构干部培训、中层领导培训及公司高管培训；按照专业发展线划分为设计人才培训、采购管理人才培训、项目管理人才培训、调试管理人才培训和职能管理人才培训。

8.1.3　构建一体化的知识产权管理与研发项目管理体系

中国核电走过了引进、消化吸收、再创新的历程。为防止中国核电企业成长并与其竞争，在签订技术引进协议时，外国核电公司作为技术许可方，以其掌握的知识产权，给中国核电企业设置了种种限制，尤其是限制中方引进的技术只能用于中国大陆地区，将中国核电出口之门封堵得严严实实。因此，自有知识产权积累不足，技术引进受限严重，成为中国核电“走出去”难以逾越的壁垒。

尽管之前在知识产权方面开展过大量工作，但如何在核电技术创新过程中保护好自己的知识产权，避免侵犯他人知识产权，尤其是摆脱当年技术引进过程中的各种限制，使自己的研发成果走出国门，是“华龙一号”研发管理工作中面临的一项重大课题。

（1）明确知识产权管理的基本目标、基本原则

在项目总设计师的主持下，经各方充分讨论，确认“华龙一号”科研项目知识产权管理的基本目标是：保护自有创新成果，获取自主知识产权，防止侵犯他人合法权益，为研发成果走出国门提供保障。

在此基本目标下，确立一些基本原则：在对外合作工作中，本着“开放、包容、合作、共赢”的原则，“华龙一号”研发产生的知识产权，确保不影响后续自行使用，积极争取独享，与国内核电设备供应商协商处理设备国产化过程中的知识产权问题；对创新成果保护，根据使用方式、生命周期、保密难易程度等采取“技术秘密＋专利＋著作权”的多种知识产权保护方式；跟兄弟单位之间专利申请要打破分工界限，只要是自己取得的发明构思，就应该及时申请专利。

（2）构建全方位参与的知识产权管理组织

作为组织保障，围绕“华龙一号”科研项目的知识产权管理，构建一套各方全面参与的知识产权管理组织。在中核集团公司层面，根据总设计师的推荐，任命公司专业副总工

程师为项目知识产权专员，负责组织开展专项知识产权策划，在项目立项论证、研发过程、验收等各个阶段开展知识产权具体工作。在公司内部，任命知识产权专职管理人员为项目知识产权副专员，协助专员开展项目的知识产权管理工作。另外，设置知识产权兼职设总和各专业知识产权联络员。从而构建知识产权专员组织落实、知识产权专业机构介入服务和知识产权管理部门全程深入跟踪的“华龙一号”知识产权工作体系。

作为公司副总经理，项目总设计师邢继为各单位设定专利考核目标。结合项目例会制度，将知识产权工作纳入行动跟踪项，及时通报相关工作的进展和遇到的问题。

（3）与市场紧密结合，排查知识产权风险

联合知识产权专业机构对技术引进合同中制约核电“走出去”的限制条款进行分析，包括 1996 年《大亚湾核电站核岛技术许可协议》、1992 年《秦山二期核岛技术咨询协议》、1995 年《岭澳一期核岛技术许可协议》、1991 年《大亚湾燃料组件技术转移协议（2G）》、1998 年《燃料组件技术转移协议（3C）》，避免发生不遵守技术引进合同约定而引发合同纠纷，并为“华龙一号”开展自主创新提出目标和要求。

此外，针对目标出口国，组织相应的知识产权法律法规及法制环境调研，以防侵犯他人专利权，遭遇专利纠纷。

（4）积极申请知识产权

在“华龙一号”核电机组研发过程中，知识产权保护工作贯穿全过程，采用商业秘密、专利、商标和计算机软件等知识产权保护方式，构建完善的知识产权保护网。对于满足“新颖性”“创造性”“实用性”等相关要求且适用范围广、具备一定通用性的创新方案，如产品结构、配方、系统组成、施工调试工艺以及容易被加工制造厂商、与公司有竞争关系者知悉的创新技术方案，都通过申请专利的方式加以保护。对于市场周期短、仅被公司员工掌握的技术诀窍或仅在公司内部实施不易扩散的技术方案，优先通过技术秘密的方式加以保护。对于新开发的计算机软件，及时申请著作权登记。为加强品牌建设和保护，在公司范围组织开展图形商标设计，并及时将“华龙一号”的中文（“华龙”“华龙一号”“华龙二号”）、英文（“HPR1000”“HUALONG1000”）和图形在中国和潜在海外市场开展商标注册。

目前，“华龙一号”申请国内专利 716 件，国际专利 65 件，海外商标 200 余件，获软件著作权 125 项，覆盖了设计、燃料、设备、建造、运行、维护等领域，在燃料和堆芯设计、核岛主要系统设计、主要设备设计、仪控设备设计等关键技术方面均形成了完整的知识产权体系，打造了“华龙一号”核电机组的专利集群。

通过构建完善的知识产权布局和专利申请计划，“华龙一号”有效保护了创新成果，提高了市场竞争能力。在国内和目标出口国核电领域的专利检索分析情况表明，“华龙一号”不存在对他方知识产权的侵权风险。“华龙一号”的国内批量化建设以及海外市场出口不会受到知识产权问题的制约。

8.1.4 整合资源，搭建全球化协同创新研发平台

随着技术的复杂性、技术创新的不确定性和创新模式的融合性加剧，单个企业的创新

能力及科技创新资源日益受到挑战。“华龙一号”属于型号研发，涉及核电领域各专业，系统性强，技术难度大。为了有效推进项目实施，“华龙一号”团队开拓思路，在集中内部优势资源的基础上，广泛开展社会协作，利用各方科技人才、技术及研发设施资源，开展协同攻关，形成研发合力。

（1）集合中核集团内部优势资源开展专业攻关

为集中自身资源提升核心竞争力，工程公司联合中国核动力研究设计院以及中核武汉核电运行技术股份有限公司形成核心研发团队，集中优势力量重点在“华龙一号”型号研发的顶层设计与谋划、总体布置、燃料组件、堆芯系统等方面开展研究。结合各单位的研发能力和技术基础，工程公司作为设计总体院，负责完成“华龙一号”总体设计方案，提出各系统及设备的输入及技术要求；中国核动力研究设计院作为核电厂中主工艺院核蒸汽供应系统的责任单位，负责燃料组件的研究设计及核电厂一回路系统和关键设备的研制；中核武汉核电运行技术股份有限公司具备多年的核电厂运行维护经验，主要负责核电厂运行维护技术的研发。各单位根据各自职责分工开展相关研发工作，工程公司作为牵头单位负责总体研发进度控制和各系统间的接口协调，整体把握项目的研发进度。

（2）积极开展社会化大协作，建立社会协作创新机制

创立以“以项目为载体，以技术为纽带，优势互补，共同攻关”科技创新合作模式，在明确研发总体技术方案的基础上，确定研发分工，充分发挥全国科研院所、高校和企业以及国际合作科技资源，发挥产学研用的结合优势，集中力量开展科技攻关。在把自身有限资源投入到“小核心”的同时，充分吸纳国内外优质资源参与到“华龙一号”型号研发设计中来。

8.1.5 创建“互联网+”核能研发设计一体化平台，大幅提升创新研发效率

核电工程设计是一项极其复杂的系统工程，国内核电设计起步较晚。在设计过程中，由于工作流程不够顺畅，各专业之间接口沟通不畅而造成的工作反复和返工现象经常发生。如果仍照以前那种按部就班的设计方式进行工作，势必会影响到设计进度，延误工程进展。为提高设计效率以及设计的准确性，在“互联网+”大力发展的今天，“华龙一号”引入了“互联网+三维协同”的新设计思路。互联网既是一种技术，也是一种能力，有利于产业创新和优化，实现了以人为本的全新理念。“互联网+”是互联网的形态演进，而其发展的基础来源于互联网，又高于互联网。利用互联网广泛互联的特点将碎片化业务整合起来，为设计部门进行集中式的开发设计活动提供了统一平台，并与各行各业相结合，从而赋予后者新的力量（见图 8.1.2）。

（1）开发“互联网+三维协同”设计一体化工作平台

“华龙一号”采用由英国 AVEVA 公司开发的三维工厂设计系统 PDMS（电厂设计管理系统），基本涵盖工厂设计中的各个专业，包括配管、设备、结构、暖通、电气、仪表、给排水等，各专业可在同一软件系统中实现协同设计，实时进行碰撞检查。

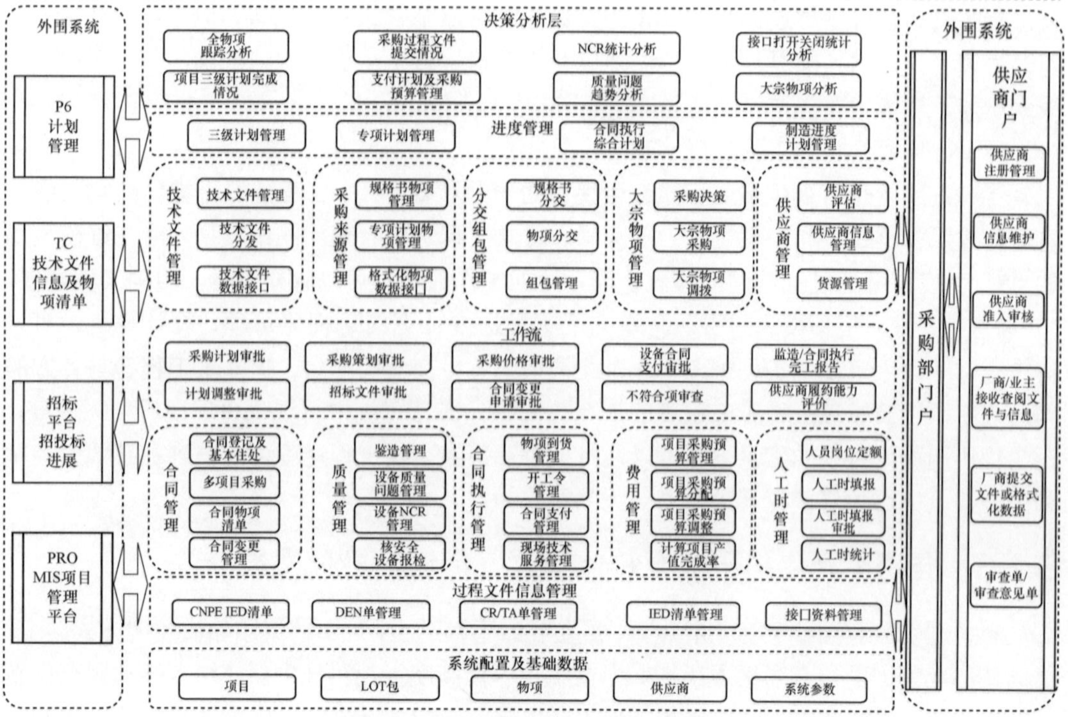

图 8.1.2　研发设计一体化平台构架

在设计过程中，不仅配管专业进行三维管道设计，其他专业包括设备、结构、土建、暖通、仪表、电气、给排水等也可以在 PDMS 设计环境中建立三维外形实体模型，从而实现管道与管道之间、管道与钢结构之间、楼板开口与设备之间等的协同设计，解决管道系统之间、各专业之间的碰撞、土建基础条件的校验、分区管道的连接设计问题，进而整体提升设计质量，降低在现场出现设计问题的可能。

经过多年的三维设计实践和经验积累，形成以三维布置设计为主的多专业工作平台，精细化设计水平得到提高。在此基础上，与“互联网+”相结合，形成“互联网+三维协同”的独特设计方式，以此实现异地设计人员访问同一个三维模型，对其进行修改，并通过视频、语音的形式进行沟通。同时利用协调策略，对其中存在的冲突进行处理，进而保证异地协同设计工作能够高效开展。

（2）整合数据，协同作业，提高设计质量

“华龙一号”研发涉及 70 多个专业，有上千名来自各地的设计人员同步参与，利用互联网和图像数据同步重建技术，搭建起了三维综合设计平台。“‘华龙一号’三维综合设计平台”办公室一共有 40 多名工作人员，如有的人负责“华龙一号”设备冷却水热交换器的三维设计工作，而这一设备仅仅是核电站设备系统中的万分之一。“华龙一号”在采用三维综合设计平台后，除包括中核工程公司、核动力院协同设计外，还与核电业主、项目管理、工程采购、设备制造厂以及土建与安装施工等单位连接，提供相关设计数据支持，互联单位共约 20 家。同时，三维设计平台可使分布在北京、上海、成都、福建、西安、石家庄、郑州等地单位相连，协同设计平台的终端数量达到 500 个，该平台还可以根据需要进行扩充。通过三维设计平台，设计人员随时可以了解相关信息与其他专业设计情况，随时协调设计接口；同时，平台提供了自动“碰撞检查”功能，快速准确，使“零碰撞”成为可能，从而大幅提升设计质量。

（3）开展可视化的工程进度管理

工程进度管理可视化是工程建造可视化的一个重要方面，工程建造可视化的实质就是将设计成果三维模型和工程进度管理关联，建立工程进度管理的三维模型，给三维模型增加“时间轴”，并通过互联网的模式让在各地的工作人员都可以轻松查看，明确工程进度。“互联网＋三维协同”模式的引入，增强了工程进度计划的可视化管理，在计算机中可以自由查看并调用可视化工程进度，并以此模型为各方交流的平台，提高了工程参与各方的沟通效率，以及管理工程施工进度的效率。同时，在计算机中可视化再现现场实际进度，给工程协调提供直观的信息，更可以及时地进行决策，使工程进度可以得到更有效的控制和监督，以最小的资源消耗，取得更大的经济效益。

8.1.6 推动多元化科研成果转化模式，促进产业化发展

科技创新是我国核工业立业之本，是发展的不竭动力，是中核集团加快发展方式转变、提高核心竞争力的核心和根本所在。中核集团一直高度重视科技创新，深入推动国家创新驱动发展战略。近年来，中核集团在深入研究国家政策的基础上，在创新科技管理体制机制、促进科技城固转化方面的改革推进力度明显增强：2010 年发布实施加快推进科技创新的若干措施，2015 年发布实施科技创新奖励激励措施，2017 年发布实施促进科技成果转化的若干措施，形成了科技管理体制机制改革“三部曲”。中核集团按照扁平化管理方式，简化组织机构、减少管理层级、提高产业关联度的思路，依据专业化与一体化相协同、分权与集权相结合的原则，确定先进的研发环节、高效的产业工程化环节以及为保障研发与产业环节协调一体化发展，而提供组织机制保障的一体化运作平台的“两极、一平台”为产研一体化体系核心。以集团现有科研院所为主体，依托先进核动力研发基地，通过内部专业梳理与整合，开展先进核动力工程研究与设计。通过核动力系统工程总承包、相关业务公司化运作、与社会资源合作，建设核动力装置、核技术产业园和“堆谷”产业园等，突出规模效益，聚焦重点项目，构筑整体优势，实现核动力系统、设备、部件及技术服务的产业工程化。

在“华龙一号”技术研发过程中，中核集团深入贯彻落实党中央促进“双创”的意见，实施创新驱动发展战略。以市场为牵引，以技术为根本，以项目为先导，以资本为杠杆，充分利用国家政策和资本市场的条件与机会，有利发挥集团先进核能技术主导和创新源头的优势。以科技成果转化为产业发展核心，通过直接或授权实施专利或专用技术的产业化、专利或专有技术评估作价出资入股产业化以及直接运用拥有的知识产权进行技术服务等多元化方法，以集团内自主供货为标志，实现了科技成果自主转化。例如，堆芯测量系统是通过中核集团重点科技专项进行研制，在“华龙一号”示范工程实现集团内自主供货；在研制阶段通过与国内核电装备制造企业共同努力，完成了“华龙一号”的蒸汽发生器、主管道、控制棒驱动机构等主要设备、关键设备及部件的自主研发，在生产制造通过实施

专利或专有技术等科技成果转化手段与国内核电装备制造企业合作推进“华龙一号”设备国产化，基本建成了“小核心、大协作”的核电装备设计制造体系，促进了产业化发展。

（1）运用技术路线图工具，系统规划关键技术研发路径

30年自主核电发展历程，可以分为三个阶段，“军转民和引进消化吸收”阶段，到“批量化自主建设”，再到“自主三代核电品牌”阶段，自主化设计水平不断提高，并拥有完整自主知识产权。第一阶段，从军用核动力技术转化民用核电技术，同时参与建设大亚湾、岭澳一期等核电厂，从法国引进技术，消化吸收再创新，在国内首次实现自主设计60万千瓦商用核电厂——秦山二期；第二阶段，实现国内首次自主设计采用数字化仪控系统的百万千瓦核电厂——岭澳二期，相继完成秦山二期扩建、红沿河1～4号、宁德一期、阳江一期、方家山、福清1～4号等核电工程，开启核电批量化建设高潮；第三阶段，自主研发、设计，实现国内首个具有完整自主知识产权的三代核电“华龙一号”示范工程开工，率先实现核电“走出去”，在国际上树立了我国自主三代核电品牌。“华龙一号”，是中核集团首次尝试自主设计的核电型号，涉及系统多、专业广、时间跨度大，为实现从科研到工程的顺利落地，运用了技术路线图工具对“华龙一号”关键技术研发路径进行系统规划（见图8.1.3）。

技术路线图实际上是实现科研成果的路径设计，反映了对技术研发的主观意见，使用已知的技术研究的基本方法和策略。技术路线图更强调价值的实现，利益的协调，促进产业的发展等。技术路线图是由技术相关者参与的，对科技研发进行的有前瞻性和系统性的预算，在制订的过程中强调相互协调和统一，注重规划出科学合理的路程。围绕“华龙一号”技术特点和需要达到的设计参数，对“华龙一号”技术进行分层级分解；并对最底层技术进行分析，识别已有技术状态与现在的契合点，规划技术发展，分层次、分阶段实现“华龙一号”各关键技术。

通过运用技术路线图工具，对“华龙一号”关键技术进行了系统划分，并对不同关键技术在不同阶段所能达到的技术水平进行了预测和规划，为项目规划和决策提供了清晰的思路，实现了研发过程的民主化和科学化；其次，技术路线图作为“华龙一号”研发中协调技术、资源等的基本机制，实现了各研发单位的协调运用，并对各项技术设定了完成时限，可以对各项技术进展进行有效跟踪，便于及时调配资源进行补救，最大限度提高了研发效率；再次，“华龙一号”技术路线图更指明了未来核电市场发展方向，具有一定的预期性和前瞻性，有助于减少科研的盲目性和重复性；最后，“华龙一号”技术路线图对“华龙一号”技术研发进行了全面的规划，对技术发展的基本时间与空间及范围进行了限制，清晰地界定了技术发展的进程，为集团提供了必要的监督机制。主要部门通过技术路线图对技术研发进行监督，使所有相关工作在技术路线图的指引下有序发展，实现了“华龙一号”从科研到工程的顺利落地。

（2）建立核电技术成熟度评价标准，有效控制新技术工程应用风险

虽然“华龙一号”是在成熟设计的基础上进行的研发，但也引入了新的、满足三代核电技术要求的先进设计。如何降低新技术工程应用风险，避免出现同期新建三代核电拖延情况，需要基于统一标准，对新技术元素建立可共识的信心和认可程度，以在新技术的研

图 8.1.3 “华龙一号”技术路线图

发和应用中恰当决策，实现技术研发者和使用者的高效沟通，推动技术原理向工程应用顺利转化。在此背景下，中核集团主动变革项目管理方式，以“严控项目技术风险、确保科研项目达到预期技术目标”为思路，提出并实践了技术成熟度评价标准（TRA）的核电技术研发项目管理机制，建立了一套基于技术成熟度评价的科研项目研发管理体系。通过“华龙一号”工程全面验证了评价准则的科学性，评价方法、流程的正确性、可操作性，评价制度的有效性，评价组织的合理性。

以美国为代表的发达国家自 20 世纪五、六十年代开始就开始了技术成熟度方面的研究工作。进入 21 世纪后，美国国防部、美国能源部、欧洲航天局、法国宇航中心、日本宇航局等知名机构结合技术项目管理的实际需求，纷纷制定了自己的技术成熟度等级（TRL）评价体系；航天科技在国内率先开展 TRA 的相关研究工作，并得到了广泛应用。

中核集团自 2012 年开始开展 TRA 的专项研究工作，并于 2013 年依托核动力院组建了技术成熟度评价青年创新团队，致力于评价方法的应用研究和评价准则的开发工作。将技术成熟度评价与科研项目管理结合起来，在所有参与“华龙一号”技术研发的单位内推行，逐步形成了基于技术成熟度评价的科研项目管理机制；同时，搭建了相对独立的技术成熟度评价组织，包括组建评价专家队伍、评价执行机构等，在此基础上逐步形成了基于技术成熟度评价的研发管理体系，确保了评价的科学性、可操作性及适用性。2015 年 1 月，依托创新团队完成了针对核动力及核电领域的技术成熟度评价准则、方法和评价流程的研究工作，编制和发布了“核动力/核电技术成熟度评价导则”。同时，创新团队在上述研究成果的基础上于 2016 年 12 月建立了一套技术成熟度评价中核集团企业标准。通过“导则”和中核集团企业标准的形成，逐步建立了一套科学的技术成熟度评价准则、方法和流程（见图 8.1.4）。

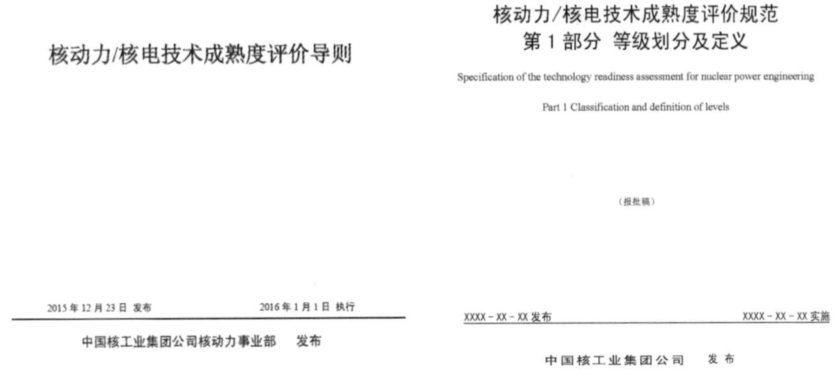
本导则知识产权属于中国核工业集团公司，未经该公司书面同意，不得复制、传播、发表和用于其他方面。

中国核工业集团公司核动力事业部管理指南

编号：Z001-2014 版次：1

核动力/核电技术成熟度评价导则

2015 年 12 月 23 日 发布 2016 年 1 月 1 日 执行

中国核工业集团公司核动力事业部 发布

ICS 击此处添加 ICS 号
点击此处添加中国标准文献分类号

Q/CNNC

中国核工业集团公司企业标准

Q/CNNC XXXX. 1—XXXX

核动力/核电技术成熟度评价规范
第 1 部分 等级划分及定义

Specification of the technology readiness assessment for nuclear power engineering

Part 1 Classification and definition of levels

（报批稿）

XXXX - XX - XX 发布 XXXX - XX - XX 实施

中国核工业集团公司 发布

图 8.1.4 “导则”及集团企业标准封面页

自2013年试行基于“技术成熟度评价”的项目管理以来，提高了项目综合管理水平，确保了有限资源的合理配置，并采用“以评促研”“以评促用”的技术成熟度评价项目管理思路极大地提高了科研项目的研发质量及促进了科研成果转化。在3年多的实践中顺利完成了“华龙一号”三代核电技术众多关键设备研制、系列试验研究任务等，为实现“华龙一号”三代核电技术“走出去”战略做出了突出贡献，提高了投资决策效率，确保了投资效益，打造了科技自主创新的“新水平”，创新了以技术攻关为核心的科研管理“新机制”，实现了项目技术风险归零，确保了重点工程项目顺利实施，支撑了新产品工程应用决策，持续提升了技术管理和评价管理水平，取得了巨大而突出的经济和社会效益。

8.2 全面创新的设计管理

“华龙一号”是在我国三十余年核电厂科研、设计、建造、调试、运行经验的基础上，融合借鉴国际先进核电技术设计理念，充分汲取福岛核事故经验反馈，形成的我国具有自主知识产权的三代核电品牌，在技术研发方面实现了很多改进和突破。面对“华龙一号”创新无先例可循及三代核电首堆建设均存在拖期的双重压力，如何实现在总承包模式下“华龙一号”工程化的顺利实施，给设计管理带来了前所未有的挑战。为保证“华龙一号”全球首堆顺利推进，设计管理团队以“四个意识、一个观念”（即危机意识、创新意识、主动意识、合作意识和大局观念）为指导，积极探索、不断创新，开创了核电项目设计管理的新思路。“华龙一号”设计管理贯彻“安全第一、质量第一”的管理理念，将设计管理与企业组织管理相匹配、与项目管理相融合、与采购同步，以设计作为主线，将核安全贯穿于工程的各个环节。通过“过程管理”和“精细化管理”打造“精品华龙”，通过“规范化、标准化”管理提升设计效率。采取一切必要管理措施确保各项设计工作“保质量、控风险、按计划”开展。

在上述管理思想的指导下，“华龙一号”设计管理团队编制了《核电项目设计管理大纲》，在质量、进度、费用等常规管理的基础上，充分借鉴三代电厂管理经验，立足服务于其他板块的管理思路，从提高设计质量和减少变更出发，利用三维模型工具和现代化信息手段，在提升效率的同时提供高品质技术服务，使之满足“走出去”战略，不断丰富核电知识体系，为核电设计的可持续发展奠定基础。“华龙一号”设计管理团队在上述框架下，构建了设计服务采购、施工及调试的深度融合的管理方法，围绕设计过程要素减少变更的创新管理方法，依托三维数据满足“走出去”要求的高效和高质量服务管理方法，凭借创新的信息化管理建立新型知识体系的管理方法，组建“两位一体”现场管理团队提升技术服务质量的管理方法。融会贯通、全方位创新的设计管理体系，在“华龙一号”的首堆建设中展现了显著的效果。

8.2.1 满足总承包建设要求，确立设计服务其他板块的管理方法

作为总承包项目，在“华龙一号”设计管理过程中，从项目起始阶段就充分考虑了将

采购、施工及调试融入设计，重点考虑各领域计划耦合，精准的工程文件索引（IED）管理，有效缩短采购周期、保证施工便捷与安全的设计方法，同时形成完善的调试技术文件体系，为工程的顺利实施奠定了技术基础。

（1）从精准的IED管理出发，实现统筹兼顾的一体化管理

为解决总承包模式下各板块相互制约的问题，设计管理以精准的图纸IED管理为基础，与其他板块共同构建了基于一体化计划的设计协同管理总管理体系，最大程度满足各方提前了解设计总体概况及图纸量的需求，做好采购施工准备，保障现场施工进度与质量，主要管理创新包括：

① 精准的IED管理：首堆充分利用三维模型物项，按照渐进明细的原则，施工图可打开到图册，当年度的IED要打开到图纸，当季度IED确保精准。为确保IED的完整性、准确性，设计建立了定期反馈机制，对于拟增加、取消、合并的任务在信息化系统中逐条体现。利用WBS进行逐级分解，并将设计三级计划与IED进行关联，实现设计三级计划与IED的联动，精准跟踪设计计划的执行情况。建立IED预警和变更控制机制，实现了设计文件整个出版流程的监控，流程清晰，考核客观，责任落实到位。精准的IED为一体化计划的制订提供了源头，为其他板块提供了工作分解清单，是总承包项目一体化管理的基础。

② 以需求为导向，基于设计、采购、施工、调试一体化计划，实施设计采购施工调试协同管理，以满足各方材料采购、技术准备等先决条件准备需求。设计计划与其他板块耦合，并可根据其他板块的变化进行适应性调整。

③ 以问题为导向，优化资源配置，优先全力保障系统设计、主管道、DCS提资、主设备、主桥架等关键设计的质量及进度，并结合现场实际施工进展情况，通过设计协同管理，全面梳理解决非关键设计遗留问题，确保整体设计质量及进度。

④ 精准对接供需，通过设计采购接口协同，以一体化计划为指引，组织各专业确立应交换的设计接口，倒排上游内、外部接口关闭时间，保障设计输入质量及进度，从而保障设计质量及进度。

⑤ 精准对焦问题，根据每份设计文件设计输入情况、设计固化情况，结合现场实际需求情况，设置FOR USE、开口项，将具备施工条件部分设计文件提供现场，通过设计施工协同，聚焦需解决的具体问题，为解决问题提供方向和思路。

（2）聚焦采购难点，设计与采购管理高度融合提升效率

“华龙一号”设备国产化程度目标不低于85%，多项关键设备都要进行研制；三代标准要求的提升也给设备设计和制造带来了前所未有的压力；同时，设备问题也是三代首堆建设延期的主要原因之一。基于此，“华龙一号”设计管理重点策划了关键设备研发、标准化设计及相应试验鉴定，发挥设计技术特长与国内制造企业共同研发新型设备，完成了60余项关键设备的研发；梳理和制定了适用“华龙一号”的118项企业标准，确保了设计和试验鉴定标准化。同时，还从设计环节上考虑了设计与采购的结合，主要包括：建立完善的文件体系，减少了澄清；采用接口管理提资，实现有效跟踪并关闭；充分借鉴并选用成熟的设备；减少通用设备如通风设备、阀门配电装置、转接箱等设备类型，尽量标准化；

合理的厂房设计降低地震动响应；一物一码和定期更新的大宗材料精准统计等。通过制定上述管理要求，确定了研发目标，在满足安全及功能要求的前提下降低了设备研发难度，设备国产化率已达到88%。同时，提升了设计审查效率，保障了设备采购工作的顺利开展，未出现关键设备到货延迟影响建设的问题。

（3）设计与施工紧密结合，确保施工方便与安全

“华龙一号”工程化的关键环节在于施工，为提高设计的可实施性、便捷性并保证实施过程的安全，设计文件超出了传统设计范围，深入到施工领域，尽可能提前将施工因素纳入到了设计考虑范围，设计采取具体的新管理方式包括：出版《核岛厂房总体布置设计原则》要求预留设备引入路径、考虑吊车站位、预留安装空间、设置吊装设备等施工必要条件；尽量提前出版文件并开展设计交底传递设计意图；通过模块化设计、穹顶增加钢模板设计、钢平台作为施工支撑等设计提高施工的便捷性和安全性；通过施工授权、明确精度要求等减少返工；通过三维模型下现场、总平面可视化设计等让施工从整体角度了解设计，合理安排施工逻辑等。通过上述管理要求，有效保障了施工进度和质量，为“华龙一号”工程建设的顺利推进提供了技术支持。

（4）设计与调试一体，无缝衔接，从源头保驾护航

“华龙一号”采用了创新性、规范性的设计理念，其调试需要建立一套全面的上游文件体系，设计管理通过编制调试文件大纲制定了如下目标：考虑一种普遍适于压水堆核电厂调试上游文件体系的标准化、规范化的设计方法。全面的调试指导文件体系设计，在最大程度上保证了“华龙一号”的设计功能在调试期间得以全面验证。“华龙一号”的调试指导文件体系设计，保证了调试工作安全、有序、高效的开展。在完善的文件体系布局下，设计管理还通过组织设计交底、建立“三个梯队”（第一梯队：设计院与调试单位成立联合突击队，等同于现场设计的快速通道，直接解决现场设计问题。第二梯队：根据调试需求，由所长或室主任带队各专业主设成立专项组全力支持现场调试工作。第三梯队：对于现场急需解决的问题，第一时间奔赴现场解决设计问题。）的应急机制等方式保障现场调试工作。

8.2.2 围绕设计过程要素，创新设计管理方法

结合三代堆型因变更多而导致施工工期延长的管理实践，“华龙一号”设计管理围绕可能导致变更的各个要素进行了研究，在风险管理、接口管理、开口项管理、技术决策、变更管理及经验反馈管理等诸多方面都实现了创新，各个要素的管理环环相扣、层层递进、相互补充、融会贯通，从各个维度上保障了施工图的固化，提升了设计质量，为首堆工程化的顺利实施提供了坚实保障。

（1）问题指引型TOP10设计风险管理

“华龙一号”重大风险集中在设计及研发，随着示范工程施工图设计的深入，一些重点、难点技术问题逐渐显现，比如状态导向法事故规程（SEOP）开发、核岛水淹分析、安全壳外穹顶屋面设计方案等。另外，设计作为项目上游领域，受项目工期紧张、设计周期压缩、进度计划安排不均衡、设计方案和设备资料固化以及人力资源配备等因素影响，

安装出图及按时宣布可用（FU）困难超出预期，存在较大风险，此类问题不解决将导致图纸无法出版或出版后的变更增加。“华龙一号”风险管理以问题为导向识别设计重大风险，建立设计风险管理体系，制订风险管控措施，切实解决设计进展关键问题，为实现项目四大控制目标提供有力支持和保障。

设计院建立了“华龙一号”设计领域风险管理体系，覆盖了参与“华龙一号”设计的所有单位。发布《“华龙一号”设计风险 TOP10 管理程序》《“华龙一号”风险分析报表》等程序，并要求参与单位也制定了相应的风险管理程序；成立了“华龙一号”设计风险管理组织，落实了从院领导到专业所以及分公司、分包院的风险管理责任人，配备了风险管理工程师；开发了风险信息化管理平台，实行风险管理的在线连续监控和精细化管理。

设计院按照风险 TOP10 要求分包院每月定期更新并报送风险分析报表，分公司和设计所识别出的风险在风险管理平台报送。设计院每月汇总设计单位风险信息，形成设计风险清单，根据风险发生概率和风险影响程度将设计风险分成 4 个预警等级。通过集体讨论、专家咨询、设计所调查研究等方式进行风险评估，进行设计领域风险 TOP10 排序。按照不同级别的技术风险实施分级控制，落实风险管控责任人，对项目风险 TOP10、设计领域风险 TOP10 排序，制定专项管控措施、定期检查评价管控措施完成情况、效果及风险发展趋势，避免风险项对项目进度、质量、成本造成重大影响。

针对级别较高的重大风险实施专项管控，与采购、施工成立 20 多个专项组，制订专项管控计划，并落实专业总师、责任总工、专项组组长、责任设总及相关责任人，进行责任分解、细化，有针对性地制定应对措施及完成时间，定期召开风险专项会议，根据制定的管控措施定期检查评价管控措施完成情况、效果及风险发展趋势，实施动态风险监控，提供已完成措施的支持性文件。图 8.2.1 给出了 SEOP 风险专项组运行机制。

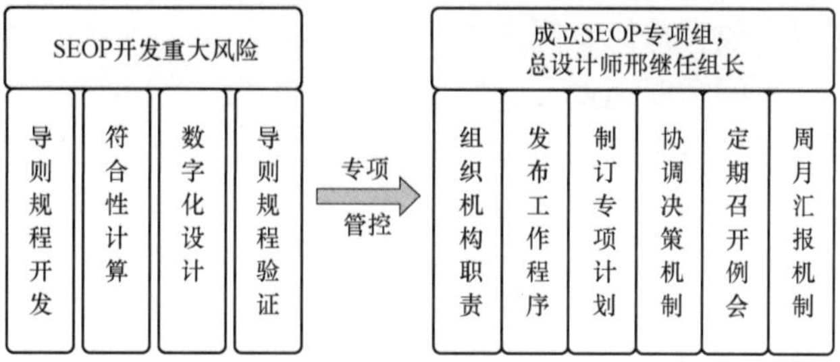

图 8.2.1　SEOP 风险专项组运行机制

为保障设计领域范围内风险管理工作的正常实施，充分暴露潜在的设计风险，管控设计风险管理工作所需的信息和资源，设计院建立风险信息化管理平台，实现平台信息共享，及时有效解决和关闭设计风险。

截至 2020 年 4 月，共识别“华龙一号”设计领域相关风险 163 项，按时关闭 157 项。其中包括重大风险 36 项，按时关闭 34 项，风险管理统计图如图 8.2.2 所示。已识别出的重大设计风险包括 5RX 安全壳 16.5 m 以上钢衬里施工、DCS 提资、燃料组件 0.3g 抗震设计、SEOP 规程编制、安装图按期出版风险、电缆敷设文件出版风险等，均采取了有效应对措施，其中安装图按期出版风险在以 IED 单元细化风险跟踪及专项组集中决策的管控下，确保了安装图按期出图率 100%；电缆敷设文件出版风险通过优化敷设软件、分类法系统解决问题等管控措施，实现了文件提前 4 个月出版，仅人工成本节省超过 700 万元。风险管理取得了显著的成效，避免或减少了可能对工程造成的重大损失，有力推动了项目的顺利实施。

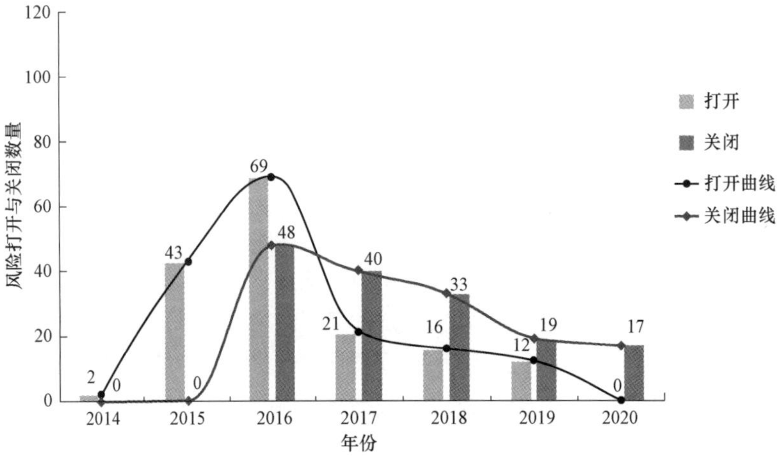

图 8.2.2　风险管理统计图

（2）创新型的接口管理

核电项目设计周期长，参与方多，涉及专业 70 余个。从图 8.2.3 可以看出，核电设计过程是一个各个单位和部门不断交换数据并产生设计成果的过程。核电设计具有如下特点：

① 需要众多设计单位和部门协同完成；

② 各单位、部门之间需要通过设计接口传递信息；

③ 设计接口贯穿于项目设计的始终；

④ 设计过程是设计的重要组成部分；

⑤ 过程的质量和进度决定成果的质量和进度。

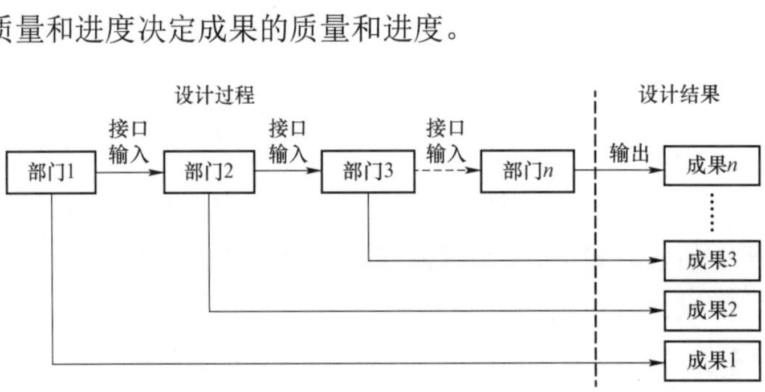

图 8.2.3　核电设计过程及接口原理图

在以往的核电工程项目中，已经基本形成了一套接口信息交换手段，但也存在局部的不完备性，例如接口不全，粗犷式管理，接口信息由各设计所、各专业根据设计进度索取和提供。接口信息交换的打开、关闭、延误等无法从管理环节进行实质性的跟踪和管理，存在信息交换效率较低的问题。而“华龙一号”首堆工程相对于“二代加改进”核电机组，在工艺系统、厂房布局、设备设计、设备管道布置等方面进行了较大调整和改进。这些变化使接口信息交换工作的重要性更为突出。对于“华龙一号”首堆工程，以往的接口管理方式可能成为设计工作无法按计划完成的重大潜在风险。在技术方案发生重大变化的背景下，如何在整个设计周期内，对众多设计参与单位的接口信息交换进行科学的管理，保证设计工作的顺利推进，是设计管理团队面临的重大问题。

设计管理团队根据“华龙一号”的技术特点和设计管理特点，提出了设计接口管理的新模式——接口手册，即：根据设计进度计划，提前预测各单位和部门需要交换的信息，确定责任单位、责任人和接口交换时间，并形成接口数据库。

设计管理团队编制了《外部设计接口管理程序》和《内部设计接口管理程序》，程序规定工程公司设计院、设计分包院、设备供货商以及设计院内部各专业之间的技术接口资料交换，全部纳入接口手册进行管理。内部接口手册的格式如表 8.2.1 所示。

表 8.2.1　内部接口手册格式

设计阶段	第一方	第二方	类别	流水号	发布方	接收方	接口详细描述	首发时间	关闭时间

为了便于对接口完成情况进行统计分析，“华龙一号”利用信息化平台——设计信息管理系统（CIMS）管理内外部接口。将接口手册导入到 CIMS 的设计接口管理模块后，设计人员可在 CIMS 系统中进行接口交换，管理人员可以进行接口管理和完成情况统计。通过接口管理平台，设计管理团队可以实现规定时间段内接口计划打开率、实际打开率、计划关闭率、实际关闭率、累计打开率、累计关闭率的统计与分析工作。除例行的日常跟踪管理工作外，设计院还采用了包括接口月报、双周接口协调会、设计采购周例会、板块协调会等报告及协调机制加强内部接口管理。对于接口管理过程中识别出的重大问题，填报至设计风险管理平台，并上升到专业总师例会或公司总工例会进行协调解决。通过上述机制，对接口延误原因及存在问题进行分析，对预计延误和延误接口进行滚动更新并跟踪协调直至问题解决。

“华龙一号”首堆工程采用接口手册管理模式取得了良好的管理效果。截至目前，设计院内部共建立内部接口 8 160 个，累计交换内部接口资料单两万六千余份。内部接口平均交换次数约为 3.2 次/条，接口平均关闭周期约为 3.9 个月，满足了出图进度需求。

通过采用新的接口管理模式，取得了如下效果：

① 实现了接口的提前预测，设计接口交换进度与成品文件出版进度相匹配，责任落实到具体单位和设计人员，最大程度避免了成品文件因接口交换不及时而引起的出版延误。

② 将内部接口管理纳入计划管理范畴，不再是以往项目较为孤立、粗犷管理的工程设计资料单模式。切实做到有程序可依，有计划可供跟踪执行，有记录可以追溯上、下游信息交换状态，保证了设计质量。

③ 对于基本属性相同（第一方、第二方、提出方和接口信息）的接口，设计接口交换平台采用自动绑定的形式，即发布方提供的接口信息可以一对多，不仅减轻了工作量，更能有效避免因升版资料时漏提某一接收方而导致设计输入未能送达影响设计质量的问题。

④ 有助于开口项的追踪管理。对于内部设计输入有明确的标识，通过跟踪查看接口是否打开与关闭，能判断图纸开口项相关问题，可以更有效地协调设计输入，保证工程进度与质量。

⑤ 对设计风险的防范、控制、解决起到了积极作用，有力推动了项目的顺利实施。完善的接口管理有助于提升专业应对变化的能力，能够更好地适应海外复杂的法规与业主要求。

（3）体系化的开口项管理

“华龙一号”首堆项目设计过程中，存在由于设计所需的内部、外部接口未建立或延误关闭所导致的下游设计所需设计输入暂时无法确定而产生的未固化的设计内容，称之为开口项。为了在确保设计质量的同时尽可能满足项目进度要求，在内、外部设计接口管理的基础上，开展开口项管理工作，以便对该类设计接口交换或设计方案固化工作进行更加精细化的分级分类专项跟踪管理，对存在未固化内容的已出版成品文件进行有效的跟踪管理，同时将设计需求及设计文件的可用范围明确反馈至采购、施工领域，实现设计对采购领域的促进并对施工的可连续性提供技术指导。

核电首堆项目开口项涉及面广、跟踪周期较长，是一个繁琐、复杂的管理工作。为实现多方、异地的统一化管理，并在资源受限条件下有效实现开口项管理的及时性，开口项管理需要采取分类、分级管理并开发完善的填报跟踪管理平台，实现体系化管理。开口项管理的流程如图 8.2.4 所示。

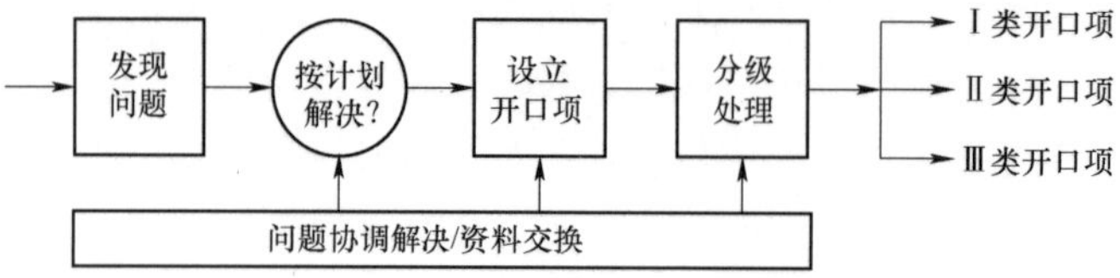

图 8.2.4　开口项管理流程简图

管理程序按照开口项分类、分级管理思路制定，并为开口管理平台的开发提供明确需求，主要包括以下内容：

① 开口项分类，依据开口项对施工的影响（以宣布可用时间节点为界）将开口项分为三类，有效实现开口项管理为施工服务；

② 制定开口项管理工作流程，明确开口项设立时的责任要求和填写说明，给出三类开口项的升级处理原则，以及开口项关闭的条件和流程，最终形成开口项的闭环管理；

③ 为开口项管理平台的开发提供输入。

依照开口项管理程序要求，开发了基于互联网的开口项跟踪管理平台。该平台实现了设计参与各方异地、同步、便捷地按开口项管理程序要求完成开口项填写和管理工作，同时实现了与设计信息化管理系统数据同步，充分利用了设计信息管理系统与图纸、计划、接口有关的数据，并具备了实时更新功能，为开口项便捷的更新管理提供了重要保障。开口项管理平台同时具备完善开口项关闭状态填报和查询功能，可以有效实现开口项的闭环管理。开口项管理平台最终形成一个“大数据、云计算”的平台，为项目管理和数据分析提供支撑。

同时，现场设计管理在后端与设计院平台数据对接，动态管理开口项，根据现场实际进展情况与设计院一体调整分级并协商处理措施，确保了开口项及时关闭。

截至目前，“华龙一号”首堆项目的开口项共计 2 447 条，关闭率 100%，未出现导致现场停工的开口项。

开口项管理可以满足质量、进度和费用管理需求，开口项管理的细致化促进了现场的最大程度的精准施工，减少了设计未定因素对现场的影响，成为缓解三者之间矛盾的一种有效手段，是“华龙一号”风险管理的重要组成，首堆项目的实践是设计管理的一次创新。目前，开口项管理已经成功应用在“华龙一号”海内外两个首堆项目中，并建立了可靠的工作平台，在跨专业技术风险跟踪、开口项专项攻坚式管控等方面均取得了显著成效，有力保障了示范堆 FCD、穹顶吊装等重大节点的按期甚至提前完成。

同时，开口项管理形成的大数据平台，可以用于核电设计风险类型统计、关键因素分析、设计与采购信息交互，设计同施工信息共享等诸多方面，是设计、采购、施工等各领域管理风险因素的一个范例，并可以推广至核电建造运行的相关领域甚至社会其他行业，是提高我国核电总承包管理能力的一项重要尝试。

（4）安全高效的技术决策管理

在首堆设计过程中，存在大量急需决策的技术问题，以确保相关技术问题得到高效解决，确保安全的设计目标。为了满足“华龙一号”的需求，设计在技术决策体系方面也进行了优化。

原有的核电工程项目设置公司级、院级、所级三级设计技术决策组织体系。公司级技术决策是公司最高技术决策，核电设计总体技术方案和重大技术问题由公司级技术决策确定。公司总工、副总工负责公司级技术决策，公司级技术决策参与人员包括公司总工、副总工和公司专家委员会委员。院、所级技术决策是设计院、所内最高技术决策，设计院、所负责所承担核电设计任务范围内的技术决策工作。对跨设计所的技术问题，由相关责任所提出技术意见和建议，报请设计院级进行技术协调与决策。

为了应对首堆的问题发生突然性与解决周期紧急性，提高技术决策效率，“华龙一号”引入了总师决策机制。施工图设计阶段，设置了项目总设计师，实行项目总设计师负责制，并配备了专业总设计师。项目总设计师在授权范围内负责“华龙一号”公司级技术决策，决策参与人员包括项目总（副总）设计师、专业总（副总）设计师、公司专家委员会委员及设计经理等。施工图阶段技术决策流程如图 8.2.5 所示。

项目总设计师、专业总设计师团队的成立，使决策者聚焦于项目，综合考虑技术问题对项目质量、进度、投资的影响，大大提高了技术问题的处理效率。

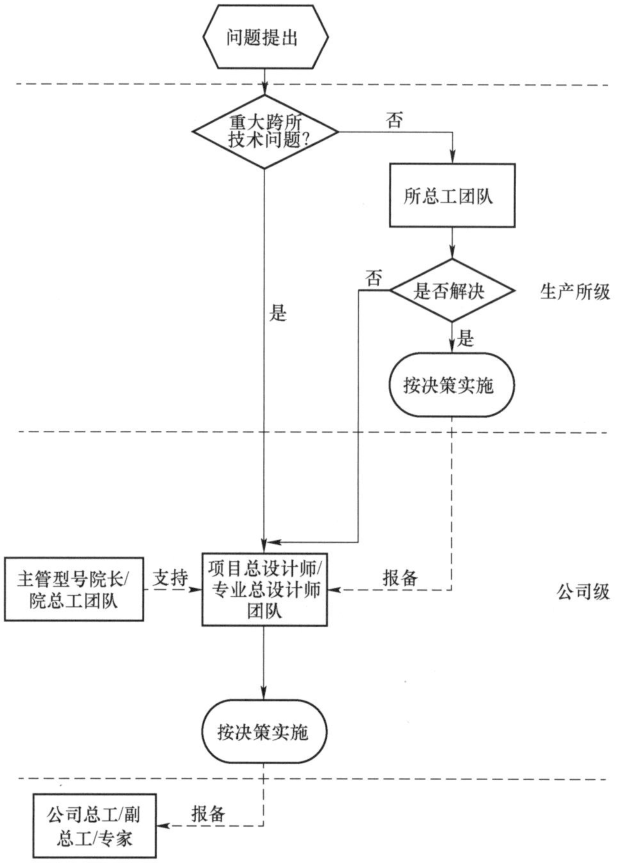

图 8.2.5　施工图阶段技术决策流程

（5）精细化的变更管理

结合三代电站首堆变更多影响施工进度的经验教训，设计管理通过前置的接口管理、风险管理、技术决策、经验反馈等多重措施减少了变更。“华龙一号”首堆设计变更不到 11 000 份，比其他三代堆型有了明显减少。针对不可避免的变更，采取了计划变更管理模式，与施工计划耦合制定变更计划，在有计划的前提下尽早变更，有效减少返工；针对突发性的变更按照《福清核电 5+7 号机组 DEN 出版流程规定》向项目部提出变更申请，结合施工、调试意见确定变更方案，将变更影响降至最小；按照物项的重要程度、对投资及建筑面积的影响两个维度分级管理设计管理，形成了完善的上报及审查机制，影响较大的变更纳入风险 TOP10 管理，确保安全及高效决策；利用信息化手段，打通设计与现场的管理平台，确保变更信息快速准确地传递到现场；制定了对应的现场设计代表（以下简称“设代”）变更授权管理，使部分问题直接在现场得以第一时间解决。通过以上精细化的管理，有效降低了变更对现场的影响，确保了各个节点的按期甚至提前完成。

（6）完善的经验反馈管理

经验反馈是降低同类问题重复发生的有效手段，对首堆建设尤为重要。“华龙一号”

设计管理从体系化管理方式着眼，借助经验反馈平台获取先前项目存在的问题，并通过平台将本项目发生的问题传递到后续机组。同时建立了“华龙一号”经验反馈及激励机制：经验反馈采取分级管理，对于设计存在的体系性问题纳入重要经验管理，出台了《项目设计重要经验反馈管理细则》；侧重不同项目和不同机组之间设计变更经验反馈，编制了《设计变更经验反馈管理程序》，建立设计变更经验反馈台账，设计在后一机组及后一项目出版图纸时填报改单落实情况，每月更新；现场设计队定期发送各自项目的变更清单，互通问题发生及解决情况；持续组织设计人员赴现场与施工单位开展经验反馈，对于存在的问题纳入经验反馈系统解决；编制了“华龙一号”建设经验总结，着重总结了设计优化与创新，为后续设计提供了宝贵材料；组织编制设计管理经验汇编共计 107 篇约 13 万字，并在企业中推广应用（见图 8.2.6）。

图 8.2.6 “华龙一号”设计管理经验汇编

通过上述体系性管理，截至 FCD+53 个月，福清 6 号机组 CR/FCR 单总量比 5 号机组同期减少 65.1%，DEN 单总量比 5 号机组同期减少 46.7%，设计变更数量（包括 CR、FCR、DEN 单）比 5 号机组同期减少 33 053 份。福清项目出现的问题在巴基斯坦卡拉奇项目中也减少 50%左右。

8.2.3 基于三维数据的过程管理与协同平台开发，全面提升设计效率和服务品质

对于创新发展理念与用户要求更高的三代核电首堆设计，必须解决高效、高质量和可持续发展的问题，逐步实现大数据积累。基于此，“华龙一号”从设计初始就进行了三维数据平台的策划，基于三维设计数据，通过自主开发，实现了高度协同、过程管控增效、

数据增值以及数据移交的多项目标，全面提升了设计效率和服务品质。

（1）三维设计管理总思路

“华龙一号”首堆设计管理首次引入了华龙项目三维设计经理的角色，并组建了三维工作组，出台了近 70 项管理程序，并按照专业需求开发了数十项插件，规范了三维设计流程，统一了三维设计要求，通过程序要求和开发平台实现了三维协同设计、物资校核与统计、三维可视化、高效出图、数据移交等重要功能，并为后续的各板块及业主需求预留接口与延伸空间。

（2）协同设计开发管理

“华龙一号”三维协同设计平台的主体是设计平台和工厂三维布置设计管理系统（PDMS），通过平台开发和设计软件的二次开发，利用 PDMS 系统和数字仿真技术，可以在同一个数据库项目中实现协同设计管理，包括异地协同、多专业协同、区域协同、上下游协同等。

1）三维项目管理

以 C/S 界面开发的三维设计管理平台负责三维项目登录管理、三维设计任务发布和完成闭环管理、人员管理、开口项管理等管理模块，如图 8.2.7 所示。

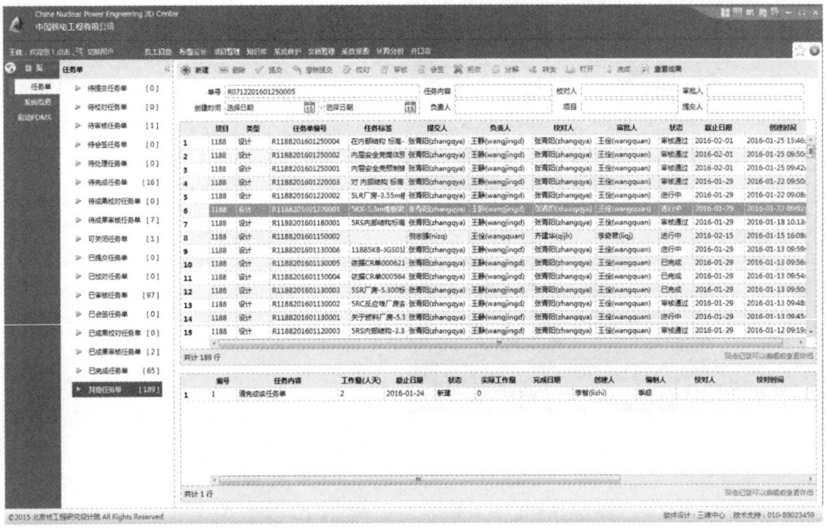

图 8.2.7　三维项目任务管理平台界面

2）异地协同

通过互联网技术联通多个设计部门或设计数据应用部门，在同一平台的管理下，在同一个数据库项目中同时进行协同设计，设计内容可以实时或阶段性地进行同步，做到了设计成果第一时间进行全范围直观共享，实现跨地域的设计资源调动。主调度程序功能包括：配置同步计划；按照预先配置好的计划定时启动同步任务；手动启动或关闭同步任务；同步任务执行日志导出。分站点同步程序功能包括：配合主站点启动同步任务，进行数据传输与同步；实时显示同步任务执行情况，记录同步时间、项目、状态和流量（见图 8.2.8）。

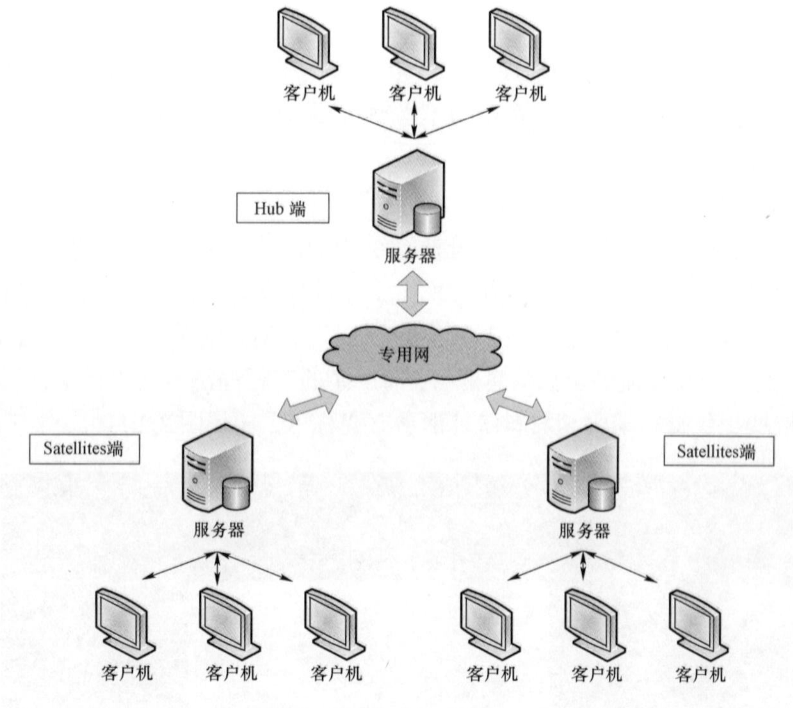

图 8.2.8　异地协同设计拓扑图

3）多专业协同

以多个专业的底层数据库为基础，同时进行多个专业的协同设计，实现实时的多专业协作和专业间综合，避免设计工作的反复迭代，节省大量设计资源和时间。三维多专业综合及碰撞检查清单闭环管理，利用三维设计软件输出碰撞检查报告，在平台中对报告进行优化，整合碰撞点，去除无效碰撞，录入数据库。利用平台确定责任人并跟踪设计修改情况，结合三维设计软件快速调出碰撞体进行分析，直至问题解决，提高了设计效率，减少了人为失误（见图 8.2.9）。

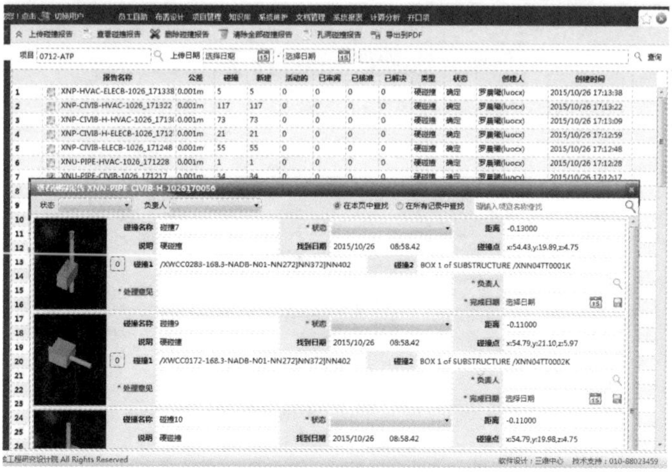

图 8.2.9　三维碰撞检查

4）区域协同

核电厂的不同区域（核岛、常规岛、BOP），同一区域的不同厂房，同一厂房的不同分区同时开展工作。减少了区域间布置的不必要接口，使得按照区域分工的系统，更易于完成全厂范围的布置。

5）上下游协同

平台从上游开始，联通了智能流程设计系统 P&ID，充分获取系统设计数据，保障了设计数据源的单一性；向下游结构专业实现了土建条件提资，在工艺专业和结构专业的三维协同设计中完成孔洞、埋件的虚拟提资与自动编号，相对原有的二维提资，效率提升 40% 以上；向下游的多个专业提供布置信息服务；向下游的工程经济专业提供工程量统计服务；向下游采购板块提供材料编码和材料统计服务（见图 8.2.10、图 8.2.11）。

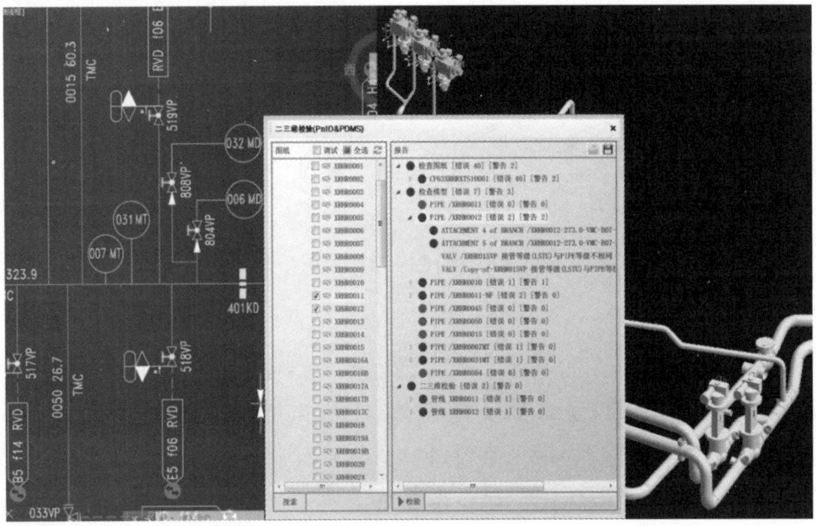

图 8.2.10　二、三维校验协作系统

图 8.2.11　多专业提资系统

（3）三维数据增值管理

1）三维可视化开发

充分利用三维数据和仿真模拟，完成了轻量化集成模型浏览、厂区总平面可视化、厂区应急撤离仿真系统、主设备吊装模拟、仿真体验、动画演示，为专业三维模型综合、总平面规划、施工逻辑安排、运行维修、应急方案制订、项目技改、宣传报道等诸多领域提供了全面的空间体验和可视化增值服务（见图 8.2.12）。

图 8.2.12　厂区可视化

2）物资校核与统计

通过建立材料编码与元件、等级的关联关系，为三维设计提供等级服务。对形成的材料数据库进行查询、数据校核，并可以根据需求方的要求进行提取，极大地方便各方进行统筹优化。采购方面：按照不同的物资分类方式形成采购清单。施工方面：大宗材料编码及其关联的三维模型及图纸信息、施工信息，将编码应用于施工成本控制、施工进度控制等施工管理工作，并统筹工程量计量管理。运行维修方面：可以通过数据统计确定工作量，合理安排维修周期（见图 8.2.13）。

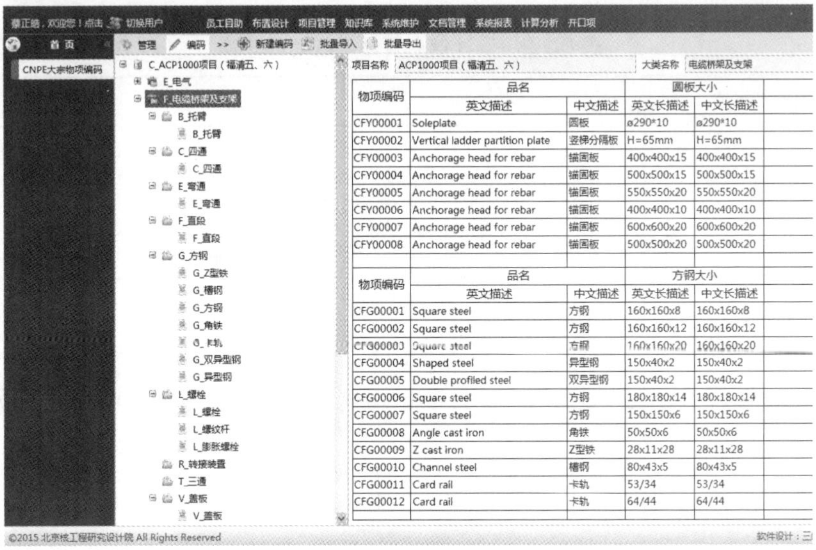

物项编码	品名		圆板大小	
	英文描述	中文描述	英文长描述	中文长描述
CFY00001	Soleplate	圆板	ø290*10	ø290*10
CFY00002	Vertical ladder partition plate	竖梯分隔板	H=65mm	H=65mm
CFY00003	Anchorage head for rebar	锚固板	400x400x15	400x400x15
CFY00004	Anchorage head for rebar	锚固板	500x500x15	500x500x15
CFY00005	Anchorage head for rebar	锚固板	550x550x20	550x550x20
CFY00006	Anchorage head for rebar	锚固板	400x400x10	400x400x10
CFY00007	Anchorage head for rebar	锚固板	600x600x20	600x600x20
CFY00008	Anchorage head for rebar	锚固板	500x500x20	500x500x20

物项编码	品名		方钢大小	
	英文描述	中文描述	英文长描述	中文长描述
CFG00001	Square steel	方钢	160x160x8	160x160x8
CFG00002	Square steel	方钢	160x160x12	160x160x12
CFG00003	Square steel	方钢	160x160x20	160x160x20
CFG00004	Shaped steel	异型钢	150x40x2	150x40x2
CFG00005	Double profiled steel	双异型钢	150x40x2	150x40x2
CFG00006	Square steel	方钢	180x180x14	180x180x14
CFG00007	Square steel	方钢	150x150x6	150x150x6
CFG00008	Angle cast iron	角铁	50x50x6	50x50x6
CFG00009	Z cast iron	Z型铁	28x11x28	28x11x28
CFG00010	Channel steel	槽钢	80x43x5	80x43x5
CFG00011	Card rail	卡轨	53/34	53/34
CFG00012	Card rail	卡轨	64/44	64/44

图 8.2.13　物资数据管理

（4）三维抽图管理

“华龙一号”首堆出图量超过 23 万份，单日出版高峰为 4 236 份，如何提高出图效率以解放人力是设计管理的重要关注点。设计管理充分利用三维数据，通过开发相应工具实现三维模型直接抽图，图纸通过自主研发的批处理软件进一步统一格式并检查相应图面信息，减少了人为失误，极大提升了出图效率，节省了设计成本。

（5）数字化移交

“华龙一号”首堆以三维数据管理为基础，形成了完整的核电工程配置数据库，数据库包含完整的设计、设备和工程建造过程配置数据，实现工程侧向运营侧的数字化移交，实现核电工程配置数据库与核电厂运营配置数据库的有效衔接，有效支持“华龙一号”首堆的数字化运营，初步建成了数字核电大数据体系。已完成核电产业链各领域数字化转型，数字化能力初步形成、价值创造与管理创效已经显现，目前已向福清业主移交部分数据，并实现了数据移交的收益。

8.2.4 创新信息化管理方法，建立新型知识体系

为了适应设计业务的需求，并满足核电总承包项目管理需求，工程公司以“华龙一号”为依托项目，形成了基于设计信息管理系统（CIMS）的图纸及过程文件的知识树；全面应用了工厂三维布置设计管理系统（PDMS），形成了“华龙一号”全专业范围的结构化的大数据，两者组合共同形成了“华龙一号”新型知识体系。

（1）基于设计信息管理系统，形成设计全要素知识树

设计信息管理系统整合了设计资源，集中管理设计数据，促进了信息共享，提升了工作效率，设计信息管理系统功能架构分为五层，如表 8.2.2 所示。整合形成的数据，涵盖了所有设计要素，具备了分类汇总、关联统计的功能，知识脉络清晰，可追溯性强，为企业知识库的建设奠定了坚实基础（见图 8.2.14）。

表 8.2.2 设计信息管理系统功能架构

设计信息管理系统	功能描述
第一层　设计进度管理	包括设计策划及项目环境管理，设计计划编制与下达，设计计划执行与进度监控。设计策划及项目环境管理部分包括固化设计策划成果，例如项目信息、设计人员、团队、角色、文件夹、技术资料设计标准以及计划变更流程等。设计计划编制与下达包括设计计划分解与分配、任务管理、图纸文件目录、内部接口控制手册、外部接口控制手册、报告大纲等。设计计划执行与进展监控包括设计计划监控和统计报表
第二层　设计过程管理	包括设计接口管理、互提资料管理、文件审签、设计验证、文件审查、设计变更、For Use 以及文函跟踪管理等
第三层　设计数据管理	包括设计文档管理，设计数据管理以及图纸文件目录（IED）管理。设计文档管理包括文档分类、编码、属性、生命周期状态、工作流、打印、归档和发放。设计数据管理包括 SSC 结构、工艺设备位号、其他物项、设备分类、文档分类、报表等
第四层　知识重用	设计标准和模板库，产品数据及综合查询，参考电站，以及未来需要考虑的各种资源库，例如符号库、模型库、设备材料库、工程经济资料库、工程材料库
第五层　系统集成	与 PDMS、AutoCAD、Office 等设计工具集成，与 P6、采购信息系统、工程项目管理平台、施工管理系统集成，实现设计板块与工程板块流程衔接

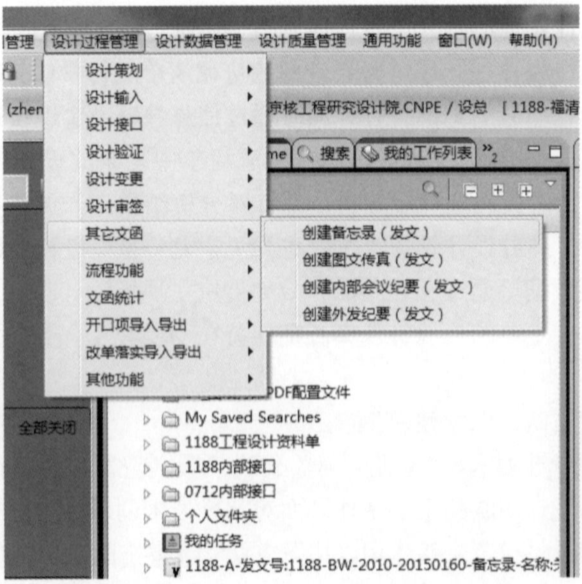

图 8.2.14 “华龙一号”知识体系树状图

（2）基于三维模型的全专业数据知识

“华龙一号”以高精度三维模型为载体，以全专业结构化数据为支撑，包含全领域、全寿期核电工程数据，可用于核电站设计、运行的核电站运行模拟服务、关键系统的仿真验证。同时构建以总承包项目管理平台为核心的贯穿核电设计、采购、施工、调试四大板块的信息系统，形成“华龙一号”数字化核电站的基础支撑。结构化的数据不仅是图纸和文件中相关参数的体现，还包括了过程文件的相关设计数据，与设计及过程文件形成有机的整体，为企业构建全方位可检索知识库提供了数据基础。

8.2.5 组建“两位一体”的设计管理团队，提升技术服务质量

针对首堆建设现场问题多的特点，设计院成立现场设计队以快速响应现场问题。现场设计管理部作为设计的前沿，担负着传递设计和现场信息、解决现场设计问题的重要职责，任务的交集和共同的使命促使两支队伍快速融合，构成“两位一体”的设计管理团队，形成了“1+1>2”的良好局面，实现了设计引领，服务质量不断提升。

（1）一体化管理，问题处理速度破纪录

现场设计管理部负责设计队的入场培训、考核，编制了设代工作手册及考核办法，设代在现场工作、现场考核、现场评优的“三同步”。同时，设代发挥技术特长优势，对现场设计管理人员做专项技术培训，提高工作能力的同时加快了融合速度。设计管理人员充分发挥管理经验，组织设代进行相关管理要求、管理程序的培训，针对监督站历次建安专项检查、非例行检查提出的设计变更问题、设计标准规范问题等，编制培训材料和典型案例向设计代表进行宣贯，促进设计团队技术和管理并重，共同实现设计质量的持续提升。采取信息平台对接，一体管理开口项，设计变更关联前后台工作，在资源共享的同时大幅提高工作效率。出台了 15 项专业授权程序，明确了现场设计团队工作范围，提升了问题

的处理效率。现场设计管理部建立了设计问题协调清单，根据采购、施工、调试各方提出的需求建立设计问题协调计划。通过对设计问题协调清单进行分级管理和监督预警管理，实现部门各层级对设计问题的全面管控，同时通过信息共享，实现设计问题处理进展的实时跟踪，加快了现场问题的处理速度。根据协调清单中积累的设计问题处理经验，结合PDCA质量管理工具，阶段性地开展分析，并针对分析结果，开展专项应对措施，逐步完善设计计划管理体系，提升设计管理水平，也为“华龙一号”设计问题处理及后续项目设计管理优化积累经验数据。通过上述办法有效地促进了现场设计管理大团队一体化建设，团队合力确保了现场变更单的一周答复率长期保持在90%以上，高于成熟的M310堆型问题答复率。

（2）共同组建突击队，以党建促生产

围绕新时代下的党建要求，“华龙一号”作为“国之重器”是企业的重点战略任务，设计服务现场是现场设计团队的中心工作。面对首堆技术创新带来的变更频繁的困境，现场设计团队充分发挥党员模范带头作用，共同成立党员突击队，开展“党建促生产”活动，保障设计协调管理工作重点得到有效攻克。其中，“仪力担当”党员联合突击队，现场踏勘，现场抗震计算，完成方案制定和抗震计算560余次，极大提高了设计变更及现场安装误差问题处理效率，确保了5号机组核回路冲洗节点的按期实现。多次开展联学联做活动，在党课学习后根据现场施工任务进行攻关任务的协调，并组建专项组。党员同志积极参加专项组的活动，发挥先锋模范作用，积极主动、跨前一步解决问题，努力推动现场施工进展。其中，设计与采购接口问题的专题研讨会，打破了部门壁垒，促进了党建与业务的深度融合，针对设计与采购在日常工作中存在的10余项典型接口问题，从提资接口、采购输入、大宗材料的变更、厂家设备的操作空间等方面展开了深入研讨，集思广益，共同思考优化改进措施，促使设计与采购接口问题得到快速反馈和解决，保障了“华龙一号”首堆工程热试节点的顺利实现。

（3）搭建设计施工交流桥梁，关键问题协作攻关

针对以往成熟堆型，现场施工单位经验丰富，基本无设计交底的需求，而“华龙一号”首堆工程采用了全新的布置，与以往堆型存在较大的差异，为加深施工单位对设计文件的理解，更好地领会设计意图进行现场施工，现场设计管理部制定了设计交底的管理程序。同时向施工单位、工程管理部门开展了深入的调研，以施工方的需求为导向，确定设计交底的内容。针对福清5号机组，设计管理部组织总部设计院及各分包院完成了32次设计交底（包括土建和安装的各个EM包）。其中三维（PDMS）软件设计交底会、非能动设计交底、一体化堆顶安装设计交底、6号机组外穹顶设计交底等是相对于M310堆型独有的设计交底，对于现场施工人员提前熟悉理解设计意图、提前解决施工中的难点问题，起到了至关重要的作用，为福清5、6号机组施工的顺利开展奠定了坚实的基础。同时，建立设计和施工交流的机制，一方面针对首堆建设出现的典型问题组织设计院来现场深入开展经验反馈，另一方面针对设代与施工单位工作中存在的问题及时组织交流讨论，通过设计与施工的交流和联动，进一步优化后续工作的配合，保障“华龙一号”工程节点的顺利实现。2019年开展设计施工专项交流共计13次。针对机械贯穿件波纹管焊接初

期出现的缺陷较多、合格率低，严重影响后续施工工期的情况，2019 年现场设计管理部联合二三公司福清项目部组建了“连壳行动”QC 小组，进行贯穿件波纹管与土建套筒焊接一次合格率的攻关，以设计指导施工，将焊接一次合格率由 2018 年的 71.47% 提升至 2019 年的 93.77%，从而有效保证了贯穿件的安装质量，为后续的系统管线安装与运行打下了坚实的基础。

8.3 设备管理全周期集成

在“华龙一号”示范工程上，本着“上功治未病”的管理理念，与现场实时匹配进度实现精准供货，11 项主设备全部提前现场需求具备交付条件，福清 5 号机组 DCS 提前计划时间 2 天交付现场，打破了“首堆项目 DCS 供货必延期”的“魔咒”。

8.3.1 项目计划管理能力

（1）全面掌控采购范围的管理能力

组建了精锐、专业的项目计划管理团队，并基于多个总包项目经验对采购板块范围管理进行了全面梳理，制定了《采购范围及分交管理》《EM2 专用工具的范围与计划管理》《役检试块管理工作推进策划》《甲供焊接工艺评定与见证件》《计划工程师执业指导书》等系列管理程序及指导手册，持续推进采购范围管理工作标准化、精细化。

通过多个总包项目实践，项目计划管理团队熟知总承包合同、动力院分包合同、建安合同的相关条款，熟识相关程序和指导手册，打破了前期项目范围管理工作依靠庞大的专业负责人团队管理的局面，切实做到根据有效的采购输入下达有效的采购指令，全面兜底项目范围管理工作。在此基础上，项目计划管理团队还通过对已签合同的技术协议、供货范围、供货边界等内容进行审查，保障合同范围与计划范围一致，从而实现采购范围的集中闭环管理。综上，采购板块在总包项目范围管理方面的卓越表现有效避免了重复及遗漏采购物项，具备了全面掌控范围管理工作的能力。

（2）精准管控采购计划的管理能力

基于总包项目经验，项目计划管理团队将项目进度管控扩展至自我工作管控，制定了《设备成套中心项目与计划部项目团队全周期工作计划要点》等指导手册，明确了项目团队在各阶段应完成的工作内容，如总包合同/建安合同谈判、编制项目分交原则、梳理 DCS 提资链等，项目团队工作的有序进行为项目采购提供了有力的保障。

在设备计划管控方面，充分吸取前期项目经验，针对设备特点形成了长周期主设备、泵、阀门、PMC、小三箱、BOP 设备、预埋设备等不同专业设备的采购计划管理大纲，抓住各类设备的采购特点与现场子项/房间精确匹配需求，做到供需精准管控。此外，针对影响现场重要节点的设备梳理形成《220 kV 倒送电节点设备采购计划管理》《主控室可用节点设备采购计划管理》《PX 泵房进水节点设备采购计划管理》等组织过程资产，通过将台套设备与主要工程节点关联，将进度管控工作交织成网，具备了精准管控采购计划的管理能力。

（3）快速有效服务现场的管理能力

为了更好地践行“公司业务板块服务工程项目”的要求，为顺利现场各大里程碑节点保驾护航，在前期总包项目经验的基础上，采购板块制定了《甲供设备现场管理》《供应商现场技术服务管理》《现场应急采购需求管理》等若干项目标准化程序，并依托相关程序不断总结重大设备现场管理经验，持续改进由内及外的各接口及流程工作，统筹管理现场与总部协调事宜，进一步压缩甲供设备到场后的问题处理周期，为工程安装调试工作开展创造有利条件。

同时，采购板块还制定了《物项现场到货检验管理》《仓储管理》等若干仓储管理标准化程序，实现了后续项目现场仓储管理流程的系列标准化要求。同时，参考福清、方家山、海南等前期项目仓储经验，编制发布《核电项目仓储管理大纲》等指导手册，为新项目仓储规划、人员配置、仓储费用预算等系列工作提供了参考指南。综上，在切实履行服务现场职责方面，采购板块具备了快速有效的管理能力。

8.3.2 合同采购管理能力

（1）价格模型增强议价能力

为了更好把握市场定价机制，在商务议价过程中掌握话语权，采购板块积极构建多项实际应用的价格模型，如电缆、管道管件、核电用风机/风阀、小吊车、核级手动阀门等，并通过建立设备价格数据库，掌握价格谈判主动权。以风机价格为例，建立验证公式 $X=(\Delta P-10\%)\times K_2-1/K_1$，从成本加成定价法入手，分析厂家成本构成，建立设备、部件等的理论价格模型，并在前期总包项目已签合同的数据积累基础上，分析参数 1、参数 2 变化与价格变化之间的关系加以修正。通过验证、修正，不断优化完善，增强议价能力。

（2）应急采购快速响应能力

采用多种方式、多种途径形成全方面的现场应急采购快速响应机制。对于繁杂、金额较小且无法预计需求时间的现场紧急增补物项，一方面，建立订单及物项增补下达机制，并纳入执行及合同管理；另一方面，通过招标方式签订多项目框架协议，并利用集团统一电子平台进行比价下单。基于上述供货模式，在下达新的采购订单时，各供应商能够迅速进行报价，采购方利用价格模型，对比供方报价，迅速选择最合适的供方完成采购工作。此外，采购板块在各项目现场派驻人员组成设备管理处，对于现场紧急增补物项，由设备管理处执行，从组织机构上做到了采购与施工的衔接，实现应急采购的无缝衔接。

（3）多项目集约采购能力

为降低成本、提高供货效率，基于前期总包项目实践，采购板块与设计板块共同研究，在多个项目上采用了单价合同采购模式，在合同中实现约定物项单价，根据工程进展需要随时向供应商下达订单，据实结算。涉及物资包括：管道管件、电气和仪控小三箱、仪表及仪表管阀件、小吊车、电缆等物项。

对于确定的批量化建设项目，物项实施批量化打包采购或者实施 2+X 采购，事先在合同中约定一定的优惠比例，既降本增效，也节约了工作量，每个采购包可节约 40 个工作日。2012 年 5 月开展大宗材料多项目采购，2017 年 1 月开展“华龙一号”批量化采购，2017 年 3 月开展核电站用全项目的采购。目前实现集中采购方案的设备包括压力容器、蒸汽发生器、安全壳喷淋泵、低压安注泵、反应堆厂房环吊/轨道梁等设备。

（4）合同招标资质能力

核电总承包项目以集中采购、集中招标的形式将多项目招标采购集中实施，从而形成招标节资、投标集中、中标统签的集约化管理模式。采购板块拥有专业的招标业务团队、标准化采购招标文件模板（涵盖核电建设所需的全部类型），且招标范围涵盖了核电总承包项目的全部采购类别。已取得工程建设项目招标代理甲级资质、中央投资项目招标代理乙级资质、政府采购以及国际机电产品代理资格。

在多项目总承包模式下，通过经验反馈不断积累招标多项目管理经验。在招标速度的响应性、招标进度的时效性、法律的合规性、招标效果的符合性、招标成本的经济性上远超非专业团队。同时拥有资质及能力开展自行及代理招标业务，建立了招标采购管理信息系统和对外招标采购信息网站，全面实现了招采工作的信息化，进一步提高了公司招标管理的信息公开以及与投标人的信息交互速度。

8.3.3 合同执行管理能力

（1）专业全面的合同执行能力

经过十余年的成长，已形成具有 200 余人的合同执行团队，专业范围涵盖容器、水泵、阀门、通风、系统设备、电气、仪控、大宗材料等核电厂全部物资。在项目实践过程中积累了大量的合同执行经验，熟悉各类设备生产特点、技术难点、生产周期。仅示范工程就形成 200 余份合同执行策划，包含经验反馈和风险分析近 2 000 条。大量的项目实践经验，为后续项目的顺利开展奠了良好的基础。

合同执行团队全面负责核电设备采购合同的执行管理工作，从合同准备开始，直至设备完成交货，电厂投产运行，合同完结关闭。涉及接口众多，上游有设计院、设计分包院；下游有现场仓储、安装、调试，同时接受国家核安全监管部门的监督管理；设备成套中心内部，有商务合同、计划、监造、质保等众多内部接口。在 EPC 模式下，采购板块与设计板块有着共同的项目目标，合作意愿强烈，在实践中形成了牢固的合作关系，沟通效率高，合作效果好，板块间的深度合作是核电项目顺利开展的坚实基础。

（2）坚强有力的进度管控能力

结合前期总包项目同类设备的经验反馈及执行经验，采购板块在执行采购合同过程中，首先对设备制造过中存在的风险以及应对措施进行提前预警分析，形成合同执行策划。对于重要物项，在此基础上进行沙盘推演，并通过行动项进行跟踪管理。其次，以合同执行综合计划为中心，采用赢得值管理工具实现合同执行进度绩效评价，量化反映项目进度和趋势，为项目的进度和费用控制提供决策支持。最后，建立合同执行进度预警机制对执行进度进行跟踪评估，及时采取相应沟通、汇报措施，提高合同执行管理效果（见图 8.3.1）。

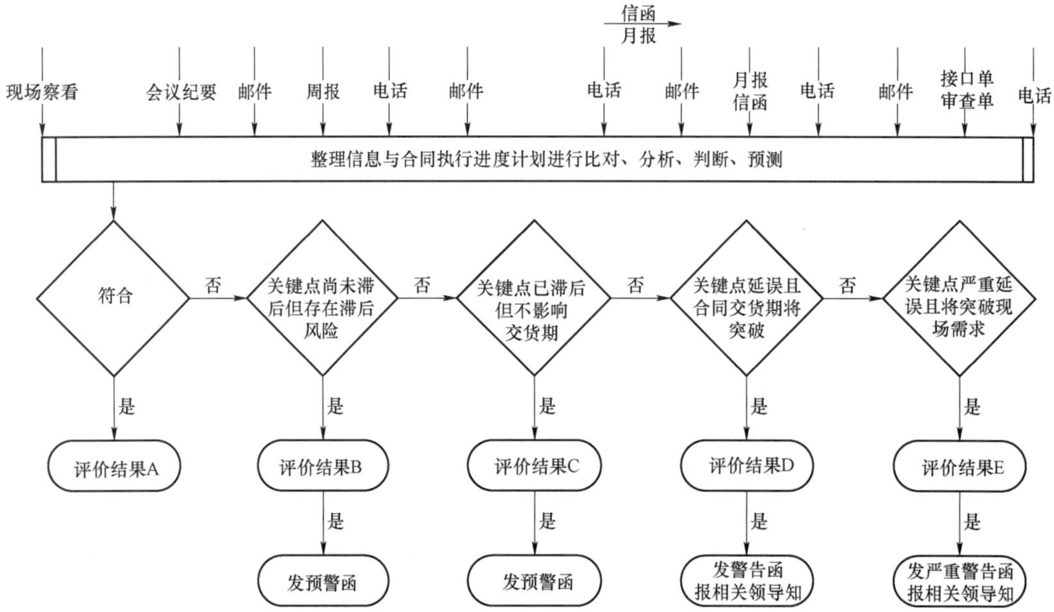

图 8.3.1　合同执行进度预警机制

（3）精细严谨的过程管控能力

为了准确把握合同执行进度，降低执行风险，采购板块将从合同签订到设备交付的过程，根据阶段划分为合同执行策划、制造开工会管理、质量计划管理、不符合项管理、出厂验收管理、合同执行总结等若干 WBS，并针对各内容制定了标准化管理手册，与其他管理工具和协调机制共同组成合同执行标准化管理体系。为确保体系有效运作，采购板块还制定了《合同执行监督检查规范》与《供应商进度监督检查管理机制》等细则，并定期对合同执行情况开展内部处室和供应商的监督检查工作，了解标准化管理体系的执行情况和不足之处，查找合同执行风险点和存在的问题。内部监督机制的有效实施，保障了合同执行工作的有序、有效开展，同时在内部也形成了遵守程序、扎实、严细、合作的良好工作作风。

（4）精确高效的文件管控能力

基于前期总包项目实践，采购板块制定了《设备合同 IED 管理》程序，并通过买方 IED、卖方 IED 对全部合同执行过程文件进行跟踪管理，同时通过接口手册对设计接口的交换过程进行过程管控。通过买方 IED 跟踪技术文件的出版，并及时将技术文件和各类管理文件发送供应商；通过卖方 IED 跟踪合同执行全过程中供应商应提交审查或备案的文件。IED 中详细记录了文件流转的时间、文函号码、版本等，形成了良好的组织过程资产，为后续合同执行项目开展奠定基础。得益于 EPCS 总承包模式，在设计相关文件的流转上，设计和采购信息系统互通互联，实现了文件的无缝传递，在安装调试类文件的管理上，项目现场通过信息化接口查阅卖方 IED 中安装、调试、运输相关文件，极大地提高了文件流转效率。

8.3.4 合同监造管理能力

（1）监造体系优化能力

采购板块建立了监造工作程序、工作细则、技术文件三级管理体系，明确工作职责、要求和流程。通过监造技术导则解析设备、分析难点、查找风险、制定监督措施优化选点，切实起到指导质量计划选点的功能；通过监造监督规程诠释工序要点、分解工序检查步骤、融入经验反馈、制定检查要求；通过设备监造见证检查表（简称“点检表”）结合设备特点，明晰检查要求，记录点检过程，形成客观记录文件（见图 8.3.2）。

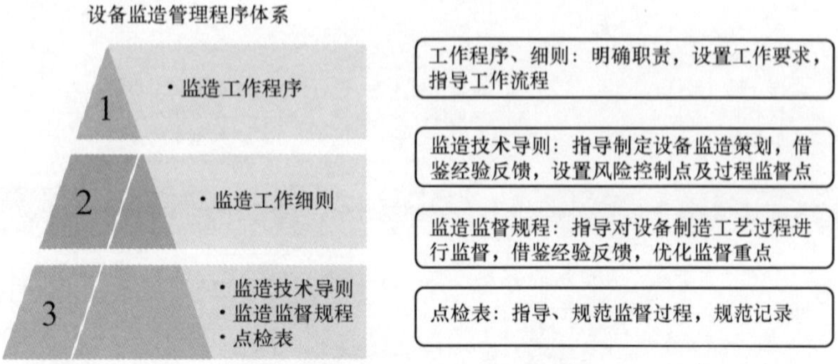

图 8.3.2 设备监造管理程序体系

通过精准监造，供方体系诊断与帮扶、质例会、核安全文化宣贯等多种方式，齐头并进提高供应商提高质量管理水平。通过监造队深入一线管理，总部技术支持，内部监督考核，经验反馈与改进，员工能力管理等多管齐下，提高监造管理水平（见图 8.3.3）。

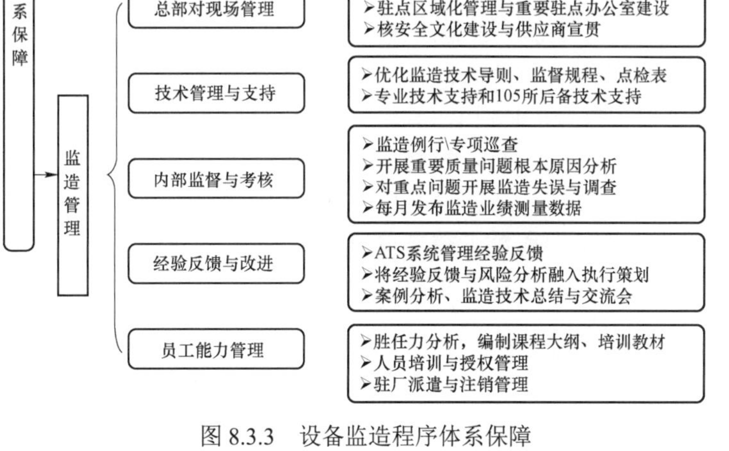

图 8.3.3 设备监造程序体系保障

（2）监造闭环管理能力

根据每个项目的不同情况，编制项目规划作为监造工作的总纲领，分析项目整体情况，编写合同分级，规划人力资源（见图 8.3.4）。同时针对重要的单个设备编制设备监造策划，分析供应商质量控制情况，分析过程执行中的风险点，并做好应对预案。审查质量计划并选取见证点，制订见证计划和日常、专项的巡检计划。通过见证检查、巡视检查、文件审查、质量问题处理验证、质量趋势分析等手段做好过程质量控制。监造完成时编制监造完工总结、技术总结和典型案例分析，并将执行中的经验反馈到项目的监造规划和设备的监造策划，整个流程做到闭环管理。

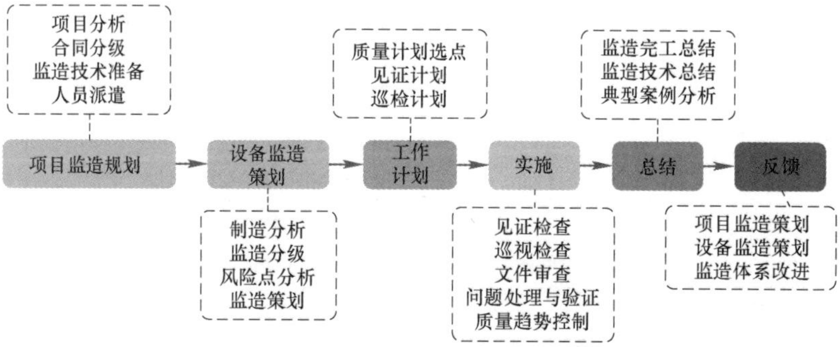

图 8.3.4　设备监造闭环管理流程

（3）监造过程管理能力

为确保设备监造过程实施的有效性，经过充分调研论证，实施具备见证指导、见证记录双重作用的点检表。见证活动开始前，依据设备技术文件编制适用于该见证工序的点检表，包含检查项目、规定要求或控制目标合格值、依据文件等。点检表完全输入了设计和制造要求，切实具备了见证指导作用。据此开展见证活动，逐项进行检查和记录。工序活动结束时，点检表也应完整地记录下来所有检查项目的结果，做出是否符合要求的判断。对于违反采购要求的活动，能够直接、快速通过点检表加以控制、制止，质量控制活动直观、快捷，避免了监造人员由于个人经验不足、责任心不强而带来的工作失误。

为保证点检表的编制质量，监造管理人员将依据设备监督导则、设备监造实施细则以经纬交叉生成点检表。按设备编制的监造细则是经线，按工序类别编制的设备监督规程是纬线，两者结合，针对具体某一设备的某一工序的见证要求也就准确生成，据此编制点检表。另外，针对监造巡视检查，编制了《监造人员巡视检查管理》程序，开发了通用的《巡视检查记录表》，并对巡视检查提出了量化和有侧重的要求。这样，点检表和巡视检查记录表就涵盖了设备监造质量控制全过程。正在优化中的项目管理信息化系统为点检表制度执行带来更大便捷。监造人员将配备信息系统终端设备（平板电脑），实现质量控制总部与现场监造人员之间实时互动、双工反馈、快捷支持。

8.3.5　质量保证管理能力

设备采购是核电工程建设中一项长期的、复杂的、系统性的任务，这一任务通常持续长达 5～6 年，耗资上百亿，涉及 300 家以上的供应商，采购管理既要满足业主要求，涵盖数万种设备，又要根据监管单位的政策、文件及项目的需求而不断变化、调整采购策略和具体工作，其复杂、繁琐程度远超一般的工程项目。公司建立之初，尚没有专业的采购部门，经过 10 年总承包/承包工程设备采购工作的经验总结和积累，在设备采购领域已经形成一套完成、成熟的程序管理体系，并不断优化，为设备采购工作提供了有效的制度保证。

（1）程序体系管理能力

经过十年总承包工程设备采购工作的实践，采购板块已经建立了一套完整的程序体系，其内容涵盖：计划管理、合同管理、招投标管理、合同执行、监造管理、质保管理、综合管理七个部分，同时也实现了对机械设备、电气设备、仪控设备、大宗材料等不同类别的设备、材料的合理管理。此外，这套体系也对项目计划控制、合同招投标管理、不符合项管理、设备监造、设备验收、供应商评价等重要环节进行了重点控制，体现了合规、合理、高效的管理原则，实现程序体系对总包设备采购工作的全覆盖。

（2）内外部顾客服务能力

为保证设备采购工作的顺利完成，采购板块不断地进行同行对标、经验总结，并按照以顾客为关注焦点的质量管理原则，始终关注外部顾客——工程业主，关注内部顾客——各项目部，通过分析内外部顾客的需求，不断调整采购流程，包括对组织架构的调整，对流程的优化、分解、合并，在流程上实现了与设计、施工板块的有效衔接。

采购板块成立十年以来，每年组织一次流程的系统梳理，对程序体系的适用性进行调整，以便更好地满足项目、业主的需求，从而更好地实现了采购工作的服务功能，为项目、业主提供了高质量、高水平的设备采购服务。多年来，各项目业主的顾客满意度持续提高，例如福清业主还就设备不符合项管理取得的成效专程向公司发来了感谢信。

（3）经验反馈管理能力

公司在十年总承包设备采购工作中积累了丰富的管理经验，这些经验一方面转化成为成熟的程序、制度，另一方面，在采购板块建立了经验反馈数据库，目前信息系统上采购领域的有效经验反馈已经达到 2 700 余条，分布在各个环节，其中既有经验总结，也有失败的教训，为学习、培训及管理提升收集了大量第一线的丰富素材。采购人不仅能从中学习到知识，还能从一个个身边发生的案例中了解到工作中存在的“陷阱”，大大提高了员工“一次把事情做对”的能力。

通过合理的经验反馈收集和应用的考核机制，采购板块逐渐培育出一种敢于提出问题、暴露问题的意识，员工都参与到经验反馈工作中来，形成了“全员参与”质量管理的良好质量氛围。同时，打通了与业主之间的经验反馈渠道，开展了与中国核电、业主的经验反馈，收集业主方反馈的设备在运行期间存在的问题，纳入采购板块的经验反馈数据库，关注最终用户的关切，提升设备采购工作水平。

通过经验反馈，助力设备采购管理，在采购策划、合同签订、合同执行、设备监造等环节均设置经验反馈收集环节，总结前期相关的项目、设备、供应商等的执行情况，以防范采购工作中的各类风险。

（4）精准质量提升管理能力

在“华龙一号”设备采购阶段以保证供货质量为核心，开展了精准质量提升管理活动，创新性地提出了分星级细化管理原则和 SMART 精准策划原则，并建立一对一专人专责机制和领导带队多部门协作机制，统筹质保管理、项目管理、监造管理三大板块，协调质量保证部门、设备专业部门以及监造部门合力出击，涵盖监督、监查、经验反馈、核安全文化建设、履约能力评价、专项检查、巡检、质量计划选点有效性评估、监造人员考评等 34 个项目内容。

通过对质量保证管理薄弱及质量风险较大的设备制造厂进行有针对性、多频次、多角度、细致深入的重点帮扶，提高设备制造厂管理能力及制造水平，在“华龙一号”示范工程建设中取得了很好效果，为后续核电工程建设中设备采购阶段的质量保证管理提供了新的思路。

8.3.6 采购管理集成一体化

（1）大宗材料全周期一体化管理

示范工程成立了大宗材料专项组，打破以往核电项目管理模式，在利用一切资源的基础上，更集中合理地运用现代管理与技术，充分发挥资源的积极效应，提升大宗材料管理效率。

1）聚焦工程图纸需求，实现大宗材料全周期需求的信息化管理

专项组打破了常规项目的管理理念，高度重视和聚焦工程图纸需求，实现图纸提前审查，细化了管理颗粒度，以“图纸号＋物项编码＋材料量＋需求时间”四个基本要素构建大宗材料的全周期需求，并着手开发信息化管理平台，实现大宗材料全周期需求的信息化管理。

2）急工程之所急，创新大宗材料增补及管控机制

专项组有序组织承包商在收到图纸一个月内整理出图纸材料量信息并提交需求计划，即在施工前 6 个月向采购提出现场需求，在与采购总量匹配后，筛选出新增规格和缺少规格并与设计院确认，及时下单采购。比照以往项目通过设计出版 DEN 单后下单采购的流程，采购指令下单时间大幅缩短 50%，为材料增补采购预留至少 1 个月时间，相比前期项目增补采购至少提前 1 个月到货，材料的提前到货可优先保障安装进度和各节点的顺利实现。

3）战略储备，探索建立模糊需求材料储备机制

专项组总结前期项目执行经验，为避免因关键材料短缺或增补采购滞后影响施工进度，特别是核安全等级管道胚件、法兰锻件等关键材料，探索建立了模糊需求材料储备机制，集中采购部分大宗材料半成品作为战略储备。当工程提出增补需求并核准后直接调拨战略储备半成品，按照需求加工后交付工程使用。通过原材料储备机制，新增材料采购周期缩短了 2 个月。

4）有效控制整体成本，实现安装单位按需领料管理机制

专项组通过系统需求调研及设计开发，实现了结合设计图纸、安装需求、仓储库存匹配于一体的创新领料信息平台，将仓库材料与图纸材料量（包含图纸净量、消耗量）、安

全库存量、现场需求时间整合在一起，通过物项计划与物项需求的有效结合，实现承包商的“按需领料”，并通过总需求量、总出库量的对比，有效跟踪物项的出库情况，防止多领与浪费。

5）经验反馈，创建工程项目大宗材料全周期“大数据”

专项组完成示范工程的数据积累工作，一方面保障后续机组充分吸收借鉴首堆项目管理成果和经验，另一方面支持后续机组通过项目标准化、施工工艺改进、管理水平提升等措施进一步实现大宗材料的精益化管理。

6）固化协调机制，制定甲乙供分交、材料供货问题例会规章制度

专项组固化协调机制，制定了甲乙供分交、材料供货问题例会规章制度，定期集中、高效率解决工程建设期间的大宗材料相关问题，有效确保大宗材料各项管理工作正常开展。

（2）DCS 提资链（网）管理

DCS 提资按期完成是保障 DCS 设备按期交付的根本。示范工程通过 DCS 提资链（网）管理体系的建设和实施，打通 DCS 设计提资上下游通道，破除 DCS 物资供货链上最大的瓶颈和障碍，对保证全厂工艺设备按期交付、整体项目按期竣工具有重大意义。同时，可以建立 DCS 提资链数据库，并在后续项目上推广，为推动核电项目标准化建造的长期目标提供有力的数据支撑。

DCS 提资链（网）管理体系建立和实施具体包含以下措施：

1）建立提资链管理体系，构建核电项目命运共同体

通过建立提资链管理体系，示范工程建设所有相关责任主体单位构建核电项目命运共同体，对 DCS 提资进行全面管控。

2）组建 DCS 提资工作组，增强大局意识和核心意识

组建 DCS 提资工作组，并发布工作运行机制，通过设计、采购、施工协作的方式对核电项目 DCS 提资管理重点环节，即系统设计和工艺设备采购提资加强管控，实现对重大问题的高效协调和快速决策。

3）坚持以人为本协同合作，严格执行提资链计划

坚持基层员工的主体地位，依靠各个板块基层员工协同合作共建 DCS 提资管理秩序。对于重要环节的特殊设计分包院、制造厂，采取专人盯防在线管理、党建业务深度融合等模式严格执行提资链管理体系。

4）坚持履行核安全“四个凡事”，实现业务精细化管理

采用设计接口管理工具对 DCS 提资文件进行统筹管理，优化 DCS 提资进度和颗粒度；采用开口点管理工具追踪和管控过程问题，避免开口问题对设备质量和进度的不利影响，实现对 DCS 提资链的精细化管理

5）坚持预防为主、防治结合，健全 DCS 风险管控机制

借助核能协会组织的同行评估和沙盘推演活动，增强全员风险防范意识，提升对 DCS 提资链管理中重要风险的识别、分析和应对能力；通过发布和实施具有可操作性的风险管理工作细则，使风险管理从理论落到实处。

6）优化“互联网+”信息化采购平台，实现管理提质增效

依托于信息化平台，对 DCS 提资实现信息化在线管理，加强沟通效率，实现过程协同管理，提高信息传递准确性、完整性、及时性；自主开发数据库自动化管理工具，实现数据分析自动化，提高人员工作效率，降低管理成本。

（3）三新设备样机鉴定

“三新”设备（新厂家、新设计、新工艺）为“华龙一号”设备供货的重点，其中很多设备需要进行样机鉴定，样机鉴定设备的进度管理成了“三新”设备供货中的重中之重。

示范工程样机鉴定进度管理，采用传统的专项计划形式，基于一体化三级进度计划设备到货需求倒排，其中专项计划共包括鉴定大纲提交、鉴定大纲批准、鉴定试验完成、鉴定报告提交、鉴定报告批准，其中鉴定大纲批准与鉴定报告批准，按照 3 个月完成的模式进行考虑。针对进度计划执行情况，定期组织召开样机鉴定专项计划会议，针对样机进展进行跟踪，及时识别风险及偏差，问题提交各类协调会解决。

（4）设备供货商履约评价

示范工程总承包单位中核工程建立了供应商履约能力评价管理系统，实现了对设备供应商履约能力的科学量化评估，借助信息化管理平台，在行业内率先实现了对供应商动态、高效的全过程管理与监督，成功实现了对供应商的评价、优选、合作、再评价、反馈、再优选到战略合作的科学管理门槛的跨越。从合同签订开始，到设备的生产制造，一直到现场的交付及服务完成，供应商在每一阶段、每一方面的表现，都将被全方位、全天候地纳入履约能力评价体系。

除了能“奖优罚劣”，更重要的是，它以促进全产业链健康可持续发展为理念，根据科学准确的数据，对供应商的履约行为提出具体而精准的指导。通过持续不断、精细到位的管理发力，帮助其在合作中不断成长、壮大，同时，使双方的合作进入良性循环。从供应链的角度出发，督促和帮助设备供应商，通过精益管理降低生产、管理成本，通过电子商务的规范性、标准化、信息化管理降低合作成本。双管齐下，才能实现供应链环节的提质增效。

（5）备品备件管理

在充分总结福清核电 1～4 号机组备件交接相关工作经验的基础上，中核工程、业主公司于 2018 年 10 月份签署《福清核电 5、6 号机组临时验收后的备品备件、专用工器具移交/接收管理工作优化机制协议》，优化改进之处如下：① 以合同清单为基础，明确备件工具移交范围，一份移交单/移交证书只对应一个设备分包合同，结合现场实际情况开展移交/接收工作，根据备件的实际移交/接收情况，阶段性结算与支付，提高结算与支付效率。② 完善程序，编制工作细则，细化移交管理工作，同时编制了部门级的工作指导手册，细化了工作流程，为移交工作的开展提供了便利，也可以应对作业人员流动给移交工作带来的冲击。③ 建立工作接口制度，明确责任人，做到“四个凡事”，各相关单位及时妥善处理工作开展过程中出现的问题，共同推进 SO 备件、专用工器具、易耗品的移交/接收管理。④ 建立分级移交计划，提高移交工作和运行需求的契合度，梳理 5、6 号机组包含备

品备件的合同包，根据业主 TOTO 后的实际需求，制定明确的备件总体移交计划；每月提前梳理合同清单，移交/接收双方进行合同清单的审核与确认，为做好移交工作提供合同基础数据支持。

示范工程在备品备件移交工作开展过程中，秉承着保质保量的原则，通过移交/接收双方的紧密配合，不断优化移交工作流程、细则，制定工作标准，形成了标准统一、优质高效的备件移交管理工作新局面。

8.4 施工管理强化执行力

8.4.1 全方位施工组织策划

示范工程在提前策划、提前介入、统一运作、科学分析基础上，经多轮研讨、沙盘推演，统筹开展了全方位施工组织策划，确定了总体管理思路：打造优秀的项目管理团队，建立完备的经验反馈体系，使用先进的项目管理工具，实行有效的项目协调机制，突出技术线路差异性分析和项目风险应对能力（见图 8.4.1）。

2015-05-07 FCD点 → 2017-06-08 内穹顶吊装 → 2019-06-16 冷试开始 → 2019-12-01 热试结束

前期准备阶段	土建阶段	安装阶段	调试阶段	竣工移交阶段
(1) 技术准备，审查图纸、基岩和当时自然资料，编审施工组织设计，特别注意华龙新堆型、新结构与新技术等差异性分析； (2) 施工现场准备，五通一平，建立测量网，生产生活临建，特别注意场平布置与大件运输路线； (3) 物资准备，厂外厂内预制，设备租赁，混凝土生产链，特别注意新材料供评，钢结构加工和大宗材料管理； (4) 人力资源与施工队伍准备，注重人力动员，特种岗位人员取证，工种搭配比例与安全管理； (5) 计划目标，熟悉一二级里程碑计划，参与三级计划编制，注重设计采购领域的风险，推行一体化进度管理； (6) FCD 前工程形象，积极推进验槽和 FCD 前准备与工程形象，注重厂房之间开工次序与垂直化运输等条件	(1) 施工方案与技术管理，重点对危大工程，华龙新结构，新工艺和新材料的技术梳理与方案评审； (2) 计划进度管理，根据三级计划，编制完成四至六级计划和资源加载与跟踪，对关键线路和上游制约与安装主线的交接； (3) 质量管理，严格按三级质保，三级质控，特别对焊接、钢筋连接与混凝土浇筑的质量控制； (4) 合同与费用管理，熟悉合同范围，及时立项并按规定下发指令与签证； (5) HSE 管理，压实主体责任，执行 39 号文，安全风险识别，安全隐患排查和过程管控； (6) 风险管理，对大体积砼，钢结构模块，不锈钢水池，双层安全壳，泵房蜗壳，设备引入通道，首堆变更应对处理	(1) 施工方案与技术管理，重点对华龙新型设备，DCS 等安装和管道及系统梳理，对新工艺新材料的技术梳理与管理； (2) 计划进度管理，根据三级计划，编制完成四至六级级计划和资源加载与跟踪，对关键线路和上游制约与调试需求系统的交接，创造条件提前介入，深度叠加计划安排； (3) 质量管理，严格按三级质保，三级质控，特别对预制，设备安装，焊接，单机试车，打压等方面的质量控制； (4) 合同与费用管理，熟悉合同范围，及时立项并按规定下发指令与签证，重点对损失，缺失器件的过程管控； (5) HSE 管理，执行 39 号文，强化高险管控； (6) 风险管理，对新增变更，质量问题，设备问题和到货问题，调试需求	(1) 结合调试大纲进一步完善施工方案与技术梳理，根据调试过程发现问题进行相关方案制订； (2) 计划进度管理，制订 EESR 计划，加快系统移交，创造调试条件，安排调试提前介入，深度叠加调试安排； (3) 质量管理，调试过程中发现的质量问题和 NCR 应如实及时通过相应流程进行处理，加强成品保护； (4) 合同与费用管理，熟悉合同范围，配合调试处理变更和措施，及时签证； (5) HSE 管理，重视调试方案中安全工作，加强边界检查； (6) 风险管理，首堆新试验，变更和设备影响，调试与建安对工作面的使用冲突，移交滞后，试验指标难以达到	(1) 编制 BHO 和 TOTO 技术文件； (2) 计划进度管理，BHO 和 TOTO 移交计划，制订移交计划； (3) 质量管理，妥善处理移交尾项问题，及移交过程中暴露的质量问题； (4) 合同与费用管理，熟悉合同范围，妥善处理超范围服务中的合同索赔； (5) HSE 管理，尾项消缺过程中隔离边界，办票问题及设备带电和高温高压问题； (6) 风险管理，移交过程中对业主提出意见项的处理，技术标准分歧，NCR 处理、移交滞后问题

图 8.4.1　施工总策划

在示范工程施工管理策划过程中，注重“差异性”分析，深知施工管理的难点在于“差异性”分析，重点从四个方面进行示范工程“差异性”分析（见图 8.4.2）。

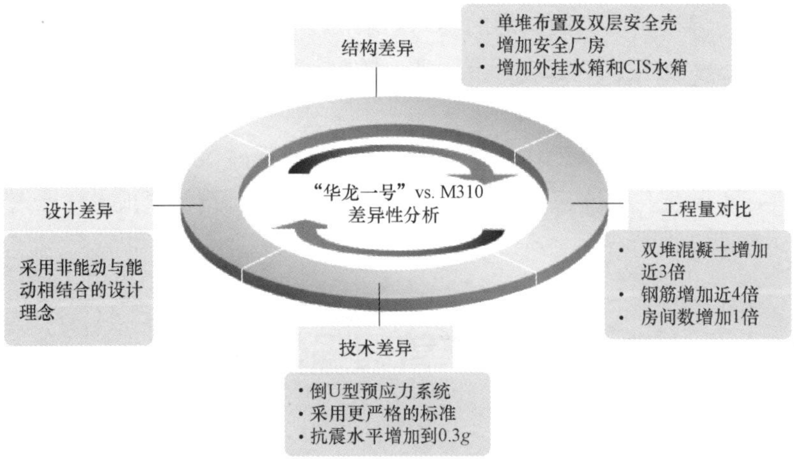

图 8.4.2　施工管理差异性分析

针对示范工程差异性分析，一方面加强对设计技术交底与提前熟悉图纸，另一方面则根据现场情况制定应对措施，如表 8.4.1 所示。

表 8.4.1　示范工程施工差异性影响及应对措施表

分类	差异项	变化参数	影响因素	采取措施
技术差异	技术标准	NB 标准	工艺评定、焊接质量、材质检验等	提前制定工艺管理计划、人员培训、资质鉴定
	设备引入通道	RS 主设备引入通道	通道单一、轻重轨增加弯段、翻转平台与弹性连续件等	考察论证，统筹计划，优化逻辑，3D 模拟安装，留设预装口、二浇区
		双壳间物项引入	空间狭小、物项众多、工序干涉、无固定通道	考察论证，统筹计划，优化逻辑，3D 模拟安装，临时拆除
		疏水扩容器引入	空间狭小，吊车不能直接使用	多方案比选，采用"扁担吊"
	SSE 变化	0.2g 提升至 0.3g	所有支吊架等物质物项增强增重	加强 EC 板块沟通，提前施工物项定位
	倒 U 型预应力系统	预应力系统参数与布置	预应力布置、张拉参数、张拉工具等	考察论证，设计交底，优化逻辑，改造工具，强化质量
工程量差异	土建工程量	混凝土（双岛 +BOP）：88.1 万方； 钢筋：核岛双堆 18.5 万 t（5 号机组 9.5 万 t）；PX 泵房 1.7 万 t；常规岛双岛共 3.4 万 t	混凝土生产链及储备物资增要求高，钢筋及生产车间加工需求量增加	增加一级搅拌机组（高峰期主厂房需求 4 台），供评地方混凝土供给，护建钢筋加工车间；加强人力动员
	安装工程量	核岛 688 万点值 常规岛 198 万点值 PX 泵房 23 万点值	核岛相对 M310 增加约 1.4 倍点值，人力动员组织、计划安排要求高	提高人力动员级别，做好计划安排，加强过程协调
	房间移交数量	1 764 间（核岛）	房间数量比 M310 多一倍	提前筹划，根据计划移交，加强过程组织
	系统移交数量	核岛 543（单系统点值量约为 M310 的 1.5 倍）	系统移交、尾项消缺困难	提前准备、强化沟通与组织、加强消缺进度
	变更数量	设计类：CR 单 27 420 份，FCR42 057 份，DEN 5 933 份；设备类：CR 单 3 022 份，FCR 单 3 104 份，DEN 单 2 158 份	方案升版变化快、现场返工、物项拆借频繁、过程协调量大	加强 EC、EP 及 EPCS 会议沟通，及时纰漏风险信息，加强过程协调及时制定应对措施

续表

分类	差异项	变化参数	影响因素	采取措施
结构差异	堆型采用单堆布置	厂房占地面积增大，工程量增加、房间数量增加	场平管理要求高，材料堆场管理要求高，吊装作业要求高	加强场地策划管理，及时梳理吊车行径路线，相应加大两堆开工间隔压平人力资源峰值
	双安全壳与外挂水箱	双安全壳和外挂水箱增加了施工组织与技术难度，安全风险成倍增加	双壳施工逻辑对RS及核岛周边厂房的进度影响大，与预应力和双壳间安装物项施工逻辑性强，相互影响大；外挂水箱位于外壳颈部，是热度的关键同时对外穹顶吊装具有潜在影响	考察论证，多方案比选和逻辑优化（进行沙盘推演），加强过程协调与安全防护
	增加 APC 壳	增加了工程量，提高了运输难度和安全风险	APC 壳与核岛厂房之间的夹缝增加了施工难度，提高了安全风险，抗飞机钢筋接头采购与施工质量要求增加了过程管控难度	提前策划，加强过程控制，调整施工逻辑减少对核岛周边厂房的影响
	能动与非能动系统及水池数量大幅度增加	核岛及配套厂房共计6大水池（含能动与非能动水箱），8个覆面，26个疏水坑	不锈钢重量 732 t（为 M310 的 6.2 倍）；焊缝长度 13 589 m（为 M310 的 6.9 倍）；探伤底片 27 500 张	增加不锈钢预制车间数量，提高预制质量及效率，做好焊工培训，加强探伤协调与管理

8.4.2 “1、2、3 天”的解决速度与高效的协调与沟通机制

在示范工程，对于重要问题的解决，从员工至部门经理再至项目总业已形成“1、2、3 天”的解决时效限定机制。而各项日常工作都能在“流程管事，制度管人”的管理体系框架中顺畅地开展，充分体现了协调沟通方面的协同、高效性。

总承包项目的施工管理实践表明，相当多的工作时间都用在与项目团队内部、总部各职能部门及业主和施工单位的沟通与协调管理方面。无论协调与沟通成员及干系人来自组织内部还是组织外部，有效的协调与沟通都是极为必要的，它能在项目团队内外及干系人之间架成项目管理的桥梁，能够统一目标与计划，将不同的作业和工序科学有序地组织起来。在福清项目，沟通的活动按不同维度分类，有内部和外部、正式与非正式、垂直（上下级之间）与水平（同级之间）。主要手段为日常协调（包括口头、信函）、专项协调与会议协调。主要包括：

日常协调：包括按既定流程推进过程中的团队成员内部、团队之间的必要沟通（口头、电话、微信）、信函（周/月计划）、备忘录（同一单位跨领域的重要沟通函件）、指令（工程管理过程中具有协调与商务性于一体的函件，经常与见证单配套进行）等。

专项协调：主要指短期内为完成特定任务，由不同单位抽派人员成立的专业性、任务性的特定团队，通常在安全要求高、计划任务紧、系统或区域相对独立的情况下，由 CNPE 组织项目各单位成立的小组，如探伤协调专项组、堆内构件安装专项小组。专项小组最有效的沟通方式是微信群。

会议协调：项目各级例会，工程管理部主要负责的工程周/月例会，各领域的板块会，风险会，总经理协调会等。

8.4.3 坚持施工管理信息化支撑，助力项目绩效提升

依托示范工程开发建设的施工信息管理系统全面覆盖项目现场施工业务，实现了对项目安全、质量、进度、成本、资源管理和施工工艺过程控制的全面集成，为施工现场各参建单位提供了统一的信息化平台，有效提高了业务处理效率，并为核电站长期安全、稳定运行和机组检修提供技术支持和数据信息。

通过信息化手段，在加强建设现场各相关业务联动的同时，打破与各板块、各单位之间的壁垒，实现业务的自动跟踪与高效流转；同时，借助移动应用、人脸识别等新兴技术，提高施工现场的精确化、精细化管理。在系统应用的广度、深度上得到加强，也取得了很好的经济效益，是应用“互联网+”技术、实现项目现场管理“集智创新”建设目标的重要实践。

示范工程广泛应用 BIM 数字建造技术，构建了土建施工数据库，包括钢筋、套筒、埋件、型钢数据库等，运用“BIM+信息化+智慧”使钢筋下料及加工的全过程实现了智能化、信息化的变革；通过 BIM 技术的广泛实施，实现了重大施工方案的模拟论证，如穹顶吊装、外挂水箱施工、双屋面施工等，实现了局部重难点施工部位的技术优化，如安全壳筒体应急闸门、设备闸门、环吊牛腿等，通过 BIM 数字模型可视化、碰撞检测分析，辅助区域技术员解决钢筋角度、铆钉焊接与铆钉之间穿插钢筋绑扎的逻辑问题，缩短现场技术准备时间，赢得施工周期（见图 8.4.3）。

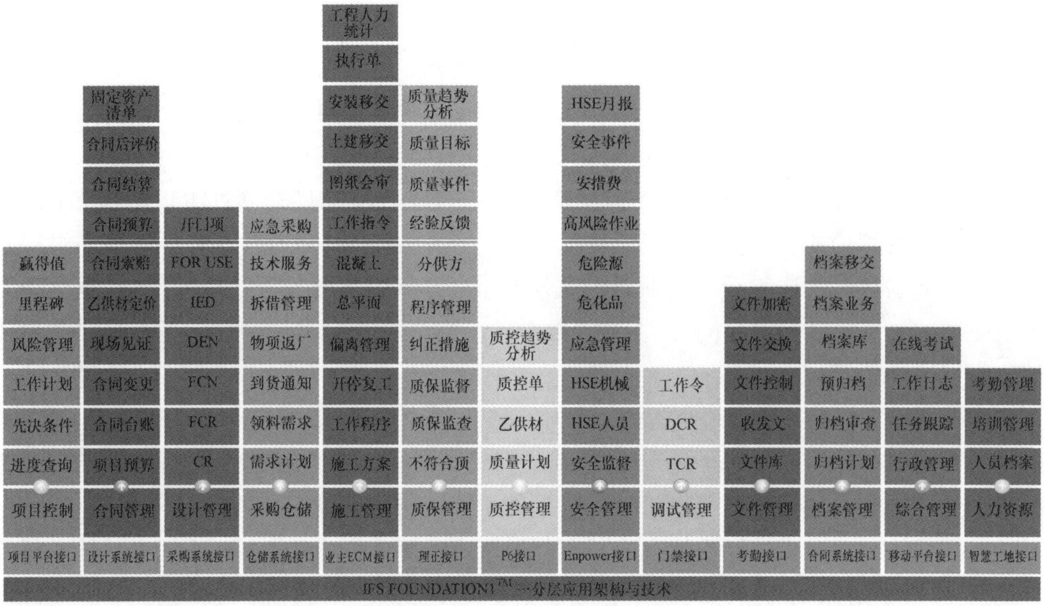

图 8.4.3 施工管理系统应用架构

安装施工准备时，通过 BIM 数字模型可以直观查看设备吊装引入路径，提前发现施工密集区域碰撞问题，也可通过 BIM 数字模型对施工过程中出现的问题，通过查看其周边其他物项的布置来确定变更方案的可行性，有利于现场提前发现问题，也为解决现场技术问题提供了便捷高效的工具。如，为解决主设备引入、翻转工艺中存在的重点、难点问

题，通过三维建模、数据分析、试验方案编制、动画演示、翻转模拟试验等技术手段，验证主设备运输引入路径是否满足施工需求、牵引方式结构是否合理、专用工机具与主设备的接口关系是否可靠、翻转区域布置是否合理、翻转空间尺寸是否满足施工需求，以及翻转竖立后主设备附件安装与专用工具拆除、倒运等内容。

8.4.4 多方面、多层次推进施工管理创新与良好实践

示范工程聚焦项目现场，多方面、多层次推动施工管理创新与良好实践，形成管理合力，促进示范工程工程管理水平的稳步提高。若干实例如下：

“高风险作业旁站/巡视管理”管理创新，适用范围为现场常规作业日常安全管控。创新前，现场安全管理主要由安全专职人员负责，工程管理人员“一岗双责”管生产、管安全落实效果不理想；创新后，对全场作业区域设置网格化，每个网格设置专人负责，并设置A/B角，网格化人员涵盖示范工程工程公司工程管理部和所有参建承包商安全及施工作业负责人，确保现场所有区域全覆盖，不放过任何一个“零星、边缘、分散、角落”区域，有效保证了日常施工作业安全。

“机械防护围栏有效减少误操作导致机械伤害的安全改进措施”管理创新，适用范围为使用频率不高的机械设备。创新前，生产临建区大量的机械设备中，有很多不经常使用的机械设备。这些设备长时间不运行，缺少专业检查，存在着较多安全风险。创新后，型材弯曲机不用时安装定制的安全防护架，砂轮机用围栏进行隔离，既可防止隔离设备误转动造成机械伤害，也可防止非操作人员误操作，属于本质安全提升。

“防异物管理”良好实践，适用范围为建安、调试期间防异物管理。改进前，现场设备管道内部异物问题时有发生，给现场设备的安全运行带来了质量隐患。改进举措：为从根源上杜绝异物问题，示范工程组织各施工单位、工程公司项目部各部门升版发布了建安、调试防异物管理程序，逐级明确防异物管理责任，管理措施逐级压实；带入施工现场的各类物品均应建立领用/回收登记台账，并定期进行检查；在重大节点前组织开展专项防异物检查。通过专项整治，从根源上减少了异物问题的发生。

8.4.5 紧密结合工程实际，优化施工管理措施，有力推动工程建设

（1）施工区域化管理

示范工程现场施工实施区域化管理模式，实行工程师责任制，制定区域化管理流程细则、职责分工及区域责任制，以区域为单位进行施工管理及服务，确保现场施工安全及进度满足要求；以月和周为单位分解上游计划，细化脚手架、打孔等工作任务，评估任务单，有计划地进行服务工作安排，根据计划合理有效调配辅助资源确保现场施工进度；通过各相关方成立专项协调小组，指定专人专项跟踪缩短协调周期，齐心协力，以最快速度高效率完成专项工作任务；建立有效沟通机制，通过各类会议、邮件、微信工作群及OA等方式及时获取反馈相关信息，推动解决现场施工制约，提高工作效率。

（2）安装储备量管理

示范工程开工以来，受上游先决条件的制约，存在各专业图纸澄清、变更，大宗材料

质量缺陷、缺料缺项等问题，在不同程度上影响了安装施工进度。在此情况下，组织协调各参建方建立储备量机制，推动先决条件的落实“跳出执行月圈子”，采用“2+3”的月储备量梳理方式（2 个执行月储备量制约梳理，3 个预测月储备量梳理），分门别类、从不同侧重点落实先决条件，并推动制约因素解决，实现上游条件与现场施工的有效结合。

按照计划需求，并结合实际施工进展，梳理图纸、物项、房间移交、设备基础移交等条件，每月编制储备量台账，明确储备量所覆盖的图纸清单，包含图纸交付、预制、现场安装至质量计划关闭等。确保每月施工计划下发时均为上游先决条件已满足部分，计划到达施工队后，可直接进行现场施工，最大程度保证施工进度与计划的同步。当储备量与月度计划量比例小于 1.5 时，与上游单位组织专项会议进行推动解决。另外根据当月施工计划、关键里程碑及各类专项等在施工过程中出现的问题编制制约清单，提交上游进行落实跟踪，推进制约安装先决条件的落实。

（3）系统导向专项管理

核电安装施工通常分为三个阶段：区域施工阶段、系统施工阶段、调试收尾阶段。示范工程福清 5 号机组工期紧、任务重，在施工阶段不能严格按照以上三个阶段来进行明确区分。所以在管理上做了一系列的调整，核岛 6.6 kV 倒送电完成后（严格意义应在管道安装点数完成 40%以上），就开始启动系统工作，以系统为导向推动现场施工的进展。此种做法虽然加大了管理资源的投入和数据分析处理的工作量，但具有较强的施工进展推动力。

结合节点和里程碑按照专项进行工作推动，按照系统梳理进行施工管理，优势有以下几点：有专门的系统或节点组织机构，组织机构内有设计、物资、生产、监理、质检等各个部门的人员，在处理问题时各方可以有效配合，大大缩短了由于流程和信息传递等方面损耗的时间。现场技术问题和物资问题会按照“三定”（定责任人、定时间、定措施）的要求进行推动，机构内人员会调动资源在短时间内处理问题。相对固定的生产人员，对于专业和系统的熟悉程度要远高于区域施工和系统施工，所以对于质量、安全、进度都有较大帮助。

（4）日工作计划管理

示范工程在执行三级、四级、五级计划及六级计划的基础上，开展日工作计划管控模式。针对六级计划组织开展计划评审，在六级计划评审阶段确定日工作指导计划。各施工专业/班组按照日工作计划的指导原则，结合每日现场实际条件开展日常工作。针对条件偏差导致日工作计划无法按期实施的情况，按序开展日工作计划中的储备工作，并就次日无法执行的工作，反馈确切制约条件并制定制约解决责任人及解决日期。

8.5 调试管理创新增效能

8.5.1 调试提前介入

示范工程首堆调试难度大，新技术、新设备的采用，重大技术方案调整和修改都将给调试带来直接影响。通过提前介入安装的方式，提前熟悉工艺及其附属设备的布置和安装状态及安装过程，及时发现安装和设备问题，并对安装单位实施的系统单体试验进行监督，确保系统冲洗、打压、通道试验、单体试验等试验活动的质量。通过发现问题并敦促解决，梳理调试先决条件，创造条件实施调试试验。

为保证调试准备工作和 EESR 提前介入的有的放矢，特别是调试进度计划随上游实际进展的及时更新，在项目范畴内需进一步实现设计、采购和安装与调试在系统框架下的进度计划贯通性。在吸取行业良好实践经验的基础上，重点突出，有序介入，建立畅通的问题解决渠道及机制，有效保证调试提前介入的良好效果。

提前介入有秩序，示范工程明确单系统安装工作达到 70%为单系统调试提前介入点，NCC 前两个月核岛调试整体提前介入点。示范工程计划 2019 年 1 月 24 日实现 NCC 节点，在此基础上调试提前 2 个月，调试全面提前介入。此时参与 NCC 的管道实体寸径完成情况整体约为 78%，开盖冷试/冷试需要，但不参与 NCC 的 32 个试压回路实体完成百分比为 76.67%。即工程总体施工量完成较好，但是实际上单个系统完整度不足，进行系统移交时无法满足调试试验的需求，从而造成对调试启动工作的重大影响。并且管道实体施工后期将出现由于变更导致寸径数量的增加，及施工难度大等问题，同时存在安装工作只注重“量”而忽视“质”（指系统完整性）的问题。管道实体施工后期安装单位往往存在等米下锅的现象，即针对施工过程中遇到的设计文件、物料等制约问题的推动收效甚微。因此调试选准介入时机重点协调采购、设计等部门解决现场“卡脖子”问题。

提前介入有重点，根据工程建设节点，有重点、有目标地开展调试提前介入工作。一回路水压试验准备阶段，根据一回路水压试验需求，机组调试大纲确定的 A0 阶段需完成的试验需求，在满足冷试的前提下，制定发布示范工程冷试最小系统清单，确定冷试前需要移交和可用的子系统共 114 个，冷试准备阶段指导安装公司重点推动此部分系统安装工作，调试有重点地跟踪此部分系统安装进展，聚焦整合全项目的力量，突击这 114 个系统，保证 5 号机组冷试按计划完成；热试准备阶段，按冷试准备阶段模式，在满足热试需求的前提下，制定发布示范工程热试最小系统清单，推动热试准备工作开展。

示范工程调试与工程管理部门建立双系统负责人制度，提高问题处理响应度，系统负责人定期跟踪状态，通过分级决策机制消化解决问题，建立畅通的问题解决渠道及机制。通过编制精细化计划，建立调试早会、调试计划会、调试日协调会、调试消缺计划会“四会体系”，通过调试计划对现场进行总体安排。

示范工程调试积极组织提前介入，牵头提前实现除盐水、厂外双路电源、压空、DCS 可用以及 5PX 泵房进水、电气厂房送冷风、核回路冲洗、开盖冷试、一回路水压试验、热试等一系列重要节点。实践证明，提前介入可以有效整合项目资源，推动安装后期项目建设进展。

8.5.2 调试隔离办管理模式创新

示范工程调试隔离办管理充分吸收行业的良好实践和经验反馈，在调试阶段工作许可管理中融入一批对电厂全局控制意识较强、专业水平更高的队伍来共同完成此阶段的工作管理，制定了以调试隔离办和生产运行隔离办共同执行隔离移交（TOB）管理的总体方案。

（1）调试/运行隔离办一体化

采用调试/运行隔离办一体化办公方式，形成TOB分级管理模式。

TOB分级管理通过明确的分工，由调试隔离办掌控调试现场的全局工作，由专业的运行隔离管理队伍对高电压等级的电源源项及现场其他源项进行管控，确保在现场源项可控的前提下安全高效的开展相关建安、调试工作；形成的TOB边界分类精细化管理则是在确保安全可控的前提下，同时兼顾调试工作的效率，对不同系统的边界状态设置原则进行了细分，重要源项的边界采取隔离管理的方式进行控制。

（2）工作许可申请流程优化

示范工程调试工作许可申请采用“准备人准备、接口人校核、系统负责人审核、调试隔离办办理许可”的多重把关责任制度，对调试期间的建安工作进行技术、质量、安全全面把控。准备人作为建安单位系统管理的技术人员，针对需要至调试隔离办办理工作许可的具体工作内容提出工作申请，明确隔离需求，对工作要点、工作风险及措施作出初步分析，形成工作文件包。接口人为项目工程管理人员，按专业接口建安单位，其对准备人准备的工作申请，从正确性、必要性进行管理层面校核。系统负责人作为系统的直接管理负责人，其从工作对调试试验的影响、隔离边界可执行性进行审核。调试隔离办对提交的工作申请文件包从工作内容、实施窗口、隔离需求、安全风险及预防措施进行全面审核。通过多层把关的责任制度，确立了工作开展过程中各单位的职责，发挥了各专业作用，确保了工作安全有序、高效的开展。

（3）电气“盘长制”

示范工程借鉴国内河湖管理和保护工作中广泛推行的“河长制”，在“华龙一号”首堆调试阶段电气配电盘管理方面推行“盘长制”，对一百多个电气系统配电柜按电压等级、交直流类型、A/B列、上下游进行梳理，分配给调试隔离办隔离经理，进行专人专管，确保“一盘一人”。电气盘长对管辖的电气盘柜进行全面管控，负责对盘柜上的工艺负荷进行全面失电分析，制定失电后管理措施；审核电气盘柜上负荷变更，督促负荷变更后的负荷校验、通道试验、设备信息变更、隔离信息变更工作，确保负荷正确性；负责组织建安/调试/临时运行移交阶段电气系统停役消缺工作时电气系统停复役工作，根据失电分析，落实电气系统盘柜停役后管理措施落实，确保部分电气系统停役时，最大程度减小对现场建安、调试工作的影响。

（4）针对专项建立临时隔离办

示范工程在调试阶段根据冷试/热试持续时间长、过程中单项试验多、试验和缺陷工单集中、工作申请即时性需求高等特点，在冷试/热试期间适时建立专项临时隔离办，为冷试、热试专项提供专门服务，通过优化工作许可申请流程，调试工程师、隔离经理与值班工程师同步值班，做到调试隔离办与值班团队协同办公，确保了冷试/热试期间试验、消缺工作高效、有序、安全开展。

8.5.3 调试计划管理

调试阶段计划管理总体可以概括为：一本纲领——示范工程调试三级进度计划，四个阶段——NCC 前、NCC 到一回路水压试验、一回路水压试验至装料、装料开始至临时验收完成。

NCC 前以单系统调试为主，重点关注移交计划和 A0 阶段调试规程实施，专项计划为辅。待第一个系统 EESR 后，以一体化三级计划为基础启动周计划会，根据工程进展适时启动调试日计划会，实现滚动计划管控调试工作，同时跟进 NCC 前各专项组（除盐水、220 kV 倒送电、中压配电可用、主控室部分可用、泵站进水、电气厂房送冷风等）。通过实现专项节点辅助管控整体调试进度，通过系统负责人在系统安装阶段提前介入跟踪，梳理发现安装及采购进度的偏差问题，逐级反馈，通过风险管理或项目协调会协调督促上游单位和部门消除偏差，保证整个项目的进度控制。定期组织分析和评估影响项目调试进度的主要因素，建立台账，督促调试各专业组跟踪处理，针对不可逆的工程进度变差，优化调试逻辑，或协助项目控制优化施工逻辑，通过合理的工序优化消化进度偏差。

NCC 到一回路水压试验阶段，调试专项计划与联调计划并存，启动调试早会和调试日协调会，发布调试日报和日协调会纪要，启动调试日计划会及消缺计划会，实现日计划滚动管控调试工作，编制开盖冷试和冷试准备两份逻辑图，结合主泵、柴油机、堆内流致振动试验、RFH 专项管控主线计划。

一回路水压试验至装料期间，调试作业高峰期，采用调试阶段计划严格管控，编制发布冷试、热试准备、热试、装料准备阶段计划和逻辑图，冷试、热试期间安排调试值班人员，24 h 制滚动安排调试工作，装料准备后期阶段，提前进行计划管控模式的切换，做好装料后生产计划主导模式的团队磨合。

装料开始至临时验收完成阶段由业主生产计划与调试计划共同组成联合计划组，采用调试生产一体化计划管控。发布《装料至商运启动阶段主线计划》，发布临界前、临界至 50%FP 功率平台和 50%FP 功率平台至商运阶段逻辑图，调试早会切换为生产早会、调试日计划会切换为日常计划会、调试日协调会切换为管理晚会，增设主线计划会，每日召开，会同生产调试各部门推动主线进，启动阶段生产计划安排主线值班工程师 24 h 值班。

调试四会制度有力地支撑了各类调试计划的实施。调试计划会讨论确定各队部试验相关工作及先决条件的执行计划，已移交的系统其调试试验执行主要结合以往机组经验评估调试工期，对于未移交调试需介入执行试验的系统，则需要在考虑安装完善程度的基础上适当增加调试试验工期。系统完善程度达不到调试介入条件时则需要在调试日协调会上对安装滞后的系统进行重点协调，加快现场安装进度。调试试验执行计划制订后在试验过程中发现的缺陷需由调试消缺会进行消缺计划排程，未移交部分缺陷由安装单位进行处理。现场发现的涉及多部门且处理周期长的缺陷需要提交至调试日协调会以加速现场消缺进展。调试早会是对其余三个调试主要会议的总结及提升，负责对现场各项工作进行全过程的偏差跟踪，通报其余各会议上的重要行动项及决议。此种重协调的体系，之所以能高效运作，还得益于采购及设计部门的大力协同，示范工程各部门对现场制约的响应速度空前高效，充分体现了大团队协作模式的优势。

调试计划的权威性及控制力是项目进度得以保障、进度风险有效控制的另一重要因素。示范工程开始，调试早会、计划及每日晚上组织召开的日计划会确定的行动项都有明确的目标完成时间。通过四会的组织及调试计划的强制性形成的高效 PDCA 循环，调试计划部门制定的各项计划基本可控，未出现较大偏差。

8.5.4 调试综合试验管理

调试综合试验不但是对核电站技术设计的综合验证，也是保证核电站正常运行和各类事故工况下核安全、人员设备安全与社会环境安全的重要依据。示范工程“华龙一号”机组的综合性试验包括失电失气类的 ETO 试验、电源切换类的 ETG 试验、装料后的反应堆控制系统大瞬态 RRC 试验、核岛系统综合（一回路水压试验、热态性能试验）MTA/MTB 试验、内层安全壳整体 CLM 试验共五大类 40 余项的试验。此外，对于首堆机组来说，还包括 PRS 系统换热能力验证试验、堆内构件流致试验、RCS 自然循环载热试验、波动管温度及位移监测试验、快速冷却功能验证试验共 5 个首堆试验（见图 8.5.1）。

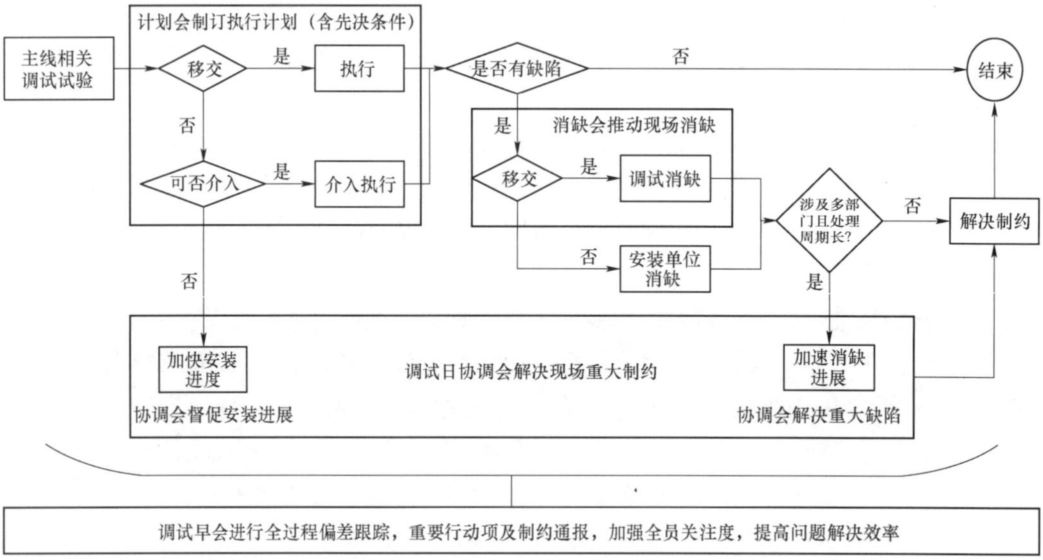

图 8.5.1 调试计划控制措施

调试综合试验具备涉及系统多、原理难、风险高等特点，部分试验还具有试验周期长的特点，因而在调试综合试验管理方面就需要比其他调试试验进行更充分的准备与实施，确保试验风险可控，一次成功。示范工程调试综合性试验管理采用“提前跟进、充分准备、推演论证、精准实施、总结成册”的模式。

提前跟进：提前与设计跟进沟通，根据前序机组经验反馈及 DCR/TCR 等文件，并针对“华龙一号”首堆工程布置及系统设备特性对综合试验上游参考文件进行适应性修正，确保试验参考文件的准确性。在系统安装及单体调试阶段，根据综合试验内容，寻找窗口，提前对试验中的部分内容进行预验证，提前发现并解决可能存在的问题及缺陷，确保试验执行时成功率。

充分准备：在综合试验准备阶段，根据试验类型，成立试验小组，将机电仪专业人员及工艺系统负责人纳入小组中，共同探讨，在充分汲取前序机组及同行电站的经验反馈，编制试验规程、试验典操操作票、试验分析报告、试验风险预案及预防措施等标准性文件，用于指导试验实施。对于一回路水压试验、热态性能试验以及安全壳整体试验等周期较长的试验，成立专项组，编制并发布组织机构及试验逻辑图，发布试验期间管理规定，组织编制子操作文件、TMOD 方案等专项文件，确保试验执行条理清晰，风险可控。

推演论证：在综合试验文件准备完成之后，召集试验小组成员及各专业组负责人进行多轮的桌面推演，通过原理介绍、试验预演、风险讨论等多种方式提升文件质量，力求做到风险分析全面，预防措施完善，规程执行性强。对于具备模拟机演练条件的试验，如电源切换 ETG 试验、失电失气 ETO 试验以及部分首堆试验，还在“华龙一号”模拟机上进行了试验预演。根据桌面推演结果以及模拟机演练数据对前期准备的试验文件进行适应性修改。

精准实施：在试验文件最终定稿后，根据机组状态及试验窗口执行综合试验，并根据试验需求，提前联系设计及厂家人员进行试验保驾。在试验工前会中明确各参与人员分工及站位，宣贯试验风险及相应处理措施，在试验各区域建立有效的联系方式，确保试验过程中出现异常时能及时干预，保证人员及设备安全。试验初始状态检查确认后，严格按照试验规程及典型操作票逐步实施，并有专人进行质保监督。试验完成后及时整理数据，对试验结果进行判定。若试验过程中出现非预期现象，组织设计、厂家以及各专业组人员共同商讨解决。

总结成册：在综合试验完成后，还需对试验准备以及实施过程中的良好实践及异常现场进行总结分析，并整理发布试验经验反馈及总结报告，便于后续机组执行时参考。

8.5.5 役前检查管理

“华龙一号”核电机组是我国具有完整自主知识产权的国际三代核电机组，按照国家核安全法规的要求，开始运行前必须进行役前检查，以采集初始状态下的数据，作为运行阶段在役检查结果的比较依据。

“华龙一号”机组属于新一代压水堆，新增加了非能动安全相关系统，役前检查和在役检查参考技术标准主要为压水堆核电厂核岛机械设备在役检查规则（RSE-M，2010）。通过对比，对于在役检查的无损检验技术要求及能力验证要求，RSE-M 2010 与 RSE-M 1997 + 2000 补遗基本一致。“华龙一号”机组役前检查的技术准备建立在 M310 机组实践经验的基础上进行。

检验技术确定后，对无损检验技术进行能力验证，证明使用的无损检验技术满足规范的要求，保证役前检查采用的无损检验技术的有效性和可靠性。能力验证是对无损检验的检验设备、程序和人员进行综合评价，国家核安全局能力验证机构审查相应验证项目的技术规格书、检验程序、设备功能测试大纲、功能测试报告、技术论证报告、无损检验结果报告等，检验单位进行设备功能测试、明测考核和盲测考核。明测考核主要用于全面评价程序和设备的可靠性和真实性，而盲测考核主要是验证检验人员分析评价水平。

“华龙一号”机组依据在役检查规则 RSE-M 2010 实施能力验证，验证按照图 8.5.2 所示流程进行，同时参照国内外已实施验证的实践经验，考虑国内实际情况，依据 RSE-M 2010 关于验证分类方式要求可将役前和在役检查验证项目分为特殊验证项目、综合验证项目、常规验证项目和不需验证项目。

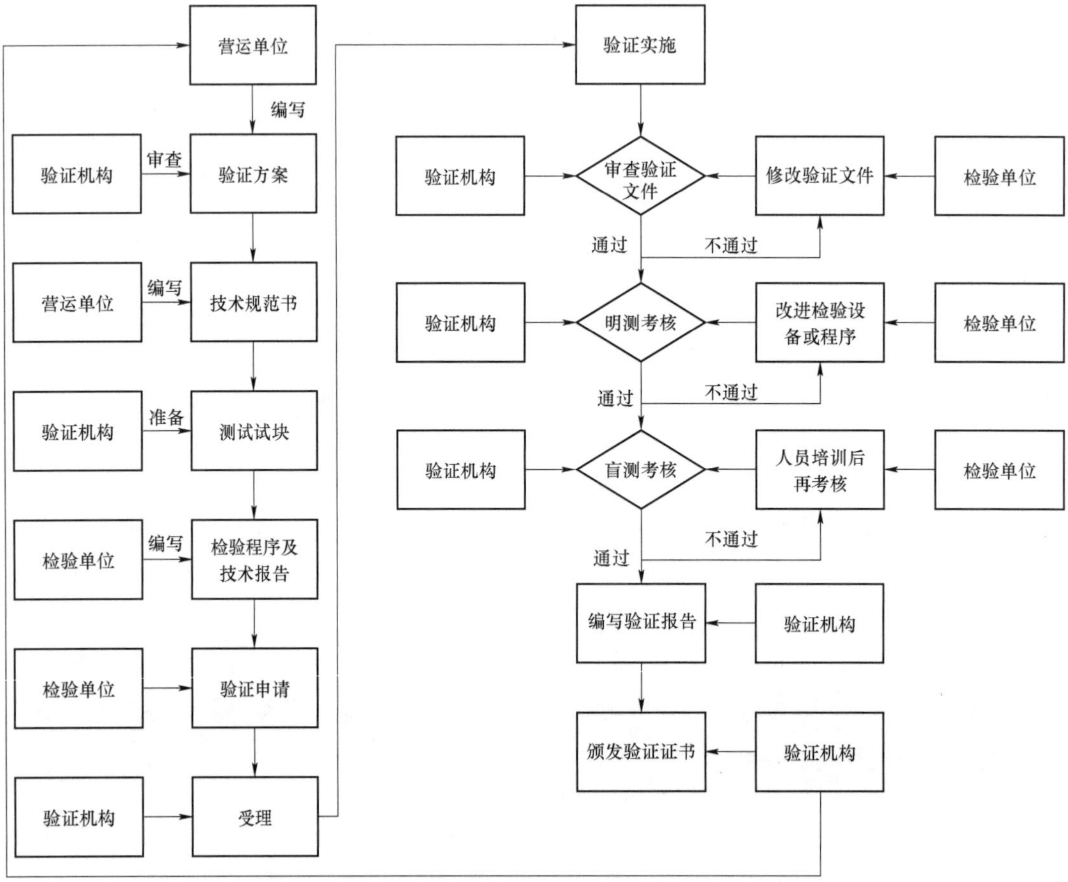

图 8.5.2 “华龙一号”机组能力验证的流程图

“华龙一号”机组役前检查主要分为以下四个阶段实施：

第一阶段（主管道焊接完成后实施）：主泵相关役前检查及蒸汽发生器传热管涡流检验，包括蒸汽发生器传热管涡流检验、主泵泵壳安全端同种、异种金属焊缝射线检验，泵壳内表面堆焊层电视检验、主泵螺栓磁粉检验。

第二阶段（二回路水压试验后实施）：主二回路系统，蒸汽发生器二次侧，二回路核 2、3 级系统设备，管道焊缝，支撑焊缝等；不参加一回路水压试验的辅助系统设备和管道焊缝的检查；稳压器、蒸汽发生器工厂焊缝的检查（一回路水压试验前视现场窗口决定是否提前实施，如不具备窗口安排在第三阶段一回路水压试验后实施）。

第三阶段（一回路水压试验期间及水压试验后实施）：一回路水压试验期间执行声发射以及参加一回路水压试验的核一级焊缝目视；一回路水压试验后执行蒸汽发生器、稳压器检查及其他核1级设备、焊缝等的检查。

第四阶段（热态性能试验后实施）：反应堆压力容器相关检查（冷试后RPV不开盖安排在此阶段实施，冷试后开盖安排在第三阶段实施）、堆内构件水下电视检验、反应堆压力容器内表面和顶盖内表面目视检验（如热试后进行电视检验则取消）、蒸汽发生器一次侧水室内表面目视检验以及稳压器内表面堆焊层电视检验。

8.5.6 流致振动试验管控

示范工程堆内构件流致振动试验为首次由国内单位完全自主实施的一类试验，具有准备周期长、接口部门多、涉及范围广、工作环境复杂等综合特征。该试验项目涉及调试前期的大量准备工作，根据同行电厂经验，流致振动试验传感器及保护部件安装及拆除需占用主关键路径3个月左右的时间，试验项目实施过程中存在着重大的不可预期的技术风险和进度风险。

为了保证试验顺利实施，采用专项组专项管理的模式，通过制订专项计划将试验相关工作细化成便于执行、跟踪的专项任务，专项计划在专项任务执行的不同阶段做针对性的细化，同时根据示范工程的整体进展进行相应的修改。再结合工作月报汇报与专项会议的工作机制，推动各专项任务有序开展。对于提前识别出的以及专项计划实施过程中出现的重大风险，采用TOP10风险管理模式，提高风险关注度、加大风险管控协调力度，已成功关闭10条TOP10，为试验顺利实施奠定基础。同时通过专项调研和技术交流的方式，专项组已累计落实经验反馈40余条，对于调研识别出的安装物项脱落、保护部件不匹配影响安装进度及异物进入等风险，通过设计优化、保护部件在制造厂试装配及制定防异物方案等措施进行有针对性的预防。

按照以往的在冷态性能试验后打开压力容器再进行热态性能试验工作逻辑，流致振动试验将使示范工程的整体工期延长3个月左右时间。通过深入分析，传感器及保护部件的安装合理安排可以有效降低试验对示范工程的整体工期影响。通过冷态性能试验后不打开压力容器进行热态性能试验可行性分析，决定采用传感器及保护部件在冷态性能试验前安装、冷态性能试验后不打开压力容器进行热态性能试验这一工作逻辑，将试验对示范工程的整体工期的影响降低了2个月左右的时间。为了应对传感器及保护部件在冷态性能试验前安装存在的诸多不确定性因素，通过研制传感器铠装电缆端口防水装置提高传感器安装窗口的适应性、通过装卸料机干式试验窗口安排分析综合考虑传感器安装与装卸料机干式试验窗口安排以及存在的风险因素、通过对传感器进行压力考核试验确保传感器能够承受冷态性能试验最高压力。通过上述分析及措施，使得试验中关键工作之一的传感器安装工作可以根据示范工程的整体进度灵活安排，提高了试验抗风险能力。专项组对于试验项目的管控切实达到了预定的目标，作为冷试前关键工作之一的传感器安装，比计划的2个月工期有所提前。

8.5.7 主辅电源系统专项调试优化管理

首堆示范工程的主电源和辅助电源分别扩建自福清核电基地 0TB、0TD 高压开关站，与前序机组共用。由于 4 台装料运行机组对核安全和经济性的严格要求，主辅电源系统的调试及启动不得影响运行机组的电源冗余度和电能输送通道，调试所采取的创新管理主要有：

施工前审查设计、梳理运行机组接口问题和对标电网新要求。在专项施工和调试前，核对图纸设计是否合理，并介入运行设备核实接入条件，发现较多因运行机组技改占用接入点，以及其他设计与设备问题。经与设计院、电网公司和厂家沟通后发起流程，在工程早期完成了大量变更，有效保证了在役设备的稳定运行，提高了调试效率。例如，主变倒送电施工前，按照电科院和省网的要求将主变保护直跳回路改为光纤回路，设计变更增加了 4 面光纤接口柜，设计、制造和到货才得以满足进度要求。

化整为零，示范工程电源系统接入电网，一次设备对接和二次回路接入与试验等工作，需要在役开关站设备停役隔离。为了减少因设备停役导致供电可靠性的降低程度，调试团队将停役方案研究优化，缩小停役范围和工期，制定了“模块化”调试方案，逐个突击，保证了质量和进度。例如 220 kV 辅助电源调试期间拆分为四次停役窗口，分别停役母线和保护，1～2 天完成一个“模块”调试；500 kV 主电源启动试验期间，涉及 4 台机组降功率，通过合理测算，最终影响机组出力时间约 12 h，创造了历次启动试验的最短纪录。

8.5.8 开盖功能试验逻辑优化

开盖冷态性能试验的主要目的是全面验证反应堆专设安全设施的安全功能是否满足安全准则的要求，从而确保核电厂在各种事故工况下的安全。开盖功能试验相关的系统主要为安全注入系统、余热排水系统、反应堆冷却剂系统、安全壳喷淋系统、化学和容积控制系统、反应堆换料水池、乏燃料水池冷却和处理系统等。开盖性能试验期间主要包括中压安注和低压安注流量试验、在模拟状态下验证安注箱的注入能力、安全注入系统和安全壳喷淋系统互为备用试验、应急硼注入泵及其流量试验、安全壳喷淋系统性能试验、反应堆换料水池和乏燃料水池的冷却和处理系统与余热排出系统的互为备用试验、余热排出系统常压试验以及堆腔注水冷却系统注入泵及流量试验等。示范工程冷态开盖功能试验前，调试团队组织对每个试验内容和前提条件梳理，确认了开盖期间必须完成的 8 项试验内容，以及可以在开盖期间执行的 5 项试验内容，并在试验执行期间根据进展适时调配资源和优化逻辑，各项试验内容穿插执行，避免因为系统设备故障导致的试验停滞（见图 8.5.3）。

TPRSI15：安注箱排放试验可在开盖性能试验前 NCC 核回路冲洗结束后执行。TPWES11：WES 泵组试验。TPWCC11：电动泵试验开盖性能试验前执行完成，WES 系统具备与 WCC 系统配合提供冷源条件。TPCSP11：泵在最小流量管线上启动试验开盖性能试验前执行完成。TPRSI10：内置换料水箱启动试验。TPRSI12：低压安注泵小流量试验。TPRSI16：中压安注泵小流量试验开盖性能试验前执行完成，开盖功能试验期间执行 TPRSI51：低压安注泵流量检查。TPRSI52：中压安注泵流量检查。TPRSI61：H4 工况下

RSI 与 CSP 的备用试验。TPRSI58：一回路低水位自动补给试验等试验。

TPCSP50：喷淋系统流量验证试验通过在逆止阀 CSP011/012VB 下游安装至 IRWST 的临时管道进行试验，该试验不必须在开盖期间执行，5 号机组该试验在热试准备阶段执行。

TPRFT19：RFT 系统作为 RHR 系统备用试验，该试验在 RHR 进水后执行，不必须在开盖期间执行，5 号机组该试验在冷试期间执行。

TPRHR53：常压下 RHR 系统性能试验，该试验在 RHR 进水后执行，不必须在开盖期间执行，5 号机组该试验在冷试期间执行。

开盖功能试验期间，为节约水资源，在保证水质的前提下将注入压力容器的除盐水排放至内置换料水箱复用，试验期间节约除盐水使用量约为 10 000 m^3，节约排水时间约为 60 h。通过试验逻辑的优化，开盖功能试验在两周内执行完成，相比 M310 机组有大幅缩短，节约主线工期 15 d。

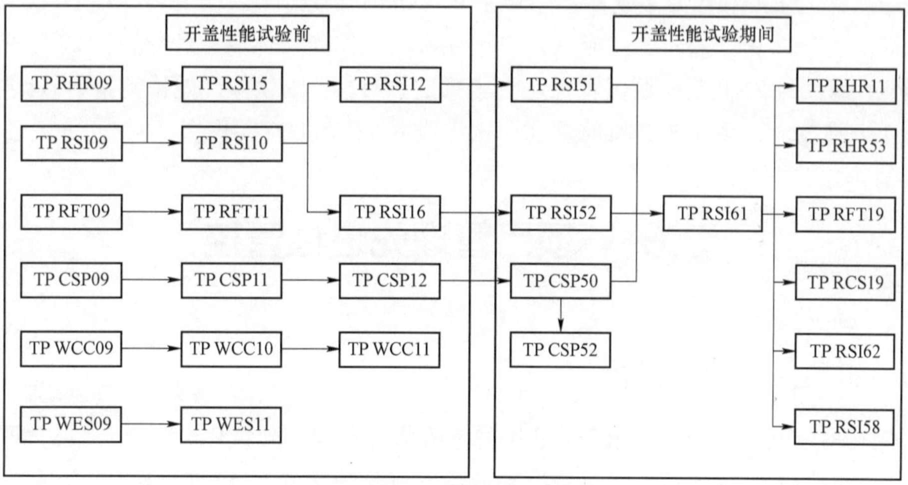

图 8.5.3　开盖试验逻辑简图

8.5.9　固体废物处理系统调试优化管理

根据行业反馈，固体废物处理系统未调试完成或固化体性能检测未全部完成的问题成为机组装料的重大制约因素。示范工程固体废物处理系统新增活性炭沸石水泥固化，新增废树脂、滤芯运输等新技术给固体废物处理系统调试带来了更大的难度。为了确保固体废物处理系统不影响机组装料节点，调试采取创新管理主要有：

①“紧前安排”：通过内部工作联系单《关于 ZST 系统移交调试滞后影响 5 号机组装料的风险预警》说明水泥固化体样品需要养护 1 个月，接着进行抗压强度、抗冲击性、抗冻融等测试，其中工期最长的抗浸泡测试需要 3 个月，让“1+3”深入人心，督促成立 ZST 系统水泥固化线施工专项组，发布施工专项计划，启动安装工作；调试紧跟安装进展，积极推动问题处理，这样既保障了后续足够的调试工期，也减少了系统设备隐患。另外，充足的调试准备也为调试顺利进行提供了保障。例如：各类风险预案、模拟浓缩液和树脂的

配制方案等文件准备；水泥、石灰、减水剂、活性炭等物资准备。

②“最小边界”：QX 厂房还未封顶，ZST 系统就已经启动安装，WAI、WAS、WND、RVD 等公用系统安装进展普遍滞后，调试提出各个公用系统最小边界，督促施工专项组完成公用系统最小边界内的实体工作，在确认最小边界实体完整后，介入系统挂牌锁隔离进行管控，定期巡检，确保不跑水、不漏气。最终在阀门单调调试前供气，系统冲洗试验前完成供水，并保障了后续的水泥固化试验顺利进行。另外整个系统的安装、调试均围绕优先水泥固化试验这条主线进行，将桶旋转检测装置、自动取封盖装置、滤芯运输装置等设备的调试作为非主线穿插进行。

③“调试主导”：ZST 系统水泥固化线的调试以往项目均由厂家团队主导进度计划，水泥固化线调试进度不可控，水泥固化体取样时间不确定。通过消化厂家的调试程序、调试逻辑，编制了水泥固化线调试计划，得到了厂家团队的认可，严格按照计划开展现场工作，确保水泥固化体取样按时完成。另外，在出现活性炭沸石下料困难、阀门卡涩问题时，调试组织设计、采购和厂家多次组织专题会议，讨论处理方案，在现场经过多次测试，解决了活性炭的下料和计量问题，顺利完成活性炭的水泥固化体取样和整体测试。

最终，调试对 ZST 系统调试管理达到了预定的目标，固化体性能检测报告较装料节点提前约 3 个月完成，系统在装料前顺利调试完成并 TOM/TOTO 移交。

8.6 项目管理先进性管控

8.6.1 进度风险量化分析

“华龙一号”示范工程风险管理团队在应用蒙特卡罗风险量化分析及评估方面，已经建立了一套成熟的管理流程，将进度控制业务与风险管理进行深度融合，结合具体业务工作任务（总工期、里程碑）建立模型，搭建风险清单隐患，通过仿真计算得到分析目标的风险概率分析趋势曲线及龙卷风曲线图，供示范工程项目领导层进行决策参考。这种进度风险评估方法在进度管理中加入风险工期的理念，弥补了关键路径法（CPM）没有考虑工期和逻辑的不确定性而引起关键线路变化的这一缺点，是用关键路径法评估总工期的有效补充。

进度风险量化分析流程如下：

（1）进度风险模型构建

进度风险模型主要基于 PERT 计划评审技术（Program Evaluation and Review Technique）和 GERT 图示评审技术（Graphic Evaluation and Review Technique）构建。进度风险模型的范围包括项目关键路径和重大风险因素。

因此，建立风险模型应以项目关键路径为基础，从设计、采购、施工、调试各领域选取合适的任务活动并建立任务之间的逻辑关系，加入重大风险因素及其对项目进度的影响。对于带研发性质的具有太多不确定性（如逻辑关系、时间）的进度计划的执行过程，可使用 GERT 技术对各个活动之间的逻辑关系设置随机性分布概率，使逻辑关系存在反馈回路。

（2）数据收集

“华龙一号”示范工程采用德尔菲法收集进度风险数据。德尔菲法预测征询的过程如下：

① 选择专家：从设计、采购、土建施工、安装施工、调试、项目进度控制等领域，从业主单位、工程公司、重要设备采购/施工分包商等公司范围选取经验丰富的专家。

② 设计调查表：调查问卷应对项目背景有简要说明，所调查内容应描述明确，无歧义。工期分析采用风险分析中常用的三点估计法。

③ 发送调查表：可采用邮件发送，同时提供专家所需的参考文件包。

④ 处理调查意见：对专家们应答的数据进行综合整理与分类，对分歧意见应反馈沟通。可以向预测意见与总体意见偏差较大的专家反馈并征求第二轮意见。

⑤ 做出预测报告：对专家们最后的意见进行分析和综合处理。

（3）数据处理

使用上、下四分位数法和权重法处理专家评估数据，得到各阶段的最可能工期、最悲观工期、最乐观工期。

（4）数据计算

使用蒙特卡罗法根据每项作业的概率分布函数任意抽样选取随机数，经过多次叠加，计算工期目标的实现概率，以及既定置信度下的项目工期。

“华龙一号”示范工程缺少实际建设的经验数据，建设过程中设计的反复迭代过程、“三新”设备的研制过程、建造施工受上游输入变化而导致的施工逻辑不确定等都存在诸多逻辑关系和工期的不确定性因素，使用常用的关键路径法（CPM）分析总工期存在的较大困难。因此“华龙一号”采用基于 GERT 技术建立进度风险模型，在充分识别项目进度风险后，共有 129 条任务作业、5 项重大风险事件列入风险模型中，总工期敏感性因素分布图如图 8.6.1 所示。

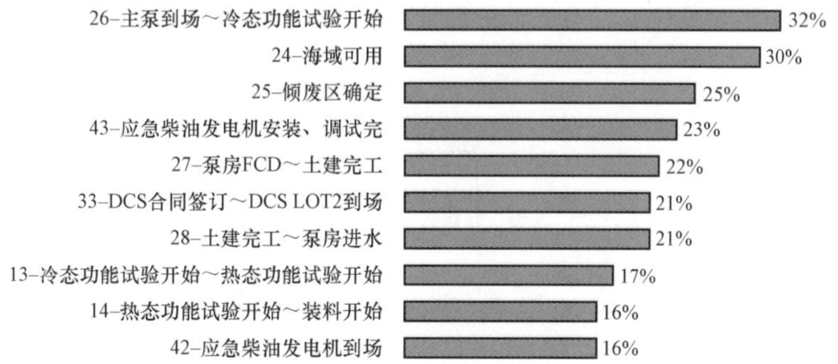

图 8.6.1　示范工程总工期敏感性因素分布图

针对进度风险模型中的作业工期，使用德尔菲法分别从设计、采购、施工、调试各领域收集了 65 位专家意见，并将处理过的专家数据录入风险计算软件中，构建进度风险模型。通过计算机进行蒙特卡罗模拟仿真，计算出项目总工期实现概率80%对应的总工期为75个月，实现概率100%对应的总工期为79个月。

示范工程依据蒙特卡罗仿真结果确定EPC总工期为62+10+6=78个月，其中基准工期62个月，风险工期10个月，宽限期6个月。

8.6.2 建安工期评估方法

（1）施工效率法

施工效率法可以将土建施工工程量数据化，通过建筑属性的变化更快地计算出变化量的影响，从而更简洁地计算出土建工期。同时，反向应用该方法可以根据优化的工期目标，测算出需要设计在工程量上优化的程度。

另外，在土建施工过程中，主要工作内容是钢筋的绑扎、模板搭建和混凝土浇筑。所涉及的主要工种为木工、混凝土工、钢筋工和架子工。对于单道工序，工种的配比基本是一定的。依据施工进度计划可以排出随时间进展而增加的施工作业面，进而通过施工强度计算对应施工面投入的总工时，辅以工种配比便可得出人力投入曲线。

施工效率法工期计算流程如图8.6.2所示。

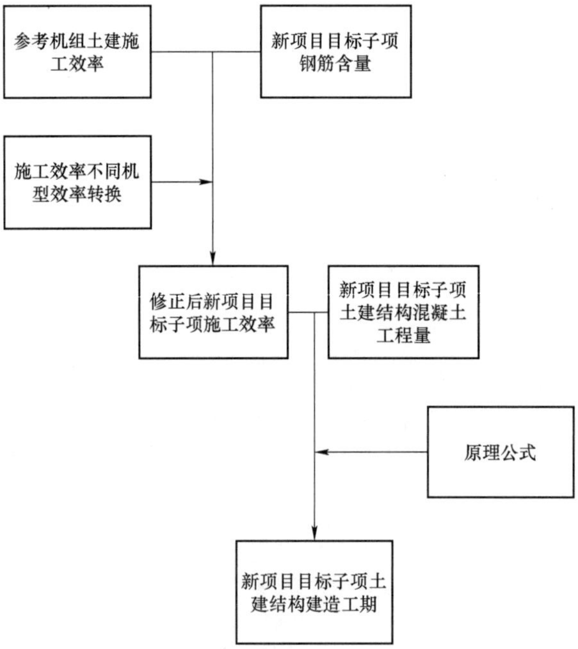

图8.6.2 施工效率法工期计算流程

“华龙一号”示范工程的设计相较二代加的技术做了很大改变，钢筋含量发生了变化，混凝土浇筑量增加了3倍，计划编制人员在二代加的堆型基础上，根据关键数据变化对工期的影响，对内部结构土建工期评估为20.5个月，FCD至穹顶吊装完成为27个月。

伴随着“华龙一号”示范工程的建设，后续机组建设的经济性也成为很重要的衡量指标。为了实现“华龙一号”后续机组的优化工期目标，采用施工效率法对工程量反向进行了计算评估，从设计源头出发，优化设计，减少工程量，从而减少建设工期。若要满足总工期优化目标的要求，土建工期必须相应进行压缩，混凝土量应当减少28.34%，以保障土建工期的实现。

（2）曲线拟合法

核电项目通常采用关键路径法（CPM）确定工期，工期确定后还需评估核岛辅助系统安装工程量的工期是否满足关键路径要求。但是，核岛辅助系统安装施工没有明确的关键路径，其安装工作的安排由作业面以及施工资源驱动，关键路径法已不适用。曲线拟合方法从研究衡量核岛安装点值（衡量安装工程量大小）的分布特性入手，通过理论分析和对历史核电项目的安装点值曲线进行曲线拟合，验证了核岛安装点值符合正态分布。基于这一分析结论，建立了利用正态分布分析安装点值分布和安装工期的模型，进而分析、确定安装工期。

曲线拟合方法实现了根据核电工程项目的安装工程量和建筑结构参数，基于国内核电项目安装施工水平，分析并确定点值安装工期，是安装工期评估的创新方法。

曲线拟合法分析流程如下：

1）搜集核电工程的建筑面积和核岛安装总工程量信息

安装工期大小主要取决于工程量的大小、施工工作面。需要搜集的信息主要包括核岛总建筑面积和核岛安装工程量大小。核岛总建筑面积可以认为是高峰期的施工工作面。核岛安装总工程量需依据设计提供的总实体工程量大小，转换成安装总点值。

2）分析安装工程的安装高峰期点值

分析得到安装高峰期点值与整个建筑面积近似成正比。根据基准项目的安装高峰期点值、分析的目标项目和基准项目总建筑面积的比值，可以计算得到目标项目的安装高峰期点值。

3）确定安装点值拟合正态分布曲线的参数

根据目标核电项目的安装高峰期点值与安装总点值的比值，计算对应安装点值分布曲线的概率密度峰值及方差（见式8.6.1）。

$$f_{\max}(x)=\frac{\text{安装高峰期点值}}{\text{安装总点值}}=\frac{1}{\sqrt{2\pi}\sigma} \tag{8.6.1}$$

4）确定安装点值工期及点值安装起始点、完成点

根据工期模型（见式8.6.2）以及目标核电项目拟合正态分布拟合曲线的方差，即可计算得到安装工期。

$$\text{工期（月）}=3.63\sigma \tag{8.6.2}$$

总结、提炼历史数据，核岛安装点值达到一定量级（如超过1万点）的起始点通常为首批房间移交、具备安装条件后 2～4 个月。根据起始点与点值安装工期，即可得到安装

完成时间，并进而判断完成时间是否符合里程碑节点要求。

根据分析“华龙一号”示范工程安装点值相对于M310机组的倍数得出安装总点值，同时考虑建筑面积的增加，计算得出安装高峰期的点值，再采用正态分布曲线进行拟合，计算出点值安装分布曲线的参数，从而估算出合理的安装工期为36个月。

根据关键路径法分析的总工期评估结果，“华龙一号”示范工程的土建工期为27个月（FCD—穹顶吊装），安装工期为31个月（穹顶吊装—冷试开始），核岛首批房间移交、具备安装条件时间为FCD+20个月，冷试开始时间为FCD+58个月，为满足冷试按时开始的目标，安装点值需要在38个月内完成。

“华龙一号”示范工程安装工期分析示意图如图8.6.3所示。

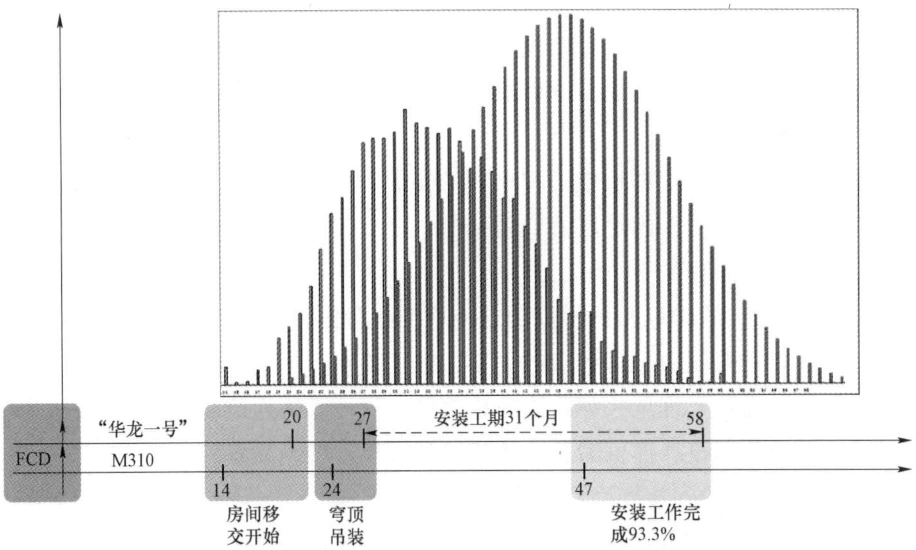

图8.6.3 “华龙一号”示范工程安装工期分析示意图

考虑首批房间移交后2个月的较低完成点值时间，即FCD+22个月作为安装点值曲线起始点。基于“华龙一号”示范工程安装工期的分析结果为36个月，得到安装点值完成具备冷试的条件为FCD+58个月，刚好满足FCD+58个月冷试开始的节点。因此，“华龙一号”示范工程的安装工期评估结果为36个月。

8.6.3 “拉动式”规划

在“拉动式”规划中，计划部门制定最终产品计划，其他部门的工序和生产按照后部门和后工序需求来完成，这种方式保证了前续工作能“精确”地满足后续工作的要求，其本质是一种“点”带动“线”，“线”拉动“面”，由后向前的拉动方式。

在“华龙一号”示范工程的里程碑管理中，采用了“拉动式”规划的管理方式，流程如下：

（1）确定范围

由“点”，即里程碑节点出发，梳理出“线”，即实现里程碑节点所需完成的系统；再由“线”到“面”确定系统涉及的图纸、设备、构筑物等。通过“点、线、面”的拉动确定最终范围。

（2）组织策划

在里程碑管理的过程中，涉及的部门、单位众多，且在建设过程的各个阶段、相关层次的部门之间存在大量的动态接口。因此在建立组织机构的同时，要进行权责的划分，建立使之能高效运转的规章、制度、程序等。

（3）计划安排

编制合理、可行的进度计划是决定工程进度的要素之一，运用“点、线、面”的拉动方式，梳理“线”，即所需进行的工作任务；“面”，即几类清单，是工作任务得以实现的先决条件。再结合项目合同工期、拟定的施工方案等信息，按照工序的安排、作业时长的安排、逻辑安排这三个步骤，编制完成一套具有预见性、前瞻性且可操作性较强的进度计划。

（4）控制与协调

项目的进度控制是实现项目目标的关键因素，通常由跟踪反馈、偏差分析、调控纠偏三个环节组成，实施控制的首要环节就是跟踪反馈，要密切跟踪、实时采集施工现场的进度数据，并与进度计划进行比照，掌握计划的执行状况，当发现计划发生偏差的时候，要及时进行偏差原因的分析，结合实际条件采取相应的措施，必要的时候要适当地修订调整计划，以保证计划的切实可行，能达到最终的工期目标。

协调是里程碑管理中的关键环节。接口问题往往是影响工程进度的重要因素。在“华龙一号”示范工程中，主要通过协调会机制解决接口问题。为保证协调机制的有效运转，同时启动相应的激励机制。各专项进度计划发布后，为落实各项任务，制定了综合工作计划，任务采取分级管理（项目级、部门级、日常级），把任务分解到每个责任人，建立月底考核机制，每月兑现奖惩，提高员工的积极性。

（5）经验反馈

作为保证和提高项目管理水平的重要环节，建立健全经验反馈体系是必不可少的，通过不断地归纳总结，找出已采取纠正或预防措施的实施效果，以及可借鉴使用的良好实践。

220 kV 倒送电作为核电项目一级里程碑，目的就是满足机组各系统的调试用电。“华龙一号”示范工程 220 kV 辅助电源倒送电需要在 2018 年 6 月 30 日（FCD+38 个月）实现。为保证节点的顺利实现，成立了“220 kV 倒送电小组”，总计召开专项例会 70 余次，梳理图册 82 卷，甲供设备 190 项。220 kV 倒送电节点通过 “点、线、面”的拉动，最终于 2018 年 3 月 2 日实现，提前一级进度计划 120 天。

8.6.4 基于挣值的 BOP 资源均衡分析

核电项目投资大、工期长，既要保证质量、按计划完成，又要尽可能减少投资，达到最大收益，资源投入是否均衡及对成本影响巨大。由于核电项目所需的资源种类多、需求量大，在项目建设过程中会存在投入不均衡的问题。同时，资源投入具有复杂性和不确定性，经常需要在多个项目中调配。为降低资源投入不均衡对项目成本的影响，要通过改变部分工作的开始时间，使资源按时间的分布符合优化目标，达到资源均衡。资源均衡是资源优化的基础，均衡施工可以使各种资源的动态曲线尽可能避免短时期的高峰或低谷，进而大大减小施工现场各种临时设施的规模，从而降低施工费用。

资源均衡是通过确定出项目所需资源的确切投入时间和尽可能均衡使用各种资源，来满足项目进度计划。该方法是均衡各种资源在项目各阶段投入的一种常用方法。在施工过程中，施工单位能够投入的施工资源是有限的，受费用、场地限制、人员、工机具不足等因素制约，无法将资源无限投入，为了达到资源利用最大化、最优化，要进行资源均衡。

“华龙一号”示范工程的资源均衡是基于挣值的资源均衡，主要原理如下：项目建设过程中月度预算定额与月度资源投入有一定的正相关性，将挣值代替资源投入量，将其进行均衡操作，进而实现资源优化。“华龙一号”将该方法应用于BOP进度计划的编制中，实现其资源优化，从而减少施工费用投入。

“华龙一号”示范工程的 BOP 子项分为水、电、气（汽）、燃料相关（燃料进场及三废处理）类子项。此外，还有相应的实验室、仓库、气象站、淡水厂、污水处理站、行政楼、宿舍、食堂等生产、生活辅助类子项。针对 BOP 子项的进度计划的编制应满足以下编制原则：

（1）满足里程碑时间节点要求

为关键路径上的重大里程碑点服务的 BOP 子项需满足里程碑时间节点要求。如：220 kV 倒送电可用时间需满足核电厂建设期间调试及临时运行需求，除盐水需满足反应堆水池试验及燃料水池试验需求等。在满足重大里程碑点需求的同时，要紧前安排各相关 BOP 子项进度，并留有工期裕量，以免延误成为项目的关键路径。

（2）临时措施最小化原则

在项目建设期间，要尽量做到临时措施投入最小化。BOP 子项若能够早建成早投用，可以减少很多临时措施建设，避免资源浪费。核电建设临时措施主要包含水、电、气（汽）、污水处理、实验室及仓库等几个方面。

（3）施工强度均衡原则

在 BOP 计划编制中还应关注施工强度均衡问题。对人力、物力、财力合理利用，尽量做到 BOP 子项施工均匀开展，避免某时段大量开工或某时段无施工计划，人机料资源分配不均匀从而无法实现效益最大化。对于与重大里程碑节点无关、施工临时措施无关的生活服务类子项，如运行办公楼、餐厅、车库等，则可考虑均衡施工强度为原则来编制进度计划。

基于挣值的 BOP 资源均衡分析方法主要操作步骤如下：

首先根据满足里程碑时间节点要求原则及临时措施投入最小化原则，将与关键里程碑节点相关的子项、可减少核电项目建设期间临时措施投入的子项，根据项目进度需要进行计划编制。将预算加载到 BOP 总体进度计划上，可得出其预算值曲线，如图 8.6.4 所示。

然后将可用于均衡施工强度的子项进行施工强度均衡，可得出资源均衡后的预算值曲线，如图 8.6.5 所示。

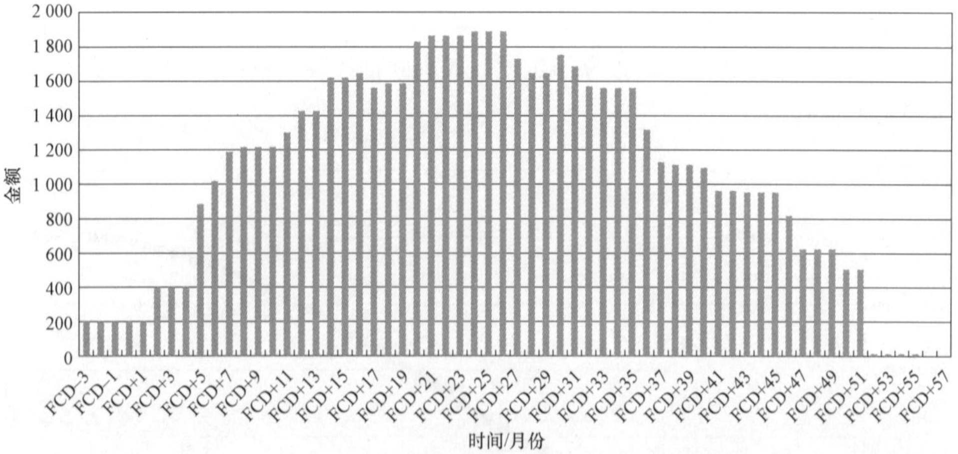

图 8.6.4　BOP 进度计划资源分配示意图（未做资源均衡）

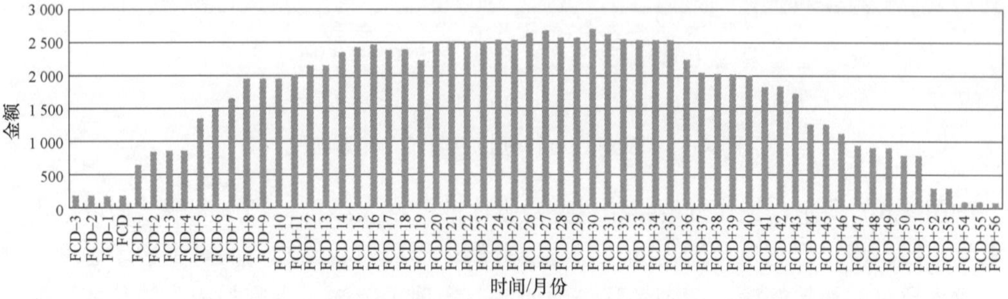

图 8.6.5　BOP 进度计划资源分配示意图（资源均衡后）

将两图进行对比分析，可以看出：未进行施工强度均衡时，建造期各时间段投资额参差不齐，工程量分布不均，无法实现工程经济利益最大化，在进行施工强度均衡后，各时间区间投资额、工程量均匀变化，可明显提高工程经济效益。根据均衡施工强度后的资源分配示意图，可得出相应的 BOP 进度计划挣值曲线（计划曲线），如图 8.6.6 所示。

该曲线平滑，累计投资额平稳上升，其不均衡指数 $K<1.5$，属于资源均衡良好范畴，证明进行施工强度均衡后编制出的进度计划合理，在满足核电项目主关键路径需求的前提下，实现了较优的资源配置，达到了资源优化的目标。

8.6.5　项目成本分解与整体控制

项目成本控制的目的：在工程项目质量、安全达到要求的前提下，在合理的工期内，将项目成本控制在合理的范围内。项目成本是由一个个控制单元组成的整体，通过对每个单元的动态控制，最终实现对项目总成本的控制。同时，项目成本与项目的范围和进度密切相关，相互影响。达成项目的最终成功，离不开对它们的整合管理。

（1）构建工作分解结构（WBS），集成范围、进度、成本管理要素

范围管理是对项目所要完成的工作范围和业务边界进行详细界定的活动。范围管理的

主要工具是 WBS 结构。示范工程综合考虑范围、进度、成本领域的管理需求，构建出“华龙一号”标准 WBS 分解结构，建立了进度、成本联动控制的枢纽，为“华龙一号”数字化管理奠定了基础。

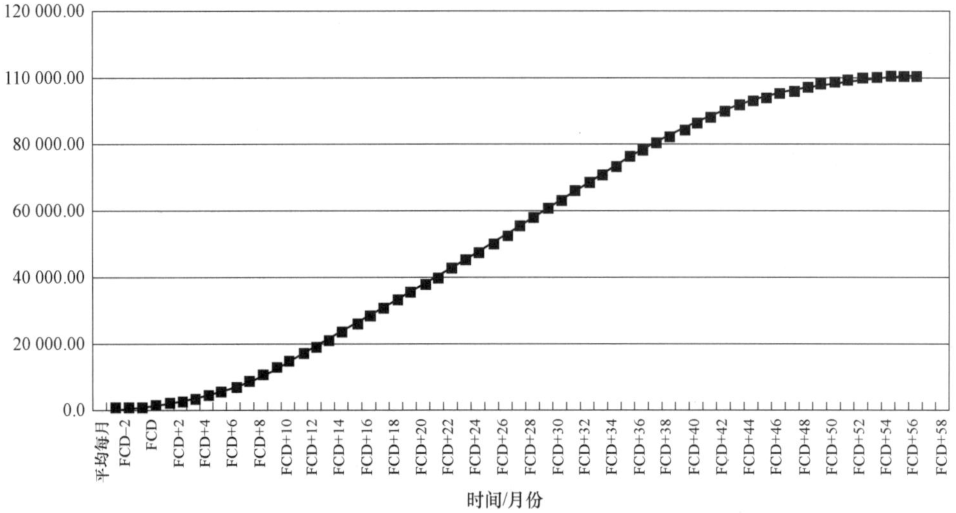

图 8.6.6　BOP 进度计划挣值曲线（计划曲线）

如图 8.6.7 所示，工作分解结构借鉴数据库的一维表结构，顶层分解结构以成本管理需求为主线，将工程总包范围内的工作逐层分解，形成树状结构，同时考虑了进度计划管理、成本预算与核算管理，范围解释与说明等，实现了范围、进度与成本的集成管理。标准工作分解结构还具有很好的灵活性，可根据分类码对数据重新组合和归集，满足不同的管理需求。分类码包含概算金额、总体预算额、年度预算额、预算责任主体、厂房、系统、标高等。

WBS编码						WBS名称	工作范围描述
项目编码	收入支出识别码	组码		记账码			
G.XXXX						XX项目/机组	X华龙一号堆型核电工程项目
	G.XXXX.E					XX项目/机组（支出）	工程总承包合同中规定的应由工程公司自行完成或委托其他单位完成的工作。本指南中项目号为XXXX，对应项目的四位数字编码，如福清5、6号机组为1188，使用时项目编码与项目名称修改为对应项目的编码与名称。
		G.XXXX.E.E				设计	本部分涉及到的厂房名称、代码和机组号均以福清5、6号为例，其他项目使用时，请修改为对应项目的厂房名称、代码和机组号。
		G.XXXX.E.P				采购	
		G.XXXX.E.C				施工	本部分涉及到的厂房名称、代码和机组号均以福
			G.XXXX.E.C1			前期准备工程建筑工程	
				G.XXXX.E.C1.A		场地平整建筑工程	
					G.XXXX.E.C1.A1000	场地平整建筑工程	仅包括正挖部分，核岛负挖在核岛建筑工程-其
				G.XXXX.E.C1.B		施工电源建筑工程	
					G.XXXX.E.C1.B1000	施工电源建筑工程	
				G.XXXX.E.C1.C		施工供排水建筑工程	
					G.XXXX.E.C1.C1000	施工供排水建筑工程	
				G.XXXX.E.C1.D		施工道路建筑工程	
					G.XXXX.E.C1.D1000	施工道路建筑工程	
				G.XXXX.E.C1.E		施工通信建筑工程	
					G.XXXX.E.C1.E1000	施工通信建筑工程	
				G.XXXX.E.C1.F		施工供热建筑工程	
					G.XXXX.E.C1.F1000	施工供热建筑工程	
				G.XXXX.E.C1.G		施工道路的运行维护	
					G.XXXX.E.C1.G1000	施工道路的运行维护	
				G.XXXX.E.C1.Z		其他前期准备工程建筑工程	
					G.XXXX.E.C1.Z1000	其他前期准备工程建筑工程	
			G.XXXX.E.C2			前期准备工程安装工程	
			G.XXXX.E.C3			核岛建筑工程	
				G.XXXX.E.C3.B		核岛厂房建筑工程	
					G.XXXX.E.C3.B05RX	5号反应堆厂房建筑工程	
					G.XXXX.E.C3.B05KP	5号龙门架建筑工程	

图 8.6.7　“华龙一号”工作分解结构示例

在 WBS 的某一层级，成本管理与进度管理使用同一个编码，奠定了进度、成本集成的基础。施工板块成本管理 WBS 编码的第六层级与计划中的某一层级一致，例如进度计划的 WBS 结构的某层级编码中，包含“C3.B01RX 1 号反应堆厂房”，此编码下的成本数据对应此编码下的进度计划作业。

（2）逐层分解成本控制目标，落实成本管控职责

项目成本目标是自上而下，由细到粗，按照 WBS 中的控制账户（成本控制最小单元）逐项测算、审查和决策形成的。项目成本控制目标下达后，各级责任主体将其自上而下分解至控制账户，并完成执行跟踪。项目成本测算、成本目标分解下达、总体预算编制及管理、目标执行跟踪、目标调整等各成本控制环节的关系，如图 8.6.8 所示。

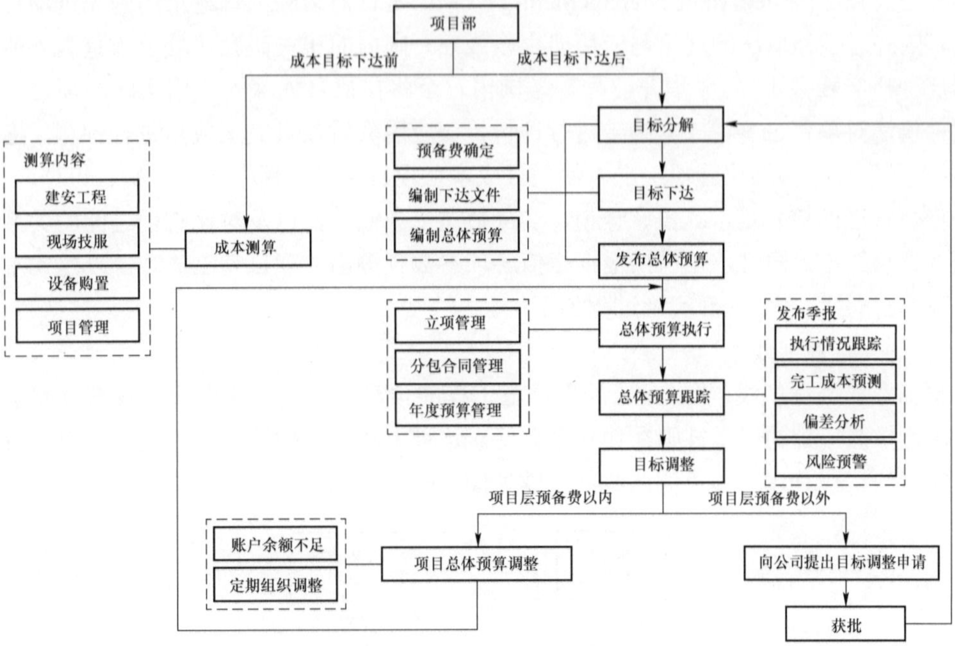

图 8.6.8　项目成本管控示意图

从图中可以看出，项目成本控制工作按照阶段划分主要分为两大阶段：成本目标下达前和成本目标下达后。

第一阶段成本目标下达前，主要完成项目成本测算工作。第二阶段成本目标下达后，主要对项目成本控制目标进行管理，具体管控内容包括：

① 目标分解及下达，将项目成本控制目标分解为项目层预备费和板块成本控制目标并下达至各责任单位。

② 项目总体预算编制和发布，各责任单位将板块成本控制目标进一步分解至 WBS 控制账户，并按项目建设期各年度进行分解，编制形成项目总体预算，发布执行。

③ 项目总体预算执行，各责任主体依据总体预算开展项目立项审核、分包合同签约、支付及变更等成本管控工作。

④ 项目总体预算跟踪，各责任单位收集项目总体预算的执行情况和项目成本的发生

情况，编制并发布项目总体预算执行情况报告。

⑤ 项目总体预算调整，即项目总体预算执行过程中，当某一控制账户下的预算余额少于该账户下需立项或立项变更或实际支出的金额时，目标责任部门应发起项目总体预算调整，经审核批准后完成《项目总体预算》升版。

⑥ 项目成本控制目标调整，即项目成本控制目标范围或金额超出原下达目标时，提出项目成本控制目标调整申请。

8.6.6 挣值管理技术应用

（1）评价项目绩效，预测完工成本

挣值管理（Earned Value Management，EVM）是目前国际上普遍采用的先进项目管理技术，国外对于挣值法的理论与应用研究较成熟，国内的相关研究还处于借鉴国外的理论应用层面，实践并不多。“华龙一号”是国内首个将挣值管理深入应用实践的项目，不仅采用挣值法对项目进度、成本绩效进行评价，还应用其对项目完工成本进行预测，提高了“华龙一号”项目精细化管理水平，使项目成本在项目执行过程中做到可知、可控。

挣值管理的核心是预算值、挣值、实际值这三条曲线，以及对比它们之间的关系，得出绩效评价结果，同时，还包括根据挣值各项参数预测出的项目完工成本。以建安工程为例，“华龙一号”挣值管理实施过程如下：

1）建立预算曲线

预算曲线又称基线，“华龙一号”示范工程的预算值曲线的建立采用权重分配法，即将费用额按照一定的权重规则在作业中分配。这种方法的适用范围广，尤其适用于设计资料不完善的工程。建立预算值曲线的步骤如图 8.6.9 所示。

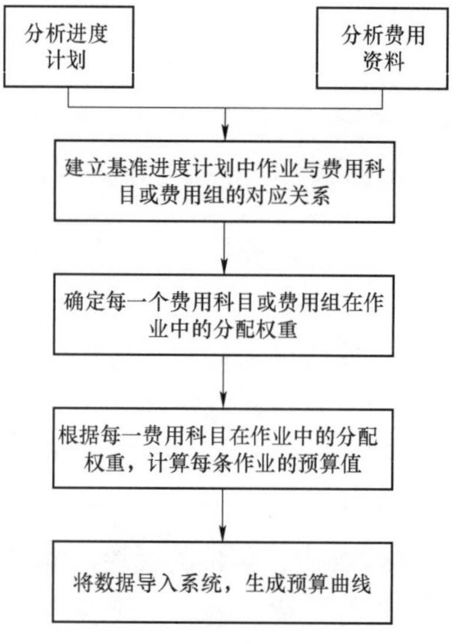

图 8.6.9 建立预算曲线步骤图

BIM 技术在确定权重的过程中起到了非常重要的作用。BIM 能够在图纸未出版时就反映实体工程的设计信息，利用这种优势，在图纸未出版时，将 BIM 中的砼体积、房间面积、管道长度等工程量作为费用科目或费用组在作业中分配的权重依据。

2）生成挣值曲线

每月对计划进行跟踪，作业预算值乘以作业进度完成百分比，得到截至检测时点的挣值。以往的进度跟踪，对于进行中的作业，通常是由进度工程师根据个人经验，主观判断作业完成百分比。在“华龙一号”挣值管理中，为减小个人主观判断造成的误差，采用了基于作业步骤的实际完成百分比法。即按照作业的特点将其分为两大类：一是作业完成情况与质量计划完成密切相关的作业，这类作业选取质量计划中能代表作业实际进展的关键控制点作为衡量进度完成百分比的节点；二是作业完成情况与完成点值密切相关的作业，这类作业采用已完成点值占该条作业总点值的比例，作为衡量进度完成的百分比。

3）获得实际曲线

分部分项工程费的实际值是指统计周期内完成的已完实体工程的合理产值合计，主要包括：施工图预（结）算金额、合同约定的价差调整以及变更、签证、索赔等。双方达成一致的施工图预（结）算金额是实际值的主要来源。将施工图预（结）算金额加载到进度计划中去，计算实际值。同时按月统计措施项目费、其他项目费、管理费、利润、规费及税金、价差调整、变更、签证、索赔的金额，与每月完成的施工图预（结）算金额合并后，形成实际曲线。

通过分析截至检测时点的预算值（PV）、挣值（EV）、实际值（AC）三个基本参数，得到进度绩效指数（SPI＝EV/PV）和成本绩效指数（CPI＝EV/AC），SPI＞1 进度提前，SPI＜1 进度滞后；CPI＞1 成本节约，CPI＜1 成本超支。同时可以在曲线图上读出与计划相比提前或滞后的天数。计算成本绩效指数 CPI 时，应剔除偶然因素导致的实际成本，以提高完工成本预测的准确性。

4）预测项目完工成本

美国国防部的数据库显示，不论项目的类型、程序或流程如何，从项目刚过其五分之一时点起，CPI 就进入稳定状态。从工程实践角度分析，核岛建筑工程实际值与预算值的差异主要表现在工程量的变化上，其中混凝土含钢量的变化引起的成本偏差，这种变化比较稳定，与进度绩效指数的关系不大。当项目执行到 10%～15%的时候，CPI 就开始趋于稳定。

2017 年 6 月，福清 5 号机组穹顶吊装完成，核岛土建工程的 CPI 可认为趋于稳定。根据项目实际情况，选择采用挣值管理中的完工成本计算公式：EAC＝BAC/CPI 来进行成本预测。在项目执行过程中，通过多次预测发现，CPI 非常稳定。在项目临近尾声时，施工图预算基本全部出完，经过实际统计结果与过程中历次预测的比对，除合同争议造成的影响外，预测结果和实际统计结果非常接近。基于挣值的成本预测结果为“华龙一号”首堆项目成本控制目标的确定提供了技术支撑，同时为总包合同二次定价提供了有力参考。

（2）挣值支付方法

在“华龙一号”项目实施前，国内核电项目采用的建安合同支付方式基本上分为两种：一种是按照形象节点支付，双方在合同签约阶段约定支付的形象节点和节点对应的价值，过程中完成该节点即支付相应的费用。这种方式更合适总价合同，在价格固定的前提下，通过节点来确定支付的时间和支付的金额。另一种是当期确认工程量完成情况，按照完成的工程量和合同中约定的价格，计算当期应付金额。这种方式更适合单价合同，但需要审核工程量的速度满足现场实际支付的需要。

“华龙一号”的建安合同是单价合同，全球首堆导致实际工程量与招标工程量相比会有一定差距，在上述两种方式中首选按审核的工程量支付。但可以预见审核速度有极大可能不能满足现场的支付需求，对承包商的资金流会总成比较大的压力。而如果使用适用于总价合同的节点支付，则确定双方满意的节点和节点对应的金额是一件非常困难的事情，即使双方可以达成一致，但由于项目实际工程量导致的合同总价的变化，也难以在项目实施过程中进行调整，也可能会产生某些节点金额过高导致实际支付金额高于实际工作价值的现象。

在两难的困境中，“华龙一号”创新性地采用了挣值支付的方法，即在合同签订后，将分部分项工程费作为预算值，分配到三级进度计划的作业上去，在工程实施过程中，采用质量计划中的关键控制点作为代表作业实际完成百分比的量化跟踪的方法对进度计划进行跟踪，以作业完成百分比乘以作业预算值（得到的结果即为挣值）作为支付依据，当施工图预（结）算书尚未生效时，按照挣值支付。施工图预（结）算书生效后，采用多退少补的方法对已付工程款金额进行调整。这样既实现了质量合格前提下的快捷支付，同时，无论分包商完成多少工作，对应工作的支付金额都不可能超出合同中该工作的分项价格，杜绝了合同提前支付的可能。

在“华龙一号”核岛、常规岛建筑、安装施工合同中约定，分部分项工程费采用挣值方法支付，挣值支付证明作为支付申请的附件一并提交，形成质量驱动进度，进度驱动挣值、挣值驱动支付的联动体系。

第 9 章
全员 HSE 管理

“华龙一号”示范工程秉承“安全是中核集团的企业核心价值观”的安全理念，参建各方齐心协同营造良好的安全环境，落实各级安全环保职责，推进安全生产标准化建设，应用有效的风险管理方法和手段，研究推进各项本质安全措施，为后续核电建设安全环保管理提供了宝贵的经验。

9.1 构建和谐共享的安全文化

“华龙一号”示范工程安全管理团队秉承“安全是中核集团的企业核心价值观”的安全理念，以总包单位为纽带，构建起上承业主下接承包商的和谐共享安全文化。各层级安全监督检查有序实施，隐患排查治理工作逐步完善；安全生产信息建设不断推动，搭建各方对话沟通平台，实现了信息的畅通交流；组织实施安全培训和宣传教育，积极开展特色安全活动，大力营造了浓郁的安全氛围。

示范工程参建各方本着和谐、开放、共享的原则，共同协作、齐心协同、统一协调示范工程的各项安全管理资源，达到管理资源的高效利用。示范工程建立了良好的沟通交流机制，通过定期召开安全生产委员会的形式，定期对示范工程的安全形势进行研判，提出存在的主要安全问题，以安全保守决策为原则，各方群策群力共同探讨解决问题的最优解决方法。

示范工程各级领导高度重视安全管理，通过深入班组、带班检查以及领导讲安全等多种形式参与到示范工程安全管理过程中，引领全员安全意识提升。同时，参建各方通过组织开展安全正激励、安全管理人员健康、安全和环境（HSE）知识技能考核、春节期间安全管控、年度评优、“两会”期间安全管控、“4·6”安全生产日及第一个安全生产月、零违章团队建设、非放环境保护专项行动、承包商资质、资源配置及管理执行力综合评估、安全生产月、安全生产违规违章行为专项整治、安全生产主题生活会、HSE 交流研讨会等形式多样的安全专项活动，促进全员安全意识提升。

示范工程开建至今，项目安全文化逐渐成熟，全员重视安全的安全氛围日趋浓厚，各方安全管理理念形成了完整的结合体，具有“华龙一号”示范工程深刻烙印的安全文化氛围就此形成，后续行文将从安全责任落实、安全生产标准化推进建设、经验反馈等方面展示示范工程安全文化的具体表现。

9.2 落实安全主体责任

示范工程结合项目年度安全环保目标，通过逐级签订责任书的形式落实各项要求措施，全员以各自签订的责任书为纲领，履行自身安全环保职责，落实主体责任。同时，参建各方通过多种形式、多样性的方法应用，促进全员履行主体责任。

9.2.1 实行安全环保“一岗一职责”

为更好明确界定示范工程各个岗位的 HSE 职责，确保每个人理解自己承担的 HSE 责任，结合中核集团安全生产标准化考核评级标准要求及各参建方 HSE 责任制建设现状，发布《岗位 HSE 职责说明书》，明确各岗位的 HSE 职责、履行职责依据的制度和程序、需要具备的 HSE 知识和技能以及各岗位关键绩效考核指标。结合年度安全目标指标，量化到各岗位安全责任书中，“横向到边、纵向到底”逐级签订，从制度上确保“管业务必须管安全、管生产必须管安全、安全生产人人有责”，保障各层级安全生产主体责任落实（见图 9.2.1）。

图 9.2.1　岗位安全责任制

9.2.2 建立区域网格化管理机制，落实主体责任

示范工程项目结合现场实际将施工现场划分为相对独立的管理区域，明确各个区域的总包单位和承包商的安全管控职责，成立区域安全管理组，对本区域安全管理实行共控风险、共担责任、共享成果。区域网格化管理有效整合了总包单位和承包商的管理资源，极大地提高了区域管理人员的责任心，对促进施工现场安全文明施工的改善起到了良好的促进作用。

示范工程项目制定并发布了《福清项目部“华龙一号”安全生产网格化管理规定》，确定了五级网格化管理层级，结合现场区域划分，明确项目部各部门及承包商网格化安全管理职责。区域网格化管理规定确定了每月网格化巡查范围应对建安现场全面覆盖，并每日对高风险作业、承包商网格化执行情况、危险性较大的分部分项工程、施工方案/安全技术交底文件执行情况进行检查的具体工作内容，确保了现场每个区域均有专人负责管控。同时，项目部定期开展对网格人员履职情况的监督检查与考核工作，确保责任能够得到充分落实、有效落实（见图9.2.2）。

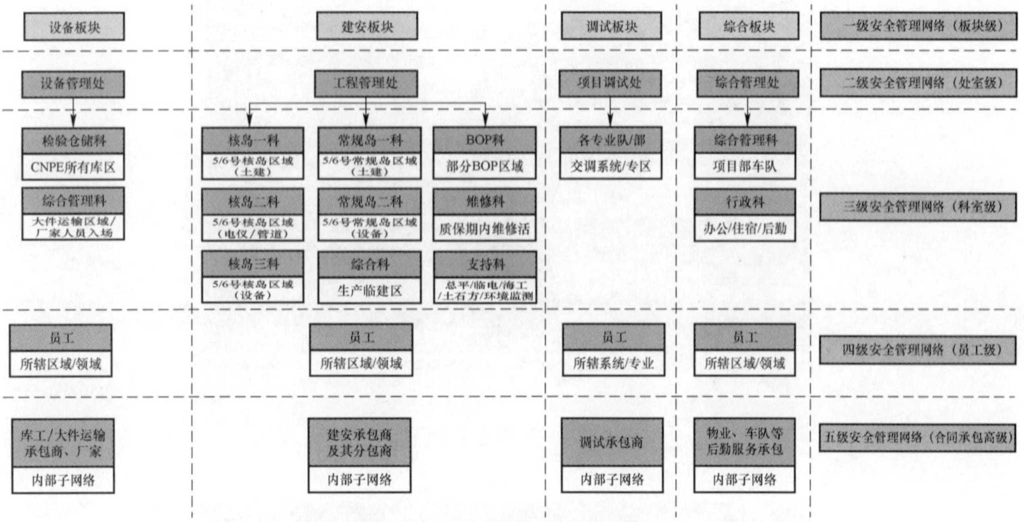

图9.2.2　区域网格化管理

9.2.3　加强班组建设，夯实安全管理“最后一公里”

班组是企业的最基层组织，各项生产任务都需要依靠班组完成，通过对潜在班组长班组安全教育、施工作业许可范围、HSE管理制度、安全基本常识等方面知识进行考核，选拔一批政治思想好、责任心强、技术素质高、安全生产意识强、管理能力强的职工担任班组长，每天开展针对性的安全交底、班前风险分析，同时组织班组自行开展隐患排查治理工作，有效减少安全隐患。示范工程建立员工间互相提醒机制，即作业组内如果出现一名员工违章，班组其他员工须立即提醒其停止作业，待防护措施到位后方可继续作业，如被安全管理人员发现作业组内一人违章，整个作业组脱产进行违章作业培训，考核合格后方可再上岗作业。

示范工程各参建方均已建立班组建设及管理程序，并开展班组实名制、班组长考核/授权/注册、班组建设、班组长定期培训、班组能力考核、班组提升和帮扶等活动。班组管理职能部门推荐符合任命条件的班组长，统一组织拟任命班组长培训，负有监督管理职责的部门对推荐班组长进行安全、质量、施工、技能等相关方面综合考核，考核合格的最终由项目总经理任命、授权。各参建方均建立了以班组长命名的实名制班组，班组施工前每日开展早班会，手指口述，宣讲三铁六律。示范工程以区域安全管理网格化为基础，定期对实名制班组的安全管理状况进行评比和考核，内容包括责任区域安全隐患数量、隐患整改完成情况、零容忍行为、作业安全、生产设备设施、文明施工、班组活动等内容。对安全管理状态不佳、安全隐患数量突出、班组活动开展不力，评选和考核落后的班组，开展班组提升帮扶活动。班组帮扶主要针对班组建设能力和水平薄弱的班组，通过开展项目领导承包，职能部门负责人定期现场指导、培训，党员先锋模范示范岗或联络制度等活动，定期对班组建设情况进行监督检查，验证帮扶效果（见图 9.2.3、图 9.2.4）。

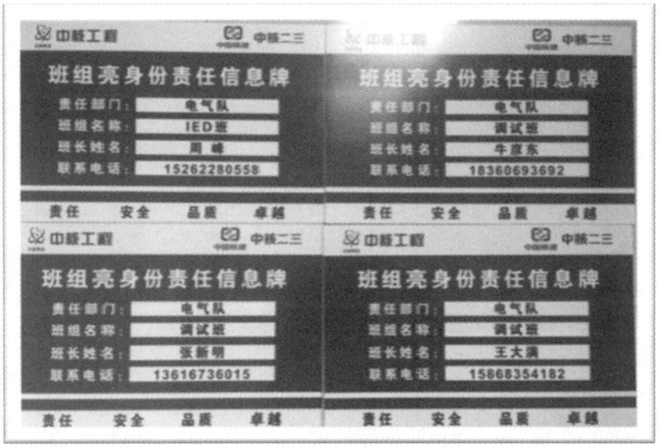

图 9.2.3　班组责任信息牌

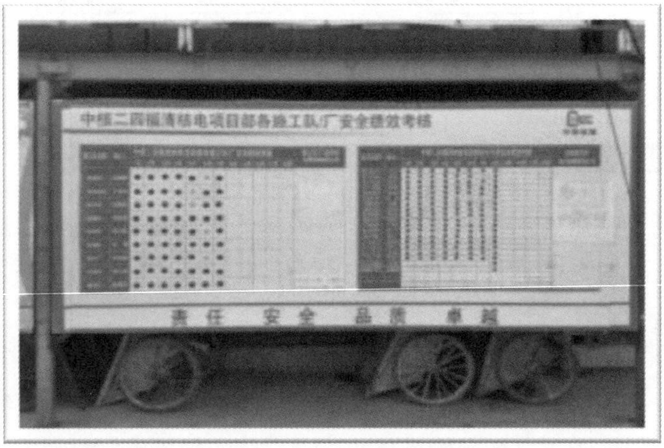

图 9.2.4　班组考核

9.2.4　开展安全知识考核，提升安全履职技能

为提升管理人员安全管理技能，示范工程总包项目部组织开展“安全管理人员 HSE 知识技能考核”，考核内容为《核电工程建设职业健康、安全、环境保护标准化图册》及 HSE 管理程序，考核形式以手机微信为平台，参建项目各级管理人员参加考核活动。通过持续开展 HSE 知识技能考核，奖优罚劣，激发了项目部工程管理人员主动学习各类安全知识的热情，逐步提高工程管理人员发现、处理“三违行为”的能力，提升了项目部对施工现场的安全监督管理力度，营造了“我会安全、我保安全”的安全文化氛围，为又快又好建设“华龙一号”保驾护航（见图 9.2.5）。

(a) (b)

图 9.2.5 安全管理人员考核

9.3 推进安全生产标准化建设

9.3.1 安全生产标准化达标建设

示范工程参建各方积极推进安全生产标准化建设工作，各方配合公司完成了安全生产标准化达标建设工作，主要参建方均取得了由科工局颁发的安全生产标准化一级达标资质。示范工程为更好地巩固安全生产标准化建设成果，每年开展安全生产标准化建设工作。参建各方以项目年度 HSE 目标指标为中心，在不断巩固往年安全生产标准化管理成效的基础上，对照《中核集团安全生产标准化考核评级标准》进行自查自纠，通过扎实推进安全责任制与安全网格化、安全培训与效果验证、安全生产投入、危险源/环境因素辨识、隐患排查与重发隐患治理、设备设施与作业管理、职业健康与环境管理、绩效评定、应急管理、经验反馈等工作，不断提升内业及现场安全生产标准化水平。

通过安全生产标准化建设，参建各方安全生产责任制体系进一步细化，项目部、各承包商通过《岗位 HSE 职责说明书》有效落实了“一岗双责”的要求，安全责任制做到“横向到边、纵向到底、覆盖全员”。同时，营造了领导重视、各方协作、全员共建的安全标准化建设氛围，参建各方普遍增强了落实安全生产主体责任的自觉性，提高了遵守国家安全生产法律法规、标准规范和项目部相关制度的主动性，调动了改进和完善安全生产条件的积极性，各级领导和全体员工的安全生产意识得到了切实转变、提升。

通过开展安全生产标准化建设，现场建立了安全有序、整洁文明的施工环境，施工现场布局更加合理，工器具实现了定置化摆放，孔洞临边防护更加规范，警示标识更加齐全，现场作业整体形象进一步提升。参建各方完善了岗位操作规程，开展了作业标准化相关培训，加强了企业安全文化建设，员工作业安全行为得到进一步规范，提高了员工的安全技能，实现了员工从“要我安全”向“我要安全”的观念转变，确保了作业安全。现场参建各方在危害分析和风险评估的基础上，投入大量资金淘汰落后的工艺、技术和设备，补充完善了防护设施、监测设备和警示标识等，提高了设备设施的本质安全水平，设备设施定期检测、检查记录也更加完善（见图 9.3.1～图 9.3.3）。

图 9.3.1　标准化资料归档管理

(a)　　(b)

图 9.3.2　评审组对现场进行标准化达标评审

(a)　　(b)

图 9.3.3　标准化推行效果

9.3.2 HSE 标准化培训体系建设

示范工程推行标准化安全培训体系，完善安全培训相关管理要求；从组织需求和岗位需求角度对各岗位的安全培训需求进行了系统、深入的分析，明确了不同岗位的安全培训需求；对安全培训进行了整体的策划与设计，明晰了培训内容、学员掌握程度、培训方式和培训周期；细化了培训效果评估内容，加强了培训效果评估管理，为核工程项目 HSE 培训管理体系的持续完善积累了更多基础数据。

（1）项目各岗位 HSE 培训需求分析

依据项目每个岗位的《岗位 HSE 职责说明书》，识别分析了项目岗位的安全培训需求，为制定恰当的培训计划和开展有针对性的安全培训奠定了良好的基础。

（2）确定项目 HSE 培训课程体系

依据项目业务内容和岗位培训需求分析结果，明确了需设置的安全知识模块及具体的课程名称、内容和目标、培训周期等，形成了包含有 10 个知识模块、34 个课程的《总包项目部 HSE 培训课程设计表》。依据《总包项目部 HSE 培训课程设计表》和项目 HSE 培训需求分析结果，分析形成《总包项目部岗位 HSE 培训需求矩阵》，明确了不同岗位应接受的安全培训内容、对培训内容的掌握程度等。

（3）建立了标准化教材库，提升教材质量

基于培训课程体系设计结果和项目的具体情况，为项目量身定制了 34 个标准化教材，每个标准化教材都包含标准化的培训教材，包含配套培训课件、授课指引和考试试题，并制作了典型事故案例动漫视频集锦。标准化教材库的建立提升了培训教材的质量。同时通过编制教材的授课指引，减少了因培训讲师水平参差不齐对培训效果的不利影响（见图 9.3.4）。

图 9.3.4　HSE 标准化教材

（4）丰富的培训方式

在原有的集中面授、自学方式的基础上增加了模拟操作、动漫视频学习等方式，丰富了培训方式，提升了员工学习的积极性。在项目建立安全培训基地，设置示例教学区，学员不再只是听讲而是通过模拟操作的方式学习、实践安全知识和安全技能。同时，将安全知识、事故案例制作成动漫视频，在公共区域循环播放，改变了以往“培训就应该在规定时间、规定地点开展”的面貌，将安全培训融入日常生活、工作中。

（5）建立了培训师资队伍

通过内部推荐、选拔，建立了内部培训师队伍，并定期组织内训师培训技巧培训，有效提升内训师的授课水平。同时，根据历年外聘讲师和外出参加培训学员的反馈信息，收集了部分外部师资信息，为外部师资库的建立积累了数据。

（6）完善培训效果评估

在学员掌握知识情况和课堂质量情况两方面改进评估方式，完善评估内容。针对专业技能培训，既可采用书面考试还可采用实操演示的评估方式。细化《培训效果反馈调查表》中对讲师、教材和培训组织评估的内容，提升课堂质量评估的准确性和有效性。综合每次培训学员掌握知识情况和课堂质量评估情况，分析在培训需求、课程策划与设计、培训实施过程中的不足，并提出改进建议，不断完善安全培训工作，使安全培训形成闭环管理。

9.4 风险管控管理实践

有效地管控风险是安全管理者的首要任务。不能对风险进行合理的识别评价与有效控制，现场就会失控，更无从谈及其他的安全绩效。而示范工程因为工艺工序繁多，涉及施工专业工程面广，因此对作业风险管控提出了更高的专业水平要求，要求对各专业知识都有所熟悉，对作业全过程有系统的了解。如果作业风险管控人员缺乏系统的专业知识培训，又缺乏有效的作业风险管控方法，那么就必然会导致无法全面系统的对作业风险进行识别和控制。所以作业风险管控有效方法的探索既要解决作业风险管控存在的主要问题，也要使该方法兼顾各专业人员，使用方法应方便简洁，一目了然。

如何全面准确识别示范工程项目作业中的各项安全风险，进而采取一系列的风险控制措施，最终实现作业风险的受控，是摆在示范工程安全管理者面前的一道难题。这需要在合理的数据总结分析、充分的调研探索的基础上，采用先进的方法，通过系统的策划，有效地实施与质量效果评估，从而实现作业风险的有效管控。示范工程在风险管控过程中创新性的采用 JSA——作业安全分析（Job Safety Analysis）、过程管控“五步法”以及信息化等方法和工具，不断加强安全风险的过程管控，提高安全管理绩效。

9.4.1 推广应用作业安全分析法

（1）JSA 方法推广应用

JSA 风险管理方法推广应用的整体思路就是以风险管理为基础，以作业现场为中心，以过程管控为重点，以效果评价为指导，通过在各参建方作业现场不断开展 JSA 风险管理应用实践，实施过程监控，开展质量效果评估，促进 JSA 风险管理方法在核工程项目作业风险管控中的巩固、完善和提高。

示范工程 JSA 风险管理方法推广应用的基本流程如图 9.4.1 所示。

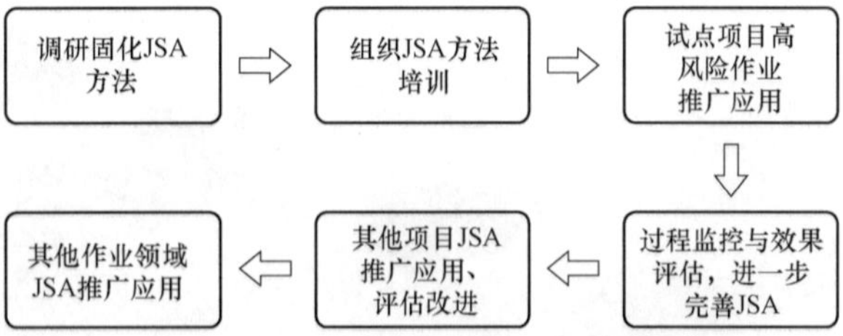

图 9.4.1 示范工程 JSA 推广应用基本流程

同时识别了JSA在示范工程现场能否有效实施并形成项目特色的JSA应用模式取决于四个关键环节：

——科学合理地成立 JSA 小组。要成立 JSA 推动工作组及每一项具体作业的 JSA 小组，JSA 小组成员应严格满足 JSA 方法步骤中的要求。

——加强 JSA 推广应用的宣传教育。示范工程项目除了大力开展对 JSA 如何有效运用的培训工作外，还要加强宣传力度，通过多种形式对涉及 JSA 运用的一线作业人员进行宣传培训，鼓励大家使用 JSA，营造良好的推广应用 JSA 的氛围。

——定期总结评估 JSA 推广应用效果。要注意收集各项作业 JSA 推广应用时遇到的各类问题，以便进行总结分析，评估 JSA 推广应用的效果，并进而提出改进措施。

——建立 JSA 推广应用的奖惩机制。通过奖惩机制，来进一步鼓励大家推广应用 JSA 的积极性，做到持续推动，最终在示范工程所有承包商所有作业中均形成 JSA 应用机制。

（2）JSA 方法应用效果

应用 JSA 方法分析风险，改善了作业人员对风险的认知并增强识别新风险的能力，改善了以往风险分析方法风险识别不足的问题，按作业分步骤进行风险分析，确保风险识别充分，降低了发生事故的可能性。推广运用 JSA，促进了员工和工作负责人之间的沟通，加深对工作活动的理解，同时改善作业执行情况，提高作业计划性和作业质量。推广运用 JSA，鼓励全员参与，关注日常的操作，强化了管理人员和一线作业人员运用风险管理方法解决现场安全问题的意识。

9.4.2 采用过程管控“五步法”，降低隐患发生

（1）创新应用过程管控“五步法”

示范工程通过积累安全风险管控数据分析应用经验，参考质量管理大师戴明在“休哈特”统计过程控制思想基础上提出的“戴明循环”，以风险分析为基础，以过程管控为重点，以效果评价为指导，结合经验反馈，提出了安全管理领域的过程管控“五步法”。

（2）如何应用过程管控“五步法”

示范工程为推进过程管控“五步法”的有效落地，采用加分制考核方式，对主要参建方实行量化考核，主要参建方按照过程管控“五步法”的相关要求开展工作，就可以得分，促进主要参建方按照要求开展安全风险问题专项治理。总包项目制定了过程管控考核评价表，按照过程考核评价表的要求，对参建方每季度安全风险问题专项治理过程管控情况进行考核打分，进一步促进各参建方注重安全风险过程管控，提升安全管理绩效（见图 9.4.2）。

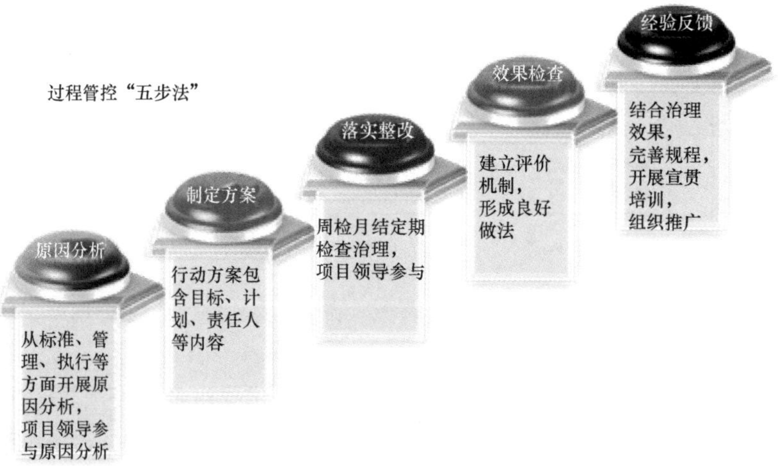

图 9.4.2　过程管控步骤

过程管控考核依据过程管控“五步法”每一步复杂程度及工作量设置，根本原因分析考核分值为 15 分，制定行动方案考核分值为 15 分，落实整改考核分值为 40 分，效果检查 20 分，经验反馈 10 分。同时对每一个核心步骤内的每一个要点分别进行赋分，便于考核打分。如第二步制订行动方案核心要素，将其分成六个考核点，包括检查行动方案的制订时间，检查方案内容是否全面，检查目标是否具体量化，检查措施是否合理，可操作性是否强，各项措施中的各级责任人职责是否明确，检查方案中是否明确了具体的、针对性强的巩固措施。

（3）应用过程管控“五步法”取得成果

过程管控“五步法”以系统理论为指导，借鉴戴明环理论，从原因分析、制定方案、落实整改、效果检查、经验反馈等五个方面，按照一定方式组成的过程网络系统，每一个步骤均设置了明确的量化考核指标，关注每一个步骤之间的逻辑关系、相互作用，促进主要参建方系统性地开展安全风险专项治理工作。过程管控“五步法”应用控制论方法，将安全风险问题专项治理过程视为可控过程，建立过程控制系统，运用效果检查、经验反馈等控制方法，解决项目现场安全风险专项治理效果保持不佳的问题。应用过程管控“五步法”，促进现场安全隐患发生率持续下降，隐患治理效果明显，消除了一些隐患的波动现象，隐患发生率呈现持续下降趋势。

9.4.3　安全生产信息化建设

（1）施工管理系统安全模块

安全模块设置 10 个二级管理模块，几乎全部涵盖了现场安全管理的基础信息。根据现场安全数据化、可视化及各类汇报材料编制需求，管理人员均从与现场管理结合最紧密、使用频率最高的“监督检查”“危险源管理”“高风险作业”“安措费”等模块提取常用的基础数据，再结合自身需求编辑所需数据。其中的“安全管理统计分析”模块，让所有涉及大量数据统计分析的计算通过计算机后台进行计算，管理人员根据需求选取所需的统计报表，这样有效地提高了数据统计、材料编制的效率（见图 9.4.3、图 9.4.4）。

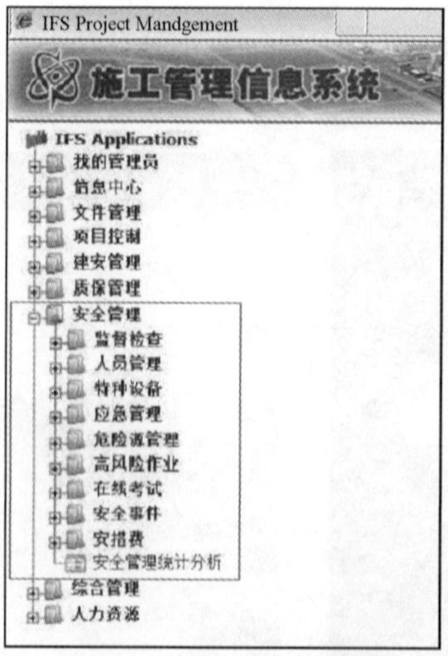

图 9.4.3　安全管理模块

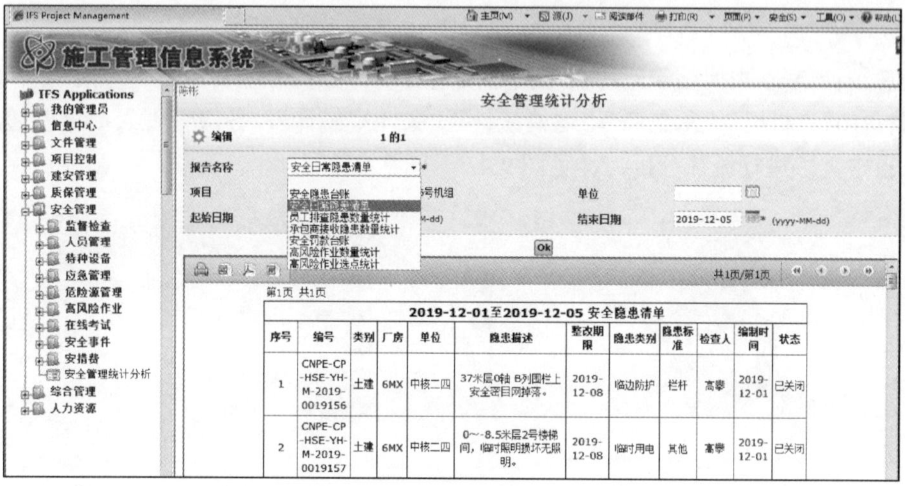

图 9.4.4　安全管理统计分析

（2）手持移动终端的应用

移动手持终端巡检主要用于核电现场日常安全巡查过程中发现的隐患的快速处理，通过日常隐患管理流程化、网格化、可视化的管理，有效地记录了网格化人员的履职情况及缩短了安全隐患的处理周期，降低了现场的安全风险。

移动安全 App 主要包含安全巡检、安全整改、隐患统计 3 个模块。其中安全巡检主要用于安全隐患的下发、整改结果的验证关闭、隐患的延期审核以及隐患整改情况的跟踪。

安全巡检 App 根据“物的不安全状态”“人的不安全行为”“环境因素”“管理缺陷”“文明施工”分为 5 大类，再根据《隐患标准描述及隐患标准对照表》细分 32 小类，囊括了现场各类安全隐患，保证安全隐患信息的准确分类及描述。下发时，只要根据隐患类别选取即可，大量节约了手动输入时间。

安全整改 App 主要是用于接受隐患、整改后隐患上传以及申请延期。

安全巡检 App、安全整改 App 均按照图文并茂的方式进行下发与整改，便于用户对安全隐患更为直观的了解、查看及安全人员整改，移动巡检 App 功能构架如图 9.4.5、图 9.4.6 所示。

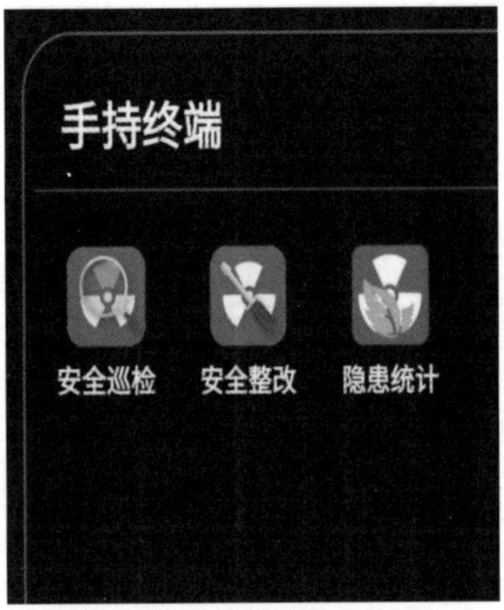

图 9.4.5　移动安全巡检 App

图 9.4.6　安全巡检界面

隐患统计 App 主要用于隐患以不同维度进行统计分析，主要包括“月滚动”“隐患类别”“TOP10”“机组”“承包商”“巡检统计”“关闭率统计”，各级管理人员可以通过该系统随时自定义，进行统计分析，详见图 9.4.7～图 9.4.10。

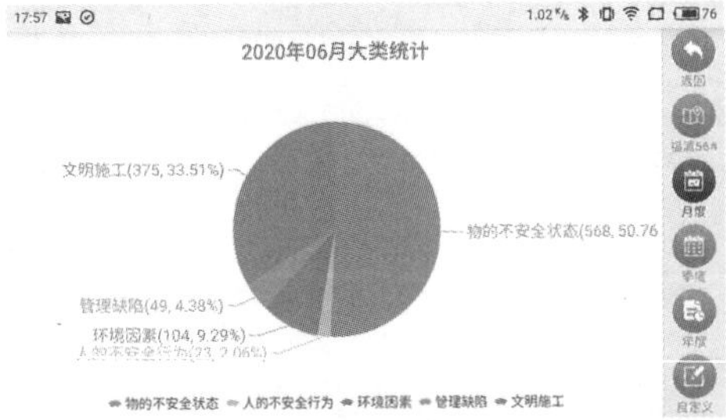

图 9.4.7　安全隐患分类

图 9.4.8　网格化人员隐患排查统计

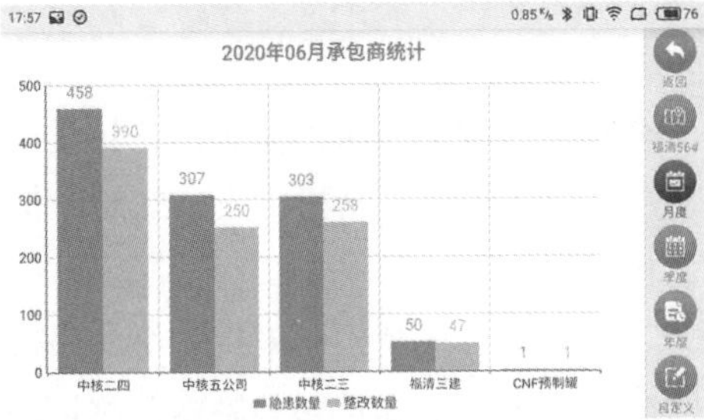

图 9.4.9　各承包商隐患排查与整改对比

图 9.4.10　隐患关闭情况

移动安全 App 所排查的隐患数据最终都同步至 IFS3.0 系统，保证移动端与电脑端数据的一致性，这样更有利于电脑端编制材料时，相关数据和报表的提取。

（3）视频监控系统应用

视频监控系统是安防防范技术中的一个重要组成部分，目前这种系统在我国发展极快，市场竞争激烈。视频监控系统能在人无法直接观察的场合，适时、清晰、真实的反应被监控对象的画面，同时可以把监视场所的情况进行同步录像。视频监控系统已成为现代化管理中监控最为有效的观察工具。2018 年，示范工程建立了施工指挥中心，根据现场施工进展及安全、施工管理的需要，信息中心在现场累计装设 52 个监控探头（固定式、旋转式），实施对现场作业安全进行监督（见图 9.4.11）。

图 9.4.11　施工指挥中心

（4）微信二维码信息平台

随着智能手机的快速发展，微信在人们生活中的普遍使用。为减少纸质文件的投入，缩短时间，提高工作效率，结合现场实际情况，微信二维码平台在示范安全管理上主要应用在安全知识竞赛、人员安全教育、安全技能验证及各类安全信息的提取方面，应用较为广泛（见图 9.4.12）。

图 9.4.12　二维码平台安全培训效果验证

通过各类 App 本身的功能及安全管理所需数据，编制好相关的安全信息（劳动知识竞赛、安全教育等题库、现场网格化信息以及高风险信息），导入 App 中，设置相关信息要求，生成相关二维码，将二维码发送至各有关单位。相应人员根据要求使用微信扫码功能进行答题。答题完成后，各 App 前台界面显示分数或状态，后台数据库进行数据分析，显示相应的报表与图形，亦可导出基础数据根据自身需求编制相应材料。

9.5 本质安全措施应用

本质安全是指通过设计等手段使生产设备或生产系统本身具有安全性，即使在误操作或发生故障的情况下也不会造成事故的功能。具体包括失误—安全（误操作不会导致事故发生或自动阻止误操作）、故障—安全功能（设备、工艺发生故障时还能暂时正常工作或自动转变安全状态）。

通过对危险源进行预先辨识、评价、分级，进而对其进行消除、减小、控制，实现人—机—环境—管理系统的最佳匹配，追求更加科学、安全、高效、和谐的管理方式，使各种危险有害因素始终处于受控状态，逐步趋近于本质型安全，最终实现“人员无违章、设备无缺陷、环境无隐患、管理无漏洞”的本质安全状态，是安全生产方针中“预防为主”的根本体现。

“华龙一号”示范工程建设过程中采取了多种本质安全措施，提升本质安全度，降低事故风险。

9.5.1 设备设施本质安全化

设备设施本质安全是指设备设施本身所具有的安全性能。当系统设施发生故障时，设备设施能够自动防止操作失误或引发事故。即使由于人为操作失误、设备系统也能够排除、切换或安全停止运转，从而保障人身、设备和财产的安全。

为有效降低作业过程中各类安全风险，“华龙一号”建设现场各参建方积极发挥安全管理主观能动性，从安全技术、安全管理两方面入手，在设备设施劳动保护技术改进、设备设施安全创新等方面主动发明，改进创新，自主思考，全面推广，实现设备设施在使用、安装、倒运等过程中的本质安全化管理。

（1）塔式起重机制动器技术改造

塔式起重机制动器为单拉杆设计，随着使用时间增长，制动器拉杆存在断裂风险。在经过技术改造后，制动器拉杆由单拉杆更换为三拉杆，提高制动性能，从根本上杜绝因塔式起重机制动问题导致的安全事件（见图 9.5.1、图 9.5.2）。

图 9.5.1 塔式起重机制动器为单拉杆

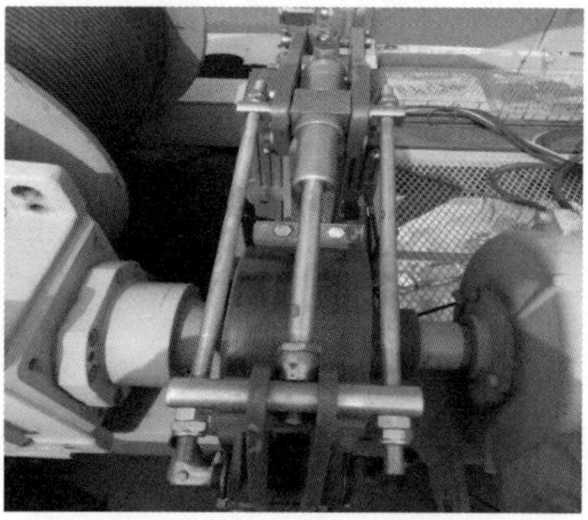

图 9.5.2 改造后制动器更换为三拉杆

（2）液氩集中供应装置

在生产临建车间管道预制焊接过程通常采用氩气瓶进行气体供应，随着作业点的增加、作业量的增大，气瓶需求量随之增大。导致气瓶频繁搬运、更换，存在物体打击风险。且临时储存点气瓶存放量大，若储存时安全措施不到位还会导致爆炸风险。

为有效降低安全风险，减少气瓶使用数量，“华龙一号”项目现场设计了液氩集中供应装置，避免了气瓶频繁搬运、更换、集中储存导致的安全风险，提高了作业效率（见图9.5.3）。

图9.5.3　液氩集中供应装置

（3）施工升降机防护门锁装置

为保证施工现场使用的施工升降机在运行过程中防护门有效锁闭，不脱落不滑移，保证乘坐人员的安全，“华龙一号”项目现场对施工升降机防护门进行了技术改造，增加锁闭装置，保证施工升降机在运行过程中的本质安全（见图9.5.4）。

图9.5.4　施工升降机防护门增加锁闭装置

（4）坡口加工装置

使用常规工法采用磨光机对方钢打磨坡口时，打磨出一根满足设计要求的方钢（规格160 mm×160 mm×20 mm），需要3个人不间断配合，花费3 h才能将一根方钢坡口打磨完成，过程中损坏了13片磨光片，工作效率低，人工耗费大，安全风险高。为提高工作效率，降低安全风险，“华龙一号”现场自制了坡口加工装置，5根方钢坡口加工工作仅需2个人20 min来完成，大大提高安全性及施工效率（见图9.5.5）。

图 9.5.5 坡口加工装置

（5）设备翻转吊索具专用防护

设备翻转过程中，使用木方防护可能挤压吊索具且容易滑落，易造成人身伤害。针对设备翻转中存在的安全风险，“华龙一号”建设现场制造了可固定的专用防护片，易于使用，有效降低了人员挤伤手、设备滑动、吊索具破损的风险（见图9.5.6、图9.5.7）。

图 9.5.6 设备翻转吊索具专用防护片

图 9.5.7 设备翻转防护片的使用

9.5.2 环境本质安全化

环境本质安全是特指生产现场作业区域内的环境、装置（设备、设施等）和其他空间要素，包括作业区域的环境照明、安全防护、作业场所等，本身具备较高的安全稳定性和可靠性。“华龙一号”建设现场的环境本质安全化管理主要体现在以下方面：

（1）LED灯带设置

在前期的施工现场，照明一般使用白炽灯。白炽灯照明覆盖范围有限，安装后照明光线不足，导致部分施工区域照度不满足要求，且容易损坏，给作业活动带来一定安全风险。“华龙一号”建设现场新引进LED灯带作为现场照明，可以根据现场实际环境条件剪切和延接，照明无死角，绝缘、防水功能好，耐气象性强，有效保证了现场的作业环境照度（见图 9.5.8）。

图 9.5.8　现场设置 LED 灯带照明

（2）高处作业安全防护

在“华龙一号”常规岛行车梁安装就位过程中，由于作业空间的特殊性，防护栏杆高度无法满足标准要求，为确保作业过程中人员安全，采用安全网形成立体封闭式防护，消除人身伤害的风险，确保作业过程安全受控（见图 9.5.9）。

图 9.5.9　行车梁安装部位全封闭式防护

在“华龙一号”常规岛钢屋架吊装、就位过程中，为有效降低作业过程中的高处坠落、物体打击等安全风险，落实安全“双保险”措施，现场改进了常规岛钢屋架作业及行车梁安装的安全防护设施，使用安全平网加密目网的方式对钢屋架下方及行车梁侧方进行全封闭，在设置生命线及临边防护的情况下又多了一道安全屏障，有效地降低了作业安全风险（见图 9.5.10）。

图 9.5.10　钢屋架下方使用双层安全网封闭

（3）孔洞防护设施

在“华龙一号”建设现场，针对短边尺寸大于 500 mm 的孔洞，除了按安全生产标准化要求设置具有一定承重能力的孔洞盖板外，在孔洞盖板下方还需加设安全平网，达到双重保护的效果，实现安全防护设施本质安全化设置，有效保证了作业环境的本质安全（见图 9.5.11、图 9.5.12）。

图 9.5.11　孔洞防护设置安全平网

图 9.5.12　在安全平网上网设置孔洞盖板

（4）便携式安全带挂设架

针对货车上装卸作业安全带无可靠系挂点问题，“华龙一号”建设现场自主创新，专门针对材料装卸作业制作便携式可升降的安全带挂架，此挂架的箱板夹和大货车箱板 2 点挂钩 3 点受力，有效结合、固定在大货车箱板上。通过立杆和箱板夹上下升降、左右移动调节，安装、运输、使用方便，保证了装卸作业环境的本质安全（见图 9.5.13）。

图 9.5.13　装卸作业便携式安全带挂设架

（5）喷淋降温系统

夏季的施工作业现场，工作环境干燥，温度较高，容易导致人员中暑。为有效降低施工现场温度，降低炎热天气作业人员施工时的中暑风险，“华龙一号”建设现场在土建阶段设置了喷淋降温系统。该举措能够为作业人员创造舒适的作业环境，还能够减少现场粉尘（见图 9.5.14）。

图 9.5.14　现场设置喷淋降温系统

第 10 章
建设高质量核工程

示范工程作为全球首堆，从无到有，高标准严要求，通过完善的质量保证体系，严格的质量控制，新技术的推广应用，不断的经验反馈，持续的优化改进，保证了示范工程建设的高质量。

10.1 构建完善的质量保证体系，不断持续改进

完善的质量保证体系是保证示范工程质量受控的基础，为了保证示范工程能够满足质量需求，示范工程建立了完善的质量保证体系，覆盖工程的设计、制造、建造、调试、运行和退役各个环节，通过有效的体系运行、监督检查等方式保证体系的有效运行，并不断持续改进。

（1）健全质量保证体系

示范工程依据《核安全法》的规定，营运单位和为其提供设备、工程以及服务等的单位应当建立并实施质量保证体系，有效保证设备、工程和服务等的质量，确保设备的性能满足核安全标准的要求，工程和服务等满足核安全相关要求。按照《核电厂质量保证安全规定》（HAF 003—91）和《质量管理体系要求》（GB/T 19001—2016）建立和维护质量保证体系，并将 PDCA 循环以及基于风险的管理思维应用于整个体系及所有过程。按照业主、工程公司、承包单位为示范工程建立了三级质量保证体系，保证示范工程满足质量要求。

秉承核安全文化中“凡事有章可循、凡事有人负责、凡事有人监督、凡事有据可查”的工作理念，并且《核电厂质量保证安全规定》（HAF 003—91）中明确要求“凡影响核电厂质量的活动（包括核电厂运行期间的活动）都必须按适用于该活动的书面程序、细则或图纸来完成”，可见，程序对于核电工程质量的重要性，因此，程序体系的建立与管理状态将直接影响到示范工程质量管理的成败。示范工程的每家单位都建立了一套完整的项目程序体系文件，并不断对程序体系文件进行评估与维护，程序体系的建立和管理依据 PDCA 循环原理，建立一套程序体系建立与维护的闭环管理系统（见图 10.1.1），包含 4 个阶段和 12 个步骤。在程序体系建立之初组织评估，集中讨论，明确职责，确定流程，部分体系文件得到上一级单位的认可和批准，保证示范工程的质量保证要求能够层层传递；

执行过程中不断根据实际工作组织进行适应性修订、升版，保证其符合性；每年开展管理体系内审，保证其有效运行。

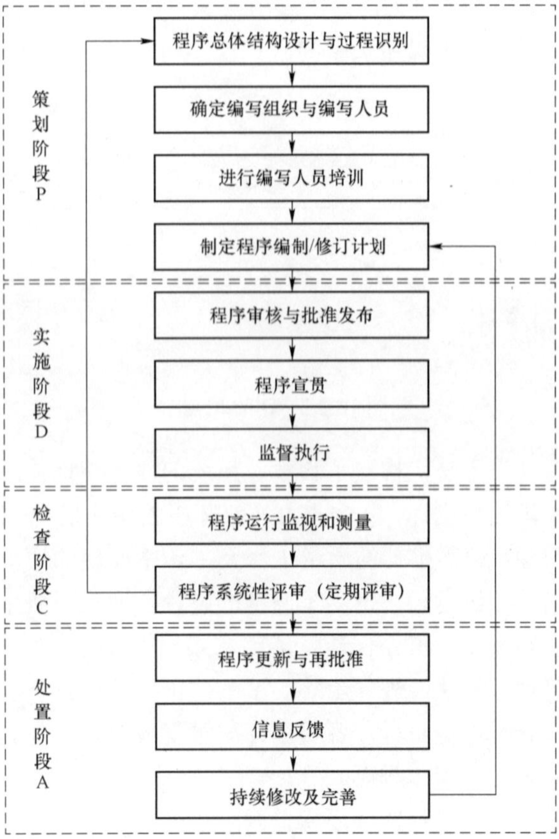

图 10.1.1　程序体系建立与管理流程示意图

示范工程部分单位在积累前期工作经验的同时，建立标准化管理体系，为后续工程的建设提供了基础，比如：中核工程建立了核电建造标准体系，构建了核电管理办法、大纲或导则、项目部标准化工作程序三层标准化程序体系框架，后台业务板块和相关职能部门，从各自所归口负责的领域，为项目前台编制了项目部标准化工作程序，涵盖设计、采购、施工、调试、项控、商务、质量、安全、信息文档、综合等各领域，共计 257 份。中国核建发布了 301 项涉及七个大类的核电工程标准，基本涵盖核电建设的主体专业，核电建造标准体系基本形成。要求各参建单位在项目建设过程中积极使用各种标准，不断改进和提高项目管理能力，切实保证核电工程质量。

（2）质量目标管理日臻完善

目标管理方法由德鲁克于 20 世纪初提出，其基本原理是行为科学与系统理论，即运用行为科学的激励理论来激发、调动人的积极性，对组织实行系统管理。示范工程充分利用“目标管理”方法，以“保红线”“促绩效”为导向在构建符合核工程总承包单位特色的质量指标体系的基础上，形成了独具特色的质量目标制定、监督和考评机制。

示范工程构建了科学、系统的质量指标体系和目标管理机制，确保质量目标管理工作见到实效。在科学设置目标的基础上，还有赖于各参建单位理解到位、认识到位、执行到位，以实现有效落实，形成整体合力。每年采用质量目标逐级承接分解法（DOAM 法）对质量目标进行分解，保证各级人员全员参与（见图 10.1.2）。

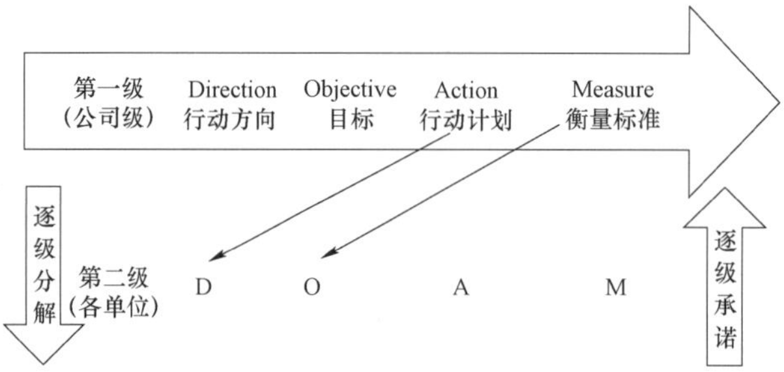

图 10.1.2　DOAM 法

通过采用“目标管理”方法，构建了科学、系统的质量指标体系和目标管理机制，形成了数据常态化监控积累的数据库，以企业内外部环境的变化情况、识别出的重大风险点、企业当前急需解决的问题、急需推动的质量工作及工作中发现的短板等方面为基准进行指标的设置，强化了质量的红线意识，推动了问题的解决。通过以质量目标为抓手，有效推动了质量提升工程、经验反馈、群众性质量活动、知识管理等专项工作绩效。

通过采用“目标管理”方法，进一步落实了参建单位的质量责任制，层层落实相应质量责任，结合工作职责分解质量目标，各级签订质量责任书，责任到人，增强责任意识和质量意识，传递工作压力，确保工程顺利开展。

（3）加强民用核安全设备设计文件质保监督

钢制安全壳、安全壳钢衬里、压力容器、热交换器、变压器、电气贯穿件、仪控系统机柜等重要设备均属于民用核安全设备设计范畴。为加强对民用核安全设备设计输出文件质量的监管，在各设计单位设计质量控制的基础上，质量保证相关人员对有关设计输出文件开展独立核查与验证，确保国内“华龙一号”示范工程项目民用核安全设备设计严格按相关要求执行，由具备资格的人员进行审签并保证文件审签的完整性。核查和验证的内容主要包括：设计输出文件的完整性，设计程序的规范性，设计输出文件的表观质量与格式（包括设计输出文件应标明设备名称、设备分级内容、设备设计许可证编号、设备监管要求标注）等。

从 2010 年至今，共完成接近 1 000 份国内“华龙一号”示范工程项目民用核安全设备设计输出文件的质保核查，核查中发现了诸如未按要求进行设计验证、设备分级表述有误、设计审签不符合要求、设计许可证编号表述有误等问题，对于发现问题的设计输出文件，均及时反馈设计（编制）人员进行修改并再次进行核查验证。对核查内容进行登记记录，对核查中发现的问题，进行原因分析、总结归纳并定期正式告知相关设计单位，根据需要协助其制定整改和预防措施等。

质保核查工作，加强了对民用核安全设备设计活动的监管，对提升设计文件质量具有良好的效果，为项目建设提供了增值服务，积累了宝贵的经验。

（4）加强设备采购环节的质量提升

中核工程、核动力院及供货商三方联动，在示范工程设备采购阶段以保证供货质量为核心，开展了精准质量提升管理活动，创新性地提出了分星级细化管理原则和 SMART 精准策划原则，并建立一对一专人专责机制和领导带队多部门协作机制，统筹质保管理、项目管理、监造管理三大板块，协调质量保证部门、设备专业部门以及监造部门合力出击，涵盖监督、监查、经验反馈、核安全文化建设、履约能力评价、专项检查、巡检、质量计划选点有效性评估、监造人员考评等 34 个项目内容，通过对质量保证管理薄弱及质量风险较大的设备制造厂进行有针对性、多频次、多角度、细致深入的重点帮扶，提高设备制造厂管理能力及制造水平，在“华龙一号”示范工程建设中取得了很好效果，为后续核电工程建设中设备采购阶段的质量保证管理提供了新的思路。

精准质量提升管理活动的核心在于“精准”，即对不同设备制造厂采取不同的管理举措。如何做到“精准”，首先就是要对供应商的情况进行调研，分析其特点。调研包括供应商的背景信息、供应商所承担的设备合同特点、供应商履约能力评价信息、历年监查信息、制造过程中发生的质量问题等。

中核工程联合核动力院开展精准质量提升活动，涉及 19 个厂家。其中，中核工程牵头组织 16 家，核动力院牵头组织 3 家，开展质保监查/监督、核安全文化培训和考试工作。监造人员对供应商进行核安全文化 3 min 宣贯工作，共开展 99 次，涉及 58 个供应商。

精准质量提升实施以来，中核工程组织范围内 16 家供应商，三星质量问题由最高峰的月出现 29 项下降到了月出现 9 项，质量问题重复发生率由原来的 14%降到 8%，帮助 9 家没有经验反馈的供应商建立了经验反馈体系，与 9 家供应商联合开展了党员联合突击队活动，发挥党员的模范带头作用，为设备质量保驾护航。

（5）质量管理小组助力工程建设

质量管理小组（QC 小组）活动可以激励生产及工作岗位上从事各种劳动的员工，围绕企业的经营战略、方针目标和现场存在的问题，运用质量管理的理论和方法开展活动，达到改进质量、降低消耗、提高人的素质和经济效益的目的。通过多年实践，示范工程中 QC 小组的应用也逐渐得到了推广，坚持开放性、群众性、科学性原则，将 QC 小组活动与具体业务相融合，科学推进质量改进，以质量提升创效益增长。紧密结合科研任务和工程现场实际，合理选题，不断解决工程中的难关，并开展创新型研究，有的还为单位创造了明显的经济效益，各项成果的取得使 QC 小组活动具有鲜活的生命力，进而得到了各方面的重视和支持。

通过 QC 活动解决了工程现场施工、调试等一些“卡脖子”问题，为工程建设任务提高了质量，赢得了时间，保证了进度。如示范工程主泵、贯穿件安装施工专项检查中发现，由于双壳间机械贯穿件波纹管与土建套筒焊口距离外壳墙体太近，造成现场施工空间受限。从施工单位已施工完成的贯穿件焊缝射线探伤检测结果可知，焊口存在的焊接缺陷较多，致使一次合格率很低。通过 QC 小组的活动，找到造成一次合格率低的原因，并实施对策，机械贯穿件焊接一次合格率提升至 93.77%。通过积极开展 QC 小组活动，不但提升了现场施工质量，进一步提升了工人的质量意识，节约成本和工期。通过工程创优实施策划，加强工程质量管理，发挥项目团队作用，使示范工程质量得到各方好评，获得上游单位的一致认可，在2013年和2015年荣获两项“核工业优质工程奖”。

（6）合同履约能力评价逐步推广

为了提高供应方执行合同的能力，示范工程中核工程公司和核动力院均开展了对供应方履约能力的评价工作，开发了履约能力评价的评价方法。

核电工程建设最重要的是核安全，而核设备的质量与安全与核电站安全息息相关，为确保核电设备的质量，核安全法规明确要求核电设备的设计和制造必须进行全过程控制。通常情况下，核电厂每2台机组采购设备约50 000余项，任何一项设备的质量都直接或间接关系着核电站的营运质量与安全。为确保核电设备采购满足核安全监管要求，就必须抓住设备供应商这个关键。因此，“事前评价、过程控制、结果验证、履约评价”就成为核电设备供应商管理的重要抓手，如何有效实现科学评价与成果应用就成为摆在中国核电工程有限公司核电设备采购人面前必须跨越的管理门槛。

“华龙一号”创新性地建立了供应商履约能力评价管理系统，实现了对设备供应商履约能力的科学量化评估，并能出具定性、定量的合同、质保、质控、进度等多维度的客观评价综合结果，在行业内率先实现了对供应商动态、高效的全过程管理与监督，成功实现了对供应商的评价、优选、合作、再评价、反馈、再优选到战略合作的科学管理门槛的跨越。对于级别不同的供应商，会采取不同的管理手段，从而达到让供应商“冷暖自知”，并因此在合作中更加积极和严谨：对于5 A、4 A、3 A的供应商，公司每年为其颁发证书，对于年度考评为2 A级（合格）的供应商督促其加强管理，作为观察对象。对于年度考评为1 A级（合格）的供应商要求各相关方加强管理。对于评价为B级的供应商要求其限期3个月整改，整改不合格列为C级供应商，列入履约能力评价黑名单，限制其参与中核工程公司投标。另外，对于受到核安全监管单位处罚的供应商，根据处罚的情节轻重对评价的结果进行降级处理。对于违规操作、弄虚作假等违反“两个零容忍”的行为，直接降级为B级。据统计，该评价管理体系施行后，设备不符合项按期关闭率有了大幅度的提升（见图10.1.3）。

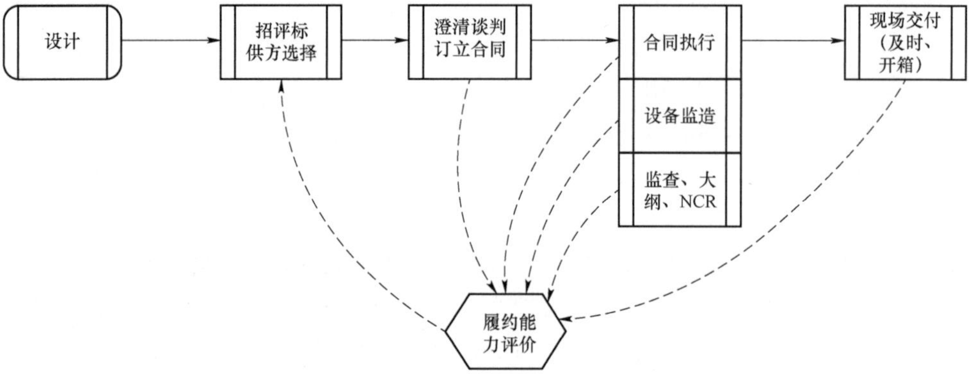

图10.1.3　供应商履约能力评价体系

核动力院承担了“华龙一号”示范工程压力容器、蒸汽发生器等长周期主设备的采购工作，为了加强对供应商的管理，提高各设备供应方执行合同的能力，核动力院逐步完善供应商履约能力评价体系，核电设备供应商履约能力稳步提升，核动力院的采购管理方式也更加科学高效。从质量保证能力、质量控制能力、进度控制能力、商务能力及现场交付和服务能力等 5 个维度对供应方开展履约能力评价工作，通过量化评价确定供应方履约能力的具体得分以及履约能力等级。对于核安全局、工商管理部门等国家监管部门发布的企业不良信息等关键信息，可能直接导致制造停顿或厂家供货资格吊销的，设置了否决性评价标准进行评价。此外，增加综合性评价，以平衡外部环境对项目的实质性影响。

核动力院将评价结果与供应商的奖励和惩罚相关联，提升了供应商对供货能力提升和项目的重视程度，也为各供应商履约能力提升提供了方向和建议。此外，核动力院每年组织召开“供应商履约能力交流大会”，利用大会的契机，组织各供应商将优秀的合同履约管理经验进行交流，对一些共同存在的问题进行讨论，以拓宽供应商的管理思路，帮助供应商客观分析项目执行中存在的问题和改进措施。核动力院在采购工作中针对履约能力评价的突出问题进行重点协调和监督，有针对性的加强管理，确保设备制造质量。

10.2 强化过程控制要求，确保工程质量

强化工程控制要求是确保工程质量的重要手段，通过事前、事中、事后的过程控制，结合关键工序以及重点区域的质量管理及检查，落实各单位质量责任，提升各单位质量意识，做到过程控制全覆盖，保证工程质量。

（1）加强事前质量控制管理

示范工程建安单位提前分析对工程质量造成影响的因素，编制质量预防控制措施，对工序进行有效质量控制；熟悉图纸、施工方案，明确过程的主要工艺流程、工程特点，对过程内容重点、难点进行分析，针对关键工序进行施工时，做到提前检查等准备工作。

监理单位（中核工程咨询有限公司）对施工单位的“人、机、料、法、环”五个事前先决条件进行检查。“人”指施工人员资格、素质、数量；“机”指施工使用机械设备的性能、规格型号、数量、标定情况和准备情况；“料”指工程材料、设备的进场验收情况；“法”指施工图纸、施工方案、质量计划等的准备或审查批复情况；“环”指施工作业技术环境（如施工用水、电、风、道路、照明等）和自然环境（如温度、湿度、风力等）。上述内容经检查全部合格后，才允许下一步施工。

（2）强化过程质量控制手段

为保证示范工程质量，在施工过程中严格执行相关管理、工作程序，把好质量关。建立多级质控的要求，通过制造单位、施工单位、监理单位、总包单位的质量控制，保证示范工程过程质量受控。以工序控制为核心，设置质量控制点，严格检查质量并形成记录，

对质量问题密切跟踪验证并加强成品保护。严格执行质量考核制度，落实质量目标责任书，强化对施工队、施工班组的质量管理和检查考核力度，以使其从根本上重视质量，在施工中体现质量，并能有效开展“三检一验”制度，提高一次验收合格率。

（3）重点区域的质量管理及检查

示范工程成立“重点区域质量管理领导小组”，用于推动重点区域的施工质量管理工作，确保目标统一、责任到人，全力推进质量管理工作。成立专项工作小组，提前策划识别各区域施工重点，列出各阶段施工质量风险，建立各区域的质量风险控制清单，制定预防纠正措施，同时做好经验反馈的总结，通过每月各重点区域专项检查，使得示范工程重点区域质量得到提升。

在施工过程中，对首次施工的区域或系统重点进行质量控制和监查，确保一个好的开端，一次把事情做好。对新入场的施工人员进行质量培训和考核，考核通过后方可参与施工。对质量重点区域施工点采用定员、定岗、定责措施，提升质量管理的力度和精准度。严格执行工序交接制度，做好各项隐蔽验收工作，对达不到质量要求的工序决不移交给下道工序施工，直至质量符合要求为止。

（4）加强工程交工验收的控制

施工后的质量控制主要围绕工程交工验收进行，“华龙一号”工程的交工资料分子项、分专业、按系统进行整理，主要审查资料的整理是否符合组卷原则、资料是否齐全准确等，提出书面审查意见，督促整改，编制交工资料审查管理程序，各专业分别编制各自的工作程序，用于资料审查。安装工作结束后，各系统向调试队临时移交。现场制定了系统临时移交管理办法。在移交前，对施工尾项清理，并将调试过程发现的安装问题处理情况进行跟踪、检查和验证，并在移交手续上签字确认。为了更好地提高质量控制效果，促进系统移交和进度管理，示范工程对质量控制模式从过程控制、冲洗试压、尾项管理等进行全方面优化。监理单位按规范组织单位工程的预验收，审核施工单位提交的工程尾项，并在《中间交工验收证书》上签字确认。对工程尾项的完成情况进行跟踪检查，直至关闭。

（5）强化各单位的责任意识

示范工程通过落实各方责任要求，强化各单位的责任意识。业主通过工程建设过程中的主动监督和管理，对项目建设负起全面责任和最终责任；总承包方对所承担总合同范围的全部工作的安全、质量、进度、费用等向业主负责。业主对总承包方工程建设管理体系及其运作的有效性进行监管和管理，对项目管理中发现的薄弱环节、重大风险及重大偏差积极介入管控；项目建设单位承担项目建设的全面责任和最终责任，通过合同的形式固化相应的责任。

实施重要设备制造和建安施工活动监督要求，在示范工程建设中，设备制造是工程进度滞后的最大制约因素，施工质量的重大缺陷也偶有发生。业主强化对示范工程重要设备制造的监督，尤其对“三新”设备（新设备、新厂家、新工艺），制定了专项工作计划和特殊保障措施；在现场施工管理中，重点实施安全管控和重要施工活动的监督，确保各项工作严格遵守程序，工前准备充分，施工记录齐全，施工质量得到保证。

建立重大事项叫停权、否决权制度，对工程建设中业主发现的重大偏差，包括设计严重偏离技术规范，设备选型或制造出现重大质量隐患等问题，施工过程中的重大安全隐患和质量事件等，业主可以及时叫停或动用否决权，以确保工程建设的安全和质量受控。

强化各岗位人员安全质量红线意识，发布工业安全、质量红黄线标准，建立中国核电安全生产黑名单制度，对违反安全质量红线的人员在所有成员单位项目上予以禁入，有效遏制“三违”现象。坚决对“弄虚作假”和“违规操作”的“零容忍”。

（6）质量监督严管日常化

为确保“华龙一号”工程质量，示范工程各单位增加独立于生产之外的专职质量部门的人员投入，并赋予足够高的权利（行使一票否决权、黑名单等），将质量监督严管日常化。同时，完善质量责任制，强化“严管、严处”的管理机制，严格落实“四不放过”原则，对违反国家核安全局两个“零容忍”的，触犯质量红线、底线的，一棒出局，列入公司“黑名单”，持续营造“敬畏质量”的良好氛围。

落实监理系统负责人制度，实现系统负责人掌握各类制约因素，准确提出制约因素，促进制约因素的协调解决，提高对系统的主要参数及运行原理、工艺要求、控制要求、设备运行等全方位管理。

（7）质量问题处理规范化

为使“华龙一号”工程质量问题能得到及时、有效、规范处理。首先，示范工程持续营造“蓝色透明”的工作环境，严惩瞒报、虚报、谎报质量问题的人员，鼓励员工主动暴露问题，设立质量问题激励项，对于主动暴露问题的员工酌情予以经济奖励。其次，明确各类质量问题的处理方式及过程，做到有章可循、有据可查，同时分析造成不符合项的原因，消除潜在不符合的因素，并采取措施防止不符合的发生或重复发生。

由于现场施工班组多、施工范围广，为方便现场质量问题控制，使发生的问题及时反馈到相关检查人员、施工班组，示范工程各单位定期对存在的问题进行统计，随时方便查询现场出现哪些问题，以及哪些需要重点关注；并定期对发现的问题进行通报；同时对现场产生的问题从班组、问题类型、数量进行趋势分析，以便采取相应管控措施。通过对质量问题的统计分析，有效地控制了现场的质量问题发生趋势，各方都可以通过问题趋势分析及时进行经验反馈宣贯，对现场出现问题的班组可及时纠正，对未出现问题的班组可及时警示。检查员也可以通过趋势分析及时关注自己所负责的区域是否也存在该类问题，极大地提升了现场质量控制的力度，确保了核电施工的总体质量。

（8）质量标准化、精细化的实施应用

按照国家关于“统一技术路线和采用先进技术”的要求，中核工程采用工程 EPCS 总承包模式，所有发电机组实行连续建设。作为核电项目的主要施工依据文件和竣工资料的基本组成单元，质量计划为整个项目的施工质量提供了重要保障。质量计划作为施工的跟踪文件，其三种状态（开启、执行和关闭）分别反映了现场实体施工的状态。为提升“华龙一号”示范工程的质量管理工作，示范工程优化了各专业的通用质量计划、质量计划编制类型、原则，推行更加细化的质量计划，缩小了现场的施工范围，方便管理的同时也缩短了质量计划的关闭周期。

示范工程强化质量管控执行，以“清单化、标准化、样板化”作为质量管理工作方向，通过组织编制《质量检查标准化手册》《质量标准化检查单》《质量验收卡片》《质量通病预防手册》《焊接标准化图集》等标准化文件，实现质量检查验收流程的固化，根据手册和检查单对质量人员进行培训，施工过程中运用检查单及手册检查验收，降低工程质量问题发生频率；对班组下发质量验收卡片，保证作业人员掌握质量标准及验收流程，运用到施工作业中，提升了全员质量意识，强化了质量风险预防控制。同时建立了完整的经验反馈管理体系，以“华龙一号”建造手册、施工指导手册、成果图册、经验反馈汇编等系列形式，形成大量经验反馈及良好实践成果，在后续方案及交底中进行固化及应用，避免同类问题重复发生，确保了整体质量受控（见表 10.2.1）。

表 10.2.1　管焊标准化图集节选

序号	检查内容	检查要求	检查方法	检查标准	图例
1	阀门布置检查	设计图纸上标明具体安装位置的阀门，必须按图施工；设计上要求根据现场实际情况布置时，阀门位置要便于操作，同时要兼顾整齐和美观	目视	《电力建设施工技术规范　第 5 部分：管道及系统》（DL 5190.5—2012）	
2	阀门手柄及执行机构朝向检查	若设计上无特殊说明，手柄及执行机构不得朝下。阀门安装后手柄及执行机构可自由转动，阀门可完全启闭	目视	《电力建设施工技术规范　第 5 部分：管道及系统》（DL 5190.5—2012）	

（9）首堆科研保证调试试验程序的质量

作为国产三代核电首堆工程，示范工程调试试验项目共 1 377 项，其中需进行首堆试验 5 项，调试涉及的系统（子系统）共 570 个。其在设计创新方面引入了较多新概念设计和具有新设计特性的“新”物项，例如“能动和非能动相结合”的安全设计理念，采用 177 个燃料组件的反应堆堆芯、双层安全壳、设置了完善的严重事故预防和缓解措施等。新技术、新要求和紧迫的工期，均给首堆调试提出了更高的要求。

示范工程坚持以调试试验为核心，通过中核集团“龙腾”二批 106 项目（包括三个子课题）的科研任务，确定了首堆调试技术研究的调试试验程序和风险预案等文件 27 份，高效解决了调试进展中的紧要问题，推动调试试验项目的顺利进行，从而达到了推动整个工程项目进展的目的。

10.3 新检测技术方法的应用，强化施工水平

示范工程无损检测上游技术文件依据中国核电工程有限公司 1188AT 系列技术文件，引用《核电厂核岛机械设备无损检测》（NB/T 20003—2010）标准执行。依据上游技术要求，建立了完善的无损检测管理体系。主管道超声波相控阵检测首次用于“华龙一号”堆型，针对大量的贯穿件研制了贯穿件透照工具。核电建设无损检验标准的国产化体系首次应用于“华龙一号”全球首堆，较以往核电安装施工相比，新堆型、新标准、新工艺的结合是“华龙一号”的主要特点。

（1）核电无损检测标准的国产化

中华人民共和国能源行业标准《核电厂核岛机械设备无损检测》（NB/T 20003—2010）标准体系，全面应用于“华龙一号”核电安装现场。该标准由国家能源局发布，替代《核电厂核岛机械设备无损检验规范》（EJ/T 1039—1996），基于法国 RCC-M 标准和美国 ASME 标准，再结合我国核电行业的现状编制而成。实现了核电无损检测标准的国产化。

示范工程的无损检验技术包括：射线检验、液体渗透检验、超声波检验、磁粉检验及泄漏检验技术方法，主要针对核岛安装过程中焊接接头的检验。

（2）主管道超声波相控阵技术

“华龙一号”核电站主回路管道作为核安全 1 级机械装备，连接着主冷却剂泵、蒸汽发生器和反应堆压力容器，是一回路反应堆冷却剂系统压力边界的重要组成部分，其焊接质量直接关系到核反应堆的安全。针对目前主管道焊缝主要采取射线探伤和渗透探伤方法进行无损检测，存在检测效率低、难以发现危害性大的裂纹型缺陷等局限。国外率先开展相控阵超声检测新技术研究并取得进展，已逐渐转化为工程应用。但相关核心技术对外封锁，要解决此问题，必须进行自主研发。

基于前期进行的大量文献调研和实际情况分析，向国防科工局提出了“核工程奥氏体不锈钢焊缝相控阵超声检测技术”项目申请并成功获批，该项目属于“十二五”国防基础科研重点项目。该项目围绕压水堆主管道焊缝相控阵超声检测中聚焦、偏转波束形成原理、检测参数优化原则和方法，以及材质非均匀性引起的相位畸变规律和相位校正方法等开展研究，二十余名课题组成员经过两年多的钻研和攻关，终于在主管道相控阵超声检测中几项关键技术方面取得明显突破，特别是在自主创新能力方面有了明显提升。申请发明专利 2 项，发表（含接收）论文 5 篇。

奥氏体不锈钢焊缝相控阵焊接技术在核电建设行业中有广泛的应用前景，如确定大厚壁焊缝缺陷的深度，以及确定缺陷是在堆焊层还是在母材中。检测结果表明，相控阵超声检测技术不但能够发现射线检测所发现的缺陷，而且对射线检测不容易发现的面积型缺陷也能有效检出。

（3）“华龙一号”贯穿件射线检验偏心曝光器

贯穿件是贯穿于“华龙一号”核岛安全壳的部件，起到支撑管道及防止放射源物质从

核岛溢出的作用，在“华龙一号”核电堆型中，设有内外两层安全壳，贯穿于安全壳的部件即为贯穿件，贯穿件分为两部分，两部分各贯穿一层安全壳，中间通过焊接工艺连接，焊接工作在核电现场完成，完成后采用一系列无损检测手段验证了焊接质量。

双内管贯穿件内部有两根管道，与贯穿件呈同心结构，贯穿件内部空间狭小，进行射线检测时，检测人员无法进入贯穿件内部布置导源管，仅能从未焊接断面将导源管伸入，将导源管放置到焊缝位置难度大。“华龙一号”贯穿件射线检验偏心曝光器的研制，保证了“华龙一号”工程冷试节点任务，有效地保证了核电质量。

（4）^{75}Se 放射源微辐射区射线照相检验技术

核电现场施工的射线检测实施过程中，根据《工业γ射线探伤放射卫生防护标准》（GBZ 132—2002）的要求，辐射监督区边界剂量不能超过 2.5 Sv/h，为保证现场检测人员安全和提高检测效率，开发了一种适合核电现场施工防护用的 ^{75}Se 放射源容器和辐射防护工装，通过改进 ^{75}Se 放射性源容器、^{75}Se 放射性源固定工装和配合使用铅制防护罩，使得 ^{40}Ci 的 ^{75}Se 射线检验时在 15 m 处辐射水平满足 GB/T 18871 中规定的剂量率小于 2.5 μSv/h 要求，其中双壁双影透照 ϕ57 mm × 4 mm 工件，放射源 1 m 处环境辐射为 0.8 μSv/h，双壁单影可实现 10 m 范围外环境辐射剂量率小于 2.5 μSv/h，周向曝光可实现 15 m 范围外环境辐射剂量率小于 2.5 μSv/h，大大地提高现场施工的安全性和检测效率（见图 10.3.1）。

图 10.3.1　^{75}Se 放射源

开发出 ^{75}Se 放射源微辐射区射线照相检验防护工装。工装包括 ^{75}Se 放射源微辐射专用源机和周边散射屏蔽的工装。其中，专用源机采用主屏蔽体加异形光栅实现定向曝光，以减少周边无用射线；周边散射屏蔽工装包括 3 部分，双壁单影透照屏蔽，双壁双影透照屏蔽和周向曝光屏蔽，以减少主方向射线和周边散射线。最终，采用 44 Ci 的 ^{75}Se 放射源对微辐射防护工装进行测试，测试结果实现 15 m 范围外环境辐射剂量率满足 GB/T 18871 中规定的剂量率小于 2.5 μSv/h 要求。

10.4 核安全文化建设深入人心

认真贯彻落实《中华人民共和国核安全法》以及国家“在确保安全的基础上高效发展核电”的方针，严格遵守国家相关法律法规和监管部门关于核电建设安全质量管理的要求；认真贯彻落实集团公司“安全第一”的核安全方针，始终不渝地坚持“核安全是核工业生命线”的宗旨；坚持“凡事有章可循、凡事有人负责、凡事有人监督、凡事有据可查”的工作理念，减少人因失误，持续提升工作质量。“安全第一”是示范工程要始终倡导和践行核安全文化的理念与原则要求，遵守国家核安全法律、法规和标准，承担维护公众健康和环境安全的社会责任，通过核安全文化培育和鼓励员工自觉为核安全文化的持续改进做出贡献。

（1）核安全文化培育是重中之重

示范工程的各级单位每年年初制定核安全文化培育实施方案，将需要开展的工作内容进行统一规划，严格按照实施方案的内容开展各项工作，达到有序实施的目的。实施过程中通过会议、培训、“质量月”等各种形式的活动推进核安全文化的宣贯及培训，同时加入特色的培育活动，使活动内容更加直接有效地传递。实施活动后期，针对核安全文化特征进行效果评估，找出不足之处，以此改进下年度工作。

核安全文化的培育，进一步建立和健全了核电设备采购管理质量保证体系，切实提升了员工的核安全文化素养和严格按程序办事的意识；通过群众性活动的开展，如知识竞赛活动、“我为程序找漏洞”竞赛活动、核安全文化专题征文活动、“责任在我心中”演讲比赛活动等，极大地调动了全体员工的积极性和参与意识，形成良好的学习、工作氛围，为“华龙一号”项目设备供货顺利完成提供坚实的保障。

（2）质量意识全员化

为履行核安全责任和义务，贯彻“理性、协调、并进”的中国新核安全观，落实国家核安全局两个“零容忍”，示范工程高度重视、积极培育和建设核安全文化，做到精心部署，有组织，有计划，活动严密有序，宣贯学习形式多样，员工参与踊跃，取得了良好的实践效果。同时，积极培育员工的忧患意识、责任意识、诚信意识、敬畏意识和守法意识，进一步落实国家核安全局“严、慎、细、实”的总要求，将核安全文化融入日常工作中，建立长效机制，不断提高项目部员工核安全文化素养，从而切实保证核工程建造质量。

要求各参建单位培育安全文化，提高责任意识，要求各参建单位将“质疑的工作态度、严谨的工作方法、沟通的工作习惯”的核安全文化贯彻到“华龙一号”工程建造的全过程中，全面提升“华龙一号”工程的质量与安全水平。依靠自主技术力量，进一步完善核安全的技术支持体系，提高本质安全度；牢固树立“核无小事”的意识，大力推进核安全文化建设，让核安全文化深入人心，成为所有从业人员贯穿始终的自觉行动。使得员工核安全文化意识进一步提升。

（3）经验反馈全面开展

经验反馈工作作为示范工程管理的重要部分，对提高核电安全质量水平有着不可替代的作用。随着经验反馈工作在示范工程中逐步推进和稳步开展。经验反馈工作其效果也随着工程项目的进展逐步显现。其他项目中发生的质量事故、事件在后续工程建设中均没有重复发生，各专业领域反馈的经验信息也逐步汇集到各板块经验反馈管理团队中，执行经验反馈流程，各类问题重发逐步呈现减少趋势，以福清项目为例，福清项目 6 号机组较 5 号机组的设计变更单下降 50%左右。

结合现场施工工作进展进行经验反馈收集，要求项目在施工方案、技术交底中将“经验反馈”作为固定章节，将以往的经验反馈案例与当前施工内容密切结合。在相关施工活动开展前，进行精准质量反馈培训，在施工过程中，QC 人员将根据精准经验反馈的清单进行逐一核实，保证经验反馈切实落地。在每次大型施工活动完成后，组织各部门形成经验反馈，将施工活动中的经验进行收集和汇总，再组织相关施工人员开展经验反馈回头看活动。

示范工程推行 AB 类事件管理机制，将重要经验教训反馈到“华龙一号”工程，取得了很好的效果。引入根本原因分析方法，对重要的经验反馈进行分析。

（4）广泛宣传，营造良好核安全文化氛围

《核安全文化特征》的首条就是“决策层的安全观和承诺”，决策层是团队的灵魂，是团队主营业务和核心事业发展的关键。决策层确立和推行的政策创造了工作环境，支配着每个人的工作行为，决策层对核安全的态度，影响着每位员工对待核安全的态度。“一把手”对核安全文化建设的推动作用是毋庸置疑的。因此，核安全文化对决策层的要求首先就是要“率先垂范”。为发挥决策层的表率作用和管理层的示范作用，在示范工程中的各单位都在推行“一把手”讲核安全文化活动，强调核安全文化的重要性，弘扬“两弹一星”精神和“四个一切”核工业精神，统一广大党员领导干部对核安全文化的认识，以通过管理者的现场示范和引导，促进核安全文化在员工层的推广。

结合时政热点开展宣传。2019 年 4 月 15 日，结合第四个全民国家安全教育日，摆放宣传展板并在大屏幕上滚动播放宣传材料。2019 年 9 月 3 日，《中国的核安全》白皮书发布后，第一时间进行《一图看懂中国的核安全白皮书》宣传，使全体员工尽快了解白皮书内容（见图 10.4.1）。

图 10.4.1　现场宣传

示范工程中主要承包商制定核安全文化建设方案，开展多种形式的宣传活动。通过工程例会、部门周例会、早班会、微信网络平台等，向每一位员工传递核安全文化知识；利用会前 3 min，对员工进行核安全法、核安全文化、质量意识教育和员工行为规范教育；制作核安全文化宣传板报，在办公区域电子宣传栏播放核安全文化宣传语。此外，还组织开展了“华龙杯”篮球赛，在中场休息阶段开展核安全文化知识抢答活动。

核安全文化是文化在核行业的集中体现，着重强调“人”的安全价值观和行为准则对安全的重要作用，是确保核安全的灵魂。在“华龙一号”建设过程中，工程公司与自身实际相结合，与面临的形势任务、存在不足和发展阶段相匹配，加强内部管理体系建设，引导督促系统内部将核安全文化内化于心、外化于行，推动核安全文化融入工程建设工作中。

（5）外部交流，对标学习

示范工程的相关单位参加中国核能行业协会举办的 2019 年核安全文化建设经验交流会，与中国核能行业协会、华北核与辐射安全监督站等参会单位共同分享了核安全文化建设和培育的良好实践。

与生态环境部核与辐射安全中心总体运行和质量保证部开展核安全文化建设工作对标交流活动。双方就识别落实核安全文化特征的要求、开展核安全文化同行评估、核安全文化对外宣传交流、经验反馈信息的收集、分享和利用以及后续法规导则的修订升版等问题展开了充分的讨论。双方约定后续将建立长期联系机制，在核安全文化建设、质量管理等方面进行深层次交流，共同提高核安全文化建设工作成效。

（6）“华龙一号”良好实践汇编

为适应“华龙一号”首堆示范工程建设的更高质量管理要求，将施工中积累的良好实践进行总结并汇编成册，收集施工中优点和范例的点作为素材，收集施工中的不足之处和改进的具体做法、效果评估，将素材汇编成册，对部门员工进行培训，统一规范现场的做法，使质量管理工作更加具体化和规范化。为适应“华龙一号”首堆示范工程建设的更高质量管理要求，使“华龙一号”工程项目质量管理更加标准化、规范化、系统化，编制了“华龙一号”标准差异化分析报告。对比福清核电 1～4 号机组标准规范，各专业梳理 M310 机组技术规格书与“华龙一号”机组技术规格书的差异，形成合理化建议，并在程序及方案审查过程中推广使用。

第 11 章 精神传承与发展

昨天，中国核工业人，干惊天动地事，做隐姓埋名人。

今天，我们打造国之重器，锻造国家名片，正在完成中国从核大国到核强国的跨越。

一个时代有一个时代的担当，一代人有一代人的使命。无论是哪个时代，中国核工业人的故事都在感染着人们。

1964 年，罗布泊传来一声巨响，全国人民为之振奋，中国人依靠自己的力量研制出了“争气弹”；两年多后，我国又成功爆炸了第一颗氢弹，成为国际社会不可忽视的力量。小平同志曾经说过“假如 60 年代以来，中国没有原子弹、氢弹，没有发射卫星，中国就不能叫有重要影响的大国，就没有现在的国际地位。”这就是我们核工业人一直肩负的光荣使命——保持国家的战略威慑力量。

时光流转，岁月迁移。如今，我们核工业人肩膀上又增加了新的使命，那就是做强核工业、推动国家科技发展、保障能源安全、促进经济健康可持续发展。如果说 50 多年前，核工业前辈们的“两弹一艇”，铸就了共和国的核盾牌，奠定了我国国防安全的基石；那么，如今我们传承先辈精神，研发出的具有自主知识产权三代核电技术“华龙一号”，使我国进入了世界核电第一阵营，使我国从核大国向核强国迈进，树起了新时代核工业精神的一座精神丰碑。

11.1 坚持自主创新

习近平总书记指出：“实践反复告诉我们，关键核心技术是要不来、买不来、讨不来的。只有把关键核心技术掌握在自己手中，才能从根本上保障国家经济安全、国防安全和其他安全。”自主创新是我国核工业发展的不竭动力，核科技工作者们瞄准世界科技前沿，面向国家重大需要，努力实现一个个“从 0 到 1”的突破，围绕产业链布局创新链，形成体系完整的核科技研发平台，在核能领域取得一系列具有开创意义的重大成果。从“国之光荣”的秦山核电站到“国家名片”的“华龙一号”，核工业人艰苦创业，成功研发了 10 万千瓦、30 万千瓦、60 万千瓦和 100 万千瓦压水堆系列技术，核电产业快速发展，带动整个产业链迅速壮大，核电工程建设、装备制造、运行维护、人才培养等各方面能力均实现了大幅提升。

“华龙一号”涵盖了从铀资源勘探、开采、核燃料加工，到核电设计、施工、建造运营，再到核技术应用以及乏燃料后处理的全产业链创新。我国早期的核电关键设备，大到压力容器，小到一根电缆、一颗螺丝钉都需要进口，技术上经常被“卡脖子”。核科技工作者坚守国产化路线，致力于推动我国核电技术真正独立自主、不受国外制约，在三十余年核电科研、设计、制造、建设和运行经验的基础上，充分借鉴国际三代核电非能动安全的先进理念，系统谋划、超前布局，从基础性应用技术研究、反应堆、先进核燃料、安全系统设计到装备研制，历时 20 余载，开展 54 项科研攻关项目，研制“三新设备”上百台套，共申请国内专利 716 件，国际专利 65 件，海内外商标 200 余件，软件著作权 125 项，核心科研报告 1 500 余篇，掌握了大量关键核心技术。“华龙一号”首堆所有核心设备均已实现国产，设备国产化率达 88%，实现了技术的自立自强。

2021 年 1 月 30 日，我国自主设计研发的三代核电技术“华龙一号”全球首堆——中核集团福建福清核电 5 号机组投入商业运行，成为我国科技自立自强的“国家名片”，这标志着我国和平利用核能事业进入了历史新纪元，标志着我国核工业的自主创新能力和核心竞争力正在加快从跟跑、并跑向领跑转变跨越，也充分说明我国科技自立自强的创新之路是完全正确的。

11.2 坚持大力协同

习近平总书记指出，“两弹一星”成功，有赖于一批领军人才，也有赖于我国强有力的组织系统。“华龙一号”研制人员传承老一辈科技工作者“讲政治、保质量、争时间”的优良传统，弘扬严谨求实的治学之风和科研方法，肯下“数十年磨一剑”的苦功夫，坚持系统观念，强化跨界融合思维，倡导团队精神，建立协同攻关、跨界协作机制。在“华龙一号”的研发过程中，中核集团建立了“两总制”科研项目管理组织模式及技术分层决策体系，并通过“小核心、大协作”，发挥知名科研院所和企业优势，解决型号研发所需的人才、技术及研发设施等科技资源短缺问题，带动我国先进装备制造业的跨越发展。

经过“方福海”的磨砺，中核集团已形成了特有的以研发设计为龙头的工程总承包管理模式，实施专业化管理的工程总承包战略，突出研发、设计能力一体化的核心竞争力，践行“设计”、“采购”、“建安”、“调试”四轮驱动，EPCS 总承包各环节华龙大团队协同发力，也使得自主设计的核心优势得以充分体现，对设备采购、制造、工程建安施工和调试工作形成强有力的支撑，切实发挥出设计的工程建设“龙头作用”。

“华龙一号”是一个复杂的系统工程，参建单位众多，接口和管理关系极为复杂。每一个细节的创新，都对设计、采购、施工、调试，乃至商务、安全等各个环节提出了更高的要求，对整体的项目控制而言意味着更大的挑战。为了确保首堆工程顺利推进，“华龙一号”建立了从国家、中核集团到项目层的全方位协调机制。有关部委牵头成立自主三代核电技术“华龙一号”示范工程建设协调小组，高效解决示范工程建设过程中土建、安装、设备供货等重大问题，中核集团内部产业链各环节的成员单位分别承担了“华龙一号”的核心重点任务，国内部分高校、科研机构、设备制造厂共同参与“华龙一号”技术研发，中核集团还与法国、意大利、奥地利等国家的科研机构展开合作，协同完成关键研发工作。

可以说，“华龙一号”的成功研发建设，既是中核集团在国家大力支持下举全集团之力取得的成果，也是统筹集团内外、国内外优势力量，大力协同、密切协作、集中力量办大事的结果，充分体现了中国特色社会主义制度集中力量办大事的显著优势，谱写了雄壮的大国重器进行曲。

11.3 坚持安全发展

安全与发展是一体之两翼，驱动之两轮。“统筹发展和安全”是“十四五”时期经济社会发展的重要原则。习近平总书记指出：“要使核能事业发展的希望之火永不熄灭，就必须牢牢坚持安全第一原则。”核电的安全性始终是国家和人民关心的第一问题。我国核工业历来以担当国家使命为己任，铸国之重器更当如此。

在“华龙一号”的研发设计中，研发设计者把今后 60 年，甚至 100 年可能发生的不安全因素都考虑到：“华龙一号”能抵御大飞机撞击、抗九级强震，在安全性上满足国际最高安全标准要求。为达到抗震要求，抗震设计团队的工程师们夜以继日奋斗攻关，经历五次抗震设计迭代优化，形成最优方案。在抗大飞机撞击的设计中，在方案中强化了应对极端外部灾害的设计。这一设计对于研发团队来说，完全是个空白，相关的模型和参数，在国际上是机密，无资料可寻，研发团队通过艰苦攻关自主解决了这一世界难题。“华龙一号”采用完全的“中国芯”——177 堆芯和 CF3 燃料组件，深刻汲取国际上核事故教训，借鉴国际三代核电非能动安全的先进理念和运行经验，全面贯彻纵深防御的设计原则，创新采用“能动加非能动”安全设计理念，在安全、经济和性能指标上达到或超过了国际三代核电用户需求，打破了发达国家对先进核电技术的垄断。

在“华龙一号”首堆建设中，中核集团将全力保障核安全作为第一要务贯穿始终，筑牢安全生产的基石。以管理创新为导向，按照“分级管理、分线负责、全员覆盖”原则，建立安全生产管理网络；明确各单元网格安全管理的人员、职责和任务，以点带面，全面提高现场安全管理水平。开展“金牌班长、五星班组”评比活动，持续对现场班组进行考核评价，形成安全比学赶超的良好氛围。开展“安全文化建设年”、“安全生产月”、“安全承诺签名”等主题活动，强化提升安全文化“软实力”，确保示范工程建设安全高质量稳步推进。

11.4 坚持爱国奉献

中国核工业的命运与国家的命运、民族的命运同频共振、血脉相连。坚持国家利益至上，完成国家重大战略任务，强核报国，始终是核工业人的使命担当。“华龙一号”建设进度“遥遥领先”于国际其他三代核电技术首堆的背后，是过硬的创新能力以及爱国奉献的精神。

各参建单位的 388 个班组、1.1 万余名建设者常年奋战在福清核电 5 号机组工程施工现场，在 2 000 多个日夜里，上演着有关“华龙一号”的故事。一顶安全帽、一身工作服、一双劳保鞋，就是他们最日常的“道具”。从第一罐混凝土浇筑拉开序幕，到 70 多米的反应堆厂房拔地而起，“华龙一号”建设者犹如主管道中奔腾着的蒸汽，充满“精气神”，在疫情防控条件下依然保持高强度密集攻关，有力保障了工程建设重大节点按计划完成。“华龙一号”示范工程采用了单堆布置和双层安全壳的设计方式，不论是工作量还是工作难度都属于国内核电之最，没有任何成熟经验参考，土建团队迎难而上，克服技术难题，顺利完成了反应堆厂房穹顶吊装、常规岛厂房混凝土浇筑等重大节点。在汽轮机的安装中，安装人员昼夜不停，每天有十五六个小时在现场，他们不叫苦不叫累，因为他们知道自己是在为荣誉而战，为中国核电而战，为国家名片而战。“华龙一号”主设备的安装精度是以“道”（0.01 mm）为单位的，这就要求精益求精的“匠心”，同时验收标准也更高、管理手段更精细，过程控制更严格，充分体现了“严细融入一切”的核工业精神。这些感人的故事和生动的事例，正是新时代核工业人“强核报国、创新奉献”精神的真实写照。

“强核报国，创新奉献”。“华龙一号”有光、有理想，饱含着每一位华龙人的热忱付出。华龙团队在最艰难的岁月里咬牙前行，挺过无数险滩激流才得以到达；“华龙一号”有生命、有未来，每一位华龙人将不断突破“舒适区”，走进核心技术的“无人区”，持续改进、持续创新，保持“华龙一号”旺盛的生命，引领标准、引领发展，为我国能源供给提供有力支撑。

附　录
“华龙一号”全球首堆示范工程大事记

1. 前期

2013 年 4 月 25 日，国家能源局主持召开了自主创新三代核电技术合作协调会，确定中核、中广核两集团联合开发“华龙一号”技术。

2014 年 8 月 22 日，“华龙一号”总体技术方案通过国家权威评审。

2014 年 11 月 3 日，国家能源局给予批复：“华龙一号”落地福清 5、6 号机组。

2015 年 4 月 15 日，“华龙一号”示范工程福清 5、6 号机组获国务院常务会议批准。

2. 福清 5 号机组

2015 年 5 月 7 日，福清 5 号机组正式开工建设；

2016 年 9 月 20 日，福清 5 号机组核岛安装施工开始；

2017 年 5 月 25 日，福清 5 号机组安全壳内穹顶吊装完成；

2017 年 9 月 17 日，福清 5 号机组常规岛安装施工开始；

2017 年 10 月 12 日，福清 5 号机组反应堆厂房环形起重机具备使用条件；

2017 年 10 月 21 日，福清 5 号机组主设备运输龙门吊车具备使用条件；

2018 年 2 月 14 日，福清 5 号机组反应堆压力容器安装完成；

2018 年 3 月 31 日，福清 5 号机组常规岛主行车具备使用条件；

2018 年 5 月 18 日，福清 5 号机组反应堆厂房重型设备布置完成；

2018 年 7 月 14 日，福清 5 号机组反应堆厂房主回路管道焊接完成；

2018 年 8 月 4 日，福清 5 号机组主控室具备使用条件；

2018 年 9 月 11 日，福清 5 号机组联合泵房进水成功；

2018 年 9 月 17 日，福清 5 号机组燃料厂房水池具备使用条件；

2018 年 11 月 19 日，福清 5 号机组反应堆厂房预应力张拉完成；

2019 年 2 月 24 日，福清 5 号机组核回路冲洗开始；

2019 年 3 月 26 日，福清 5 号机组汽轮机扣盖完成；

2019 年 4 月 13 日，福清 5 号机组主泵安装完成；

2019 年 4 月 27 日，福清 5 号机组冷态功能试验开始；
2019 年 9 月 17 日，福清 5 号机组核燃料到达现场；
2019 年 12 月 21 日，福清 5 号机组热态功能试验开始；
2020 年 9 月 4 日，福清 5 号机组核燃料装载开始；
2020 年 10 月 21 日，福清 5 号机组首次达到临界状态；
2020 年 11 月 27 日，福清 5 号机组首次并网；
2021 年 1 月 30 日，福清 5 号机组投入商业运行。

3. 福清 6 号机组

2016 年 3 月 1 日，福清 6 号机组正式开工建设；
2017 年 8 月 6 日，福清 6 号机组核岛安装施工开始；
2018 年 3 月 21 日，福清 6 号机组安全壳内穹顶吊装完成；
2018 年 8 月 21 日，福清 6 号机组反应堆厂房环形起重机具备使用条件；
2018 年 9 月 1 日，福清 6 号机组常规岛安装施工开始；
2018 年 10 月 17 日，福清 6 号机组主设备运输龙门吊车具备使用条件；
2018 年 12 月 20 日，福清 6 号机组反应堆压力容器安装完成；
2019 年 5 月 21 日，福清 6 号机组常规岛主行车具备使用条件；
2019 年 6 月 24 日，福清 6 号机组反应堆厂房主回路管道焊接完成；
2019 年 8 月 16 日，福清 6 号机组主控室具备使用条件；
2019 年 8 月 27 日，福清 6 号机组反应堆厂房重型设备布置完成；
2019 年 9 月 2 日，福清 6 号机组反应堆厂房预应力张拉完成；
2019 年 9 月 5 日，福清 6 号机组联合泵房进水成功；
2020 年 5 月 8 日，福清 6 号机组燃料厂房水池具备使用条件；
2020 年 7 月 25 日，福清 6 号机组外层安全壳穹顶吊装完成；
2020 年 10 月 31 日，福清 6 号机组核回路冲洗完成；
2020 年 11 月 29 日，福清 6 号机组汽轮机扣盖完成；
2021 年 1 月 11 日，福清 6 号机组冷态性能试验完成。

参考文献

[1] 邢继.“华龙一号”——能动与非能动相结合的先进压水堆核电厂［M］. 北京：中国原子能出版社，2015.

[2]“华龙一号”专刊——全球首堆福清核电站5号机组［J］. 中国核电，2017，10（40）.

[3] 钱学森. 论系统工程［M］. 上海：上海交通大学出版社，2007.

[4] 丁士昭. 工程项目管理［M］. 北京：中国建筑工业出版社，2014.

[5] 中国航天系统科学与工程研究院系统工程讲堂录［M］. 北京：科学出版社，2015.

[6] 杨子春. 核电项目控制实践与创新［M］. 北京：中国原子能出版社，2018.